麗水海洋史論

麗水海洋史論

변 동 명 저

전남대학교출판부

책머리에

자신의 주변에 마음이 먼저 가는 것은 인지상정이다. 몸담고 살아가는 고장에 보다 관심을 기울이는 것 역시 그와 매한가지이다. 주민의 한 사람으로서 그 지난날을 돌아보고 오늘을 되새기며 앞날을 가늠하려 드는 것은 자연스러운 일이다. 나아가 그것이 고장을 넘어 제 나라와 겨레 그리고 인류로까지 번지어가는 게 바람직스럽다 함은 이를 나위가 없다. 미흡한 채로나마 麗水라는 아름다운 이름을 지닌 고장의 과거를 더듬으며 그 역사를 훑어보고자 나서기에 이른 배경이다.

이 책은 여수지역의 역사를 바다와의 관계 속에서 검토한 글을 모아 엮은 것이다. 지역마다 제 나름의 역사와 문화를 지니게 마련이거니와, 여수의 경우 그 중에서도 해양적인 특성이 도드라지는 고장에 속한다. 전통시기의 여수는 한국 해양의 역사에서 자못 중요한 위치를 점하는 지역이었다. 선사시기의 유적에서 이미 바다 너머의 지역과 문물을 교류하였음을 보여주는 흔적이 나타난다. 뒤이어 백제와 가야세력이 왜와 통교한다든지 혹은 통일신라가 중국이나 일본과 교류하며 해상진출을 시도하던 교두보이자, 신라말기에서 고려의 초엽에는 사서에 이름을 남긴 유력한 해상세력가의 활동거점이었다. 또한 고려말엽 들어 창궐하기 시작한 왜구를 막아내던 주요한 기지였고, 海禁政策을 시행하던 조선시기에는 해양수호의 핵심 근거지였다. 해상활동이 활발하던 시기 해양진출의 발판이자 海禁에 당해서는 해양수호의 요충이었던, 이를테면 한국 해양의 역사에서 결코 빼놓아서는 안 될 중요한 고장 가운데 하나가 여수지역이라고 하여 지나친 말이 아닌 셈이다.

여기에서는 그와 같은 여수 해양의 역사 중 대체로 조선전기까지 다룬 글들을 모아 보았다. 경우에 따라서는 조선후기까지 논급된 부분이 없지 않으나, 주요 내용은 대략 그에서 크게 벗어나지 않는 것으로 믿는다. 그 이후의, 가령 전라좌수영을 포함하여 조선후기에서 현대에 이르기까지의 몇몇 주제는, 별도의 저술에서 순차적으로 검토해갈 예정이다. 계획한 연구를 모두 마쳐 여수지역의 역사를 바다와의 관계 속에서 개괄 조망할 수 있는 날이 어서 오기를 기다려 마지않는다.

지역사는 자체만으로 존재의의를 지닌다. 지역사회가 그 자체로서 존립하는 의미를 지니는 것과 동일한 이치에서이다. 중앙과 지방의 차이 없이 그러해 마땅하다. 그렇지만 연구 현장에서 지역사가 실제 그런 대접을 받는 경우란 별로 흔치를 않다. 중앙 중심의 전체사에 가려 설 땅조차 찾지를 못하는 게 현실이 아닌가 싶다. 지역주민의 입장에서 이해한 지역사, 더욱이 지역주민에 의해 이룩되고 그리하여 궁극적으로 전체사인 한국사의 일익을 담당하는 것으로 그려진 지역사를 찾아보기란 그리 쉬운 일이 아니다.

중앙과의 관계에 머물지 않고 또한 그에 종속되지도 않은 채 나름의 의미를 지니는 가운데 한국사의 흐름에서 일정한 구실을 담당한 지역사, 최소한 지역주민의 입장에서 접근하며 바라본 지역사를 서술하는 게 목표이다. 그러나 그것은 어디까지나 희망 사항일 따름이다. 여기에 실린 글들이 그러한 수준에 이르렀다고 생각하지도 않는다. 단지 그와 같은 목표를 달성하기 위해 나아가는 과정에서의 산물에 지나지 않는다. 그나마 현전하는 자료를 중심으로 글을 쓰다 보니, 대세를 파악할 수 있을 만큼 체계적이고 균형 잡힌 지역사로 재구성하는 데 성공하지 못하였다. 한정된 좁은 지역의 역사를 다뤄야 하는 사정상 주제에 따라서는 불가피하게 겹쳐 서술된 내용도 눈에 띈다. 여러 모로 한계가 많은 저술인 셈이다.

그럼에도 불구하고 이 책을 서둘러 출간하기로 마음먹은 것은 무엇보다 제 고장의 역사에 대한 궁금증을 해소하려는 목적에서였다. 제대로 입증되지 않은 수많은 사실들이 진실인 양 운위되고 믿어지는 현실에서 벗어나기를 바라는 마음이 한층 강한 때문이었다. 그리하여 올바른 역사인식을 바탕으로 지역의 정체성을 바로 세워 굳히는 밑거름이 되었으면 하는 바람이다. 나아가 그러한 소망의 싹이 자라서, 격심한 중앙 편중의 해소를 비롯하여 지역 사이의 불균형을 바로잡는 작은 계기라도 마련되기를 간절히 빌어마지않는다.

여수지역을 대상으로 글을 써온 지 어언 3년이 다 지나간다. 느지막이 나툰 인연의 도타움에 새삼 놀라거니와, 그 씨앗이 오랜 잠에서 깨어 눈을 틔게끔 배려하고 이끌어주신 분들의 은혜를 잊을 수가 없다. 姜貞埰 선생님께서는 전남대학교 이순신해양문화연구소를 설립하시어 이 책이 저술되는 계기를 마련해주셨다. 학교와 지역을 남달리 사랑하시며 인문학에 각별한 관심을 쏟으시는 선생님의 높은 뜻을 제대로 받들지 못하여 항상 죄를 짓는 심정이다. 불민한 저자에게 격려로 일관하시는 선생님의 깊은 사려를 떠올리며 게으른 몸을 채근한 게 어제 오늘의 일이 아니다. 李三魯 선생님과 宋淨民 선생님, 李鐵 선생님께서는 연구소 설립이 처음 논의되던 때서부터 지금에 이르도록 저자를 든든히 받쳐주는 버팀목이시다. 金塘澤 선생님께서 베푸신 은덕은 필설로 형용하기 어려울 정도이다. 처음 학문의 길에 들어서도록 인도해주신 것을 시작으로 저자의 공부에서 신상의 문제까지 모두가 선생님의 걱정거리였다.

못난 제자임에도 사랑을 아끼지 않으신 선생님의 보살핌에 힘입어 오늘에 이를 수 있었다. 아울러 전남대학교 사학과와 역사교육과의 교수님들을 위시하여 일일이 거명하기 어려울 만큼 많은 분들의 도움에 고개 숙여 감사드리거니와, 더욱이 힘든 길을 함께 걸으며 외로움을 나눈 연구소 식구들의 고마움을 기억해두고자 한다. 신설된 연구소에서 으레 부닥치게 마련인 온갖 궂은 일들을 제 일인 양 감당하며 묵묵히 헌신한 이들이 아니었더라면 이 책은 세상의 빛을 보기 어려웠을 것이다. 盧時勳 교수와 宋銀日 선생, 신아름 선생에게 거듭 감사드린다.

2010년 10월

국동항 서실에서

저자

Ⅰ. 전통시기 韓中·韓日 海上交流와 麗水

Ⅱ. 麗水豪族 金惣과 그의 城隍神 추앙

Ⅲ. 麗水의 長生浦歌

Ⅳ. 石堡와 石(堡)倉

Ⅴ. 突山鎭과 古突山鎭

Ⅵ. 突山島 防踏鎭

Ⅶ. 麗川船所遺蹟[順天船所]

Ⅷ. 麗川船所遺蹟[順天船所]의 古文書 '船所水軍器反閱册'

IX. 1592년 全羅左水營의 거북선[龜船] 건조

Ⅰ. 전통시기 韓中·韓日 海上交流와 麗水

머리말

인류의 역사에서 바다를 제패한 자는 곧 세계를 지배하였다.[1) 한국의 역사에서도 바다의 중요성은 남다른 바가 있었다. 한국은 선사시대 이래로 동북아의 해상교류에서 중추적인 역할을 담당하였다. 제해권을 바탕으로 해상무역을 장악하며 동아시아 최초의 '해상상업왕국'을 건설했던 張保皐의 존재가 그것을 웅변한다. 그러나 중앙집권적인 왕조가 해상을 통제하려 들면 들수록, 특히 조선왕조가 海禁政策을 강력히 시행하면서, 해상활동은 크게 위축되고 바다를 멀리하는 풍조가 점점 강해져 갔다. 조선의 패망과 일제의 침탈을 부른 주요 요인 중의 하나였거니와, 해방 이후 해양의 문호가 열리면서 이제 한국은 해양강국·무역대국으로 성장하여 개방화·세계화의 시대를 마주하고 있다. 인류의 역사가 그러하였듯이,

1) 최남선, 「서序에 대하여」, 『다시 보는 한국해양사』, 해군사관학교, 2007.

한국도 또한 바다를 가까이 하며 해양활동을 활발히 전개할 때 진취적으로 발전하였고, 반대로 바다를 멀리하며 해양활동에 소홀하면서는 안으로 움츠러들기만 하며 소극적이고 폐쇄적인 길을 걸었던 것이다.[2)]

해양사와 해양문화의 관점에서 볼 때, 호남지역은 해상교류의 주요한 거점인 동시에 기나긴 해안선과 수많은 섬을 보유한 해양문화와 자원의 보고이기도 하다. 전근대시기 동북아 물자교류와 해상교통의 요충이자, 진취적인 여러 해상세력의 활동무대였으며, 선진문화를 수용·전파하는 길목이었다. 백제는 중국과의 활발한 해상교류를 통해 문화예술의 금자탑을 쌓았고, 또 그것을 일본에 전파하였다. 통일신라의 장보고는 '해상왕'으로서 한국해양사의 기념비적인 인물이 되었으며, 여수반도 일원에서는 朴英規나 金惣과 같은 해상세력가들이 크게 활약하였다. 당시 호남지역은 한·중 문화교류의 주요 창구로서, 거의 모든 禪僧들이 귀환 상륙하여 한국의 찬란한 불교문화가 꽃피우도록 씨앗을 뿌린 고장이었다. 또한 고려말 왜구를 격퇴하는 데는 鄭地와 그 휘하의 전라도 수군이 큰 역할을 하였으며, 이는 임진왜란 때 李舜臣이 이끄는 전라좌수영 수군의 상승대첩으로 계승되었다. 그 외에도 하멜과 여수의 관계라든지, 혹은 해양제국 영국의 거문도 점령사건이나 한국 최초의 해양수산교육기관인 여수공립수산학교의 설립 등, 전통시기에 호남지역은 한국해양사의 중심에 선 고장이었다고 하여 과언이 아닐 정도이다.

그러한 호남지역 중에서도 여수는 더욱이 해양사상 매우 중요한 역할을 담당한 고장이었다. 섬을 포함한 여수반도 일원의 선사시기

---

2) 한국사의 흐름을 해양과 연관시킨 최근의 논의로는, 강봉룡, 「해양인식의 확대와 해양사」, 『역사학보』 200, 2008, 67~97쪽이 참고된다.

유적에서 이미 해상교류의 증거물이 다수 출토되었다. 뒤이어 백제·가야세력이 倭와 통교하고 또한 통일신라가 중국·일본과 교류하며 해상진출을 시도하던 교두보였다. 신라말 고려초에는 역사에 이름을 남긴 뛰어난 해상세력가들의 활동 거점이었고, 고려말 왜구를 방어하던 주요 기지이자 해금정책을 시행하던 조선시기 해양수호의 근거지였다. 해상활동이 활발하던 시기의 해양진출 교두보임과 동시에 海禁에 당해서는 해양수호의 요충이었던, 말하자면 한국 해양의 역사에서 결코 빼놓아서는 안 될 주요 거점 중의 하나가 여수지역이었다고 하여 지나친 말이 아니었던 셈이다.

여기에서는 그처럼 중요한 의미를 지니는 여수지역의 해양사를 시간의 흐름에 따라 서술해 나가되, 근대 이전으로 한정할 생각이다. 여수반도 일원을 근거로 이루어진 해상교류의 역사를, 전통시기 그 중에서도 대략 임진왜란 이전의 조선초기까지만으로 제한하여 살피려 한다. 그 이후는 장차 별도의 글에서 검토할 기회가 마련될 것으로 기대한다.

1. 해상교류와 함께 열린 여수역사의 여명

여수지역에 인간이 거주하기 시작한 것은 늦어도 신석기시대부터였다. 뗀석기를 사용하던 구석기인이 살았을 가능성도 없지는 않다. 이웃 순천에서 구석기 유적지들이 여럿 발견된 사실로 미루어 그러하다.[3] 하지만 지금까지의 고고학적인 연구 결과로는, 신석기시대 前期의 유적이 여수지역에서 발견된 인간의 자취 중 가

3) 이기길, 「보성강유역에서 새로 찾은 구석기유적」, 『한국고고학보』 37, 1997. 이기길·최미노·김은정, 『순천 죽내리유적』, 조선대박물관, 2000. 이기길, 『순천 월평유적』 I·II, 조선대박물관, 2002·2004.

장 오래 된 예에 속한다. 가령 突山島 앞의 松島에서 조사된 조개더미[貝塚] 유적과 같은 것이 그러하였다. 함께 발굴된 집자리터 아래에서 나온 숯 조각을 방사성탄소연대법으로 측정한 결과 밝혀진 사실이다.

송도 조개더미 유적에서는 신석기 전기부터 가장 늦은 단계에 이르는 유물들이 나왔다. 또한 가까운 金鰲島의 조개더미 유적에서는 신석기 후기에 해당하는 유물들이 발견되었다. 그밖에도 여수지역의 일부 섬에서 유적의 겉에 드러난 부분만을 조사한 결과, 송도 조개더미 유적에서 나온 것과 비슷한 유물들이 수도 없이 그 모습을 드러냈다. 신석기의 비교적 이른 시기에서 가장 늦은 시기에 이르도록, 여수지역에는 인간이 계속해서 거주하였음을 이해할 수가 있다.[4)]

신석기시대에는 사람들이 물가[水邊]에서 생활하는 게 일반적이었다. 신석기 유적들이 늘 바닷가나 냇가에서 발견되는 이유이다. 여수의 송도나 금오도를 비롯한 섬들에서 신석기시대 유적들이 다수 발견된 것도 그와 매한가지 현상임은 물론이다. 그런데 흥미로운 것은, 여수지역의 역사를 연 그러한 신석기시대 유적에서 해상을 통한 문물교류와 전파의 흔적이 나타난다는 사실이다. 남해안의 다른 지역은 물론이고 동해안이나 서해안 지역과 연결되는 석기와 토기들이 수두룩하게 발견되었다. 그 중에서도 고기잡이 연모인 이음낚시는 바다 건너 일본열도에서 출토되는 유물과 유사한 양식의

---

4) 지건길 · 조현종, 『突山松島』 Ⅰ · Ⅱ, 국립광주박물관, 1989 · 1990. 조현종 · 박중환, 『突山 世救地 遺蹟』, 국립광주박물관, 1994. 이기길, 「전남 여천군에서 새로 찾은 신석기시대유적」, 『호남고고학보』 1, 1994. 김건수 · 이순엽, 「여수 거문도와 손죽도의 신석기시대 패총」, 『순천대박물관지』 창간호, 순천대박물관, 1999. 박준범, 「여수시의 고고유적」, 『여수시의 문화유적』, 여수시 · 조선대박물관, 2000.

것임이 밝혀졌다. 黑曜石으로 만든 연모는 그 재질을 분석한 결과 일본 큐슈지역에서 나온 원석을 가공한 것임이 확인되었다. 또한 흑요석으로 만든 일종의 작살로 이해되는 톱날 모양의 석기[石鋸]는, 남해안의 일부 신석기유적을 비롯하여 특히 일본의 큐슈지역에서 다수 출토된 사례가 전한다. 여수역사의 신새벽이 신석기시대의 해상교류를 배경으로 열리었음을 보여주는 움직일 수 없는 증거들이다.

신석기시대의 자연환경은 지금과 크게 다르지 않았다. 육지와 바다의 경계도 현재와 별로 다름이 없었다. 신석기시대의 한반도와 일본열도 사이의 교류는 오직 바다를 통해서만이 가능했다는 의미이다. 여수지역에서 출토된 바 일본과의 교류를 암시하는 신석기 유물들도 그러하였을 것임은 이를 나위가 없다. 이음낚시이건 흑요석이건 그 모두가 해상을 통한 문물교류와 전파의 흔적을 보여주는 증거임이 분명하다. 신석기시대가 여수 역사의 여명기인데, 그것이 해상교류와 함께 트인 새벽이었음을 충분히 이해할 수가 있다.

신석기시대가 끝나고 청동기시대로 접어들면서 농경이 주업으로 자리를 잡았다. 그에 따라 인간의 거주지도 물가에서 내륙의 구릉지대로 옮겨갔다. 아울러 인구가 크게 증가하였다. 농경의 일반화에 힘입은 생산력 증진의 덕택이었다. 여수지역도 거기에서 예외는 아니었다. 청동기시대의 중심 유적들이 대체로 섬이 아닌 여수반도에 위치하는 것부터가 그러하였다. 유적 분포의 범위나 밀도에서도 신석기시대를 훌쩍 넘어선다.

예컨대 고인돌이 그러하였다. 고인돌은 한국의 청동기시대를 대표하는 유물이다. 전남지역에서는 그 정도가 더욱 도드라져서 청동기시대의 지표가 되는 유물로 으레 거론된다. 그런데 여수지역에서는 이 고인돌이 대체로 육지인 반도에 위치한다. 수많은 섬들 가운데 유독 돌산도에서만 고인돌 무리가 발견된다. 비교적 큰 섬이어서 육지나 마찬가지로 넓은 평지를 가진 때문이었다. 여수지역의 고인돌은 또한 조사된 것만 1천여 기에 달한다. 미처 알려지지 않은 것도 적지 않으려니와, 자못 조밀한 분포라 이르지 않을 수 없다. 말하자면 상당한 숫자의 인구가 구릉지대에 밀집해 거주하면서 농경으로 생활을 꾸려가는 게, 청동기시대 이 고장의 모습이었던 셈이다. 여수지역을 한반도 남해안 청동기문화의 중심지 가운데 하나로 평가하는 게 반드시 지나치지만은 않아 보이는 까닭이다.[5)]

청동기시대에 들어서도 여수지역의 해상교류는 여전히 활발하였다. 신석기시대와 마찬가지로 여수지역의 청동기시대 유적에서도 해상을 통한 문물교류와 전파의 흔적이 나타난다. 가령 고인돌의 껴묻거리[副葬品]로 나온 琵琶形銅劍이나 銅鉾와 같은 것이 그러하였다. 여수의 한 유적에서 8점이 한꺼번에 출토되었는데, 한반도 남부의 청동기 유적에서는 그 예가 없는 일이었다. 중국 遼寧地域의 초기 청동기 유적에서나 찾아볼 수 있는, 좀처럼 믿기지 않는

---

5) 이영문, 『여천시 봉계동 지석묘』, 전남대박물관, 1990. 이영문·정기진, 『여수 오림동 지석묘』, 전남대박물관, 1992. 이영문, 『여천 적량동 상적 지석묘』, 전남대박물관, 1993. 이영문·최인선·정기진, 『여천 평여동 산본 지석묘』, 여천시·전남대박물관, 1993. 지건길·조현종, 『여천 월내동 고인돌』, 국립광주박물관, 1993. 최성락·이정호, 『영암 산호리·여천 상암동 고인돌』, 목포대박물관, 1993. 조현종·박중환, 『돌산 세구지 유적』, 국립광주박물관, 1994. 이영문·조근우, 「전남의 지석묘」, 『전남의 고대묘제』, 전라남도·목포대박물관, 1996. 최인선·조근우, 『여수 미평동 죽림 지석묘』, 순천대박물관, 1998. 최인선·이동희, 『여수 화장동 화산·월화동 지석묘』, 순천대박물관·한국수자원공사, 2000. 이종범, 「여수시의 역사」, 『여수시의 문화유적』, 여수시·조선대박물관, 2000. 박준범, 「여수시의 고고유적」, 같은 책. 김진영, 「여수반도 지석묘 연구」, 목포대 석사논문, 2001.

발굴 성과였다. 여수지역의 청동기문화가 내륙지방을 건너뛰어 멀리 遼河나 대동강유역의 그것과 직접 연결되었음을 보여주는 유력한 증거이다. 해상교류가 없었다면 불가능한 일로서, 청동기시대에도 여수지역에서 해상을 통한 문물교류가 끊임없이 행해졌음을 능히 파악할 수가 있다.

한편 이 즈음 여수지역에서는 초보적이나마 국가의 모습을 갖춘 정치적 단위체가 등장하였다. 청동기시대에 처음 출현했던 것으로 믿어지는 국가의 초기형태가, 여수지역에서도 그 모습을 드러냈다. 여기저기 무리지어 촘촘히 분포한 고인돌이라든지, 혹은 보기 드물게 풍부한 청동제 유물의 존재에서 그러한 추정이 가능하다. 馬韓의 54개 小國 중 하나인 爰池國이 여수에 위치했으리라는 견해도 또한 그것을 뒷받침한다.[6] 해상교류에 의해 일궈진 화려한 청동기문화를 배경으로 여수지역에서 초기국가가 태동하였는데, 뒤이어 철기문화가 도래하고 마한연맹이 성립하면서 이제 그것을 구성하는 한 작은 나라로 역사의 전면에 그 얼굴을 내민 격이었다.

삼한시기에도 여수지역은 해상활동의 유력한 근거지였다. 이 무렵 철기가 널리 보급되면서 생산력이 크게 증대되었다. 그리고 그 결과 먼 거리의 지역 사이에도 물자교류가 자못 활발해졌다. 동북아에서의 물자교류는 대개 해상을 통해 이루어지는 게 상례이었다. 그리고 그러한 해상교류는 으레 연안항로를 이용하기 마련이었다. 당시의 造船이나 항해술의 수준으로는 그 정도가 고작이었다. 그런데 연안항로에서는 지리적인 위치가 매우 큰 비중을 차지한다. 한·중·일 세 나라의 중심에 자리잡은 한반도가, 동북아의 해상교류에서 중추적인 역할을 수행하는 것은 지극히 자연스러운 일이

6) 천관우, 「마한제국의 위치시론」, 『동양학』 9, 1979. 이영문, 『한국 지석묘사회 연구』, 학연문화사, 2002.

었던 셈이다.

가령 고조선은 대동강 하류를 중심으로 동북아의 연안항로를 장악함으로써 국가적 성장의 기틀을 마련하였다. 남쪽의 韓이나 倭가 중국과 직접 교역하는 것을 가로막은 채 물자교류를 중개하여 이득을 챙기는 식이었다. 이를 불만스럽게 여긴 중국 漢나라의 침략으로 고조선이 패망하고 한 군현이 설치되기에 이른 것은 익히 알려진 바이다. 따라서 한의 군현이 해상교류에 큰 관심을 보인 것은 당연하였다. 帶方郡에서 출발하여 서해안과 남해안을 거쳐 일본 쓰시마에 이르는 항로가 중국의 正史에 실린 것은, 그 하나의 작은 증거에 지나지 않는다.

> (대방)군에서 倭에 이르려면, 해안을 따라 물길로 가야 한다. 韓國을 거쳐 잠시 남쪽으로 그리고 다시 동쪽으로 가다 보면 왜의 북쪽에 있는 狗邪韓國에 도달하는데, 거리가 7천여 리이다. 여기에서 비로소 바다를 건너기 1천여 리이면 對馬國에 이른다.[7)]

대략 3세기 무렵의 항로를 묘사한 내용이다. 오늘날의 황해도 일대에 위치하던 대방군에서 일본을 향해 바닷길을 출발하면, 우선 韓國을 거치게 된다고 한다. 마한연맹의 중심인 目支國으로서, 충남 직산 부근의 바닷가인 아마도 아산만 일대를 가리키는 듯 보인다. 계속해서 남쪽으로 항해하다 끝자락에서 다시 동쪽으로 배를 돌려 가다 보면 구야한국 즉 金官加耶인 현재의 김해에 도달하는데, 거기에서 비로소 한바다를 건너 쓰시마에 이른다는 것이다.[8)]

---

7) 倭人在帶方東南大海之中 依山島爲國邑 舊百餘國 漢時有朝見者 今使譯所通三十國 從郡至倭 循海岸水行 歷韓國 乍南乍東 到其北岸狗邪韓國七千餘里 始度一海千餘里 至對馬國 (下略) (『三國志』30 魏書 東夷傳 倭)

삼한시기에 한반도를 중심으로 동북아의 세 나라가 펼치던 해상교류의 유일한 통로를 보여준다. 그런데 여기에서 남으로 내려가다 다시 동으로 항해하여 김해에 이른다고 하는, 그 동쪽 방향의 연안항로 중간에 불쑥 튀어나온 게 곧 여수반도이다. 당시 한·중·일 삼국의 해상교류에서 반드시 거쳐 가지 않으면 안 될 항로상의 요충에 여수가 자리하였음을 이해할 수가 있다. 지리적인 이점을 바탕으로 여수지역이 해상교류에서 중요한 역할을 수행할 여건이 갖춰진 셈이었다.

삼한시기 여수지역에는 마한연맹을 구성하는 한 소국이 위치하였을 가능성이 높았다. 아니더라도 최소한 그에 버금가는 유력한 정치적 단위체가 자리하였음은 확실하다. 그런데 여수지역의 이 정치적 단위체가, 위에서와 같은 연안항로를 이용한 동북아의 해상교류에 개입하지 않았을 까닭이 없다. 지리적인 이점을 배경으로 해상교류에 활발히 참여함으로써, 이 정치적 단위체가 성장해갔음이 분명하다. 여수의 거문도에서 대량으로 발견된 중국 漢나라의 화폐가 그 증거이다.

한반도에서 출토된 중국 漢代의 화폐는 상당수에 이른다. 중국의 군현이 위치하던 북부를 제외한 남부에서만도 17개소에서 1,043점이 나왔다. 대부분이 바닷가의 유적에서 발견되었는데, 화폐의 종류에는 半兩錢과 五銖錢 및 貨泉·貨布·大泉五十 등이 있다. 이들 한대의 화폐가 애초에 무슨 용도로 한반도에 전해졌는지는 확실하지 않다. 얼핏 국제교역에서의 결제수단이었을 것으로 생각하

---

8) 강봉룡,「고대 동북아 연안항로와 영산강·낙동강유역」,『가야, 낙동강에서 영산강으로』, 김해시, 2006. 강봉룡,『바다에 새겨진 한국사』, 한얼미디어, 2005. 요시다 마코토 지음, 한철호 옮김,『동아시아 속의 한일2천년사』, 책과함께, 2005. 윤재운,『한국 고대무역사 연구』, 경인문화사, 2006.

기 쉽지만, 반드시 그처럼 단순하지만은 않다. 다만 그와 같이 한반도의 바닷가에서 출토된 한대의 화폐가, 적어도 기원전후에서 2~3세기까지의 동안에 한국과 낙랑 등 중국 군현 내지는 중국 본토와의 사이에 활발한 해상교류가 행해졌음을 보여주는 증거임에는 틀림이 없다.[9)]

그런데 여수 거문도에서는 그와 같은 한대의 화폐 가운데 오수전만 980점이 나왔다.[10)] 한반도 남부에서 출토된 한대 화폐 전체의 94%에 해당하는 수치이다. 그처럼 많은 수량의 중국 화폐가 나왔다고 하여 반드시 이 지역이 당시 해상교류의 핵심 요충이었다고 주장할 수는 없다. 거문도 서도리의 뒷개인 큰이끼미 바닷가 모래밭에서 한꺼번에 발견된 사실로 미루어, 아마도 어느 난파당한 선박에 실렸던 게 통째로 드러났을 가능성이 높아 보인다. 그러나 최소한 출토된 화폐가 통용되었다고 하는 기원전 1세기에서 기원후 2세기 사이에, 혹은 그보다 약간 늦은 3세기 어느 때까지의 사이에, 그처럼 다량의 중국 화폐를 실은 배가 여수 앞바다를 왕래하였음은 부정할 수가 없다.

그 지리적인 위치나, 혹은 중국 군현 내지 본토와의 직간접적인 교역에 종사했을 법한 그와 같은 선박의 존재로 미루어, 삼한시기 여수지역에서는 해상세력이 활동했던 것으로 간주하여 좋을 듯싶다. 해상교류에 참여함으로써 성장한 정치적 단위체의 존재가 상정되며, 그것이 곧 마한연맹을 구성하는 한 소국이었을 가능성이 커

9) 지건길, 「남해안지방 한대화폐」, 『김정기화갑기념논총』, 1990. 최성락, 『한국 원삼국문화의 연구—전남지방을 중심으로—』, 학연문화사, 1993. 이현혜, 「삼한의 대외교역체계」, 『이기백선생고희기념 한국사학논총』(상), 일조각, 1994. 윤재운, 『한국 고대무역사 연구』, 경인문화사, 2006.

10) 삼산면지발간추진위원회, 『三山面誌』, 2000, 238쪽.

보인다. 그 역사가 열린 신석기시대 이래 여수지역에서는 해상교류가 꾸준히 행해졌다. 그리고 청동기시대를 거쳐 철기시대로 이어지는 그와 같은 해상을 통한 문물교류를 바탕으로, 이제 국가의 형태를 갖춘 정치적 단위체가 여수지역에서 싹을 틔우고 성장해갈 수 있었던 셈이다.

2. 백제·가야의 여수 진출과 해상교류

삼한 중의 마한에 속하던 여수지역은 삼국시기 들어 종당에는 백제의 영역으로 흡수되었다. 하지만 과정은 그리 단순하지를 않았다. 일시에 백제의 권역으로 편입된 게 아니었다. 몇몇 단계를 거치면서 순차적으로 백제의 통치력이 여수지역으로 침투해 들어왔다. 또한 그것은 동시에 가야세력의 여수 진출과 맞물려 진행된 일이기도 하였다. 자못 복잡해서 쉬이 종잡기가 어려운 형편이다. 문헌상의 기록이 빈약한데다, 그나마 고고학적인 발굴성과와도 꼭 일치하지만은 않음에 따라 야기된 현상이다.

여수지역이 간접적으로나마 백제의 영향권에 들어간 것은 일러야 4세기 후반이었다. 일본 측의 기록을 조심스럽게 분석한 연구에 의하면, 근초고왕 24년(369)에 倭를 끌어들여 연합군을 형성한 백제가 오늘날의 전남지역에 마지막 남은 마한세력을 정벌하고자 나섰다고 한다. 백제가 가야를 끌어들이고 왜군의 협조를 받아 마한의 잔여세력을 복속시킨 사실을 가리킨다.[11] 아울러 그 군사적 진출

11) 이병도, 「근초고왕척경고」, 『백제사연구』 1, 1970 ; 『한국고대사연구』, 박영사, 1981. 천관우, 『가야사연구』, 일조각, 1991. 김태식, 『가야연맹사』, 일조각, 1993. 김태식, 「백제의 가야지역 관계사 : 교섭과 정복」, 『백제의 중앙과 지방』, 충남대학교백제연구소, 1997.

의 방향이 —아마도 여수를 포함한— 전남의 동부지역에서 시작되어 서쪽으로 향했다고도 한다.[12] 전남 내에서도 여수지역에 보다 일찍이 백제와 가야의 영향력이 미치었을 것임을 보여준다. 문헌상의 기록으로는 4세기 후반 즈음이면 백제와 가야세력이 벌써 여수지역에 진출하기 시작했다고 이해하여 좋은 셈이다.

그런데 고고학적인 연구에서는, 전남지역에서 나온 백제계 유적과 유물의 상한을 5세기 후반에서 심지어는 6세기 중엽까지로 보기도 한다. 아무리 빨라야 5세기 중반 이전으로는 올라갈 수가 없다는 결론이다.[13] 문헌에 의거한 연구와 1세기 전후 혹은 그것을 훌쩍 넘어설 만큼 적지 않은 차이가 난다. 한편 가야계의 경우 최근 순천지역에서 잇따라 관련 유적이 발굴되었는데, 4~5세기 무렵 및 5세기말~6세기초엽의 유물이 나왔다. 앞선 시기의 것이 小伽倻 계열이고 보다 뒷 시기의 것은 大加耶 계열로 이해들을 한다.[14] 백제에 앞서 소가야가 먼저 순천 등 전남 동부지역에 진출했을 가능성을 보여준다. 그 시기 또한 문헌상으로 백제의 영향력이

12) 김주성, 「고대사회 순천의 지배세력」, 『순천시사』(정치·사회편), 순천시사편찬위원회, 1997.

13) 임영진, 「영산강유역 석실분의 수용 과정」, 『전남문화재』 3, 전라남도, 1990. 조근우, 「전남지방의 석실분 연구」, 『한국상고사학보』 21, 1996. 임영진, 「나주 복암리 3호분의 옹관석실」, 『한국고고학전국대회발표요지』, 한국고고학회, 1996. 임영진, 「전남의 석실분」, 『전남의 고대묘제』, 전라남도·목포대박물관, 1996. 吉井秀夫, 「횡혈식석실분의 수용양상으로 본 백제의 중앙과 지방」, 『백제의 중앙과 지방』, 충남대학교백제연구소, 1997. 성낙준, 「백제의 지방통치와 전남지방 고분의 상관성」, 같은 책. 권오영, 「영산강유역 정치체의 성격」, 『한국고대사 연구의 새 동향』(한국고대사학회 편), 서경문화사, 2007. 이동희, 「백제의 전남 동부지역 진출의 고고학적 연구」, 『한국고고학보』 64, 2007.

14) 순천대박물관, 『순천 운평리 고분 발굴조사 약보고』, 2006. 남도문화재연구원, 『순천 낙원아파트 건설부지 내 문화유적 발굴조사 약보고』, 2007.

전남지역에 미치기 시작했다는 바로 그 즈음에 해당한다. 4세기에서 6세기에 이르는 동안 순천을 비롯한 전남 동부지역이, 먼저 소가야 계통의 영향을 받다가 뒤이어 백제와 대가야의 영향권으로 편입되었고 최종적으로 백제의 영역으로 흡수되었다는 의미이다.

여수지역에서 나오는 관련 유물들도 대략 그와 유사한 경향을 보인다. 근자에 발굴된 유적에서 5~6세기대로 여겨지는 백제와 가야계의 유물이 나왔는데, 백제보다는 가야계가 시기적으로 앞선 것이라는 평가이다.[15] 아울러 적은 수이기는 하지만 倭系의 유물도 눈에 띈다고 한다. 여수지역의 경우 아직 그 사례가 충분치 않은 편이라서 단정하기에는 이르다. 하지만 관련 유적과 유물로 미루어, 백제와 가야세력의 영향권 안으로 편입되어 들어가는 추이에서 순천을 위시한 전남 동부의 다른 지역과 크게 다르지는 않았음이 거의 확실하다.

문헌에 의거한 연구와 고고학적인 성과를 종합하면, 대략 4세기 후반에서 6세기 중반에 이르는 사이에 백제의 전남지역에 대한 지배권이 단계적으로 확립되어 간 듯 보인다. 백제의 편에 선 가야의 영향력도 그와 함께 전남 특히 그 동부지역으로 침투해 들어갔으며, 아울러 그에 협조한 왜의 경우도 대체로 그와 비슷하였으리라 판단된다. 백제에서는 흔히 처음 정복한 지역의 토착세력을 그대로 유지시키면서 간접적으로 통제하는 방식을 취하였다. 단지 그들로 하여금 貢納을 바치도록 요구하는 수준이었다. 그와 같은 간접지배를 넘어서 거점지배 방식의 檐魯制를 시행한 것이 5세기 후반이었으며, 6세기 중엽의 聖王代에 가서야 郡縣制에 의한 직접지배를 달성하였다.[16] 4세기 후반에 처음 백제의 영향권으로 편입된 전남지

15) 마한문화연구원, 『여수 죽림 택지개발사업지구 내 문화유적 발굴조사 1차 지도위원회자료』, 2008.

역이, 150여 년 뒤에야 그 직접지배 영역으로 흡수되기에 이른 경위는 그러하였다.

특정한 유물이 만들어져 널리 사용되었을 것으로 예상되는 연대와, 제작방법 등 그와 관련된 여러 사실들이 처음 전해졌을 것으로 여겨지는 시기와의 사이에, 다소의 시차가 나타나는 것은 흔한 일이다. 또한 무덤이 그러하듯이, 보수적 색채가 매우 강하여 새로운 양식으로 바뀌는 데 긴 시간을 필요로 하는 경우도 드물지 않다. 백제가 전남지역으로 처음 진출을 시작한 게 4세기 후반이었다고 하더라도, 그 영향이 유적과 유물에 반영되기까지에는 상당한 세월을 필요로 하였음이 틀림없다. 직접적인 영향이라곤 거의 없다시피 하였을 간접지배의 시기나, 혹은 영향이 있더라도 한계가 컸음이 분명한 거점지배의 기간이라면 더 이를 나위가 없다. 백제의 진출이 시작된 4세기 후반 이후 한참이 지나도록 전남지역에서 백제계 유물이 찾아지지 않는 것은 당연하다. 그러다가 거점지배 방식이 시행되는 5세기 후반에 가서야 비로소 이 지역의 토착세력에 의해 사용된, 백제의 영향을 받은 돌방무덤[石室墳]이 나온다. 뒤이어 백제의 직접지배가 시작되는 6세기 중반에 들어 백제식 그대로의 돌방무덤이, 그리고 6세기 후반에서 7세기 초엽의 사이에 백제계 산성이[17] 전남지역에 나타난다. 백제의 영향력이 차츰 확대되어가는 데 발맞춰, 다소의 시차를 두고 관련 유적과 유물들이 순차적으로 그 모습을 드러내는 셈이다.

---

16) 백제의 지방통치체제에 관한 근래의 연구경향은, 양기석, 「백제의 지방통치체제」, 『한국고대사 연구의 새 동향』, 서경문화사, 2007, 223~240쪽의 설명 및 참고문헌이 참고된다.

17) 최인선, 「섬진강 서안지역의 백제산성」, 『섬진강 주변의 백제산성』, 한국상고사학회, 2000.

한편 여수나 순천과 같은 전남 동부지역의 경우, 삼한시기 이래 변한 내지 가야 계통과 끊임없이 오가며 교류를 지속하였다. 중국 군현에까지 공급되었다는 변한의 鐵도, 여수지역을 거쳐 한반도 북부로 해상 운송되었음이 분명하다. 그런데 그처럼 일찍부터 가야계통과 교류 중이던 여수를 비롯한 전남 동부지역에, 백제가 손길을 뻗쳐 왔다. 가야를 끌어들이고 왜군의 협조를 받은 백제가 여수지역에까지 정치적인 진출을 시도하였다. 4세기 후반의 일이었다. 여수와 순천지역에서 백제보다 앞서는 가야계통의 4~5세기대 유물이 먼저 나오고, 그 뒤를 이어 5~6세기대의 백제나 가야 혹은 왜계통의 유물이 나타나는 것은, 그와 같은 사정에서 비롯되었음이 틀림없다.

이후 여수지역은 백제와 가야세력의 대외교류 창구 가운데 하나로 기능하였다. 가야가 백제와 교류한다든지 혹은 백제가 가야로 진출하고 또 왜와 교류하는 데, 여수지역은 거의 반드시 거쳐 가야 하는 위치였다. 더욱이 5세기 전반에 금관가야를 비롯한 낙동강 하류의 일부 세력이 고구려군을 끌어들인 신라에 의해 타격을 받으면서 그 비중은 한층 커졌다. 백제와 가야가 낙동강 하류지역을 해상교통의 거점으로 이용하기 어렵게 되면서, 여수는 백제와 가야 그리고 왜 사이의 교류에 없어서는 안 될 만큼 중요한 지역이었다.[18)]

한편 5세기 후반 들어 여수를 비롯한 전남 동부지역에서는 일시 대가야의 영향력이 크게 확대되었다. 고구려의 강한 압박으로 백제의 세력이 크게 위축된 데 따른 일이었다. 전남 동부지역에서 퇴조를 면치 못하던 백제의 자리를 대가야세력이 메운 격이었다. 낙동

18) '섬진강 유역이나 서부 경남 해안을' 통로로 삼아 대외 해상교류에 나설 경우(김태식, 「백제의 가야지역 관계사 : 교섭과 정복」), 여수반도 일원이 요충으로서 기능하였을 가능성이 매우 높다.

강을 대신해서 섬진강을 대외교류에 이용하고자 했던 대가야에게, 순천과 여수반도 일대는 외면하기 어려운 요충이었다. 이 지역에서 잇달아 나타나는 5세기 말에서 6세기 초에 걸치는 대가야계의 유적이 그것을 보여준다.

하지만 여수지역이 그처럼 대가야의 대외교류에서 중요한 역할을 한 기간은 그리 길지 않았다. 체제를 정비한 백제가 6세기 전반 들어 다시 전남 동부지역으로 진출해 왔다. 그리고 왜군의 협조를 받으면서 섬진강 넘어 대가야 쪽으로 세력을 확장해 갔다. 6세기 중반에 성왕이 한강유역 탈환작전을 펼치면서 대가야를 전투에 동원할 수 있었던 것은 그러한 세력확대의 결과였다.

한편 여수지역이 백제의 직접지배 영역으로 흡수된 것도 이 무렵이었다. 성왕대에 군현제가 시행되면서였다. 여수반도 일원을 통치하도록 설치된 것은 두 고을이었다. 5방 중의 南方에 속하는 歃平郡(현 순천) 관내의 猿村縣과 突山縣이 그것이었다.[19] 청동기시대 이래 독자적인 세력으로서, 혹은 백제와 가야가 진출해 오면서는 자치적인 세력으로서, 여수지역을 대표하던 토착 유력자들의 전통적인 세력기반은 차츰 약화 축소되어 갔다. 중앙에서 파견되어 온 귀족 출신의 수령에게 부림을 당하면서, 말단의 행정실무나 담당하는 데 만족해야 하는 처지로 전락하였다. 자연히 토착세력에 의해 독자적으로 혹은 비교적 자율적으로 행해지던 해상교류도 위축될 수밖에 없었다. 중앙의 강력한 통제 아래에서, 지방세력 나름의 발랄한 해상활동은 기대하기 어려운 일이었다.

---

19) 이종범, 「여수시의 역사」, 『여수시의 문화유적』, 여수시 · 조선대박물관, 2000.

3. 신라말 고려초의 해상교류와 여수

여수지역에서 다시 해상세력의 움직임이 활발해진 것은 신라하대에 가서였다. 앞서 백제가 멸망하고 신라의 지배체제가 들어서는 과정에서, 중앙의 통제가 사라진 틈을 타 토착세력이 나름의 활동을 보였을 가능성은 있다. 하지만 그나마도 잠시에 지나지 않았다. 전제적 왕권을 확립한 신라 중앙에 의해 강력한 통제가 가해지는 것은 시간문제일 따름이었다. 아울러 그러는 사이에 고을의 이름마저 갈리었다. 원촌현은 海邑縣으로, 그리고 돌산현은 廬山縣으로 각각 명칭이 바뀌었다. 현 전남지역을 관할하던 武州 관내의 昇平郡(현 순천) 소속으로서였다.[20]

전통시기의 중앙집권적인 지배체제 아래에서는 독자적인 대외교류는 이를 나위가 없으며, 국내에서의 자유로운 이동조차 제한을 받는 게 보통이었다. 통일신라시기의 여수지역이라고 하여 거기에서 예외였을 까닭이 없다. 당시 이 지역에서 해상세력이 자유로이 활동한다는 것은 불가능하였다. 여수반도 일원은 단지 王京이던 경주 내지 일본에서 중국으로 향하거나, 혹은 반대로 중국에서 경주 내지 일본으로 향하는 선박이, 중간에 들러 잠시 머무는 곳에 지나지 않았다. 여수를 포함한 지방사회가 그와 같은 피동적인 처지에서 벗어나려면, 중앙의 통제력이 약화되는 신라하대까지 기다려야만 하였다.

신라말에서 고려초까지는 흔히 豪族의 시대라 불린다. 경주를 중심으로 온갖 특권을 누리던 骨品貴族에 가름하여 지방의 유력자가 대두하였다. 정치와 사회·경제·문화의 주도권이 이들 지방세력가에게 넘어갔다. 무주라 불리던 당시의 전남지역에서는 특히 해

---

20) 『三國史記』 35 地理 2 武州 昇平郡.

상세력 출신 호족들의 활약이 볼 만하였다. 동북아에서 해상교류가 시작된 이래로 꾸준히 그에 참여해온 오랜 역사적 경험을 바탕으로 한 일이었다. 아울러 한·중·일 삼국의 중앙에 위치함으로써, 그것을 주도할 수 있는 지리적 이점에 힘입은 바도 적지 않았다. 당시 선박이나 항해술의 수준에서, 무주 일대를 거치지 않고 동북아의 해상교류에 참여하는 것은 거의 생각하기 어려웠다.

신라말 무주 연해안의 해상세력 중에서 가장 먼저 두각을 드러낸 인물이 張保皐였다. 그는 완도의 청해진을 근거로 동북아의 해양을 호령하였다. 하지만 그가 海上王으로 군림한 기간은 그리 길지 못하였다. 신라 중앙에 의해 머지않아 제거되는 운명에 처하였다. 지방의 토착 유력자들이 대두하는 데 위협을 느낀 중앙귀족들이 하나로 힘을 모아 대응한 결과였다. 거기에는 또한 지역사회의 주도권을 두고 벌어진 토착세력 사이의 갈등이, 구체적으로 말해서 무주의 西南 해양세력과 北東 내륙세력 사이의 갈등이 중앙귀족에 의해 이용당한 측면도 없지 않았다.[21]

장보고가 사라지자 무주 연해안의 곳곳에서 크고 작은 해상세력가들이 나타났다. 장보고에 가려져 드러나지 않던 해상세력 출신의 호족이 여기저기에서 모습을 드러냈다. 羅州 출신으로서 태조 왕건의 둘째왕후이자 고려 제2대 임금[惠宗]의 생모이던 莊和王后 吳氏의 가문이 그러하였다. 서남해안의 섬에서 활동했다는 水獺이라는 별명의 能昌이나, 長興 天冠山 인근을 거점으로 삼아 성장한 장흥 任氏도 그러한 사례에 들기는 매한가지였다.[22] 오랜 기간 해상교

---

21) 김상기, 『동방문화교류사론고』, 을유문화사, 1948. 김광수 외, 『장보고의 신연구』, 완도문화원, 1985. 정청주, 『신라말고려초 호족연구』, 일조각, 1996.

22) 문수진, 「고려건국기의 나주세력」, 『성대사림』 4, 1987. 김당택, 「고려시

류에 참여해 온 역사적 경험에다, 동북아의 해상교통로를 장악할 수 있는 지리적 위치에 힘입어서였음은 물론이다.

신라말 고려초에 그처럼 무주의 연해안을 무대로 활약한 해상세력가 중에는 여수지역 출신도 들어 있었다. 신석기시대 이래로 해상을 통한 문물교류의 전통을 지켜 온 여수반도 일원은, 해상세력이 활동하고 성장하기에 좋은 여건을 갖춘 고장이었다. 중국에 유학한 선종 승려 大鏡麗嚴이 신라 효공왕 13년(909)에 昇平(현 순천)으로 귀환한 사례와 같은 것이 그러한 증거이다.[23] 바닷길을 이용해 승평으로 들어가려면 당시 승평군의 관내에 속하던 여수를 중도에 거쳤다고 보는 것이 온당하다. 그와 같은 대경여엄의 귀환경로로 미루어 여수지역이 중국과의 해상교통로에서 중요한 위치를 차지하였음을 알 수가 있는 것이다.

신라말 고려초의 동북아 해상교류에서 여수반도 일대는 빼놓을 수 없는 요충이었다. 역사적 경험이나 지리적 위치에서 그러하였다. 이름난 해상세력가의 출현을 기대할 만한 고장이었다. 광양만과 여수만이나 혹은 순천만을 주요 근거지로 삼아 활약을 펼치던 金惣이나 朴英規와 같은 해상세력 출신의 호족이 등장하는 것은 매우 자연스러운 일로서, 단지 이르거나 늦은 차이가 있을 따름이었다.[24]

대의 나주」, 『나주목의 재조명』, 나주시·목포대박물관, 1990. 정청주, 「신라말·고려초 서남해안지역 호족의 동향」, 『신라말고려초 호족연구』. 변동명, 「장흥 천관산지역의 토착세력과 불교신앙」, 『한국중세의 지역사회 연구』, 학연문화사, 2002. 류선영, 「고려태조비 장화왕후」, 『해양문화연구』 창간호, 전남대학교 이순신해양문화연구소, 2008.

23) 『校勘譯註 歷代高僧碑文』(高麗篇1) 砥平 菩提寺 大鏡大師 玄機塔碑文

24) 이경엽, 「순천의 성황신앙·산신신앙과 역사적 인물의 신격화」, 『남도민속연구』 6, 2000. 변동명, 「고려시기 순천의 산신·성황신」, 『역사학보』

김총은 현 여수시 상암동 내지 그 인근의 어느 곳에서 출생해 성장하였다. 이 일대는 조선초기의 한때 進禮萬戶 및 그 휘하의 수군이 정박하는 포구가 자리한 곳이었다. 그만큼 해상교통에서 중요한 위치였다는 의미이려니와, 김총은 그와 같은 요충을 근거로 삼아 활동하던 바다사람이었다. 다시 말해 그는 신라말 고려초에 광양만과 여수만을 주요한 무대로 삼아 활동하던 해상세력 출신의 호족이었다.

해상활동에 종사하는 전남 동부지역의 토착세력이었던 그는, 이 고장 武州 출신의 甄萱과 일찍부터 연계를 맺었다. 견훤이 전남 동부지역에서 防戍軍으로 복무하던 시절부터 이미 괴로움과 즐거움을 함께 하는 사이였다. 토착 유력자 출신으로서의 그와 같은 깊은 연고에다, 무인으로서의 뛰어난 능력과 견훤의 남다른 신임을 바탕으로, 김총은 후백제에서 引駕別監에 올랐다. 견훤왕의 신변호위를 담당하는 자리였다. 심복이 아니면 맡기 어려운 중요한 직임을 맡은 인물로서, 그는 후백제에서 손꼽히는 실력자 가운데 한 사람이었다.

견훤이 처음 군사를 일으키자, 김총은 순천을 비롯한 전남 동부지역에서 호족들의 지지를 끌어내는 데 이바지하였다. 그리하여 견훤으로 하여금 무주를 점령하고 새로운 왕조를 창업할 수 있도록 토대를 마련하였다. 나아가 그의 핵심측근으로서, 후백제정권이 전주지역을 아우르고 공주에까지 그 영향력을 확대해가는 데에도 기여하였다. 후일 어느 전투에서인가 사망하였거나 혹은 정치적 격변의 소용돌이 속에서 희생되었을 것으로 짐작되는 김총은, 말하자

174, 2002. 정청주, 「신라말 · 고려초 순천지역의 호족」, 『전남사학』 18, 2002. 변동명, 「해룡산성과 순천」, 『전남사학』 19, 2002. 변동명, 「김총의 성황신 추앙과 여수 · 순천」, 『전남사학』 22, 2004.

면 후백제의 창업군주인 견훤왕의 핵심측근으로서 그를 섬기는 데 일생을 바친, 그리하여 후백제 사람으로 살다 후백제 사람으로 일생을 마친 인물이었다.

김총은 사망 후 순천도호부의 제향(祭享)을 받는 신(神)으로 떠받들어졌다. 그는 처음 進禮山(현 靈鷲山)에 위치하던 여수 고읍의 城隍神으로 받들어 모셔졌다. 여수가 순천의 굴레에서 벗어나 하나의 고읍로 자립하던 무렵이었다(忠定王2, 1350). 金惟精·金承霔 父子와 같은, 그의 후손임을 자처하는 이들의 성장과 중앙 진출을 배경으로 가능한 일이었다. 여수의 토착세력은 고려후기 들어 중앙으로 진출하여 여수 고읍을 자립시킬 수 있을 정도로 성장하였다. 元의 정치적 간섭을 받던 즈음이었다. 그리하여 자신들과 연고가 깊은 역사상의 실존인물인 김총을 고읍의 상징인 성황신으로 떠받듦으로써, 현 전남 동부지역 내에서 여수의 위상을 강화하는 것과 함께, 여수를 이끄는 중심세력으로서의 자신들의 권위를 높이고자 도모하였다. 아울러 당시 극성을 부리기 시작하던 왜구의 존재도 또한 김총을 신격화시키는 배경으로 작용하였다. 왜구의 노략질로 모두가 고통을 받던 시기에, 武將으로 이름이 있던 조상 김총을 고읍의 수호신인 성황신으로 받들어 모심으로써, 그 후손들 역시 그와 마찬가지로 지역의 수호자임을 자처할 수가 있었을 것이기 때문이다.

그 후 김총은 순천의 성황신으로 바뀌었다. 조선 태종 9년(1409) 무렵 여수현이 혁파되고 고읍이 송두리째 순천도호부의 식할시로 편입되면서였다. 고읍이 사라지고 지방행정의 중심지가 순천으로 옮겨가자, 여수지역 주민의 불만이 높아졌다. 이에 여수의 성황사를 여수·순천을 통합한 관아의 공식적인 제향을 받는 순천도호부의 성황사로 변신시켰다. 여수 지역사회를 어루만짐으로써 통합으로 나타난 불만을 해소시키려는 의도에서였다. 비록 여수 고읍은 없어

졌지만, 그 상징인 성황신이나마 명맥을 유지한 가운데 순천으로까지 그 영향권을 넓힌 것이라는 설득이 가능하였을 것이기 때문이다. 그리고 그에 따라 여수의 성황신이던 김총도 자연히 여수를 포함한 순천 고을 전체의 성황신으로 자리 잡기에 이르렀다. 이후 순천 성황신 김총은 조선후기에 이르도록 관아의 제향을 받았다. 18세기 즈음에도 순천부에서는 성황신 김총을 받드는 제향의식을 주관하도록 儒生을 선발하여 여수의 진례산 성황사로 파견하였다.

박영규는 현 순천시 홍내동의 海龍山 근처에서 태어나 성장한 인물이었다. 역시 김총과 비슷한 시기에 활동하던 해상세력 출신의 호족이었다. 신라말 고려초에 해룡산 아래의 포구를 근거지로 삼아, 주로 여수반도의 서쪽인 순천만 일대를 주름잡던 토착세력가였다. 그가 웅거한 곳은 고려시기에 12漕倉 중의 하나가 위치하던 해상교통의 요충지였다. 그리하여 그는 해상무역의 이익을 취하는 등 경제적 기반을 확고히 함으로써, 전남 동부지역을 대표하는 호족으로 우뚝 서게 되었다. 후백제왕 견훤이 자신의 딸을 그와 혼인시키면서까지 그를 휘하에 붙잡아 두기 위해 노력하는 정도의 역량을 지닌 인물이었다. 나주 일대가 왕건에게 넘어간 이후, 무주의 동남부지역이나마 후백제의 변함없는 영역으로 확보하기 위해서는 그의 도움이 그만큼 절실하였다. 나아가 나주 해상세력이 떨어져나가면서 생긴 해양에서의 공백을 메우기 위해서도, 박영규와 같은 유력한 해상세력을 끌어들여 보강할 필요가 있었다. 그로써 자신의 정권을 안정시키는 데 도움을 얻을 수가 있을 것이기 때문이었다.

견훤왕의 사위이자 군사력을 장악한 실력자[將軍]로서, 박영규는 견훤정권에서 손꼽히는 핵심에 속하였다. 후백제의 유력한 실세로서, 그의 정치적 선택에는 그만큼 힘이 실리게 마련이었다. 따라서 神劍의 왕위 탈취에 반대한 그가 견훤을 뒤따라 고려의 왕건에게 몸을 의탁해 간 것은, 후백제의 존망에 영향을 끼치는 중대한 사건이었다. 후삼국을 통일한 후 왕건이 박영규의 공적을 기리면서 이례적이다 싶게 각별히 우대한 것은 곧 그에 대한 보상이었다. 박영규는 고려왕조에서 세 딸을 왕실에 后妃로 바치고 아들을 관직에 진출시키면서 극진한 예우 속에 출세의 길을 걸었다.

박영규는 사망한 후 순천만 일원을 포함한 지역사회에서 海龍山神으로 받들어 모셔졌다. 고려 顯宗代(1009~1031) 즈음의 일이었다. 이 무렵 순천은 고을의 격이 낮춰지고 관할하는 영역이 줄어드는 등, 현 전남지역 내에서 羅州에 비해 상대적으로 위축을 면치 못하였다. 이에 지역의 토착 유력자들은 박영규를 해룡산신으로 추앙함으로써 그에 대처하고자 하였다. 고려의 후삼국 통일에 기여한 지역 출신의 박영규를 앞세워, 순천 역시 나주 못지않게 고려왕조에 기여하였음을 널리 알리고자 함이었다. 이로써 순천 또한 나주와 마찬가지로 우대받을 자격이 충분하다는 사실을 강조하려는 의도에서였다. 하지만 해룡산신 박영규를 앞세운 지역 주민들의 그와 같은 노력은 끝내 성공을 거두지 못하였다. 고려초기에 벌어진 중앙에서의 격렬한 정치적 다툼으로 박영규 계열이 밀려난 이래, 지역에서의 그러한 여론을 중앙에 전달하고 또 관철시킬 만한 연고세력이 조정 내에 더 이상 존재하지 않은 때문이었다.

김총과 박영규는 후삼국시기에 여수·순천 등 전남 동부지역을 호령하던 토착세력가였다. 여수반도 일대의 바다를 지배하던 해상세력 출신의 호족이었다. 이들은 또한 한결같이 견훤을 지지하였다. 변함없이 그의 편에 서서 정치적 운명을 함께 하였다. 견훤정권을 지탱하는 핵심에 속하는 인물들이었다. 그런데 후삼국시기를 주도한 영웅들 가운데 해상세력을 끌어들이지 않고서 새로운 왕국의 건설에 성공한 사례는 없었다. 해상세력 출신의 왕건은 물론이고, 그러한 왕건의 가문을 휘하에 거느린 궁예나, 역시 전남 동부지역의 해상세력을 바탕으로 자립에 성공한 견훤의 경우가 그러하였다. 견훤왕의 후백제에서 김총과 박영규로 대표되는 여수반도 일대의 해상세력이 차지하는 비중이 그만큼 컸다 할 것이다.

여수반도와 그 일원은 견훤정권의 해상활동에서 매우 중요한 근거지였다. 나주지역을 왕건에게 빼앗긴 이후에는 그 중요성이 한층 커졌다. 후백제에서 일본과 교류하려면 여수반도 방면이 거의 유일한 창구였다. 922년과 929년에 후백제의 사신이 일본으로 갔을 때에도,[25] 대략 수도인 全州에서 여수를 거쳐 일본으로 향하였을 가능성이 매우 높다.

사실 여수를 포함한 전남 동부지역은 견훤이 맨 처음 군사 활동을 시작한 곳이었다.[26] 그가 신라에 반기를 들고 처음 군사를 일으킨 것도 이 지역이었다. 그러므로 이곳에서 防戍軍으로 복무하던 견훤이, 여수반도 일원의 해상활동에 직간접적으로 개입되었을 가능성이 매우 높다. 해상활동 내지는 그에 종사하는 해상세력의 중요성을 인식할 기회도 적지 않았을 법하다. 나아가 그러한 해상활동이 이루어지는 창구, 다시 말해 해상세력의 근거지로서 여수지역이 차지하는 중요성도 충분히 파악하였을 게 분명하다.

고려 태조 왕건은 927년에 수군을 동원하여 여수 앞바다의 突山島를 공략하였다.[27] 이웃의 南海島와 함께였다. 자못 먼 거리의 해상 군사작전으로서, 그 목표가 무엇이었는지는 기록에 전하지 않는다. 다만 최대의 적수인 후백제 견훤왕의 해상활동을 봉쇄하는

25) 권덕영, 「후백제의 해외교섭활동」, 『후백제와 견훤』(백제연구소 편), 서경문화사, 2000.

26) 변동명, 「견훤의 출신지 재론」, 『진단학보』 90, 2000.

27) 『高麗史』 1 太祖 10년 4월 壬戌.

게 주요 목적이었음은 틀림없어 보인다. 당시 왕건은 나주지역을 이미 손에 넣어 후백제의 서남해안을 봉쇄하고자 나선 상황이었다. 이제 여수반도 일대의 해상교통로만 장악하면 후백제를 고립시키는 데 성공할 수가 있었다. 여수지역 주변의 해상을 통제함으로써, 후백제가 바다를 통해 신라의 경주 방면으로 진출하거나 혹은 일본과의 외교교섭에 나서는 것을 저지하는 게 가능하였다. 왕건이 위험을 무릅쓴 채 멀리 여수지역에까지 수군을 동원한 이유였다. 그만큼 여수지역이 신라말 고려초의 해상교류에서 중요한 역할을 담당하였음을 보여주는 사건이 아닐 수 없다.

4. 해상활동의 통제와 해양수호기지 여수

근대 이전의 한국에서 해상진출이 가장 활발했던 시기는 신라말 고려초였다. 해상교류의 요충이던 여수지역에서 해상세력의 활동이 가장 생기에 넘치던 시기도 당연히 그와 같았다. 그렇지만 고려에 의해 후삼국이 통일되고 이어서 중앙집권화한 조정이 자리잡음에 따라, 지역 토착세력의 발랄한 해상활동은 점차 자취를 감추었다. 중앙의 통제가 강화되면서 지역 나름의 자유로운 해상활동은 불가능하였다. 여수지역의 상황도 그러하였을 것임은 이를 나위가 없다. 왕경에서 멀리 떨어진 변방의 바닷가에 위치한 여수지역의 위축은 불을 보듯 뻔하였다.

고려에 의해 후삼국이 통일되면서, 한국사의 중심 무대가 한반도의 중앙으로 옮겨갔다. 역사의 무게중심추가 동남부의 경주에서 중부지역의 개경으로 이동하였다. 따라서 이제 왕경과 중국을 오가는 선박이 여수지역을 스쳐갈 이유가 없어졌다. 신라의 경주에서 중국으로 향하거나 반대로 중국에서 경주를 향하는 선박의 경우,

대개 여수지역을 들러서 가게 마련이었다. 그렇지만 고려의 개경에서는 그리할 필요가 없어졌다. 개경의 관문인 예성강 하구에서 산동반도를 향해 곧장 서해를 횡단하거나, 혹은 비스듬히 가로질러 양자강 하구로 향하는 뱃길이 주로 이용되었다. 고려시기 한국과 중국 사이의 해상교류에서 여수지역은 완전히 소외되었다.

한편 고려가 일본과 교류하기 위해서는 지리적 위치상 여수지역을 거쳐서 가는 게 보통이었다. 개경 방면에서 출발하거나 혹은 중국에서 한반도를 거쳐 일본으로 향하는 경우 내지는 그 반대의 경우, 여수 일대는 선박 기항지로서의 역할을 기대할 만하였다. 그렇지만 당시 일본에서는 일종의 외교적 고립주의를 추구하는 경향이 강하였다. 외국과 교류하며 또한 우호적인 관계를 유지하는 데 소극적이었다. 국교를 수립하는 거와 같은 국가 사이의 교섭에는 아예 나서려 들지를 않았다. 자연히 여수지역을 거치는 해상교류도 그리 활발하지 못하였다.

요컨대 고려시기의 동북아 해상교류에서 여수지역이 수행한 역할이란, 내놓을 게 그리 없는 미미한 수준이었다. 대개는 순천만 안쪽의 海龍倉을 중심으로 이뤄지던 漕運에서[28] 일정한 역할을 맡는 정도가 고작이었다. 稅穀의 운송과 같은 국내의 물자교류를 중심으로, 제한적인 범위 안에서 해상활동의 명맥을 겨우 이어가는 실정이었다. 중앙에 의해 자율적인 해상활동이 통제되는 가운데, 머나먼 변방의 바닷가 고장으로서 여수는 점차 잊혀 가는 수밖에 다른 도리가 없었다.

여수지역이 새삼 그 존재 가치를 인정받게 된 것은 고려말에 왜구의 분탕질이 자심해지면서였다. 그에 앞서 무인정권과 뒤이은 삼

28) 변동명, 「해룡산성과 순천」, 『전남사학』 19, 2002. 한정훈, 『고려시대 교통과 조세운송체계 연구』, 부산대 박사학위논문, 2009.

별초정권이 적극 해상활동에 나서고, 잇따라 고려와 원의 연합군이 일본원정을 추진하는 과정에서, 해상교통의 요충인 여수지역이 다시 부각되었을 가능성도 없지는 않다. 무인정권은 바다와 섬에 의지해서 몽고의 침입에 맞섰다. 삼별초는 珍島를 중심으로 남해안 일대와 제주도에 걸친 해상왕국을 건설하였다. 또한 고려・원 연합군이 일본 원정에 나서면서는, 그에 동원된 전함이 온통 현 전북 扶安의 邊山 및 여수의 이웃인 長興 天冠山에서 건조되었다.[29] 바다의 중요성이 재인식될 만한 환경이었다. 자연히 여수와 같이 해상활동의 교두보로서 유리한 여건을 갖춘 지역이 관심의 대상으로 떠올랐음 직하다. 후일 왜구가 창궐하자 조정에서는 곧바로 屬縣 여수를 縣令 고을로 승격시켜 그에 대비토록 조처하였다. 여수 일원이 해상교통의 요충임을 중앙에서 진작부터 파악해 두었기에 가능했을 법한 신속한 처리였다.

해상 요충으로서 여수지역의 가치가 확실하게 재인식된 것은, 왜구의 노략질이 격화되는 것과 함께였다. 왜구가 대규모적으로 그리고 빈번하게 출몰하면서 본격적인 약탈에 나선 것은 충정왕 2년(1350)에 들어서였다.[30] 史官은 그것을 '왜구의 침략이 이에서 비롯되었다'고 기록하였다.[31] 그리고 바로 그 해에 여수가 순천의 관할에서 벗어나 현령 고을로 자립하였다.[32]

고려시기 들어 여수지역은 새로운 이름으로 불리었다. 백제의 猿村縣에서 통일신라의 海邑縣을 거쳐, 이제 麗水縣으로 고을의 명칭이 바뀌었다. 오늘의 여수라는 아름다운 이름은 여기에서 비롯되었

---

29) 『高麗史』 27 元宗 15년 6월 辛酉.

30) 이현종, 『조선전기 대일교섭사연구』, 한국연구원, 1964.

31) 『고려사』 37 忠定王 2년 2월.

32) 『新增東國輿地勝覽』 40 順天都護府 古跡 麗水廢縣.

다. 돌산도 일대는 突山縣에서 廬山縣으로 고쳐졌다가, 고려왕조 들어 돌산현의 이름을 되찾았다. 그런데 이때 여수지역에는 그러한 명칭의 변경을 넘어서는 훨씬 큰 변화의 회오리가 밀어닥쳤다. 여수현과 돌산현이 守令을 배정받지 못하는 불완전한 고을인 屬縣으로 격하되었다. 고을의 지방행정을 총괄하는 권한은 이웃 고을인 순천의 수령에게 넘어갔다. 고려왕조 내내 여수지역은 순천에 예속되어 그 통제를 받아야만 하였다.

그러한 여수 고을이 고려말에 드디어 순천의 굴레를 벗어났다. 추락했던 고을의 격이 회복되었다. 중앙에서 임명되어 온 현령이 고을의 행정을 독자적으로 꾸려가는 체제를 갖추었다. 왜구가 노략질을 해대기 시작하던 바로 그 해의 일이었다(1350). 왜구가 나타나더라도 이제는 수령을 중심으로 고을에서 자체적으로 재빨리 대응하는 게 가능해졌다. 느닷없이 단행된 여수 고을의 승격은, 왜구의 출몰에 대비하고자 취한 조치 중의 하나였음이 틀림없다. 그만큼 여수지역이 해상활동의 요지였으며, 중앙에서도 그 가치를 인정하였음을 보여주는 증거이다.

고려말에서 조선전기 내내 여수지역은 왜구가 빈번히 오가는 길목이었다. 그런 만큼 왜구에 의한 피해도 적지 않았다. 돌산도의 경우 고려말 조선초 한때 주민이 거주하지 않는 빈 섬[空島]으로 방치되었다. 그곳에 위치하던 돌산현 자체가 아예 육지로 옮겨감에 따라 행정상의 공백지대로 남겨졌다. 조선 성종대에 돌산도를 개간하는 문제가 논의되기까지, 공식 문서상으로 이곳은 사람이 살지 않는 무인도였다. 후일 여수지역에 왜구를 방어하기 위한 수군기지가 여럿 들어선 것도, 그처럼 왜구의 길목에 해당하는 요충이기 때문이었음은 이를 나위가 없다.[33)]

고려말 여수지역에서 왜구를 물리치고는 사람들이 기뻐하며 불렀다는 노래가 역사서에 전한다. 長生浦歌가 그것이었다. 공민왕 초에 柳濯이라는 장수가 장생포(현 여천선소유적 일대)에 들어온 왜구를 몰아내자, 그의 공덕을 칭송하는 뜻을 담아 부른 민중의 노래[俗謠]라고 한다.[34] 그 정도로 여수의 주민들에게 왜구는 지긋지긋한 존재였다. 아울러 그처럼 왜구를 격퇴한 고장으로서 널리 노래 불릴 만큼, 여수는 해양·군사적으로 중요한 지역이기도 하였다.[35]

---

33) 변동명, 「조선시대의 돌산진과 고돌산진」, 『역사학보』 198, 2008.

34) 『高麗史』 111 柳濯傳.

35) 장생포가는 고려속요 중의 하나이다(林基中, 「'長生浦'에 대하여」, 『국어국문학』 68·69, 1975. 李惠和, 「異論을 중심으로 한 '動動'論」, 『한성어문학』 2, 1983. 장진호, 「'동동'고」, 『새국어교육』 40, 1984. 金準玉, 「'長生浦'와 '動動'」, 『한국언어문학』 35, 1995. 최철, 「고려시가의 불교적 고찰」, 『동방학지』 96, 1997. 신은경, 「'動動'의 형성과정 및 작자층에 대한 재검토」, 『국어국문학』 123, 1999. 김준옥, 「고려 시대 가요 '長生浦'의 창작 배경에 관한 연구」, 『한국언어문학』 44, 2000. 유경환, 「동동의 원형적 상징성」, 『새국어교육』 65, 2003. 최정삼, 「'동동'의 지역 축제 연출 가능성과 그 개발 방안」, 『고시가연구』 18, 2006. 김세종, 「해양음악으로 본 '동동'의 고려악부 유입과 음악사적 의미」, 『고시가연구』 22, 2008. 이영태, 「'동동'의 송도와 선어」, 『민족문학사연구』 36, 2008). 가사나 곡조는 불명인 채 제목만이 전해 내려온다. 아울러 사서에는 그 탄생에 얽힌 비화라 할 역사적 사건이 함께 기록되어 눈길을 끈다. 속요가 대중의 사랑 속에 널리 노래 불리었던 데에는 그만한 까닭이 있게 마련이려니와, 장생포가의 경우 그 배경이 되는 설화에 그리 된 연유가 담겨 전하는 것이다.

장생포가가 처음 노래 불리기 시작한 것은 고려말엽이었다. 당시는 왜구의 침략이 매우 자심한 시기였다. 장생포가 역시 그러한 시대적 배경 속에서 잉태되었을 것임은 이를 나위가 없다. 왜구를 물리친 장수의 은덕을 기리며 대중 사이에서 유행한 속요였다. 柳濯이 바로 그 장수인데, 그는 전라도에 주둔해 왜구를 방어하면서 위엄과 은혜로 휘하를 통솔함으로써 사졸들의 존경을 받았다고 한다. 康津의 萬德社에 쳐들어와 살륙과 약탈을 자행한 다음 물러가는 왜구를 좇아가 포획한 일이 있은 다음부터는, 왜구들마저 그가 주둔하는 곳은 다시 침범하지 않을 정도였다고도 한다. 아군은 물론 적군조차 위엄으로 굴복시킨 뛰어난 장수였던 셈이다.

그러한 유탁이 전라도에서 주둔 중이던 어느 때, 왜구가 順天府의 長生浦를 약탈하고자 쳐들어 왔다. 한데 유탁이 구원병을 이끌고 나타나자, 멀리서 그를 바라보기만 하고도 두려워하며 즉시 물러가 버렸다고 한다. 그러자 군사들이 기뻐하며 부른 노래가 장생포가라는 것이다. 자료에 따라서는 이 속요를 지은 것이 유탁 휘하의 군사라는 둥 혹은 유탁 자신이라는 둥 異說이 있지만, 결국은 군사를 포함한 대중들이 유탁의 공적을 칭송하며 애창함으로써 널리 알려졌으리라는 사실에는 변함이 있을 수가 없다. 작은 피해도 없이 왜구가 스스로 물러가도록 만든 장수 유탁의 은덕을 기리고자 하는 군사와 지역민들에 의해 자연스럽게 유포되어간 노래가 곧 장생포가였던 것이다.

이 노래의 지리적 배경으로 나오는 장생포는 지금 존재하지 않는다. 오늘의 여수시 시전동·안산동·소호동으로 둘러싸인, 여천선소유적을 포함한 작은 만에 위치하던 사라진 옛 포구이다. 장생포는 한때 여수반도 최대의 포구였다. 늦어도 고려말 조선초 여수현의 관문이자, 왜구를 피해 돌산도에서 나온 돌산현이 머물던 곳이었다. 그처럼 고을의 치소에 버금가는 중요한 지역이었기에 일찍부터 왜구의 잦은 약탈 대상이었으며, 그런 만큼 그곳을 아무런 피해 없이 지켜낸 유탁이 지역민들에 의해 높이 숭앙되었을 것임은 불문가지이다. 그 지은이가 누구이든, 장생포가가 탄생하고 또한 널리 애창되어 결국 樂部에 올라 지금까지 그 유래와 더불어 제목이나마 전해지게 된 주요한 배경은 바로 그것이었다.

여수의 장생포를 배경으로 탄생한 장생포가를 두고 고려속요 동동과 연관시켜 생각하는 경우가 종종 있어 왔다. 장생포가의 유래에 얽힌 역사적 사실을 동동의 항목에다 수록한 『증보문헌비고』에 근거한 견해이다. 『증보문헌비고』의 기록을 그대로 믿는 입장에서는 심지어 유탁이 지었다는 '장생포곡'과 유탁 휘하의 군사들이 지었다는 '장생포가'를 별개의 詩歌로 구분한 다음, 후자를 고려속요 동동의 이칭 즉 '장생포가'와 동동이 동일한 시가라고까지 주장하는 실정이다.

그러나 '장생포곡'과 '장생포가'를 별개의 시가로 구분해서 이해하려는 것은 아무래도 지나치다. 동일한 노래를 '~~곡'이니 혹은 '~~가'니 하여 그처럼 달리 칭하는 것은 예나 지금이나 드물지 않다. 무엇보다 그러한 이해의 출발이 되는 『증보문헌비고』의 고려속악 동동과 장생포가에 관한 기록 자체부터 문제가 적지 않다. 해당 부분은 『증보문헌비고』 중 18세기 말에서 19세기 초엽에 증보한 내용인데, 모두 『고려사』에서 따온 것이다. 『증보문헌비고』의 동동은 『고려사』 71 樂志의 장생포가에서, 그리고 『증보문헌비고』의 장생포가는 『고려사』 111 列傳의 유탁 전기에서 각각 관련 내용을 거의 그대로 옮겨 실었다. 그런데 편찬의 시기가 훨씬 앞서는 『고려사』의 장생포가 관련 내용을, 후대에 편찬된 『증보문헌비고』에서는 어떤 근거도 제시하지 않은 채 장생포가가 아닌 동동에 옮겨 실었다. 그나마도 유탁이 전라도에서 활동하던 시기의 사실을 경상도 합포만호였을 적의 일로 잘못 기록하였다. 또한 『증보문헌비고』의 장생포가 항목에서는 『고려사』 유탁 전기 중의 관련 기록을 옮겨 실으면서 문장을 잘못 끊어 읽음으로써, 장생포가가 엉뚱하게도 강진 만덕사와 관련되는 노래인 양 기록하여 더욱 혼란을 부추기기도 하였다. 『동국문헌비고』를 증보하는 과정에서 초래된 실수임이 분명해 보이는 것이다.

『고려사』 악지에 따르면, 동동에는 그만의 곡조와 춤이 존재하였다. 무엇보다 '장생포가'가 아닌 '動動詞'라는 나름의 가사를 갖고 있었다. 그리고 그러한 동동에 이어 11곡의 고려속요가 수록된 다음에 비로소 장생포가가 나온다. 장생포가와 동동이 동일한 노래였다면, 동일한 『고려사』 악지 고려속요의 항목에 그처럼 나란히 함께 수록되었을 리가 만무하다. 그러한 모순을 피하고자 '장생포곡'과 '장생포가'를 별개로 구분하고는 악지의 '장생포곡'이 아니라 열전[柳濯傳]의 '장생포가'를 동동과 동일한 것으로 이해하기도 하지만, 그것이 구차스럽다 함은 이미 말한 대로이다. 장생포가와 동동이 동일한 속요임을 암시하는 내용은 『고려사』의 어디에서도 찾아볼 수가 없는 것이다.

장생포가가 동동과 전혀 다른 고려속요임은 거의 분명하다. 18세기 말 내지 19세기 초엽에 작성되었으며, 그나마도 원자료를 잘못 옮겨 실은 기록에 근거하여 양자를 연관시키는 것은 위험해 보인다. 적어도 '동동사' 즉 현전하는 동동의 가사가, 유탁 및 여수의 장생포를 배경으로 형성된 장생포가의 가사와 연결될 가능성은 거의 전무하다고 하여 지나치지 않다. 다만 동동이 북소리를 뜻하고, 또한 장생포가를 노래 부를 적에 북으로 장단을 맞췄다는 정도에서라면 얘기는 달라질 수가 있다. 현전하는 고려속요 동동과의 분명한 구별을 전제로, 북 장단에 맞춰 부르는 즉 동동 울리며 부르는 노래라는 의미에서 장생포가를 동동과 연관시킬 가능성마저 무시할 수는 없어 보인다. 하지만 그것도 증거가 없기는 매한가지이며, 굳이 구차스러움을 무릅쓰면서까지 그처럼 동동이라는 명칭에 매달릴 필요가 있는 것인지는 거듭 숙고할 일이다.

장생포가는 고려말엽을 살아가던 민중의 애환을 담은 노래이다. 끊임없는 왜구의 침입과 약탈 및 그에 더해진 관리와 군 지휘관의 탐학에서 고려말 왜구를 물리친 3대승첩 중의 하나로 손꼽히는 鄭地의 觀音浦 대첩도 여수지역과 무관하지를 않았다.[36] 당시 정지는 수군을 이끌고 전라도 연해안을 순행하던 중이었다. 그러다가 매우 큰 규모의 왜구가 출현하였다는 소식을 듣고는, 휘하의 수군과 함께 섬진강 하구로 옮겨와 격전을 치렀다. 그 주요한 싸움터는 여수와 좁은 물목을 사이로 빤히 건너다보이는 南海島 서쪽 해역이었다. 이순신 장군의 표현대로, '여수와 하나의 바다[一海]로 이어졌으며, 북소리와 나팔소리가 서로 들리고 사람의 앉고 서는 모양을 똑똑히 헤아릴 수 있을' 만큼 가까운 곳이었다.[37] 관음포 대첩이란 전라도 수군을 이끌던 정지 장군이 여수반도의 동쪽 해역에서 왜구

자신들을 구해줄 위인이 출현하기를 기다리는 염원의 소산이었다. 재산을 빼앗기고 생명에 위협을 받으며 하루하루를 연명하는 데 급급해야만 하는 고단한 삶에서 벗어나기를 희구하며 부른 노래이자, 한때나마 자신들의 그러한 희망이 달성되었을 때 기쁨에 겨워 부르던 노래였다.

유탁은 기율을 엄정히 함으로써 관리나 군인들이 주민을 괴롭히지 못하도록 제어하고자 매우 노력을 기울였다고 한다. 그리고 그러한 공으로 恭愍王에게서 포상까지 받았다. 게다가 싸움 한번 없이 왜구를 물리침으로써 주민들에게 아무런 피해가 돌아가지 않도록 하였다. 고단한 나날의 연속이던 민중에게는 유탁이야말로 자신들의 희망을 실현시켜 줄 이상적인 인물로 비쳐졌음 직한 것이다. 장생포가가 불리기 시작한 유래이자, 그것이 널리 여수 지역사회에서 애창되기에 이른 배경이다. 나아가 이 노래가 여수지역을 넘어 중앙에까지 알려지고 마침내 기록에 오름으로써 오늘에까지 전해질 수 있었던 것은, 유탁과 같은 인물이 출현하여 자신들을 구제해주기를 바라는 민중의 희원이 그만큼 강렬하였음을 반증한다. 그러했기에 여수지역을 넘어 다른 고장의 주민들도 장생포가를 애창하기에 이르렀고, 그리하여 수도 개경에까지 전해져 樂部에 수록되었던 게 아닌가 헤아려지는 것이다.

36) 『고려사』 113 鄭地傳. 송정현, 「정지장군 연구」, 『조선사회와 임진의병 연구』, 학연문화사, 1998.

37) 『李忠武公全書』 2 狀啓 1 赴援慶尙道狀 2.

와 싸워 크게 승리한 전투에 다름 아니었다. 여수지역과 결코 무관할 리가 없는 가까운 바다에서, 다시 말해 여수 주민들의 해상생활권 내에서 치러진 해전이었다. 여수 일원이 해상교통의 길목이자 왜구를 방어하는 군사적인 요충이었음을 보여준다.

따라서 조선전기에 수군제도가 정비되면서 여수지역에 주요 수군기지가 들어선 것은 너무도 당연한 일이었다. 당시의 수군이 대개 왜구를 겨냥한 군사조직이었음에 비추어 그러하다. 여수 일원이야말로 왜구가 자주 오가는 길목이자 그들을 물리치는 데 유리한 요충이었기 때문이다. 조선시기 이 지역에는 왜구를 방어하기 위한 수군기지가, 때에 따라 위치와 격에는 조금씩 변화가 있었지만, 대략 3곳 정도 들어서 있었다.[38]

조선초 여수지역에는 진례만호와 돌산만호 및 좌도도만호의 세 수군진이 위치하였다. 그랬다가 세종초에 진례만호가 내례만호로 바뀌고, 또한 돌산만호의 정박 포구가 변경됨에 따라 좌도도만호가 고흥으로 옮겨갔으며, 문종에서 세조초의 사이에는 여수석보가 축조되었다. 이어서 성종대에 내례만호진이 전라좌수영으로 확대 개편되면서, 해남반도를 기점으로 그 동쪽의 전라도 수군을 총지휘하는 본영이 여수에 자리 잡았다. 뒤이어 중종대에 석보가 폐지되어 돌산진으로 합쳐지는 것과 함께 돌산진이 격하되어 고돌산진으로 변화해갔으며, 아울러 돌산도에는 방답진이 새로 설치되었다. 조선시기 해양수호의 핵심 근거지였던 여수의 수군기지는 대략 그와 같은 경로를 거쳐 정비되었다. 전라좌수영을 중심으로 늘어선

38) 문영구, 『전라좌수영연구』, 대한건설진흥회, 1992. 변동명, 「조선시대 돌산도 방답진의 설치와 그 구조」, 『한국사학보』 27, 2007. 변동명, 「조선시대의 돌산진과 고돌산진」, 『역사학보』 198, 2008. 변동명, 「조선시기 여수의 석보와 석(보)창」, 『역사학연구』 33, 2008.

방답첨사진과 고돌산별장진의 세 수군영진이 그것이었다. 임진왜란에서 드러났듯이 여수의 이들 수군영진은 한국 사상 보기 드물게 해양수호기지의 역할을 성공적으로 수행하였다.

맺음말

여수지역이 한국 해양사에서 빼놓을 수 없는 주요 무대였음을 살폈다. 그 역사의 여명기에 벌써 바다를 이용한 교류가 낯설지 않은 고장이었다. 섬을 포함한 여수반도 일대의 선사시기 유적에서 해상교류를 보여주는 유물이 여럿 출토되었다. 뒤이어 백제와 가야 세력이 왜와 통교하고, 또한 통일신라가 중국이나 일본과 교류하며 해상진출을 시도하던 교두보였다. 신라말 고려초에는 김총이나 박영규처럼 역사에 이름을 남긴 뛰어난 해상세력가의 활동 거점이었으며, 멀리 고려의 왕건이 수군을 보내어 장악을 시도하던 해상 요충지였다. 고려말 왜구의 침입·약탈에 맞서 싸워 저지하던 주요한 군사기지로서 유탁이나 정지와 같은 장수의 활약을 뒷받침하였으며 그리하여 조선초에 이르도록 여러 수군기지가 이 고장에 자리한 것은, 장차 전라좌수영이 설치되기 위한 환경의 조성이나 진배 없었다. 16세기말 임진왜란이라는 미증유의 위난을 극복하는 원동력이 되었던 이순신과 전라좌수군의 활약도 기실은 그와 같은 기나긴 역사적 경험의 축적을 배경으로 가능한 일이었을 것임은 이를 나위가 없다. 요컨대 해상활동이 활발하던 시기 해상진출의 교두보임과 동시에 해금에 당해서는 해양수호의 첫째가는 요충이었던, 말하자면 전통시기 한국 해양의 역사에서 결코 빼놓아서는 안 될 주요 거점에 해당하는 고장 중의 하나가 곧 여수지역이었다고 하여 지나친 말이 아니었던 셈이다. (『海洋文化研究』 2, 2009)

Ⅱ. 麗水豪族 金惣과 그의 城隍神 추앙

머리말

金惣은 신라말 고려초의 시기에 활동하였던 인물이다. 그랬다가 사후 언제인가부터 순천지역의 城隍神으로 추앙을 받아 享祀되었다고 한다.[1] 말하자면 後三國의 격동기를 살다 간 인물로서, 훗날 고을을 수호하는 神으로까지 격상되어 후세에 그 이름을 남겼던 셈이다. 역사상의 실존 인물로서 神格化된, 흔치 않은 사례 중의 하나라 할 것이다.

이 글은 그와 같은 김총의 생애와 더불어, 그가 성황신으로 신격화되기에 이른 사정을 더듬어 보고자 마련되었다. 이미 알려져 있듯이, 前近代社會에서 성황신은 지역의 수호신이었으며, 그에 대한 신앙은 지역의 토착세력과 긴밀한 관계를 맺은 가운데 전개되어 왔다.[2] 김총이 성황신으로 享祀되었다던 순천지방의 경우 역시 거

---

1) 『新增東國輿地勝覽』 40 順天都護府 人物 金惣

2) 한국종교사연구회 편, 『성황당과 성황제-淳昌 城隍大神事跡記 研究-』, 민속원, 1998. 金甲童, 「高麗時代의 城隍信仰과 地方統治」, 『韓國史研究』 74,

기에서 예외가 아니었을 것임은 물론이다. 김총의 성황신 추앙이 순천지역 내지는 그 토착세력 나름의 독특한 존재 양상을 반영한 사건임이 틀림없어 보이거니와, 그 구체적인 사연이 무엇이었는지 궁금하다. 아울러 그처럼 신격화될 수 있었던 배경으로서, 김총의 생애가 어떠하였는지도 또한 알고 싶기는 매한가지이다.

김총의 생애나 혹은 그의 성황신 추앙을 언급한 글은 이미 몇 편이 나와 있다.[3] 하지만 그럼에도 불구하고 김총의 출신이나 활동을 甄萱과의 관련 속에서 좀 더 세밀하게 더듬어 본다든지, 혹은 그의 성황신 추앙을 고려시기 중앙과 지방의 관계 내지는 지역사회 내부의 동향과 관련지어 면밀히 검토한다면, 아직도 살펴야 할 내용이 제법 적지 않을 것으로 생각한다. 기왕의 연구를 바탕으로 삼아,[4] 김총과 견훤의 관계라든지 또는 지역 토착세력의 움직임과 같은 부분에 대해 보다 심층적으로 접근함으로써, 앞서의 궁금증을 풀어보고자 하는 것이다.

이 글에서는 우선 김총이 어떠한 인물이었는지를 살피는 데서부터, 실마리를 풀어가도록 하겠다. 김총은 순천의 성황신으로서 역사에 그 이름을 남긴 인물이다. 비록 후백제에서 주요 직책을 역임하였다지만, 사후에 순천지역의 성황신으로 추앙을 받아 享祀됨으

1991. 鄭勝謨, 「城隍祠의 民間化와 鄕村社會의 變動」, 『泰東古典研究』 7, 1991. 송화섭, 「全州의 城隍信仰과 甄萱政權」, 『후백제 견훤정권과 전주』(전북전통문화연구소 편), 주류성, 2001.

3) 申虎澈, 「甄萱政權의 成立」, 『後百濟 甄萱政權研究』, 一潮閣, 1993, 29~30쪽. 이경엽, 「순천의 성황신앙·산신신앙과 역사적 인물의 신격화」, 『남도민속연구』 6, 2000. 邊東明, 「高麗時期 順天의 山神·城隍神」, 『歷史學報』 174, 2002. 鄭淸柱, 「新羅末·高麗初 順天地域의 豪族」, 『全南史學』 18, 2002.

4) 이 글은 위의 邊東明, 「高麗時期 順天의 山神·城隍神」 중 金惣과 관련된 부분을 일부 줄거리로 삼아 보완 작성하였다.

로써 비로소 후대에까지 관련 기록을 전할 수가 있었던 것이다. 그에 관한 자료가 『三國史記』나 『高麗史』와 같은 史書가 아닌 地理志類에만 전하는 것도 그에서 말미암은 일이었다. 勝者인 高麗 중심 그리고 중앙 중심의 그와 같은 전통시기 사서로부터 소외당함으로써 자칫 인멸될 가능성이 높았음에도, 순천의 성황신이었던 덕분에 地理志나 邑誌類에 관련 자료를 남길 수가 있었던 듯 여겨지는 것이다. 말하자면 김총은 순천의 성황신으로서 역사적인 의미를 지닌 존재라고 할 수가 있는 셈이다. 하지만 그렇다고 하여 그것만이 전부라고는 할 수가 없으며, 오히려 그처럼 신격화될 수 있었던 것이 생전의 활동 덕택이라는 사실도 잊지 말아야 할 것이다. 성황신으로 추앙될 수 있었던 근본 바탕이라 할, 그의 출신이나 생애를 면밀히 살펴야 할 필요성이 있는 것이다. 특히 후백제의 창업군주였던 견훤과의 관계에 더욱 관심을 기울여야 할 것으로 생각되거니와, 이로써 김총이 순천지역의 성황신으로 향사될 수 있었던 배경이 드러나게 될 것으로 기대한다.

다음으로, 순천지역의 성황신이 언제 그리고 어떠한 배경에 의해 人格神化하였으며 그 이후의 추이는 어떠하였는지, 다시 말해 김총이 어떠한 과정을 거쳐 神으로까지 격상되어 지역 주민으로부터 추앙을 받기에 이르렀으며 그 후의 상황은 어찌 전개되었는지를 더듬어 보도록 하겠다. 순천지역의 성황신이 그처럼 역사상 실존했넌 인물로 인격신화하는 과정과 배경 및 그 후의 동향에는, 전통시기 순천지역의 위상 내지는 그것을 뒷받침하는 토착세력의 성쇠가 반영되어 있을 것으로 판단되는데, 이제 그것을 구체적으로 음미해 보고자 하는 것이다.

이상에서 제시한 바와 같은 검토가 제대로 이루어짐으로써, 신라말 고려초의 격동기를 이해하는 데 조금이나마 도움을 주었으면

하는 바람이다. 아울러 전통시기 중앙과 지방의 관계 및 나아가 지방에서의 주도권을 두고 지역간 혹은 지역 내의 유력한 사회세력 사이에 벌어지던 경쟁 내지는 갈등과 같은, 생동하는 지방사회의 한 단면을 파악하는 데에도 기여할 수가 있기를 바라는 마음 간절하다.

1. 金惣의 활동과 甄萱

김총에 관한 가장 오래 된 자료에서는 그를,

> 甄萱을 섬겨 관직이 引駕別監에 이르렀다. 죽어서는 順天都護府의 城隍神이 되었다.[5)]

라 기록하고 있다. 그가 甄萱政權에서 引駕別監이라는 직책을 맡아 활동하였으며, 사후 언제인가 순천도호부의 성황신이 되었다는 것이다. 따라서 김총은 아마도 신라말 고려초 순천지역의 유력한 豪族 출신이 아니었던가 싶다. 후백제에서 관직을 역임하였다든지, 혹은 사망한 뒤에 순천의 성황신으로 받들어져 지역 주민으로부터 추앙을 받았다는 점 등으로 미루어 그렇게 생각할 수가 있다.[6)] 더욱이 후대에까지도 지역 주민들이 그를,

---

5) 仕甄萱 官至引駕別監 死爲府城隍神 (『新增東國輿地勝覽』 40 順天都護府 人物 金惣)

6) 金惣에 관하여는 다음의 논문을 참고하라.
申虎澈, 「甄萱政權의 成立」, 『後百濟 甄萱政權研究』, 一潮閣, 1993, 29~30쪽. 鄭淸柱, 「신라말 고려초 순천의 지방세력」, 『順天市史』(정치·사회편), 順天市史編纂委員會, 1997, 180~183쪽. 邊東明, 「高麗時期 順天의 山神·城隍神」, 39~42쪽. 鄭淸柱, 「新羅末·高麗初 順天地域의 豪族」, 39~44쪽.

> 金別駕(즉 金惣)는 英雄的 인물이었다. 살아서 平陽(즉 順天)의 君長은 하지 못하였지만, 죽어서는 곧 城隍神이 되었다.[7]

라고 하여, 비록 순천의 '君長'은 아니었지만 '英雄'的인 인물이었다며 칭송하고 있는 것도, 그 하나의 방증으로 간주하여 좋을 것이다.

전근대시기 순천지방은 우리나라 연안 해상교통의 요충지였다. 그리하여 고려왕조에 들어서는 순천지역에 漕倉이 설치되기도 하였는데, 현 순천시 鴻內洞 인근의 沙飛浦(成宗 11년, 992년 潮陽浦로 개칭)에 위치하던 海龍倉이 그것이었다.[8] 또한 조선시기에는 현재의 海龍面 海倉里에 稅穀을 운송하는 포구로서 海倉浦가 소재하였으며,[9] 더욱이 남쪽으로 여수반도의 끝에는 널리 알려진 바와 같이 손꼽히는 해상 방어기지인 全羅左道 水軍節度使營이 위치하기도 하였다. 전통시기 순천의 남쪽 해안지대가, 우리나라의 연안 해상교통에서 빼놓을 수 없는 주요 근거지 가운데 하나였음을 이해할 수가 있는 것이다.[10]

---

7) (前略) 金別駕英雄人 生不得君平陽 死則爲城隍神 (下略) (『江南樂府』 金別駕) 『江南樂府』는 조선후기 순천에 거주하던 士族 趙顯範(1716~1790)이 저작한 詠史詩集이다(正祖 8, 1784). 高麗에서부터 자신이 살던 시기에 이르기까지의 순천지역 事跡을 詩로 읊어 정리한 작품인데, 관련 인물들의 행적을 비롯한 여러 역사적 사실들을 낱낱이 附註해 두어 지역사 연구에 큰 도움이 된다. 자세한 것은, 趙湲來, 「江南樂府解題」, 『國譯 江南樂府』(南道文化研究 資料叢書 2), 順天大學校 南道文化研究所, 1991, 224~233쪽의 설명을 참고하라.

8) 『高麗史』 79 食貨 2 漕運, 같은 책 成宗 11년, 같은 책 靖宗朝
邊東明, 「海龍山城과 順天」, 『全南史學』 19, 2002.

9) 『新增昇平誌』上 倉庫 海倉

10) 鄭淸柱, 「新羅末・高麗初 順天地域의 豪族」, 28~29, 42쪽.

김총이 활동하던 신라말·고려초 무렵은 한국의 전근대 역사상 해상활동이 가장 활발히 이루어지던 시기 중의 하나였다. 그리고 그의 근거지로 알려진 순천지역은, 앞서 보았듯이 그러한 해상활동에 매우 적합한 지리적인 여건을 갖춘 고장이었다. 신라말·고려초의 시기에 순천지역을 근거로 해상활동에 종사하던 세력이 존재하였을 가능성이 매우 높으며, 그러한 해상세력 중의 하나로서 김총을 떠올리는 것이 반드시 지나치다고만은 할 수가 없지 않을까 여겨지는 것이다.

그렇다면 김총의 출신지는 구체적으로 순천지역의 어느 곳이었을까? 이와 관련하여 눈길을 끄는 것이, 그를 신으로 모시는 성황사가 위치했다고 하는 進禮山 지역이다.[11] 아마도 김총은 이 산 부근의 어느 지역 출신이 아니었던가 추정되거니와, 아니더라도 최소한 진례산 부근이 그의 생애 내지는 활동과 가장 관계가 깊은 지역이었음은 분명해 보인다. 진례산은 進禮部曲에 소재하는 산이라고 한다. 그런데 이 진례부곡이 현 麗水市 上岩洞 進北·進南 마을에 위치하였다고 하므로, 진례산 역시 그 인근에 자리하지는 않았을까 생각된다.[12] 말하자면 김총은 오늘날의 행정구역으로는 여수시, 구체적으로는 옛 여천지역 三日港 인근에서 출생·성장하였거나 혹은 그곳을 근거삼아 활동한 인물이었던 셈이다.[13]

한편 김총이 그처럼 오늘날의 여수시 인근 해안지역 출신 내지는 그곳을 거점으로 활동한 인물이었다면, 앞서 지적하였듯이 그

---

11) · 仕甄萱 官至引駕別監 死爲府城隍神 (『新增東國輿地勝覽』 40 順天都護府 人物 金惣)
· 在進禮山 (같은 책 祠廟 城隍祠)

12) 邊東明, 「高麗時期 順天의 山神·城隍神」, 41쪽.

13) 邊東明, 「高麗時期 順天의 山神·城隍神」, 41쪽. 鄭淸柱, 「新羅末·高麗初 順天地域의 豪族」, 40~41쪽.

를 해상세력 출신의 호족이었다고 간주하여 무방하지 않을까 싶다. 여수를 포함한 순천지역이 전근대시기 해상활동의 근거지로서 좋은 여건을 갖추었으며, 그리하여 신라말 고려초의 해상활동이 활발하던 시기에 이 지역에서 해상세력 출신의 호족이 성장하였을 것임을 이미 언급한 바 있거니와, 김총이야말로 그러한 경우에 해당하는 인물이 아니었던가 추정되는 것이다. 통일신라 이래 조선말기에 이르도록 진례산을 포함한 현 여수시 지역은, 고려말 조선초 한때를 제외하고는 거의 내내 순천의 관할 아래 들어 있었다.[14] 따라서 신라말 고려초 여수지방을 근거삼아 활동하던 토착세력가 김총의 해상활동 역시 순천지역 해상세력의 그것에 포함되어 이해되었음 직하며, 그리하여 마침내 사망한 뒤 언제인가부터 순천의 성황신으로 추앙을 받아 그의 연고지인 여수 진례산에 위치하던 성황사에 모셔져 왔던 것이 아닌가 헤아려지는 것이다.

김총은 후백제의 견훤정권에서 상당한 역할을 맡은 인물이었던 것으로 전한다. 그가 역임하였다고 하는 인가별감이 구체적으로 어떠한 성격의 관직이었던가를 알려주는 기록은 없다. 다만 그 말뜻으로 미루어 견훤의 호위 내지는 의장의 임무를 담당하는 직책이 아니었을까 여겨진다. 나아가 별감이라는 위계로 미루어, 견훤의 친위부대를 호령하는 지휘관이었던 것으로 간주하여 무방할 듯싶기도 하다. 말하자면 인가별감은 군사적인 성격이 강한 관직으로서, 견훤의 호위를 담당하는 등 군사적인 실권에 접근할 수 있는 지위가 아니었던가 짐작되는 것이다. 그리고 그와 같은 추측이 크게 어긋난 것이 아니라면, 그러한 직책에 임명된 김총은 견훤의 신임을 받던 핵심측근으로서 후백제의 손꼽히는 실력자 가운데 한

14) 崔炳云, 「順天(市)의 歷代 境域과 그 名號 및 官號의 變遷」, 『南道文化研究』 1, 順天大 南道文化研究所, 1985, 14~30쪽.

사람이었다고 하여 지나치지 않을 줄 믿는다.[15)]

견훤은 젊은 시절 김총의 출신지인 순천지역에서 군사활동을 하면서 후백제 건국의 기반을 닦았던 것으로 알려져 있다. 그가 처음 防戍하였다고 하는 신라의 西南海가 곧 순천지역이었다는 주장에 근거한 견해이다.[16)] 따라서 순천지역 출신의 김총은, 일찍이 순천만과 광양만 일대에서 군사활동을 하던 견훤을 따르며 그와 동고동락하던 사이였을 것으로 짐작들을 한다. 신변호위를 책임질 정도로 견훤의 신임을 받던 핵심 측근이었고 보면, 그처럼 젊은 시절 이른 시기부터 그의 휘하에서 활동하였다고 보는 것이 온당하지 않을까 여겨져 온 것이다. 말하자면 김총은 거병 이래 견훤의 핵심 병력을 이루었던 防戍軍 출신으로서, 견훤정권이 성립한 후에도 그에게 충성을 바치면서 그의 측근에서 군사적인 임무를 띠고 활약하던 인물이었다는 게 이제까지의 이해인 셈이다.[17)]

김총(내지 그의 一族)은 비교적 이른 시기부터 견훤(내지 그의 一族)과 무언가 연관을 맺은 호족이 아니었던가 여겨진다. 武珍州 출신으로 판단되는 견훤에게, 순천지역은 연고지나 다름이 없었을 듯 싶다.[18)] 지역의 유력계층과도 서로 무관하지만은 않았음 직하며, 그리하여 비교적 이른 시기부터 여수의 호족 출신인 김총과도 무슨 연관이 있었던 것은 아닌가 짐작되는 것이다. 武州의 州治였던 현 光州의 호족 출신으로 판단되는 견훤이, 관할 내 고을의 유력자

---

15) 申虎澈, 「甄萱政權의 成立」, 29～30쪽.

16) 邊東明, 「甄萱의 出身地 再論」, 『震檀學報』 90, 2000, 40～42쪽. 李道學, 「甄萱의 出身地와 그 初期 勢力 基盤」, 『후백제 견훤정권과 전주』, 주류성, 2001, 69～72쪽. 鄭淸柱, 「新羅末・高麗初 順天地域의 豪族」, 44～46쪽.

17) 申虎澈, 「甄萱政權의 成立」, 29～30쪽.

18) 邊東明, 「甄萱의 出身地 再論」, 39～42쪽.

층 출신과 본시부터 전혀 무관한 사이였다면 그것이 도리어 이상한 일이었을 법하다. 김총과 견훤이 단순히 방수군으로서 동고동락하는 정도를 넘어, 일찍부터 서로의 존재를 인지함은 물론 나아가 연계도 가능한 사이였을 가능성이 높아 보이는 것이다.

김총은 군사적인 측면에서 남다른 능력을 소유하였던 것으로 추정된다. 견훤이 그러하였듯이,[19] 방수군에서 두각을 드러낼 정도의 武的인 능력을 보유한 인물이 아니었던가 짐작되는 것이다. 그렇지 않았다면 인가별감처럼 군사적인 성격이 강한 직책을 맡게 될 까닭이 없지 않았을까 헤아려진다. 나아가 김총은 무엇보다도 견훤에 의해 그 충성심을 인정받은 인물이었음이 분명하다. 그에게 주어진 인가별감이라는 직책이 그것을 웅변한다. 신변의 호위를 맡기는 데에, 군사적인 능력에 더하여 개인적인 신임이 더욱 중요하리라 함은 다툴 일이 못 될 것이기 때문이다. 요컨대 김총은 지역 유력자 출신으로서의 남다른 연고에다, 군사적인 능력과 함께 더욱이 그 충성심을 높이 평가받아, 후백제를 창업한 군왕인 견훤의 인가별감을 맡게 되었던 셈이다.

따라서 처음 군사를 일으킨 이래, 김총은 견훤의 심복으로서 꾸준한 활동을 보였을 것으로 짐작된다. 특히 全州로 천도하기 이전의 光州政權 시기에 그러하였을 것으로 여겨지거니와,[20] 거병하던

---

19) 甄萱은 "體貌雄奇"(『三國史記』 50 甄萱傳)한 인물로서, 西南海를 防戍할 석에 "枕戈待敵 其勇恒爲士卒先"(같은 책)하는 등의 빼어난 군사적 활약을 바탕으로, 마침내 독립된 부대를 지휘하는 "裨將"에까지 올라 장차 군사를 일으킬 수 있는 기틀을 닦았다고 한다(申虎澈, 「甄萱政權의 成立」, 15~17쪽).

20) 다스리는 영토가 넓어지고 체제가 갖추어지며 더욱이 全州 豪族이 대두하는 全州政權期에는, 그의 역할이 다소 줄어들었을 가능성이 없지 않다. 체제가 정비되고 좀 더 많은 인물이 정권에 참여하면서 개인적인 비중이 상

초기부터 그의 역할이 적지 않았을 것으로 판단된다. 견훤이 맨 먼저 봉기의 횃불을 치켜든 곳은, 이를 나위 없이 그가 신라군으로서 방수하던 순천지역이었다.[21] 바로 김총의 출신지였거니와, 추정컨대 김총은 자신과 긴밀한 관계에 있던 전남 동부지역의 토착세력으로 하여금 견훤에게 협조하도록 끌어들이는 데 공을 세웠던 게 아닌가 싶다. 견훤이 거병한 지 불과 한 달만에 그 무리를 오천으로 늘리면서 무진주를 공략할 수 있었던 데에는,[22] 광주 출신이었던 견훤 자신의 지역적 연고에 더하여, 김총의 그와 같은 노력이 한 몫을 하였던 것으로 판단된다. 당시의 실정에서 견훤의 경우와 같은 급속한 세력 확장이[23] 지역 토착세력의 협조 없이는 불가능했으리라는 점에서,[24] 그러한 짐작을 반드시 억지스럽다고만은 할 수가 없지 않을까 여겨지는 것이다.[25]

대적으로 낮아지는 것은 어찌할 수 없으려니와, 연고지로부터 멀리 떨어진 전주로 천도하면서는 더욱이 그러하였을 것으로 짐작되는 것이다.

21) 邊東明, 「甄萱의 出身地 再論」, 40~42쪽.

22) (前略) 於是 (甄)萱竊有覦心 嘯聚徒侶 行擊京西南州縣 所至響應 旬月之間 衆至五千人 遂襲武珍州 自王 (下略) (『三國史記』 50 甄萱傳)

23) 申虎澈, 「甄萱政權의 成立」, 26~27쪽.

24) 洪承基, 「後三國의 분열과 王建에 의한 통일」, 『高麗政治史硏究』, 一潮閣, 2001, 57~61쪽. 邊東明, 「甄萱의 出身地 再論」, 40쪽.

25) 이와 관련하여 順天地域의 豪族이었던 朴英規의 존재가 주목된다. 甄萱의 사위였던 그도 또한 西南海地域의 防戍軍 출신이었다는 추정마저 없지 않은 실정임을 생각하면(李文基, 「甄萱政權의 軍事的 基盤」, 『후백제와 견훤』, 서경문화사, 2000, 121쪽), 김총보다는 오히려 그의 역할이 훨씬 더 중요했으리라는 주장도 나올 수가 있을 법하기 때문이다. 하지만 거병 당시(889) 견훤의 연령(867년 출생)을 생각할 때, 그의 딸과 혼인하는 박영규와 같은 세대라면 무슨 활동을 보이기에는 그 나이가 아직 너무 어리지 않았을까 판단된다. 물론 이같은 政略的인 혼인의 경우 반드시 연령을 고려하지는 않는 것이 상례이지만, 그렇다고 하더라도 거병 당시 23세였던 견훤에게 혼인할 만한 연령의 딸이 있었으리라고는 상상하기가 어렵지

광주를 점령한 다음 전주로 천도하기까지의 기간 동안에도, 김총은 여전히 견훤의 심복으로서 활약하였을 것으로 추정된다. 광주정권 시기 견훤의 영향권이 어느 지역까지였던가에 관한 직접적인 기록은 찾아보기가 쉽지 않다. 몇 자료에 의거한 추측만이 가능한 실정인데, 대략 武州와 全州를 아우르고 나아가 公州地域에까지 영향력을 미치는 정도가 아니었던가 여겨진다.[26] 견훤은 광주정권의 시기인 892년 무렵 王을 자칭하면서도, 공식적으로는 '新羅西面都統指揮兵馬制置持節都督全武公等州軍事行全州刺史兼御史中丞上柱國漢南郡開國公 食邑二千戶'라 自署하였다고 한다.[27] 흔히 신라의

않을까 싶은 것이다. 견훤의 사위로 나오는 박영규가 당시 과연 방수군으로 立役할 수 있는 나이였던가에 대한 의문의 제기(鄭淸柱, 「新羅末・高麗初 順天地域의 豪族」, 28쪽)는 당연해 보인다.

26) 이 당시 甄萱政權의 영향력이 미치는 지역의 범위에 관해서는 서로 다른 견해가 대립 중이다. 대체로 현재의 全南地域 일대를 그 영역으로 하였으리라는 데 동의하는 분위기이지만, 그와는 상당히 다른 의견도 나와 있다. 光州를 중심으로 한 전남의 北・東部地域 郡縣만이 견훤의 영역이었으며 羅州地域은 그 지배권역의 밖에 독립적으로 존재하였다는 이해에서부터(鄭淸柱, 「新羅末・高麗初 西南海岸地域 豪族의 動向」, 『新羅末高麗初 豪族研究』, 一潮閣, 1996, 149~150쪽), 武州를 비롯하여 全州와 公州地域 등 옛 백제지역을 아울러 그 영토로 지배하였다는 주장에(金甲童, 「後百濟 甄萱의 戰略과 領域의 變遷」, 『후백제 견훤정권과 전주』, 주류성, 2001, 191쪽) 이르기까지, 상당한 편차를 보이고 있는 것이다. 필자는 앞서 견훤이 광주에 정권을 세운 이래 왕건이 진출해오는 때까지(903년), 광주・昇州地域은 물론 느슨하게나마 나주지역까지 그 영향권 내에 두었던 것으로 보았다(邊東明, 「高麗王朝와 羅州」, 『韓國中世의 地域社會研究』, 學研文化社, 2002, 116쪽). 광주정권시기의 견훤이 대체로 현 전남지역을 그의 영향력 아래 두었으리라는 편에 섰었던 셈이다. 하지만 이제 그것을 수정하여 당시에 이미 전주지역을 포함한 전라도 일대를 주된 영역으로 하면서, 대략 공주 부근에까지 그 영향력이 미쳤던 것으로 이해하고자 한다.

27) (前略) 唐昭宗景福元年 是新羅眞聖王在位六年 (中略) 遂襲武珍州 自王 猶不敢公然稱王 自署爲新羅西面都統指揮兵馬制置持節都督全武公等州軍事行全州

지방관임을 자처하였던 호칭으로 생각들을 하거니와, 그보다는 아마도 신라의 정통성을 차마 직접적으로까지 부정하기가 어려웠던 창업초기의 상황에서, 지방정권임을 표방한 직함 정도로 이해함이 어떨까 싶다.[28)]

그런데 위의 직함에서 견훤이 무주와 함께 전주와 공주지역까지를 자신의 관할 영역인 양 내세운 사실이 눈길을 끈다. 흔히 과장 섞인 상징적 자칭쯤으로 치부하는 것이 보통이지만, 과연 그것으로 지나쳐 좋을 것인가에는 의문이 없지 않다. 상징적일 망정 '全·武·公等州' 언급에는 나름대로 의미를 부여함이 온당할 듯 여겨지는 것이다. 특히 900년에 천도하였던 것으로 기록되는 전주를 중심으로 한 전북 일대의 경우, 상당히 이른 시기부터 견훤의 통제력이

刺史兼御史中丞上柱國漢南郡開國公 食邑二千戶 (下略) (『三國史記』 50 甄萱傳)

28) 견훤이 후백제왕을 칭할 무렵에 대한 것이기는 하지만, 후백제와 고려를 地方政權으로 이해한 것은, 金庠基, 「羅末 地方群雄의 對中交通」, 『東方史論叢』, 서울大學校出版部, 1986, 436쪽을 참고하라. 그런데 창업 초기를 벗어난 훗날에도 견훤이 신라를 宗主國으로 일컬은 사례가 나타나는 등(『三國史記』 50 甄萱傳 天成2年 12月日 寄書太祖曰), 그러한 표방이 초기에 그치지만은 않았던 것으로 생각할 수도 있다. 하지만 이때는 고려 왕건과의 명분 다툼에서 내세우던 의례적 상징적인 修辭였을 뿐(河炫綱, 「後三國關係의 展開와 그 實態」, 『韓國中世史研究』, 一潮閣, 1988, 59~60쪽), 여기에 무슨 실제적인 의미를 부여할 수는 없을 것으로 판단된다. 그 권위와 전통을 인정하면서도 '一統의 대상'으로 상정하며 또한 경주 침입 이후에는 '실질적으로 병합'되었던 것으로 신라를 인식하였다는 그에게(이강래, 「후백제의 당대 인식」, 『한국·동아시아 역사상의 후백제 국제학술회의 발표 논문집』, 후백제문화사업회, 2003, 17~20쪽), 신라의 地方官을 자처했으며 더욱이 신라왕실과의 관계를 君臣關係로 인식하였다고까지 말하는 것은(申虎澈, 「甄萱政權의 對外政策」, 『後百濟 甄萱政權研究』, 106~109쪽. 鄭淸柱, 「新羅末·高麗初 支配勢力의 社會的 性格」, 『新羅末高麗初 豪族研究』, 190~192쪽), 다소 지나친 해석이 아닌가 헤아려지는 것이다.

미쳤던 것으로 이해함이 마땅할 듯싶기도 하다.

史書에서는 견훤의 전주 천도를,

> 唐 昭宗의 景福 元年은 新羅 眞聖女王의 재위 6년(892)이다…(견훤이) 드디어 武珍州를 습격하고서는 스스로 王이 되었는데, 오히려 감히 공공연하게 왕을 칭하지는 못하였다…견훤이 서쪽으로 巡幸[西巡]하여 完山州에 이르니, 州의 인민들이 맞아들여 위로하였다…견훤이 인심을 얻은 것을 기뻐하며 좌우에 이르기를 "…내 어찌 감히 완산에 도읍을 세워 義慈王의 묵은 분함을 씻지 않겠는가"라 하고서는, 드디어 後百濟王을 자칭하면서 官府를 설립하고 官職을 分定하였다. 이는 곧 唐 光化 3년이요 新羅 孝恭王 4년(900)이었다…[29)]

라고 하여, 서쪽 방면으로 巡幸하는 과정에서의 일이라 전한다. 문맥상, 전주지역에 처음 진출한 견훤이 지역민들의 환영에 고무되어 갑작스레 추진한 일인 양 서술되어 있는 것이다. 따라서 사서에 기재된 대로라면, 견훤은 전주지역을 처음 아우르면서 그곳을 수도로 정하고서는 곧바로 천도를 단행한 셈이 된다.

하지만 이는 반드시 그처럼 문맥에 얽매여 고지식하게만 생각할 일은 아닌 것 같다. 우선 '西巡'이란 용어부터가 그러하다. 巡幸이란 그야말로 군왕이 자신의 영역을 시찰하며 돌아보는 것을 말한다. 그리고 견훤의 '西巡'도 또한 그러한 의미로 받아들여서는 안 될 까닭이 없어 보인다. 그러니까 당시 견훤은 이미 자신의 영향권 안에 들어온 지역을 돌아보는 중이었으며, 따라서 그가 '西巡'하던

---

29) (前略) 唐昭宗景福元年 是新羅眞聖王在位六年 (中略) 遂襲武珍州 自王 猶不敢公然稱王 (中略) 萱西巡至完山州 州民迎勞 萱喜得人心 謂左右日 (中略) 今予敢不立都於完山 以雪義慈宿憤乎 遂自稱後百濟王 設官分職 是唐光化三年新羅孝恭王四年也 (下略) (『三國史記』 50 甄萱傳)

전주지역 역시 그 전에 이미 그의 지배영역으로 편입되었던 것으로 이해함이 온당하지 않을까 싶다. 위 사료에서의 '西巡'이란, 말 그대로 전주로 천도하는 길에 거쳐가게 되는 고을들을 군왕인 견훤이 몸소 둘러본다는 정도의 의미였다고 이해하여 좋을 줄 믿어지는 것이다.

그러면 전주를 중심으로 한 현재의 전북지역에 견훤의 통치력이 미치기 시작한 것은 언제쯤이었을까? 견훤이 전주지역을 아우른 것은 최소한 천도하기 2~3년 이전부터의 일이었던 것으로 간주하여 좋을 듯싶다. 수도로서의 기반 시설을 마련하기 위해 소요되는 시일 따위를 감안할 때 그렇게 생각된다. 견훤은 전주 천도를 계기로, 百濟繼承意識을 적극적으로 내세우며 창업의 이념을 마련하는 한편, 吳越과 수교하여 대외교섭에 나서는 동시에 독자적인 年號의 사용과 設官分職으로 체제를 정비하는 등, 새로운 왕조를 일으켜 세우려는 의지를 두루 안팎에 천명하였다고 한다. 그리고는 이어서 적극적인 영역의 확장과 더불어 마침내는 專制君主로서의 면모를 과시하기에까지 이르렀다는 것이다.[30] 말하자면 견훤은 수도의 이전을 계기로 새로운 출발을 기약하였던 셈이거니와, 그리하여 그 터전인 全州에는 그에 걸맞은 시설이 필수적이었을 듯싶다. 새로운 왕조를 창업한 왕자로서의 위엄을 드러내기 위한 수도 건설에 심혈을 기울였을 가능성이 높아 보이는 것이다. 따라서 그 기간도 또한 상당하였을 터인데, 弓裔가 鐵圓에서 松嶽으로 그리고 송악에서 다시 철원으로 천도하기 위한 준비에 각각 3년가량을 소요하였던

---

30) 견훤의 전주 천도가 지니는 의미에 관해서는 다음의 논저가 참고 된다. 申虎澈, 「甄萱政權의 成立」, 48~57쪽. 金壽泰, 「全州 遷都期 甄萱政權의 變化」, 『韓國古代史硏究』 15, 1999, 269~293쪽. 전북전통문화연구소, 『후백제 견훤정권과 전주』, 주류성, 2001.

것으로 미루어,[31] 견훤의 경우도 또한 그와 비슷하였을 것으로 간주하여 좋지 않을까 싶다. 전주로 천도하기 3년가량쯤 이전, 다시 말하여 늦어도 890년대 말 이전에 이미 견훤이 전주지역을 병합하여 확고한 영토로 삼았을 것임을 넉넉히 짐작할 수가 있지 않을까 여겨지는 것이다.

견훤이 전주로 천도하기 수년 전에 이미 해당 지역을 아울렀을 것임을 살폈다. 그가 自署하였다고 하는 긴 직함 중의 '全·武·公等州'에 관한 언급이, 결코 과장 섞인 상징적 표현에만 그치는 것은 아니었음을 이해할 수가 있는 것이다.[32] 그리고 나아가 그와 같은 전주지역의 경우에 비추어, 공주지역 역시 —예속의 강도에서 차이가 있었을는지는 모르지만— 그의 영향권 아래 들었던 것으로 보아 큰 잘못은 아닐 줄 믿는다.[33] 한데 광주정권 시기에 있었던 견훤의 그

---

31) 鄭淸柱, 「新羅末·高麗初 豪族의 形成과 變化」, 『新羅末高麗初 豪族研究』, 47~48쪽. 申虎澈, 「後三國 建國勢力과 淸州豪族」, 『後三國時代 豪族研究』, 도서출판 개신, 2002, 323쪽.

32) 이는 晉州地域의 王逢規가 자칭하였다고 하는 직함에 대한 기왕의 이해에서도 확인되는 일이다. 그가 내세웠던 泉州節度使니 혹은 權知康州事 내지는 知康州事니와 같은 직함을, 단순히 과장 섞인 칭호로 받아들이기보다는 泉州縣 즉 오늘날 慶南 宜寧의 豪族 출신으로서 뒤에 康州 즉 晉州地域 전체에까지 영향력을 발휘하던 상황을 반영한 직함으로 널리 인정하고들 있는 것이다(金庠基, 「羅末 地方群雄의 對中交通」, 『東方史論叢』, 1986).

33) 光州政權 시기 후백제의 위와 같은 영역 팽창 활동과 관련하여 눈길을 끄는 것이, "孫順者 牟梁里人…順捨舊居爲寺 號弘孝寺 安置石鐘 眞聖王代 百濟橫賊入其里 鐘亡寺存…"(『三國遺事』 5 孝善 9 孫順埋兒)에 나오는 진성여왕대의 '百濟橫賊'이다. 신라 興德王代 사람인 孫順의 孝를 상징하는 石鐘을 탈취해 갔다고 하는 이들의 정체가 궁금한데, 이에 대해 '후백제의 횡포한 도적'으로 해석한다든지(이재호 옮김, 『三國遺事』 2, 솔출판사, 1997, 419쪽), 혹은 "賊起國西南 赤其袴以自異 人謂之赤袴賊 屠害州縣 至京西部牟梁里 劫掠人家而去"(『三國史記』 11 眞聖王 10년)에 나오는 赤袴賊과 동일한 것으로 이해하려는 논자가 있어 주목된다(金甲童, 「後百濟 甄萱의 戰略과 領

와 같은 급속한 세력 팽창에서, 김총이 과연 무슨 역할을 하였는지는 잘 알 수가 없다. 다만 견훤의 핵심 측근으로서의 그의 위상에 변화가 생길 만한 요인이 달리 찾아지지 않는 이상, 견훤의 심복이었던 그의 활약도 또한 적지 않았으리라고 추정하는 선에서 그치는 정도이다.

域의 變遷」, 『후백제 견훤정권과 전주』, 주류성, 2001, 189~190쪽). 시기나 장소 등 여러 정황으로 미루어 수긍이 가는 견해이거니와, 眞聖女王代의 백제라면 후백제일 수밖에 없을 것이며, 또한 그처럼 동일한 시기에 慶州 牟梁里라고 하는 동일한 지역을 휩쓸었다는 '후백제의 횡포한 도적'과 '적고적'을 동일한 존재로 파악하여 하등 이상할 것이 없어 보인다. 처음 거병한 지역이 '京西南州縣'이었다는 견훤과(邊東明, 「甄萱의 出身地 再論」, 41쪽), '國西南'에서 일어났다는 적고적 사이의 연관관계를 굳이 부정하려 들 까닭이 없어 보이는 것이다. 한편 後百濟와 赤袴賊 사이의 그러한 연고를 인정할 경우, 문제로 떠오르는 것이 후백제의 역사계승의식이 아닌가 싶다. 후백제와 적고적의 사이에 무언가 연관이 있었다면, 후백제 역시 '赤色'을 내세웠을 가능성이 높을 것으로 판단된다. 후백제를 상징하는 색깔이 적색이었음을 암시하는 셈인데, 이는 전통시기의 五行的 歷史觀에 비추어 적이 관심을 끄는 대목이 아닐 수 없다. 이미 밝혀진 바와 같이, 신라에서는 오행 중 '金德'을, 태봉과 고려에서는 '水德'을 그리고 조선에서는 '木德'을 각각 왕조의 상징으로 인식하였다(崔柄憲, 「高麗時代의 五行的 歷史觀」, 『韓國學報』 13, 1978, 17~51쪽). 五行相生說(木→火→土→金→水)에 입각한 역사이해로서, 앞선 왕조를 인정하며 그 전통의 순조로운 계승을 강조하고 있는 것이다. 그런데 만약 견훤 내지 후백제에서 赤色을 상징으로 내세웠다면, 이들은 그와 반대로 五行相勝(相剋)說(수←화←금←목←토)에 근거하여 역사를 이해하였다고 보아야 할 듯싶다. 赤色은 곧 '火德'인 바, '火勝(剋)金' 즉 '金德'의 신라를 극복한 왕조로서 '火德'의 후백제를 인식하였다는 증거가 아닌가 여겨지는 것이다. 오행상승설은 전통의 순조로운 계승보다는 부정에 의한 극복을 더욱 앞세우는 의미를 지니는 사상으로 판단되거니와, 그로써 백제를 멸망시킨 신라를 이겨내고 일어선 왕조로서의 후백제의 위상, 견훤의 표현에 따르자면 '의자왕의 묵은 분함'을 설욕하고 들어선 왕조가 곧 후백제임을 과시하려는 의도가 있었던 것이 아닌가 헤아려진다.

한편 김총의 활동 중에서, 그가 휘하의 부대를 이끄는 가운데 독자적으로 전투를 벌이는 것과 같은 일은 그리 많지 않았던 것으로 보인다. 인가별감이라는 직책상 견훤의 곁을 떠나는 일이 잦지는 않았을 법하며, 그리하여 야전군의 지휘관으로서 일선에 나가기보다는 견훤의 측근에서 주로 활동하였던 것이 아닌가 여겨지는 것이다. 그가 언제부터 견훤의 인가별감을 맡았는지는 잘 알 수가 없다. 그가 오른 최종 관직이었던 것으로 미루어,[34] 그의 생애 후년에 이르러서가 아니었을까 추정되기도 한다. 그렇지만 그가 견훤의 측근에서 친위군으로 활동한 것은 비교적 이른 시기부터였을 것으로 짐작된다. 방수군으로 동고동락하던 그가 거병한 다음 견훤의 측근에서 활동하게 된 것은 자연스러운 일이었을 터이며, 그러다가 차츰 체제가 정비되어감에 따라 그의 신변 호위 등을 전담하는 인가별감에 오르지 않았을까 짐작되는 것이다. 따라서 김총이 견훤의 곁을 떠나 야전군의 장수로 활동하는 것과 같은 경우는 드물었다고 밖에 할 수가 없지 않을까 싶다.[35] 다만 견훤이 직접 지휘하는 전투의 경우에는, 그도 역시 따라서 참전하였을 가능성이 높을 것으로 여겨지는 한다.

김총이 역임하였다는 인가별감은 견훤의 친위군을 장악한 지휘

34) 『新增東國輿地勝覽』 40 順天都護府 人物 金惣.

35) 『三國史記』나 『高麗史』 등에서 金惣에 관한 기록을 찾아보기가 어려운 것도, 이에서 말미암은 바가 클 것으로 판단된다. 자신만의 부대를 거느리고 전투에 참가한 적이 드물어 표면에 드러나는 일이 별로 없었던 後百濟人에 관한 기록이, 그와 같은 正史類에 실리기는 어려울 듯 여겨지는 것이다. 弓裔의 친위군 지휘관으로서 수도에 주로 머무르던 洪儒나 裵玄慶 등이 전투에 참여한 기록을 찾아보기 힘들다는 지적도(洪承基, 「高麗 太祖 王建의 집권」, 『高麗政治史硏究』, 一潮閣, 2001, 31~32쪽), 이와 관련하여 참고가 된다.

관이었다. 그런데 당시의 친위군은 무력의 행사와 같은 군사적인 역할뿐만이 아니라, 정치적인 역할의 수행을 통해서도 국왕을 보좌하는 것이 일반적이었다. 친위군의 군사적인 임무 자체가 사실은 정치적인 성격을 강하게 띠거니와, 가령 泰封의 경우로 미루어서도 그러한 추론이 가능할 듯싶다. 弓裔는 친위군 그 중에서도 특히 內軍으로 하여금 군대 내부의 동향은 물론이고 政界의 전반적인 움직임에 대해서도 관찰하고 감시하여 그 결과를 보고하도록 시키었다고 한다.[36] 內軍將軍 狄鈇가 바로 그러한 역할을 맡았던 대표적인 인물로 손꼽히는데,[37] 아마도 견훤의 引駕別監 金惣 역시 그와 비슷한 역할을 담당하였던 것이 아닌가 여겨지는 것이다. 그리고 그러한 추측이 사실에서 크게 벗어난 것이 아니라면, 김총은 후백제 견훤왕의 심복 가운데 심복으로서 말하자면 견훤정권의 핵심이었다고 하여 지나치지 않을 것이다.

그 후 언제인가 김총은 사망하였다. 그 경위나 시기 등은 불명인데, 순천지역에 구전되는 설화로 미루어 천수를 누린 정상적인 죽음은 아니었던 것 같다. 전사한 김총의 시신을 찾지 못해 밤나무로 사람의 모양을 만들어 招魂葬을 하였다는 것이 그것이다.[38] 大邱 八公山 전투에서 사망한 申崇謙의 경우를 떠올리게 하는 설화로서,[39] 대략 김총이 적과의 전투 중 전몰한 사실을 전하지는 않는가

36) 洪承基, 「高麗 太祖 王建의 집권」, 『高麗政治史硏究』, 33~36쪽.

37) 蘇判宗侃・內軍將軍狄鈇 伏誅 侃與鈇 俱以姦佞 得幸弓裔 讒害良善 王卽位首誅之 (『高麗史節要』 1 太祖 元年 6월).

38) 이경엽, 「순천의 성황신앙・산신신앙과 역사적 인물의 신격화」, 181~183쪽.

39) 平山申氏 문중에서 전하는 바에 따르면, 申崇謙이 전사하자 後百濟軍이 그를 王建으로 잘못 알고 그 首級을 베어갔다고 한다. 그리하여 왕건이 수습된 시신에다 黃金 혹은 나무[木]로 제작한 머리를 붙여 禮葬한 것이 현재

싶다. 혹은 궁예정권의 내군장군 은부가 태조 왕건의 정변 후 맨 먼저 제거되었던 사례로 미루어,[40] 견훤의 인가별감 김총도 또한 그와 유사하게 神劍이 정변을 일으켰을 때 그에 의해 희생되었을 가능성도 있지만 단정할 수 없음은 물론이다.

그런데 이러한 김총의 말년 행적을 순천의 대호족 출신이었던 朴英規와 연결시켜 이해하려는 견해가 있어 주목된다. 김총이 박영규의 휘하 장수였으며, 그리하여 박영규가 견훤을 뒤따라 고려 왕건에게 歸附할 때 그 역시 그리하였으리라는 것이다.[41] 또한 지역의 설화로 미루어 김총의 정치적 입장이 박영규의 그것과 통하였으며, 더불어 귀부하는 등 고려왕조에 일정한 기여를 하였기 때문에 그 후에도 계속 지역 토호로서의 위상을 유지하였으리라는 의견도 나와 있다.[42] 김총이 박영규의 휘하에 있었는지, 혹은 박영규와 정치적 입장을 같이 하였는지 등의 여부에 관해서는 잘 알 수가 없다. 다만 그가 만약 왕건에게 귀부하였다면, 박영규가 그러하였듯이 그 역시 高麗人으로 이해되었어야 마땅할 터인데 사실은 그렇지를 않다. 『신증동국여지승람』의 順天都護府 人物條에는, 朴英規가 高麗人으로 수록된 데 반해 金惣은 後百濟人으로 기재되어 있는 것이다.[43] 아울러 그만한 위치의 인물이 박영규와 함께 견훤을 뒤따라 고려에 귀부하였다면, 무언가 그에 관한 자취를 남겼을 가능성이 높은데도 전혀 그것을 찾아볼 수가 없다는 점 역시 미심

春川에 소재하는 그의 분묘라는 것이다.

40) 위의 주 37)을 참조하라.

41) 金甲童, 「高麗時代의 城隍信仰과 地方統治」, 5~6쪽.

42) 이경엽, 「순천의 성황신앙·산신신앙과 역사적 인물의 신격화」, 181~183쪽.

43) 『新增東國輿地勝覽』 40 順天都護府 人物 後百濟 金惣, 高麗 朴英規.

쩍기는 매한가지이다. 金惣은 後百濟人으로서 甄萱을 섬기는 데 일생을 바친 인물, 다시 말하여 후백제인으로 살다 후백제인으로 생애를 마친 인물이 아니었던가 판단되는 것이다.[44]

이상에서 순천지역 주민에 의해 성황신으로 받들어져 온 김총을, 그가 활동한 시대와 관련지어 더듬어 보았다. 이제 그것을 바탕삼아 그가 언제 그리고 어떠한 사람들에 의해 신으로까지 격상되어 지역 주민들의 숭배를 받기에 이르렀는가를 살필 차례가 되었는데, 그에 관해서는 節을 바꾸어 검토하도록 하겠다.

2. 金惣의 麗水 城隍神 추앙

김총은 進禮山에 있었다고 하는 순천부 城隍祠[45]의 성황신[46]으로 떠받들린 인물이었다. 그런데 순천 성황사가 소재하던 이 진례산은, 앞서 밝혔듯이 현재의 여수시에 위치한다. 여수지방이 김총과 인연이 깊은 연고지였음을 알 수가 있겠거니와, 그 일대 지역은 구한말에 麗水郡으로 떨어져 나오기(光武 1, 1897) 이전까지 대체로 순천의 관할 아래 들어 있었다. 다만 예외적으로 고려말의 忠定王 2년(1350)에서[47] 조선초의 太祖 5년(1396)에 걸치는 약 50년에 가까

44) 邊東明, 「高麗時期 順天의 山神·城隍神」, 45쪽 脚註 36.

45) 在進禮山 (『新增東國輿地勝覽』 40 順天都護府 祠廟 城隍祠).

46) 仕甄萱 官至引駕別監 死爲府城隍神 (『新增東國輿地勝覽』 40 順天都護府 人物 金惣).

47) 『高麗史』 57 地理 2 全羅道 羅州牧 昇平郡 麗水縣 및 『新增東國輿地勝覽』 40 順天都護府 古跡 麗水廢縣에는, 忠定王 10년에 麗水縣이 順天에서 떨어져 나와 縣令官으로 승격된 것처럼 기록되어 있다. 그런데 忠定王은 재위 3년 만에 물러났으므로 이는 착오임이 분명하다. 麗水가 縣令官으로 승격된 것은 『世宗實錄』 151 地理志 全羅道 順天都護府 古屬縣 麗水의 기록대로 忠定王 2년이 정확한 것으로 판단되거니와, 마침 그 해가 元 至正 10년

운 기간 동안, 독자적인 행정기능을 갖는 독립된 고을로서의 지위를 유지한 적이 있을 뿐이었다. 고려시기 거의 대부분의 기간을 여수지역은 순천의 屬縣으로 지내었던 것이다.[48]

조선시기 진례산에 소재했었다고 하는 순천부의 성황사는, 아마도 고려중엽 여수현이 순천의 속현이던 시절 내지는 그 말기에 순천의 관할을 벗어나 縣令官으로 승격하던 무렵, 여수현의 성황당으로 처음 설치되었던 것이 아닌가 추정된다. 우리나라의 성황신앙은 대체로 고려 인종대(1122~1146)와 의종대(1146~1170)를 거치면서 널리 확산되었으며, 그 神祠인 성황당은 主縣과 더불어 屬縣에까지도 설치된 곳이 있었다고 한다.[49] 따라서 대략 12세기 즉 고려중기 무렵이면, 昇平郡의 속현이던 여수현에도 또한 성황당이 설치되었을 가능성이 높아 보인다. 아니더라도 현령관으로 승격되는 충정왕 2년 즈음이면, 여수현의 성황당은 분명히 존재하였을 것으로 간주하여 큰 잘못이 아닐 것으로 믿는다. 다만 문제가 되는 것은 그것이 위치하던 장소라고 할 수가 있겠는데, 조선초기 이래 여수반도 전체를 직할하던 순천도호부의 성황사가 여수지역의 진례산에 소재하였던 것으로[50] 미루어, 여수현의 성황당 역시 그곳에 위치하였을 가능성이 크지 않을까 헤아려진다.

고려시기 순천의 성황당은 본래 현 순천시내의 烽火山(즉 옛 城隍堂山)에 소재하였던 것으로 판단된다.[51] 『신증동국여지승람』에 따

인 것을 『高麗史』와 『新增東國輿地勝覽』의 編纂者들이 잘못 忠定王 10년으로 기록했던 것이 아닌가 여겨진다.

48) 崔炳云, 「順天(市)의 歷代 境域과 그 名號 및 官號의 變遷」, 14~30쪽.

49) 金甲童, 「高麗時代의 城隍信仰과 地方統治」, 12, 22쪽.

50) 앞의 註 45)와 같음.

51) 이경엽, 「순천의 성황신앙·산신신앙과 역사적 인물의 신격화」, 169쪽.

르면, 조선초기 순천도호부의 邑治로부터 동쪽 10리쯤 되는 곳에 城隍堂山烽燧가 있었다고 한다.[52] 순천도호부의 성황사가 소재하는 진례산 이외에도, 성황당이 있었을 법한 산이 그 읍치 가까이에 하나 더 존재했던 셈이다. 아마도 조선초 순천부가 여수현을 직할하게 되면서 여수의 진례산에 성황사를 설치하기 이전까지, 순천의 성황당이 자리하였기에 붙여진 이름이 아니었던가 싶다. 말하자면 본시 순천의 성황당은 현 순천시내의 성황당산에 위치하였는데, 조선초 태종 9년(1409) 무렵 순천부가 여수현을 직할하게 되면서[53] 여수반도를 포함한 넓은 지역을 아우르는 성황당으로서, 읍치로부터 멀리 떨어진[54] 여수지역의 진례산에 순천도호부의 성황사를 두게 되었던 것이 아닌가 여겨진다. 그리하여 옛 순천의 성황당은 폐쇄되거나 혹은 官衙의 공식적인 祭享은 받지 못한 채 지역민들의

---

52) 在府東十里 東應光陽件臺山 西只報官門 (『新增東國輿地勝覽』 40 順天都護府 烽燧 城隍堂山烽燧)

53) 全羅道 내에 소재하던 任內의 경우 조선 태종 9년(1409)에 모두 혁파되어 直村化하였다고 한다(『世宗實錄』 151 地理志 全羅道 全州府 所 夾註). 액면 그대로 받아들이기에는 어려움이 있다지만, 順天府의 屬縣이던 麗水縣을 포함하여 全羅道의 任內 대부분이 당시 혁파되었다고 보는 것이 일반적이다(李樹健, 「朝鮮初期 郡縣制整備와 地方統治體制」, 『韓國中世社會史研究』, 一潮閣, 1984, 391쪽. 金東洙, 「朝鮮初期의 郡縣制度의 變更과 全南地方」, 『全羅南道誌』 4, 1993, 56~59쪽).

54) 『新增東國輿地勝覽』에 의하면, 각 郡縣의 城隍祠는 대부분 邑內에서 그리 멀지 않은 곳에 위치하였던 것으로 나타난다. 대개 邑治에서 5里 안팎의 거리에 자리하는 것이 보통이거니와, 全羅道의 경우 順天都護府를 제외하면 25里 밖에 있는 靈光郡의 城隍祠(『新增東國輿地勝覽』 36 靈光郡 山川 箕山 및 祠廟 城隍祠)가 가장 멀리 떨어져 위치하는 사례에 해당한다. 順天의 경우처럼 73里나 멀리 外方에 소재하는 城隍祠(같은 책 40 順天都護府 山川 進禮山 및 祠廟 城隍祠)는 거의 유례가 없다 하여 지나치지 않을 듯 싶은 것이다.

민간신앙의 대상으로서만 존재하게 된 가운데,[55] 산 이름에만 그 흔적이 남아 성황당산이 되지 않았을까 헤아려지는 것이다.[56]

한편 그처럼 여수반도를 포괄하는 순천도호부의 성황사를 여수 지역에 두기로 하였을 때, 그 신당을 설치하기 위한 대상지로는 이전에 성황당이 소재하던 장소가 우선적으로 고려되었음 직해 보인다. 말하자면 옛 여수현의 성황당이 위치하던 자리에, 관할 구역이 확대된 순천도호부의 공식적인 제향을 받는 성황사가 설치되었을 가능성이 높지 않을까 여겨지는 것이다.[57] 그리고 그러한 추측이 크게 어긋난 것이 아니라면, 조선시기 순천도호부의 성황사가 자리하던 진례산은 바로 고려시기 이래 옛 여수현의 성황당이 자리하던 곳이었다고 이해하여 무방할 것으로 생각한다.

조선시기 진례산에 소재하던 순천도호부의 성황사가, 본시 고려 중기 혹은 말기 이래 여수현의 성황당이 자리하던 곳에 설치되었을 것임을 검토하였다. 그렇다면 김총이 그러한 진례산 성황사의

55) 高麗時期 이래 특히 朝鮮時期에는 官衙에서 공식적으로 祭享을 주관하는 즉 官祭를 받드는 城隍祠가 각 郡縣別로 하나씩 설치된 이외에도, 지방의 土着勢力이 주도하는 民間信仰 차원의 城隍堂이 별개로 존재하는 경우가 적지 않았다고 한다(鄭勝謨, 「城隍祠의 민간화와 鄕村社會의 變動」, 『泰東古典硏究』 7, 1991, 4~12쪽).

56) 城隍이란 본시 한 고을이나 국가를 방어하기 위한 구조물의 명칭으로서, 외부의 침입으로부터 보호받기를 기원하는 인간의 간절한 바람이 城隍信仰의 발생으로 이어졌다고 한다. 그리하여 城隍堂(祠)은 城 부근에 설치되는 것이 상례이었거니와, 우리나라에서는 지형상 山城이 발달하여 城隍堂도 자연 높은 山 위에 위치한 것이 많았고, 세월이 지나면서 그곳이 烽燧臺로 변하는 경우도 왕왕 있었다고 하는데, 이를테면 順天의 城隍堂山烽燧와 같은 경우도 그러한 사례에 해당한다고 하여 좋을 것이다. 城隍堂과 烽燧의 관계에 대한 위의 설명은, 金甲童, 「高麗時代의 城隍信仰과 地方統治」, 7~8쪽의 내용을 참고하라.

57) 이에 관해서는, 다음 節에서 다시 한 번 논의할 예정이다.

성황신으로 떠받들어진 것은 언제부터였을까? 고려시기 성황당은 본시 지방 유력계층의 자발적인 참여와 주도 아래 설치되는 경향이 있었다고 한다. 성황신앙 및 그와 관련된 祭儀를 통하여 지역적인 연대의식을 고취시키며, 나아가 그러한 행사를 주도함으로써 자신들을 중심으로 지역민을 결집시켜 토착세력으로서의 위상을 굳건히 할 수가 있었기 때문이라는 것이다. 또한 이들은 자신들의 조상을 고을의 수호신인 성황신으로 추앙함으로써, 지역민들의 자발적인 복종심을 유도하려 들었다고도 한다.[58] 고려시기 여수현의 성황당도 그와 마찬가지에 해당하는 경우이지 않았을까 싶다. 여수현의 유력자들도 또한 성황당을 통하여 지역을 이끄는 중심세력으로서의 자신의 존재를 과시하려 들었을 개연성이 매우 커 보인다. 그리고 그러는 과정에서 자신들과 연고가 깊은 역사상의 실존 인물을 성황신으로 추앙함으로써, 더욱이 그 효과를 극대화시키려 하였을 가능성 역시 매우 높지 않을까 짐작되는 것이다.

앞서 살폈듯이, 김총은 여수지역과 연고가 깊은 인물이었다. 여수 출신이거나, 아니더라도 여수반도를 주요한 근거지로 삼아 활동을 벌이던 신라말 고려초의 해상세력 출신 호족이었다. 말하자면 여수지역 토착세력을 상징하는 역사상의 실존 인물이었다고 할 수가 있겠거니와, 지역의 유력자들이 그러한 인물을 神格化함으로써 지역 주도세력으로서의 자신의 위치를 정당화하려 들었다고 하여 하등 이상한 일은 아니지 않을까 싶다. 자신들과 깊이 연관된 김총을 지역의 수호신인 성황신으로 떠받듦으로써 자신들 역시 지역의 수호자라는 상징조작이 가능해질 터이며, 이를 통하여 지배세력으로서의 권위를 확고히 하고자 도모하는 것이 오히려 당연해 보이

58) 金甲童, 「高麗時代의 城隍信仰과 地方統治」, 17~18쪽.

기까지 하는 것이다. 그런데 이미 지적하였듯이 김총은 후백제계 인물이었다. 견훤을 섬기는 데 일생을 바친, 그리하여 끝까지 후백제인으로 살다 갔을 것으로 추정되는 인물이었다. 따라서 후백제와 적대관계였던 고려왕조의 치하에서 그러한 김총을 지역 토착세력의 상징 인물로 내세우는 데에는, 중앙조정을 비롯한 주위의 눈길을 의식하지 않을 수가 없었을 듯싶어 보인다.

고려에서 후백제계의 중앙 진출이 시작되는 것은 대략 광종대(949~975)부터의 일이었던 것으로 이해된다.[59] 후삼국시기에 벌어졌던 치열한 쟁패전의 후유증이라 할 정신적인 측면에서의 분립상태가, 광종대를 즈음하여 어느 정도 극복되기에 이르렀음을 짐작할 수가 있는 대목이다. 하지만 그 얼마 뒤인 현종대(1009~1031)까지도 조정의 신료들이 옛 후백제지역의 민심을 우려해야 하는 상황이었음을 떠올리면,[60] 그처럼 간단하게 생각해 넘길 일만은 아닌 듯싶다. 百濟遺民意識이 사라지고 그리하여 조정에서 더 이상 옛 후백제지역 민심의 동향을 걱정하지 않아도 되기까지에는, 좀 더 오랜 세월이 필요하였던 것이 아닌가 헤아려지는 것이다.

고려 조정에서 옛 삼국지역의 遺民意識을 염려하지 않아도 되기에 이른 것은, 대략 13세기 전반 이후부터인 것으로 알려져 있다. 무인정권시기에 일어난 三國復興運動이 그다지 커다란 반향을 일으키지 못한 채 실패하였던 데서 드러나듯이, 그때쯤이면 分立的인 三國遺民意識을 대신하여 고려왕조 신민으로서의 일체감이 확고히

---

59) 李基白, 「高麗 貴族社會의 形成」, 『한국사』 4, 국사편찬위원회, 1974, 153~154쪽. 吳星, 「高麗 光宗代의 科擧合格者」, 『高麗光宗硏究』, 一潮閣, 1981, 37~38쪽. 金塘澤, 「崔承老의 上書文에 보이는 光宗代의 '後生'과 景宗元年田柴科」, 같은 책, 52~55쪽.

60) 邊東明, 「高麗時期의 羅州 錦城山信仰」, 『全南史學』 16, 2001, 53쪽.

자리잡아갔던 것으로 이해들을 하는 것이다.[61] 따라서 김총과 같은 후백제계 인물을 지역의 상징으로 내세우는 일도 삼국부흥운동의 여파가 사라진 다음, 구체적으로는 百濟復興運動이 진압된 고종 24년(1237) 이후에 들어서야 가능하지 않았을까 생각된다. 적어도 그 무렵쯤은 되어야, 주변의 시선을 꺼리지 않은 채 후백제인 김총을 신으로 떠받들 수 있는 여건이 조성되었다고 말할 수가 있을 듯싶은 것이다.

그렇다면 김총은 13세기 전반 이후 어느 때 여수의 성황신으로 받들어 높여지기에 이르렀을까? 김총이 여수지역을 수호하는 성황신으로 숭배되기 시작한 시기는, 아마도 충정왕 2년(1350) 무렵을 전후해서가 아니었을까 싶다. 여수현이 순천부의 예하에서 벗어나 독자적인 행정단위로 기능하기 시작하던 당시야말로, 여수 토착세력의 상징으로서 김총이 신격화되기에 가장 알맞은 시기였을 듯 여겨지는 것이다.

여수가 속현에서 주현으로 승격한 것은, 주민들의 오랜 소망의 실현인 동시에 그것을 이루어낼 수 있을 정도로 지역의 토착세력이 성장하였음을 반영하는 일이기도 하였다. 고려시기에 속현은 주현에 의해 부당한 억압과 수탈을 당하는 대상이기 일쑤였다.[62] 주현으로의 격상은 그러므로 그와 같은 굴레에서 벗어나며 더욱이 중앙정부와 直牒關係를 맺음으로 해서 토착 유력자들이 중앙으로 진출하는 데 크게 도움이 되는 일이었거니와,[63] 그러기까지에는

61) 閔賢九, 「高麗中期 三國復興運動의 역사적 의미」, 『韓國史 市民講座』 5, 一潮閣, 1989, 82~108쪽.

62) 朴宗基, 「高麗時代 郡縣 支配體制와 構造」, 『國史館論叢』 4, 1989, 70, 78~79쪽.

63) 李樹健, 「朝鮮初期 郡縣制整備와 地方統治體制」, 『韓國中世社會史研究』, 一潮閣, 1984, 374~375쪽.

중앙으로부터의 그에 대한 적극적인 후원이 필요하였음 직하다. 말하자면 지역 출신으로서 중앙에 진출하여 그것을 적극 추진할 만한 인물이 있어야 가능한 일이 아니었던가 여겨지는 것이다.[64] 따라서 여수의 현령관으로의 승격은, 곧 지역의 토착세력이 그만큼 성장한 결과였다고 하여 지나치지 않을 것이다. 그리고 실제로 그 즈음에는 여수 출신으로서 중앙에 진출하는 데 성공한 인물이 나타나고 있기도 하다. 고려말 조선초엽에 武將으로 활약한 金承霔(恭愍王 3, 1354~世宗 6, 1424)는 金摠의 후손으로서[65] 여수 출신이었는데, 그의 父는 그에 앞서 이미 중앙에 진출하여 定州牧使를 역임한 金惟精이었다고 한다.[66] 역시 김총의 후손으로서 여수 출신이었을 金惟精이, 그 아들 金承霔의 생몰연대로 미루어, 원간섭하 충정왕 2년(1350) 무렵이면 이미 중앙 관료로 진출해 활동하였음이 거의 틀림없어 보이는 것이다.

여수현이 충정왕 2년에 순천의 관할에서 벗어나 독자적인 행정단위로 등장하게 된 것이, 김총의 후예인 金惟精・金承霔 부자와

---

64) 반드시 그에 꼭 들어맞는 사례라고 할 수는 없겠지만, 다음의 기록에서처럼 知事郡이었다가 部曲으로 강등된 密城郡이 다시 主縣으로 陞格되기까지의 과정을 살피면, 그러한 사정을 이해하는 데 다소 도움이 되지 않을까 싶다.

· (前略) 顯宗九年 稱知密城郡事 忠烈王元年 以郡人趙仟 殺郡守 以應珍島叛賊三別抄 降爲歸化部曲 屬之雞林 先是 臺省屢請降號 用事者受邑人賂 每沮之至是 復極論 從之 後復稱密城縣 十一年陞爲郡 (下略) (『高麗史』 57 地理 2 慶尙道 東京留守官 密城郡)

· 朴義 密陽人 以鷹犬嬖於忠烈 累遷將軍 先是 密城人趙阡 殺守應賊 降密城爲歸化部曲 (朴)義賂左右 白王曰 密城大郡 貢賦甚夥 降爲部曲 無鎭撫者 恐其民流散 乃置蘇復別監 (下略) (『高麗史』 124 朴義傳)

65) 昇平志曰 後百濟金摠 仕甄萱 官至引駕別監 死爲府城隍神 其後金承霔 以武藝封平陽府院君 (下略) (『江南樂府』 金別駕條)

66) 『世宗實錄』 23 世宗 6년 2월 甲寅 平陽府院君 金承霔 卒記.

같은 여수 출신 토착세력의 성장을 바탕으로 가능한 일이었을 것임을 알아보았다. 따라서 이제 김총이 성황신으로 받들어 모셔지기에 이른 배경도 거의 드러나지 않았는가 싶다. 원간섭기 무렵 중앙에 진출하여 여수현을 主縣化할 수 있을 정도로 성장한 여수의 토호세력이, 현 전남 동부지역 내에서의 여수의 위상 강화와 더불어 여수를 이끄는 중심세력으로서의 권위를 드높이고자, 자신들과 연고가 깊은 역사상의 위인인 그를 신격화시키기에 이르지 않았는가 여겨지는 것이다. 특히 김유정·김승주 부자와 같은 김총의 후손들이 그 일을 주도하였을 가능성이 높아 보이거니와, 자신들이 시조로 떠받드는 인물을 지역을 상징하는 성황신으로 추앙함으로써, 자신들 역시 그와 마찬가지의 존재로서 여수를 이끄는 핵심세력임을 강조할 수가 있었을 것이기 때문이다.

한편 김총이 그처럼 성황신으로 추앙되던 시기를 즈음하여, 남해 연안에서 倭寇의 노략질이 점차 기승을 부리기 시작하였다는 사실도 또한 그냥 보아 넘겨서는 안 될 듯싶다. 기록상 최씨무인정권시기(1223)에 침략자로서 그 모습을 처음 드러낸 倭人들은,[67] 그 후 100여 년 동안 10여 차례에 걸쳐 간헐적으로 동남부 연해안에 출몰하곤 하였다.[68] 그러다가 여수가 현령관으로 승격되던 충정왕 2년(1350)을 고비로 하여, 빈번하게 그리고 더욱 대규모적으로 곳곳에서 노략질을 자행하기 시작하였다. 이 해로부터 왜구의 침략이 비롯되었다고 하는, 사서의 기록이 그것을 말해 준다.[69] 그리하여

67) 倭寇金州 (『高麗史』 22 高宗 10년 5월 甲子)

68) 李鉉淙, 「倭寇와 對倭政策」, 『朝鮮前期 對日交涉史硏究』, 韓國硏究院, 1964, 13쪽.

69) 倭寇固城·竹林·巨濟 合浦千戶崔禪·都領梁琯等 戰破之 斬獲三百餘級 倭寇之侵 始此 (『高麗史』 37 忠定王 2년 2월)

전통시기 해상교통의 요충지이던 여수·순천지역의 경우, 이른 시기부터 막심한 피해를 입어야만 하였다. 왜구의 노략질이 극성을 부리기 시작하였다는 충정왕 2년에, 벌써 두 차례나 침구를 당했을 정도였다.[70] 말하자면 여수의 대표적인 토호세력이던 김총의 후예들로서는, 지역 수호자로서의 이미지를 내세울 필요성이 어느 때보다 강하게 느껴졌음 직한 시기였던 셈이다. 그리 함으로써 지역을 이끄는 중심세력으로서의 자신들의 지위를 정당화할 수가 있었을 것이기 때문이다.

김총이 그 후손들의 주도 아래 성황신으로 떠받들릴 수 있었던 것은, 위와 같은 상황이 조성된 데에 힘입은 바 또한 컸을 것으로 보인다. 지역 내에서 후백제의 武將으로 명성이 높았던 김총을, 전란의 시기에 당하여 고을의 수호신인 성황신으로 추앙하는 것은 하등 비판받을 일이 아니었을 법하다. 뿐만 아니라 그로써 후손인 자신들 역시 그와 마찬가지로 지역의 수호자라는 상징조작도 가능하였을 것이다. 지역의 유력자로 군림하던 그들로서, 외면하기 어려운 호재가 아닐 수 없었던 셈이다. 왜구의 노략질에 신음하던 주민들에게 고을의 수호자라는 이미지를 심어줌으로써, 지역 중심세력으로서의 위상을 강화할 수 있는 절호의 기회를 놓치려 들었을 까닭이 없어 보이기 때문이다. 요컨대 여수의 대표적인 토호세력이던 김총의 후손들은 전남 동부지역에서 여수 고을의 위상을 강화하며 더욱이 그러는 가운데 자신들의 주도권을 확고히 하고자 그 조상 김총을 성황신으로 추앙하였는데, 그 시기는 대략 여수가 현령관으로 승격되고 왜구의 침략이 극성을 부리기 시작하던 충정왕

70) · 倭船百餘艘 寇順天府 掠南原·求禮·靈光·長興漕船 (『高麗史』 37 忠定王 2년 4월 戊戌)
· 倭船六十六艘 寇順天府 我兵追獲一艘 斬十三級 (같은 책 5월 庚辰)

2년(1350) 즈음이었다고 하여 좋을 듯 여겨지는 것이다.

3. 城隍神 金惣과 順天

지금까지 김총이 여수현의 성황신으로 추앙되기에 이른 과정을 검토하였다. 그렇다면 그러한 그가 순천도호부의 성황신으로 轉化한 것은 언제 또 어떠한 과정을 거쳐서이었을까? 고려 충정왕 2년(1350)에 주현으로 승격되었던 여수현은, 조선 태조 5년(1396)에 다시 속현으로 강등되어 순천의 任內가 되었다. 그리고 이어서 태종 9년(1409) 무렵에는 아예 여수현이라는 官號 자체가 삭제되면서 순천 고을의 직할을 받는 처지로 전락하였다. 현령관으로 승격한 지 50년이 채 못 되어 속현으로, 그리고 그로부터 10여 년 후에는 아예 순천의 직할지로 편입되는 운명을 맞이하게 되었던 것이다. 여수 토착세력에게서 불만이 제기될 만한 사태의 연속이었다. 여수현의 속현화 및 뒤이은 고을 자체의 혁파로 모처럼만에 누려 보던 주현으로서의 위상을 상실한 채 순천부에 귀속되어야만 했던 그들에게서, 반발이 표출되지 않았다면 되레 이상한 일이 아닐 수가 없어 보이는 것이다.71)

---

71) 반드시 麗水縣의 사례를 적시한 것은 아니지만, 郡縣의 陞降이나 혹은 併合을 둘러싼 일반적인 갈등 내지 반발에 관해서는 다음의 논문이 참고된다.

李樹健, 「朝鮮初期 郡縣制整備와 地方統治體制」, 401~414쪽. 金泰亨, 「高麗朝 郡縣陞降의 分析」, 『弘益史學』 5, 1993, 12~21쪽.

한편 朝鮮初 郡縣併合에 대한 불만이 비등하자 병합된 군현의 환원문제가 쟁점으로 떠올랐는데, 이때 金惣의 후손으로서 麗水 출신인 金承霔가 통합철회를 반대하는 견해를 피력한 적이 있었다(『太宗實錄』 29 太宗 15년 3월 癸亥). 麗水縣이 順天府에 병합된 것에 麗水의 土豪勢力이 반발하였으리라는 앞서의 추측과는 상치되는 증거인 셈이다. 하지만 이는 '軍資'

여수 진례산에 소재하던 여수현의 성황당이 순천도호부의 성황사로 바뀐 것은, 그와 같은 여수지역의 반발을 무마하기 위한 조치의 일환이 아니었을까 짐작된다. 여수현의 혁파는 곧 여수현으로부터 공식적인 제향을 받는 성황당의 소멸을 의미한다고 할 수가 있다. 따라서 그처럼 소멸될 운명에 처한 여수현의 성황당을 순천도호부로부터 官祭를 받는 유일한 성황사로 전환시킴으로써, 치소가 순천지역으로 옮겨감으로 인해 초래될 공백을 제한적으로나마 메워 주는 효과를 기대하지 않았을까 싶다. 현의 혁파에 따라 느껴질 공허감을 정신적으로나마 채워 줌으로써, 여수지역의 불만을 완화시키는 효능을 기대하였던 듯 여겨지는 것이다. 아울러 여수반도 전체까지를 직할하게 됨으로써 그 영역이 크게 넓어진 순천도호부의 치소가 내륙 쪽으로 치우친 결함을 보완하며, 나아가 왜구가 왕래하던 통로에 해당하는 요충지역에[72] 고을을 수호하는 성황사를 배치하는 효과까지를 부수적으로 노렸음 직하기도 하다.[73]

의 보충 문제를 걱정하는 '兵曹判書' 金承霔 개인의 의견일 뿐, 여수지역을 대표하는 유력자들 전체의 여론을 반영한 것으로 보기에는 어려움이 있을 듯싶다.

72) 標高 510m로서 順天 이남지역의 가장 높은 산에 드는 進禮山[靈鷲山]은, 麗水半島와 동쪽 건너편 南海島 사이의 좁은 麗水水道를 控制할 수 있는 요충지에 자리하고 있다. 고려말 鄭地가 전라도 수군을 이끌고 왜구를 격멸하였던 南海島 觀音浦와는 여수수도를 건너 서로 마주보고 있으며, 앞서 공민왕 초 柳濯이 왜구를 물리쳤다는 長省浦가 산의 서편 끝자락 너머 여수만 쪽에 위치한다. 또한 壬辰倭亂 최후의 격전장인 望海臺[倭橋]·松島·獐島·猫島 등과 어깨를 겯듯 잇닿아 있으며, 그 안쪽 내륙 방향으로는 露梁과 물길[水路]로 곧장 이웃한 위치이기도 하다.

73) 한편 이와 달리 朝鮮王朝에서의 淫祀排擊政策에 따라, 그처럼 順天의 城隍祠가 邑治와 떨어진 먼 곳으로 옮겨갔을 것으로 보는 견해가 있다(이경엽, 「순천의 성황신앙·산신신앙과 역사적 인물의 신격화」, 170~171쪽). 흥미로운 해석이다. 하지만 조선시기 進禮山에 소재하던 順天府 城隍祠는,

여수현의 성황신 김총이 순천부의 성황신으로 전화한 것은 위와 같은 과정을 거쳐서였던 것으로 보인다. 본시 진례산에 위치하는 여수현 성황당의 성황신이었더랬는데, 여수현 성황당이 순천부의 성황사로 바뀌면서 그 역시 순천부의 성황신으로 轉身하게 되었던 것이 아닌가 여겨지는 것이다. 김총은 본시 진례산의 성황당에 모셔져 향사를 받던 신이었다. 따라서 제향을 주관하는 관아만 여수현에서 순천도호부로 바뀐 채 같은 장소에 변함없이 유지되고 있는 성황당의 神格을, 본시 성황신이었던 그가 그대로 이어받는 것은 극히 자연스러운 일이었을 것으로 짐작된다. 더군다나 김총은, 고려후기 들어 중앙에까지 진출하는 등 당시 여수지역의 가장 유력한 토호로 손꼽히던 김씨가문에서 시조로 떠받드는 인물이었다. 말하자면 김씨는 여수현의 혁파에 반발하던 지역 토착세력을 대표할 만한 존재라고 할 수가 있으려니와,[74] 그러한 그들을 무마하는 데에도 순천도호부의 성황신으로 모셔진 김총의 존재는 효과를 발휘하였을 법하다. 자기 가문의 조상이 여수반도를 넘어 순천도호부 전체의 수호신으로 격상된 셈이어서, 여수현의 혁파로 인한 그들의 상실감이 어느 정도는 상쇄될 수도 있지 않았을까 헤아려지는

배격 대상인 淫祀가 아니었다. 官衙와 무관하게 民間에서 주도하는 淫祀로서의 城隍堂과 달리(鄭勝謨, 「朝鮮時代 城隍信仰과 鄕村社會」, 『나주 錦城山의 歷史的 再照明』, 동신대 문화박물관, 2001, 110~114쪽), 중앙조정에 의해 公式的인 祭享의 대상으로 선정된 正祀였다. 따라서 順天府 城隍祠가 이례적으로 邑治에서 73里나 떨어진 곳에 위치하는 것을, 朝鮮王朝에 들어 시행된 淫祀排擊政策의 결과인 양 이해하는 것은 곤란해 보인다. 또한 그러한 정책의 소산이라면 다른 고을의 성황사도 모두 읍치에서 멀리 떨어져 위치해야 할 터인데, 실제로는 순천의 경우만이 이례적이다 싶게 원거리에 소재하고 있다(위의 註 54 참조).

74) 高麗時期를 통틀어 麗水地域(順天 제외) 출신으로서 中央에 진출한 인물을 배출한 것은, 金惣의 후예인 金惟精·金承霔의 金氏家門 뿐이었다.

것이다.[75]

이후 순천지역에서는 조선후기에 이르도록 내내 김총을 성황신으로 받들며 제향하였다. 18세기에 활동하였던 순천의 士族 趙顯範(1716~1790)이 그 말년(正祖 8, 1784)에 지은 저술에서,

> 金別駕[金惣]는 영웅적 인물이었다오. 살아서 平陽[順天]의 君長을 하지는 못하였지만, 죽어서는 곧 城隍神이 되었으니…지금에 이르도록 祠堂[城隍祠]에서 봄과 가을이면 제사를 드린다네.(夾註 : 祠堂은 進禮山에 있다. 官衙에서 儒生을 보내어 봄과 가을에 제사를 지낸다)[76]

라 기록하였던 것으로 미루어 짐작할 수가 있다. 18세기 후반에 이르도록 순천 관아에서 성황신인 김총에게 봄·가을로 치제하였음을 전하고 있는 것이다.

잘 알려져 있듯이 조선왕조에서는 유교적인 체제의 정비를 최우선 과제로 중시하였다. 특히 유교적인 禮制를 확립하고자 많은 노력을 경주하였는데, 그 과정에서 전래의 토속신앙은 淫祀로 규정하여 금지시켰다. 관련 祭儀를 유교적으로 표준화함으로써, 국왕 중

---

75) 麗水縣이 順天으로 통합되면서 麗水 城隍神 金惣이 順天都護府 전체의 城隍神으로 轉化하였으리라는 위의 해석이 옳지 않아 보일지도 모르겠다. 郡縣의 강등이나 혁파는 곧 그 상징인 해당 군현 성황신의 위상 약화로 이어지는 것이 보통일 터인데, 여수의 경우는 그러한 상식에서 벗어나기 때문이다. 하지만 여수·순천의 사례와 같은 城隍神의 轉化가 그처럼 예외적인 일이었을수록, 여수지역 유력자들의 불만을 무마하는 데는 더욱 그 효과가 컸을 것으로 짐작된다. 비록 독자적인 행정단위로서의 지위는 잃었지만, 그 상징이었던 성황신이 여전히 존립함으로 해서 정신적으로나마 위안을 삼기에는 충분하지 않았을까 여겨지는 것이다.

76) 金別駕英雄人 生不得君平陽 死則爲城隍神 (中略) 至今享祠秋與春(夾註 : 祠在進禮山 自官遣儒生 春秋致祭) (『江南樂府』 金別駕條)

심의 일원화된 제의체계를 수립하려는 의도에서였다.[77] 성황신앙 역시 그러한 정비의 대상이었음은 이를 나위가 없다. 수도 한양을 비롯하여 몇몇 지역의 성황을 中祀와 小祀에 포함시키고 관련 제의를 유교식으로 정비하며, 나아가 각 고을마다 하나씩 일률적으로 성황사를 설치하고 수령이나 혹은 국가에서 임명한 관리로 하여금 봄·가을로 제사지내도록 한 것 등이 그것이었다. 그리하여 대략 성종대에서 중종·명종대에 이르면 성황을 유교의례에 맞춰 정비하는 작업이 나름대로 성과를 보이기도 하였다. 하지만 그렇다고 하여 모든 것이 중앙의 의도대로만 진전된 것은 아니었다. 토착세력과 연계되어 전해 내려오던 민간신앙의 전통이 그만큼 뿌리깊이 남아 있는 때문이었다. 따라서 지역에 따른 편차가 적지 않았는데, 대개는 儒敎式化한 성황제의와 전통적·기복적인 그것이 병립 혹은 조화·절충되는 방향으로 정리되어 갔다. 그리고 그러는 가운데 鄕吏와 같은 지역 토착세력의 주도 아래 巫覡이 主祭하는, 이를테면 淫祀的 경향의 城隍祭儀가 조선후기에 이르도록 없어지기는 커녕 도리어 널리 성행하는 현상마저 나타나기도 하였다.[78]

그렇다면 위와 같은 조선시기 성황신앙의 추이 속에서, 순천의 성황신 김총 및 그에 대한 제향은 어찌 되었을까. 달리 그에 관한

77) 韓亨周, 『朝鮮初期 國家祭禮 硏究』, 高麗大 博士學位論文, 2000, 1~5쪽.

78) 조선왕조에서의 儒敎的인 禮制의 확립에 관한 연구는 제법 많다. 여기에서는 성황신앙과 관련되는 범위 안에서만 간략히 언급하였는데, 주로 참고한 논문은 다음과 같다.

鄭勝謨, 「城隍祠의 민간화와 鄕村社會의 變動」, 『泰東古典硏究』 7, 1991. 박호원, 「朝鮮 城隍祭의 祀典化와 民俗化」, 『성황당과 성황제』(한국종교사연구회 편), 민속원, 1998. 정승모, 「조선중기 全羅道 淳昌郡 城隍祭儀의 성격」, 같은 책. 이기태, 「地域社會 理念의 統合과 城隍祠」, 같은 책. 金澈雄, 「조선시대의 城隍祭」, 『史學志』 35, 2002.

새로운 기록을 발견하지 못한 지금, 무어라 단정지어 말하기에는 어려움이 있다. 하지만 앞서 제시하였던 바, 관아의 주도 아래 봄·가을로 성황신에게 치제하였다는 18세기 후반의 기록으로 미루어, 순천부 역시 다른 고을에서의 경우와 크게 달랐을 것 같지는 않다. 다만 유생을 파견하여 성황신 김총에게 제사를 올리도록 하였다는 부분이 다소 이색적으로 느껴지는데, 다른 고을의 경우 흔히 향리를 보내어 성황제를 지내도록 하였던 예에[79] 비추어 그러하다. 향리와 유생 모두 지역의 토착세력이라는 면에서 공통점을 갖고 있기는 하다. 그렇지만 향리가 아니라, 성리학적인 교양으로 무장하였음이 분명해 보이는 유생에 의해 성황제의가 주도되었던 사실로 미루어, 순천의 경우 성황을 儒教儀禮化하는 작업이 다른 지역에 비해 다소 강도높게 추진되었던 것은 아닌가 여겨진다. 나아가 그처럼 군현의 제의를 유교적으로 표준화하는 데 앞장선 것이 守令 내지는 외부에서 이주해 들어온 士族들이었다는 기왕의 지적에 비추어,[80] 순천지역에서는 고려전기 이래의 전통적인 토착세력보다 고려말 내지 조선왕조 개창 이후에 정착한 外來士族이 더욱 번성하였다고 판단하여 그리 잘못은 아니지 않을까 싶기도 하다.

맺음말

신라말 고려초에 활동한 역사상의 실존 인물인 김총이, 순천도

79) 박호원, 앞의 논문, 188~190쪽.

80) 鄭勝謨, 「城隍祠의 민간화와 鄕村社會의 變動」, 9~12쪽. 정승모, 「군현제의와 국가정책」, 『조선에서는 지방을 어떻게 지배하였는가』(대우학술총서 477), 아카넷, 2000, 140~159쪽.

호부의 성황신으로 추앙되기까지의 경위 및 그 이후를 지역사회 내부의 동향과 연관시켜 살폈다. 후삼국의 격동기를 살다 간 그의 생애와 더불어 그가 신격화되기에 이른 과정과 배경 및 그 후의 추이를 다룸으로써, 거기에서 찾아지는 역사적인 의미를 나름대로 음미해 보고자 하였던 것이다.

김총은 오늘날의 여수시 인근 해안지역에서 나고 자라 여수반도를 무대로 활동하던, 해상세력 출신의 호족이었다. 그리하여 武州 출신의 견훤과 일찍부터 연계를 맺었으며, 또한 방수군 시절에도 고락을 함께 하였다. 김총은 지역 유력자 출신으로서의 그와 같은 연고에다, 남다른 武的인 능력과 견훤의 신임을 바탕으로 후백제에서 인가별감에까지 오를 수 있었다. 견훤의 심복으로서 그의 신변 호위를 담당하는 등 후백제에서 손꼽히는 실력자 가운데 한 사람이었다. 견훤이 봉기하던 초기에 그는 순천을 비롯한 전남 동부지역 호족들의 지지를 끌어냄으로써, 견훤으로 하여금 무주를 점령하고 새로운 왕조를 창업할 수 있도록 토대를 마련하는 데 이바지하였다. 나아가 그의 핵심측근으로서, 후백제정권이 전주지역을 아우르고 공주에까지 그 영향력을 확대해 가는 데에도 기여하였다. 후일 어디에서인가 전몰하였거나 혹은 정변의 와중에 희생되었을 것으로 짐작되는 김총은, 말하자면 후백제의 창업군주인 견훤의 핵심측근으로서 그를 섬기는 데 일생을 바친, 그리하여 후백제인으로 살다 후백제인으로 생을 마친 인물이었다.

김총은 사후 순천의 성황신으로 享祀되었다. 그는 처음 진례산에 소재하던 여수현의 성황신으로 추앙되었다. 여수현이 속현의 굴레에서 벗어나던 충정왕 2년(1350)을 전후한 즈음이었다. 金惟精・金承霔 父子와 같은, 그의 후손임을 자처하는 이들의 성장과 중앙진출이 주요한 배경으로 작용하였음은 이를 나위가 없는 일이었다.

원간섭기 무렵 중앙에 진출하여 여수현을 主縣化할 수 있을 정도로 성장한 여수의 토착세력이, 현 전남 동부지역 내에서의 여수의 위상 강화와 더불어 여수를 이끄는 중심세력으로서의 권위를 높이고자, 자신들과 연고가 깊은 역사상의 실존인물인 그를 신격화시키기에 이르렀던 것이다. 아울러 당시 극성을 부리기 시작하던 왜구도 또한, 김총을 성황신으로 추앙하도록 배경으로 작용하였다. 전란기를 맞아 武將으로 이름이 있던 조상을 고을의 수호신인 성황신으로 추앙함으로써, 자신들 역시 그와 마찬가지로 지역의 수호자임을 자처하고자 하던 그의 후손들에 의해서였다.

그 후 김총은 순천의 성황신으로 전화하였다. 조선 태종 9년(1409) 무렵 여수현이 혁파되어 순천도호부의 직할지로 편입되면서, 여수의 성황신이던 그가 순천의 성황신으로 자리잡게 되었던 것이다. 고을이 사라지고 치소가 순천지역으로 옮겨가는 데 대한 여수지역사회의 불만을 완화시키고자, 진례산의 옛 여수현 성황당을 공식적인 官祭를 받는 순천도호부의 성황사로 삼게 된 데 따른 일이었다. 이후 순천 성황신 김총은 조선후기에 이르도록 관아의 제향을 받았다. 18세기 즈음 그 祭儀를 주관하도록 진례산 성황사에 파견된 것은 鄕吏가 아니라 儒生이었는데, 이는 儒敎儀禮化 작업이 다른 고을보다 순천지역에서 다소 강도높게 진행되었음을 보여주는 동시에, 고려말 내지 조선왕조 개창 이후 순천지역에 정착한 外來士族이 이전부터의 토착세력에 비해 그만큼 번성하였음을 반영하는 것으로 이해하였다. 요컨대 김총의 여수·순천 성황신 추앙에는, 중앙과 지방의 관계는 물론이려니와 지역 토착세력의 동향 및 지역간 혹은 지역 내에서의 주도권 경쟁과 같은, 전통시기 지방사회의 역동적인 모습이 반영되어 있다고 하여 지나친 말이 아니었던 것이다. (『全南史學』 22, 2004)

Ⅲ. 麗水의 長生浦歌

머리말

장생포가는 高麗俗謠 중의 하나이다.[1)] 현 전남 여수시에 위치하던 장생포를 지리적 배경으로,[2)] 고려말엽에 지어져 대중 사이에

1) 『高麗史』 71 樂 2 俗樂 長生浦

2) 여기의 장생포는 古地圖에만 나오는 지명이다. 오늘의 여수시 柿田洞과 安山洞 및 蘇湖洞으로 둘러싸인, 이른바 麗川船所遺蹟을 포함한 작은 灣 일원에 위치하던 사라진 옛 포구로서, 조선시기의 자료에는 順天都護府 관내로 나온다(변동명, 「조선시기의 여천선소유적[順天船所]」, 『海洋文化研究』 창간호, 전남대 이순신해양문화연구소, 2008, 235~240쪽). 자료에 따라 漢字 표기가 長省浦 혹은 長生浦로 달리 나타나는데, 여기에서는 장생포가를 언급한 『高麗史』 71 樂 2 俗樂 및 같은 책 111 列傳 24 柳濯傳을 좇아 長生浦로 표기하겠다. 한글로 표기하는 경우, 현지에서는 '장성마을' 등에서와 같이 '장성'으로 읽기도 하지만, 이 글에서는 '長生'과 '長省'을 아울러서 함께 발음할 수 있도록 장생포로 통일해 사용하겠다. 한편 연구자에 따라서는 장생포가를 '장생포곡'과 구별하여 별개의 가요로 이해한다든지(林基中, 「'長生浦'에 대하여」, 『국어국문학』 68·69, 1975, 188~190쪽), 혹은 그냥 '장생포'로 칭하며 거기에 '歌'나 '曲'을 붙이는 데 따라서 약간의 의미차가 있지만 그렇다고 하여 장생포가와 장생포곡을 별개의 두 가요로

유포된 노래이다. 가사나 곡조는 전하지 않으며, 단지 제목과 함께 탄생의 계기가 되었던 사건 내지는 그에 얽힌 일화가 사서에 기록되어 전할 뿐이다.

고려말에 불리기 시작했다는 이 장생포가에 내포된 정치사회적인 의미를 따져보자는 게 이 글의 목표이다. 특정 가요가 대중의 사랑을 받아 널리 노래 불린 데에는 대개 그만한 연유가 있게 마련이다. 장생포가라고 하여 거기에서 예외였을 리 만무하다. 이 고려 속요가 지어지고 또 널리 유포되었던 데에도 그만한 까닭이 있었음이 분명하다. 장생포가가 처음 불리기 시작한 지역이나 혹은 그에 얽힌 일화 내지는 인물 등을 검토해 마땅한 이유이거니와, 그리하여 속요의 탄생 및 그 유포·유행이라는 사회적 현상에 담긴 의미를 거듭 되새김으로써, 고려말기의 정치·사회적 형세를 일부나마 더듬어보자는 게 이 글의 주요 목표인 셈이다.

그 동안 장생포가에 관심을 보인 이는 하나같이 국문학 연구자들이었다. 고려가요 연구의 일환이었거니와, 또한 대개가 고려속요 '動動'과의 관계를 중심으로 다루었다는 공통점을 지니었다.[3] 조선

보는 것은 잘못임을 지적하기도 하거니와(김준옥, 「고려 시대 가요 '長生浦'의 창작 배경에 관한 연구」, 『한국언어문학』 44, 2000, 66~67쪽), 후자에 동의하되 여기에서는 地名 장생포와의 구별을 위해 長生浦歌 하나로 통일해서 사용하겠다.

3) 고려가요 내지 속요를 일반적 혹은 개설적으로 다룬 것을 제외하고도 관련 연구가 적지 않은데, 여기에서 주로 참고한 논문은 다음과 같다.

林基中, 「'長生浦'에 대하여」, 『국어국문학』 68·69, 1975. 李惠和, 「異論을 중심으로 한 '動動'論」, 『한성어문학』 2, 1983. 장진호, 「'동동'고」, 『새국어교육』 40, 1984. 金準玉, 「'長生浦'와 '動動'」, 『한국언어문학』 35, 1995. 김준옥, 「고려 시대 가요 '長生浦'의 창작 배경에 관한 연구」, 『한국언어문학』 44, 2000. 유경환, 「동동의 원형적 상징성」, 『새국어교육』 65, 2003. 최정삼, 「'동동'의 지역 축제 연출 가능성과 그 개발 방안」, 『고시가연구』

후기에 편찬된 『增補文獻備考』에서 '동동'의 유래를 기록하면서 『고려사』에 실린 장생포가의 유래를 거의 그대로 옮겨 적다시피 하는 바람에 나타난 현상이었다.[4] 하지만 여기에서는 두 속요의 異同이나 혹은 상호 관련 여부와 같은 기왕의 논의에 더하여, 장생포가에 내포된 당시의 사회정치적 지형에 더욱 관심을 기울이려 한다. 문학적 측면에서 고려속요 자체를 다룬 기왕의 연구와 달리, 그러한 속요가 만들어지고 또 그것이 민간 사이에 유포되어 기록에 올라 후대에까지 전해지기에 이른 사실이 지니는 사회정치적 의미를 추구하는 데 보다 주의를 집중하려는 것이다.

먼저 장생포가의 유래를 살피겠다. 장생포가의 존재를 알리는 현전 기록으로는 그 유래에 관한 일화가 전부이다. 일화를 바탕으로 그러한 고려속요가 출현하기에 이른 경위를 검토하는 데서 글의 실마리를 풀어가고자 하는 소이연이다. 또한 그러자면 일화가 수록된 자료를 중심으로 논의가 진행될 수밖에 없는데, 그러는 과정에서 후대의 일부 기록에 의해 그 유래가 장생포가와 거의 동일한 것처럼 전하는 이른바 '동동'과의 관계도 자연히 정리될 것으로 기대한다. 다음으로, 柳濯이라는 고려말 인물을 통해서 장생포가에 접근하려 한다. 이 노래가 탄생하고 또 유포되는 과정에서 기록에 나오는 유일한 역사적 인물이 유탁이다. 따라서 장생포가가 불리기 시작하던 즈음의 이 인물에 주목함으로써, 장생포가가 만들어지고

18, 2006. 김세종, 「해양음악으로 본 '동동'의 고려악부 유입과 음악사적 의미」, 『고시가연구』 22, 2008.

4) · 長生浦 侍中柳濯 出鎭全羅 有威惠 軍士愛畏之 及倭寇順天府長生浦 濯赴援 賊望見而懼 卽引去 軍士大說 作是歌 (『高麗史』 71 樂 2 俗樂)

· 動動 〈補〉合浦萬戶柳濯 有威惠 倭寇順天長生浦 濯赴援 倭望風潰 軍士悅之 作此曲以美之 李晬光云 頌禱之詞 (『增補文獻備考』 106 樂考 17 俗部樂 1 高麗樂 俗樂)

또 널리 유행하여 문자로 기록되기에 이른 배경을 이해하는 데 도움을 얻고자 하는 것이다. 마지막으로, 장생포가의 출현과 유포가 지니는 사회적 의미를 더듬어 보겠다. 이 속요가 처음 만들어져 불리기 시작한 여수지역의 역사적 환경이라든가 혹은 지역사회의 당시 상황과 같은 것을 시대적 배경에 비추어 되새김으로써, 왜 그러한 노래가 장생포지역에서 만들어져 불려야만 했던가, 바꿔 말해 장생포가가 만들어지고 또 그것이 널리 알려져 후대에 전승된 사실이 지니는 의미는 무엇일까를 음미해보고자 하는 것이다.

요컨대 장생포가라는 고려속요가 탄생하여 유포·유행한 현상을 당대의 역사적 환경에 비추어 해석하려는 게 이 글의 목표이다. 그리하여 이 고려속요 이해의 지평을 넓히는 한편, 그 탄생과 유포의 지리적 배경을 이루었던 당시 여수 지역사회의 모습을 보다 가까이 들여다보는 것은 물론, 나아가 고려말엽의 정치사회적 형세를 파악하는 데에도 일조하기를 바라는 마음인 것이다.

1. 長生浦歌의 유래

장생포가의 존재를 알리는 자료는 적지 않다. 그 중에서 가장 기본이 되는 믿을 만한 것으로는 『高麗史』 樂志 중의 다음과 같은 기록이 있다.

> ① (長生浦歌) 侍中 柳濯이 전라도에 나가 주둔하면서 위엄을 갖춰 은혜를 베푸니, 군사들이 그를 어렵게 여기면서도 좋아하였다. 倭賊이 순천의 장생포를 노략질함에 미쳐 유탁이 구원병을 이끌고 나아가자, 왜적이 멀리서 바라보기만 하고도 두려워하며 곧장 (무기를) 거둬 돌아가 버렸다. 군사들이 크게 기뻐하며 이 노래[歌]를 만들었다.[5]

『고려사』 중 고려의 속요를 다루는 항목에 수록된, 그리하여 장생포가를 논하자면 가장 먼저 떠올려 마땅한 자료이다. 장생포가의 유래를 전하는 일화로서, 이 속요가 순천의 장생포를 지리적 배경으로 탄생하였음을 전한다.

장생포가가 순천의 장생포를 지리적 배경으로 그곳에서 처음 탄생하여 불리기 시작하였음은, 다음과 같은 『新增東國輿地勝覽』의 기록을 통해서도 확인할 수가 있다.

② (長生浦) 순천도호부의 동쪽 60리에 위치한다. 고려 때 왜적이 들어와 노략질하는 게 이 포구에까지 이르자 유탁이 군사를 거느리고 그들을 치려 하였는데, 왜적이 멀리서 바라보기만 하고도 (무기를) 거둬 돌아가 버렸다. 군사들이 크게 기뻐하여 노래[歌]를 만들었다.[6]

위의 사료 ①과 거의 동일한 내용으로서, 장수 유탁이 순천 장생포에 쳐들어온 왜구를 물리치자 군사들이 기뻐하며 처음 부르기 시작한 노래가 장생포가라는 것이다. 제목에서 벌써 그런 느낌이 풍기거니와, 장생포가가 순천 장생포를 지리적 배경으로, 그곳에 쳐들어 온 왜구를 물리친 고려말 장수 유탁의 행적에 근거하여, 장생포에서 처음 만들어져 불리기 시작한 고려속요라는 사실에는 의문의 여지가 없어 보인다.

한편 장생포가를 설명하는 보다 후대의 자료 중에는 그와 다른 뉘앙스의 내용을 전하는 경우가 없지 않아 눈길을 끈다. 가장 주목

5) 侍中柳濯 出鎭全羅 有威惠 軍士愛畏之 及倭寇順天府長生浦 濯赴援 賊望見而懼 卽引去 軍士大說 作是歌 (『高麗史』 71 樂 2 俗樂 長生浦)

6) 在府東六十里 高麗時 倭入寇 至是浦 柳濯將兵擊之 賊望見而引去 軍士大悅作歌 (『新增東國輿地勝覽』 40 順天都護府 山川 長省浦 夾註)

을 받은 게 『增補文獻備考』에 수록된 다음과 같은 기록이다.

> ③ (長生浦曲) 유탁이 萬德社에서 왜구를 깨뜨리고는 그 사로잡혀 온 자들을 모두 (倭로) 되돌려 보내주니, 왜구가 다시는 넘어들려 하지 않았다. 유탁이 스스로 만든 장생포곡이 樂府에 전한다.[7)]

유탁이 장생포가를 지었는데 그것이 악부에 전한다는 것이다. 다만 그 부분을 제외한 나머지는 무엇을 말하려는 지 다소 애매하다. 장생포가의 작자인 유탁이 만덕사에서 왜구를 물리친 사실이 왜 거기에 포함되어야만 했는지 쉬이 납득이 되지를 않는다. 15세기 중엽의 비슷한 시기에 찬술된 자료 ①과 ②에서는 장생포가의 유래를 거의 동일한 내용으로 전하는 반면에, 훨씬 후대인 18세기 말에서 19세기초에 작성된 자료 ③의 경우 다소 애매한 내용이 함께 수록되어 혼란을 부추기는 형국이다.[8)]

---

7) 〈補〉 柳濯破倭寇於萬德社 悉還俘獲 寇不復犯 濯自製長生浦曲 傳于樂府 (『增補文獻備考』 106 樂考 17 俗部樂 1 高麗樂 俗樂 長生浦)

8) 『高麗史』는 文宗 원년(1451)에 최종 완성되었다(李基白, 「高麗史 解題」, 『韓國史學의 方向』, 一潮閣, 1978). 『東國輿地勝覽』은 成宗 12년(1481)에 편찬되었다가 中宗 26년(1531)에 증보되어 『新增東國輿地勝覽』으로 간행되었는데(鄭杜熙, 「朝鮮初期 地理志의 編纂」, 『歷史學報』 69・70, 1976), 본문에 인용한 자료는 증보 이전인 성종대(1481)에 작성된 내용이다. 『東國文獻備考』가 처음 편찬된 것은 英祖 46년(1770)이었다. 이후 正祖 14년(1790) 李萬運에 의해 1차 증보된 초고본(增訂本 『東國文獻備考』)을 바탕으로, 그 아들인 李儒準이 純祖 9년(1809)에 改修・補添하여 整理를 마친 후 동왕 13년(1813)에 다소의 補完을 거쳐 整書本으로 완성을 고하였다. 그러나 인쇄가 미뤄진 채 일부에서 그 謄寫本이 돌아다니던 중, 光武 7년(1903) 이래로 재증보 작업을 거친 끝에 隆熙 2년(1908)에 『增補文獻備考』 50冊으로 발간을 보았다(신석호, 「『증보문헌비고』 해제」, 『국역 증보문헌비고』(직관고 1), 세종대왕기념사업회, 1979. 玉永晸, 「『東國文獻備考』에 대한 書誌的 고찰」, 『震檀學報』 104, 2007). 현전하는 『증보문헌비고』가 한 세

실제로 연구자에 따라서는 사료 ③의 만덕사 운운한 내용을 마치 장생포가와 무슨 연관이 있는 사실인 양 因果的으로 이해하는 경우가 없지 않아 주의를 요한다. 만덕사에서 왜구를 물리친 유탁이 그곳에서 장생포가를 지었다는 식으로, 양자를 연결시켜 생각들을 하는 것이다.[9] 문제의 자료를 수록한 『증보문헌비고』 樂考 高麗樂 항목의 곳곳에 고증의 흔적이 역력한 만큼, 근거 없이 그처럼 만덕사 운운의 내용을 장생포가 조항에 수록하였을 리가 없다는 이유에서이다. 그리하여 끝내는 위의 사료 ①과 ②의 '장생포가'와 사료 ③의 '장생포곡'이 서로 다른 별개의 두 詩歌이며, 전자 즉 소위 '장생포가'는 곧 고려 속요 '동동'과 동일한 노래라는 결론에까지 도달하였다.[10] 고려 속요 동동의 경우에 관해서는 뒤에 다시 언급하려니와, '장생포가'와 '장생포곡'을 同名의 별개 시가로 이해하는 것이 잘못이라 함은 이미 지적된 바가 있어 되풀이하지 않겠다.[11] 다만 여기에서는 사료 ③의 만덕사 운운한 내용을 장생포가와 직접 연결시켜 설명하는 게 온당치 않음을 검토하는 데 그치고자 한다.

장생포가에 나오는 장생포라는 지명이 조선시기 순천 관내의 한 포구를 가리킨다는 사실에 이의를 제기하는 논자는 아직 없다. 순

기를 훌쩍 넘어서는 긴 産苦 끝에 여러 사람의 손을 거치며 몇 차례 改修·增補되는 우여곡절을 거쳐 발간되었음을 보여주거니와, 본문에서 인용한 '장생포곡' 및 뒤에 나올 '동동' 관련 기록에는 〈補〉라는 표기가 첨가되어 그것이 이만운에 의해 增補되고 이유준에 의해 改補修·整理된 부분, 즉 1790년 혹은 1809년 내지 1813년까지의 어느 시기에 작성된 자료임을 알 수가 있다(신석호, 같은 글, 10쪽).

9) 임기중, 「'장생포'에 대하여」, 189~190·192쪽. 김준옥, 「고려 시대 가요 '장생포'의 창작 배경에 관한 연구」, 59·61~62·67~69쪽.

10) 임기중, 같은 논문, 189~191쪽.

11) 김준옥, 위 논문, 66~67쪽.

천의 장생포는 오늘날 여수의 여천선소유적을 포함한 그 일원의 포구를 지칭하던 명호로서,[12] 조선시기의 수많은 지리지와 지도를 통해서도 확인되는 사실이다.[13] 한데 그럼에도 불구하고 康津 만덕사에 쳐들어온 왜구를 격퇴한 유탁이, 그와 아무런 관련이 없는 순천 장생포를 제목으로 하는 시가를, 그것도 강진 만덕사에서 지었다고 주장한다. 억지스럽달 밖에 다른 도리가 없어 보인다.[14] 강진 만덕사와 순천 장생포는 지리적으로 멀리 떨어진 전혀 별개의 장소이다. 만덕사에서 왜구를 물리친 유탁이, 그와 아무런 관련이 없는 지명인 장생포를 제목으로 내세운 시가를, 만덕사에서 만들어 노래 불러야 할 까닭을 도무지 찾을 수가 없는 것이다.

여기의 만덕사가 康津에 소재하는 만덕사임도 이론의 여지가 없이 명백하다.[15] 전라도만호 유탁이 활약한 고려후기의 전라도 지역에서 만덕사라고 하면 강진의 그것이 거의 유일하기 때문이다. 그런데 이 만덕사를 강진이 아닌 여수 興國寺의 경내에 위치한다는 白蓮의 명호를 지닌 末寺일 것으로 추정하기도 한다.[16] 만덕사 운운한 사실이 장생포가와 인과적으로 직접 연결된다는 전제 아래,

---

12) 김준옥, 같은 논문, 69~73쪽. 동일한 필자가 이전에 발표한 논문(김준옥, 「'장생포'와 '동동'」, 『한국언어문학』 35, 1995)에서도 동일한 내용이 나오는데, 주요 사실에 관한 설명이 앞서 인용한 논문과 대동소이하므로 특별한 경우가 아닌 한 보다 뒤에 발표되어 한층 정돈된 듯 보이는 앞서의 인용 논문을 제시할 예정이다.

13) 변동명, 「조선시기의 여천선소유적[順天船所]」.

14) "長生浦 아닌 萬德社에서 지은 노래가 '萬德社' 아닌 '長生浦'인 것은 상식적으로 납득이 어렵다"는 견해를 참고할 일이다. 地名이 歌名에 쓰인 경우 하나같이 그 지역에서 지어진 노래라는 것이다(李惠和, 「異論을 중심으로 한 '動動'論」, 81쪽).

15) 임기중, 위 논문, 192쪽.

16) 김준옥, 「고려 시대 가요 '장생포'의 창작 배경에 관한 연구」, 68~69쪽.

강진 만덕사와 순천 장생포 사이의 지리적 相違에서 오는 모순을 피하려는 의도에서이다. 그렇지만 이는 강진의 만덕사를 白蓮社(寺)로도 칭하게 된 역사적 연유를 제대로 파악하지 못한 데서 온 착오이다. 널리 알려진 바와 같이 강진의 만덕사는 고려 무인정권시기에 圓妙國師 了世가 결성하여 이끌던 白蓮結社의 근본도량이었다.[17] 만덕사를 백련결사의 줄임말인 白蓮社(寺)라고도 흔히들 칭하기에 이른 까닭이거니와,[18] 따라서 강진의 그것이 아닌 다른 지역의 백련 칭호를 지닌 사찰을 함부로 만덕사와 동일시하거나 혹은 만덕사라 칭할 수는 없다. 위 사료 ③의 만덕사를 여수지역에 있다는 백련의 칭호를 지닌 寺庵과 연결시키는 것은 전혀 불가능하며, 그러므로 그것을 근거로 다시 長生浦歌의 지리적 배경인 장생포와 만덕사가 모두 오늘의 여수지역임을 논증하고자 굳이 애쓸 필요는 없는 셈이다. 만덕사는 그대로 강진의 만덕사이고, 장생포가는 순천 관내의 —현 여수지역에 위치하는— 장생포라는 포구를 배

17) 고려 무인정권시기의 白蓮結社 및 그 근본도량인 康津의 萬德寺(社)를 다룬 연구는 무척 많지만 일일이 제시하지는 않겠다. 만덕사에 관한 자료집으로는 茶山 丁若鏞의 監定을 받아 조선후기에 편찬된 『萬德寺志』가 필사본으로 전하는데, 전남대학교 호남문화연구소에서 해제와 함께 영인 발간한 것이 있어 참고하기에 편하다.(全南大 湖南文化硏究所, 『萬德寺志』(湖南文化硏究所 資料叢刊 3輯), 1979. 金杜珍, 「萬德寺志 解題」, 같은 책, 196~202쪽)

18) 강진 만덕사를 萬德寺나 萬德社 혹은 白蓮社 내지 白蓮寺 등으로 별다른 구분 없이 함께 표기하는 관행도 그와 마찬가지이다. 불교결사가 자리 잡았던 사찰의 명칭에는 흔히 寺와 社를 혼용하는 게 상례였다. 普照國師 知訥이 창시한 修禪結社의 경우에도 그 근본도량을 보통 修禪社나 修禪寺 혹은 松廣寺 내지는 松廣社 등으로 구분 없이 섞어 칭하곤 하였다. 거의 상식적인 사항임에도 길게 언급한 것은, 萬德社와 萬德寺를 서로 다른 별개의 장소로 오해하는 일이 없지 않은 듯해서이다(金準玉, 「'長生浦'와 '動動'」, 288쪽).

경으로 출현했다고 이해하면 그만인 것이다. 아울러 그와 같은 지리적인 상위에서 드러나듯이, 서로 아무런 관계가 없는 강진 만덕사와 장생포가를 직접 연결시켜 설명하려는 게 잘못임도 그로써 자연히 분명해진다 할 것이다.

위 사료 ③의 만덕사 운운한 내용을 장생포가와 인과적으로 직결시켜 이해하는 게 온당치 않음을 살폈다. 그렇다면 그처럼 별다른 관련이 없음에도 그것이 장생포가를 설명하는 항목에 끼어들어 오해를 빚어내기에 이른 연유는 무엇일까. 사실 『증보문헌비고』에 수록되어 전하는 문제의 기록은, 아래 『고려사』 柳濯傳의 밑줄친 부분을 바탕으로 축약 기술된 2차 자료이다.

> ④ (유탁은)…贊成事에 올랐다. 공민왕 초기에 (外職으로) 나가서 全羅道萬戶가 되었는데, 가지런히 군사를 정돈하여 위엄을 갖춰 거느림으로써 고을에 소란을 일으키지 않으면서 士卒들과 더불어 苦樂을 함께 하였다. 공민왕이 敎書를 내려 표창하면서 의복과 술을 하사하여 위로하였다. 왜적이 萬德社에 쳐들어와 사람을 죽이며 약탈을 저지르고 돌아가니, 유탁이 가볍게 무장한 騎兵으로써 뒤쫓아 잡아들인 다음 그 사로잡혀 온 자들을 모두 (倭로) 되돌려 보내주었다. (그리하여) 유탁이 주둔하는 동안에는 종내 왜구가 다시 넘어들려 하지 않았다. 스스로 지은 장생포 등의 곡이 樂部에 전한다. (開京으로) 불려가 贊成事로 복직되었다가 얼마 지나지 않아 左政丞에 제배되었다…[19]

중앙에서 재상으로 활약하던 유탁이 외직에 나가 공을 세운 끝

19) (前略) 進贊成事 恭愍初 出爲全羅道萬戶 持軍整肅 不擾州縣 與士卒同甘苦 王下敎褒奬 賜衣酒勞之 倭寇萬德社 殺掠而去 濯以輕騎追捕 悉還其俘 終濯在鎭寇不復犯 自製長生浦等曲 傳樂部 召復爲贊成事 未幾拜左政丞 (下略) (『高麗史』 111 列傳 24 柳濯傳)

에 다시 재상에 올라 개경으로의 복귀에 성공하였음을 알리는 내용이다. 한데 그 중 유탁의 전라도만호 시절 행적을 기술하는 과정에서 그만 왜구를 물리친 만덕사에서의 공적과 장생포가를 지은 사실을 곧장 잇대어 서술하는 바람에, 양자를 인과적으로 직결시켜 해석할 수 있는 빌미를 제공하고 말았다.[20] 하지만 고려 속요의 연구에서, 사료 ④와 같은 『고려사』 열전의 기록보다 樂志의 그것(①)을 더욱 우선시해야 함은 이를 나위가 없다.[21] 장생포가를 독립된 조항으로 삼아 기술한 위의 사료 ①이 기본이며, 그것을 바탕으로 사료 ④의 해당 부분을 해석하는 게 합리적이라는 의미이다. 그리고 그처럼 사료 ①에 의거하여 사료 ④의 해당 부분을 해석하는 한, 앞서도 누누이 지적하였듯이 강진 만덕사에서의 유탁의 행적과 여수의 장생포를 지리적 배경으로 출현한 장생포가를 직접적으로 연결시켜 해석할 만한 근거는 어디에서도 찾아지지 않는다.

유탁이 만덕사에서 왜구를 물리친 공적과, 장생포가가 처음 지어져 불리게 된 사실을 직접 연결시켜 이해해야 할 하등의 이유가 없음을 살폈다. 그런데 『증보문헌비고』의 편자는 『고려사』 유탁전에서 관련 부분을 발췌하여 장생포가 항목의 내용을 재구성하는 과정에서, 만덕사 운운의 사건과 장생포가가 지어지고 악부에 오르게 된 사실을 함께 옮겨 적는 잘못을 범하였다. 전라도만호로서 보기 드문 공적을 세운 유탁의 면모와, 전라도만호 시절 그가 지었다고 하는 장생포가가 악부에 수록되어 전한다고 하는 별개의 두 사실을, 『증보문헌비고』의 편자가 인과적인 것으로 애당초 잘못

20) 이 부분을 두고, 만덕사에서 왜구를 물리친 유탁이 그곳에서 장생포가를 지었음을 전하는 자료로 이해하는 논자도 있다(李惠和,「異論을 중심으로 한 '動動'論」, 80~81쪽).

21) 이혜화, 같은 논문, 80~81쪽.

해석하여 하나의 항목에 함께 수록하였는지는 불명이다. 그렇지만 위의 사료 ④가 최소한 후대인으로 하여금 양자를 그처럼 인과적인 것으로 誤讀하도록 단초를 제공한 것은 틀림없어 보인다. 유탁이 강진 만덕사에서 세운 공적 따위를 장생포가가 처음 만들어져 사람들의 입에 오르내린 일과 직접 연결시켜 파악할 만한 아무런 근거가 없음에도, 후대인이 ―아마 오독하여― 잘못 편집하는 바람에 마치 장생포가가 만덕사에서 왜구를 물리친 기념으로 그곳에서 지어진 것인 양 오해를 자아내는 형국이라 하여 지나치지 않은 셈이다.[22)]

그런데 『增補文獻備考』의 樂考 高麗樂 俗樂 부분에는 장생포가와 관련하여 오해를 불러일으킬 만한 또 다른 내용이 수록되어 혼란을 더욱 부채질한다. 해당 항목 중 고려 속요 動動을 설명하는 내용이, 마치 『高麗史』 樂志 俗樂의 ―동동이 아니라― 장생포가 소개 내용을 그대로 옮겨 적은 듯 흡사하기 때문이다. 장생포가를 고려속요 동동과 동일한 시가로 간주하는 견해가 나오도록 빌미를

---

22) 한편 『高麗史』 柳濯傳을 작성하는 기초 자료였던 것으로 판단되는 權近 찬술의 柳濯 神道碑銘 중 관련 부분을 제시하면 아래와 같다.

(前略) 公資精敏而量弘 生長紈綺 志操廉潔 風儀整肅 接人以和 膽略過人 武才出衆 世受宣命 出鎭三道 所至有威惠 軍士畏慕 其鎭全羅也 倭寇侵萬德社 殺掠而去 公以輕騎追及捕獲 悉還其俘 終公之鎭 寇不復犯 自製長生浦等曲 至今傳于樂部 及居廟堂 孳孳經國 動守成憲 不事紛更 政簡而理 人談近世輔相之賢者 必先稱公云 諱濯 字春卿 (下略) (『陽村集』 39 故高麗國門下侍中柳公神道碑銘并序)

만덕사 운운에서 장생포가에 이르는 부분의 경우 『고려사』 유탁전이 신도비명의 해당 부분을 거의 전재하다시피 하였음을 보여주거니와, 이 역시 본문에서 지적한 것처럼 두 사실을 별개로 분리하여 이해하는 게 온당하다 함은 이를 나위가 없다.

제공한 기록이거니와,[23] 다소의 중복을 무릅쓰고라도 비교하기 쉽게 두 자료를 제시하면 다음과 같다.

> ① (長生浦歌) 侍中 柳濯이 전라도에 나가 주둔하면서 위엄을 갖춰 은혜를 베푸니, 군사들이 그를 어렵게 여기면서도 좋아하였다. 왜적이 순천의 장생포를 노략질함에 미쳐 유탁이 구원병을 이끌고 나아가자, 왜적이 멀리서 바라보기만 하고도 두려워하며 곧장 (무기를) 거둬 돌아가 버렸다. 군사들이 크게 기뻐하며 이 노래[歌]를 만들었다.[24]

> ⑤ 動動 〈補〉 合浦萬戶 柳濯이 위엄을 갖춰 은혜를 베풀었다. 왜적이 순천의 장생포를 노략질하므로 유탁이 구원병을 이끌고 나아갔는데, 왜적이 멀리서 바라보기만 하고도 (놀라 스스로) 무너졌다. 군사들이 기뻐하며 이 노래[曲]를 지어 그 일을 기렸는데, 李睟光이 이르기를 '칭송하며 복을 비는 노래이다'라고 하였다.[25]

사료 ①은 『고려사』 장생포가 항목에서 그리고 사료 ⑤는 『증보문헌비고』 동동 항목에서 각각 따온 것인데, 후자에서 합포만호라는 유탁의 직임과 함께 이수광 운운의 부분만 제하면 전자를 거의 그대로 옮겨 적은 듯 흡사하다. 그렇다면 서로 다른 題名임에도 두 가요의 유래가 이처럼 거의 동일하게 기록된 까닭은 무엇일까? 과연 장생포가와 동동이 동일한 고려 속요이며 단지 제명만 달리 표기된 데 지나지 않은 것일까?

---

23) 임기중, 「'장생포'에 대하여」, 187~204쪽.

24) 侍中柳濯 出鎭全羅 有威惠 軍士愛畏之 及倭寇順天府長生浦 濯赴援 賊望見而懼 卽引去 軍士大說 作是歌 (『高麗史』 71 樂 2 俗樂 長生浦)

25) 動動 〈補〉合浦萬戶柳濯 有威惠 倭寇順天長生浦 濯赴援 倭望風潰 軍士悅之 作此曲以美之 李睟光云 頌禱之詞 (『增補文獻備考』 106 樂考 17 俗部樂 1 高麗樂 俗樂)

고려가요 연구의 가장 기본이 되는 자료가 담긴『고려사』악지의 동동을 설명하는 기록에 의하면,

⑥ …妓生 둘이 먼저 나와 북쪽을 향해 좌우로 나눠 서서 손을 여미고 발을 구르며 절을 한다. 고개를 숙여 엎드렸다가 일어나 무릎을 꿇은 채 牙拍을 들어 動動詞의 첫 구절을 노래한다. 여러 기생이 그것을 따라서 노래하고 鄕樂으로 그 곡조를 연주한다…[26]

에서와 같이, 動動이라는 俗樂呈才에서 '動動詞'라 지칭되는 가사를 지닌 노래가 불렸다고 한다. 조선초기에 편찬된『樂學軌範』에 수록되어 현전하는 고려 속요 동동이 곧 이것이려니와, 분명히 장생포가와 구별되는 동동사라는 제명의 노래 가사가 별도로 존재했음을 파악할 수가 있는 것이다.

위의 사료 ⑥이 실린『고려사』악지 俗樂의 序文에는,

⑦ 고려의 俗樂(부문)에는 여러 樂譜들을 살펴서 (해당 노래를 찾아) 수록하였는데, 그 動動 및 西京 이하의 24편은 모두 비속한 말을 (歌詞로) 사용한다.[27]

라고 하여, 동동 및 그와 구별되는 24편의 고려속악이 함께 수록되었음을 전한다. 그리고 그 24편의 속악 중에 장생포가가 포함되어 실려 있다. 동동과 마찬가지로 비속한 말을 사용하는 노래 중의 하

---

26) 舞隊・樂官及妓 衣冠行次 如前儀 妓二人先出 向北分左右立 斂手足蹈而拜 俛伏興跪 奉牙拍 唱動動詞起句 諸妓從而和之 鄕樂奏其曲 兩妓跪 挿牙拍於帶間 俟樂終一腔 起而立 樂終二腔 (下略) (『高麗史』 71 樂 2 俗樂 動動)

27) 高麗俗樂 考諸樂譜 載之 其動動及西京以下二十四篇 皆用俚語 (같은 책 俗樂 序)

나로 지목된, 따라서 그와 명백히 구별되는 고려속요의 하나로서 장생포가가 별도로 존재하였음이 분명한 것이다. 적어도 『고려사』 악지의 편찬자는 동동과 장생포가를 서로 다른 별개의 고려속요로 구분하여 파악하였음이 틀림없다.

고려속악 장생포가가 동동과는 서로 다른 별개의 노래임을 검토하였다. 그렇다면 위의 사료 ⑤에서와 같이 『증보문헌비고』의 동동 항목에 엉뚱하게도 장생포가의 유래가 수록된 까닭은 무엇이었을까. 그것을 밝히는 데 도움이 될 만한 자료는 아직 발견하지 못하였다. 다만 이 저술이 여러 차례 개・보수되는 과정에서 발생하였을 착오의 가능성만은 지적해 좋을 듯싶기도 하다. 문제의 기록은 앞서 설명하였듯이 『증보문헌비고』 중 李萬運・李儒準 父子의 주도 아래 정조 14년(1790)에서 순조 9년(1809)을 거쳐 동왕 13년(1813)까지 보완 수정된 부분에 해당한다. 수차에 걸쳐 여러 사람의 손을 거치는 도중 착오가 발생했을 개연성이 없지 않아 보이거니와, 이만운이 추가 修補를 마치지 못하고 사망한 뒤 그 아들인 이유준이 동문 2~3인과 함께 이만운이 수보하고자 사이사이에 붙여두거나 써놓은 付箋과 箚記를 바탕으로 改修하는 과정에서,[28] 장생포가를 보완하고자 마련해둔 자료를 자칫 동동 관련 자료로 그 위치를 착각하였을 가능성도 생각해봄 직하다.

『증보문헌비고』에서 적지 않은 착오가 발견된다 함은 이미 알려진 사실이다.[29] 맨 처음 『동국문헌비고』가 편찬되던 당시에 벌써 너무 서두른 데 따른 오류와 불완전성을 수정 보완할 필요성이 제기되었거니와,[30] 그 후 오랜 기간에 걸쳐 여러 사람의 손을 거치며

28) 신석호, 「『증보문헌비고』 해제」, 7~8쪽.

29) 임기중, 「'장생포'에 대하여」, 190쪽.

30) 신석호, 같은 글, 4쪽. 朴光用, 「『東國文獻備考』 편찬의 역사적 배경」, 『震

수보되는 동안에도 언제든 착오가 발생할 개연성은 상존하였던 것이다. 실제로 문제의 동동 항목 기록 중에서도, 장생포가의 유래를 잘못 옮겨 적은 외에, 유탁을 합포만호로 기록한 오류가 이미 지적되었다.[31] 경상도지역 해안을 관할구역으로 삼았던 것으로 이해되는 합포만호가[32] 전라도 순천부의 장생포에서 왜구와 싸우고자 나섰을 리 만무하며, 더욱이 그가 합포만호를 역임한 충혜왕 후5년(1344)은[33] 왜구의 노략질이 본격화하는 충정왕 2년(1350)과도 다소 시차가 나기 때문이다. 장생포가의 유래를 잘못 동동의 항목에 옮겨 적은 데다, 그 기록 자체도 또한 오류로 얼룩졌다 하여 지나치지 않은 셈이다.[34] 아울러 장생포가의 항목에서도, 앞서 지적하였듯이 직접적인 관련이 없는 만덕사 운운의 내용을 함께 수록함으로써, 장생포가의 유래를 둘러싸고 오해가 발생하도록 빌미를 제

檀學報』 104, 2007, 215쪽. 玉永晸, 「『東國文獻備考』에 대한 書誌的 고찰」, 같은 책, 243쪽.

31) 김준옥, 「고려시대 가요 '장생포'의 창작 배경에 관한 연구」, 66쪽.

32) 邊東明, 「高麗 忠烈王代의 萬戶」, 『歷史學報』 121, 1989, 120～121쪽.

33) 이 글의 맨 뒤에 첨부한 柳濯의 年譜를 참고하라.

34) 朝鮮末 文臣 李裕元(1814～1888)의 『林下筆記』(권38 海東樂府) 動動 항목의 내용을 근거로 『증보문헌비고』 동동 항목의 기록이 착오가 아님을 주장하기도 한다. 『고려사』 악지를 참조한 것으로 보이는 『임하필기』의 동동 설명이 『증보문헌비고』 동동의 설명과 일치한다는 이유에서이다(임기중 「'장생포'에 대하여」, 200쪽). 그러나 『임하필기』의 동동 기록은 『고려사』 악지가 아닌 『증보문헌비고』 동동을 참조한 기록임이 분명하다. 유탁이 전라도로 나가 주둔하였을 때 장생포가가 노래로 불리기 시작하였다는 『고려사』 악지와 달리, 『임하필기』에서는 『증보문헌비고』와 동일하게 유탁을 합포만호로 기록한 것만 보아도 알 수가 있다. 이유원이 『임하필기』를 저술하면서 『동국문헌비고』—아마도 이만운·이유준 부자에 의해 개·보수된 『東國文獻備考』의 등사본—를 중요한 참고자료로 삼았음은, 서울대 규장각 한국학연구원의 어문학자료 해제 중 『임하필기』편을 참고하라.

공하기도 하였다. 『증보문헌비고』의 해당 기록을 이용하려면 상당한 주의를 기울여 마땅해 보이는 것이다.

한편 『증보문헌비고』의 동동 항목(사료⑤)에서 "…李睟光이 이르기를 '칭송하며 복을 비는 노래이다'라고 하였다"의 부분은, 단지 동동이라는 고려 속요의 성격을 평한 데 지나지 않는다.[35] 장생포가와는 전혀 무관하다. 이수광이 남겼다는 이 평을 바탕으로, 마치 동동이 장생포가와 무슨 관련이라도 있는 양 생각하는 것은[36] 곤란하다는 뜻이다.

『동국문헌비고』의 일차 修補를 마친 이만운은 그것을 再改修하도록 명령을 받자, 관련 자료를 모으면서 아마도 장생포가에 관련된 내용을 보완하기 위한 자료들도 여러 곳에서 발췌하여 行間에 필사하거나 혹은 쪽지에 적어 붙여 두었던 듯싶다. 그랬다가 정작 본인은 작업을 마치지 못한 채 사망하였고, 이유준 등이 이만운의 그러한 付箋과 箚記를 바탕으로 改修에 나섰는데, 그러는 과정에서 애당초 수보하고자 예정하였던 항목들 사이에 혼동이 발생하였던 것으로 보인다. 그리하여 장생포가를 수보하고자 이만운이 모아 둔 자료 중 『고려사』 열전에서 따온 것은 장생포가 항목에 수록된 데 반해, 그 악지에서 따온 것은 인근에 위치한 동동 항목에 잘못 수록되고 다시 그 말미에 본시 동동을 설명하고자 수집해 둔 이수광의 평이 첨부되었던 것은 아닌가 헤아려지는 것이다.

『증보문헌비고』의 동동 항목에 장생포가의 유래에 얽힌 일화가 수록된 것은 착오에서 비롯되었을 가능성이 높아 보인다. 아울러 그 동동 항목의 기록 자체에서도 오류가 발견되며, 또한 같은 책에

35) 我東樂府 有與民樂 (中略) 紫霞洞・動動・鳳凰吟・翰林別曲 (中略) 動動者 亦頌禱之詞 翰林別曲者 (下略) (『芝峯類說』 18 技藝部 音樂 我東樂府)

36) 김준옥, 「고려시대 가요 '장생포'의 창작 배경에 관한 연구」, 77~79쪽.

실린 장생포가 항목의 기록 중에도 오해를 불러일으킬 만한 부분이 없지 않았다. 장생포가를 올바로 이해하기 위해서는, 『증보문헌비고』가 아니라 『고려사』 악지의 장생포가에 관한 설명(사료①)에서 출발하는 게 온당하다는 의미이다. 그리고 이 자료에 따르는 한, 장생포가는 여수 장생포를 지리적 배경으로, 그곳에 쳐들어 온 왜구를 물리친 유탁의 공덕을 칭송하고자, 장생포지역에서 처음 불리기 시작하였음이 거의 틀림없는 듯싶다. 여수 장생포를 약탈의 목표로 삼아 침입한 왜구가 구원병을 이끌고 나타난 유탁을 보고는 전의를 상실한 채 꽁무니를 뺐고, 그리하여 아무런 피해를 입지 않고도 왜구로 하여금 스스로 물러가도록 만든 유탁의 그러한 공덕을 기리며 군사들이 —아마도 지역민과 함께— 기뻐하며 불렀던 노래가 곧 장생포가임이 분명해 보이는 것이다.

한데 여기에서 궁금한 것은, 왜구가 그처럼 유탁의 군사를 보자마자 꽁무니를 뺀 이유는 무엇이었을까 라고 하는 점이다. 그만한 까닭이 없었을 리가 없는데, 그와 관련하여 떠오르는 게 곧 『고려사』 유탁전에 나오는 강진 만덕사에서의 그의 행적이다. 위에 제시한 사료④의 기록이 그것으로서, 침입한 왜구를 사로잡았다가 다시 되돌아가도록 풀어준 유탁의 군사적 위용과 은혜에 감복한 왜구들이 그가 주둔하는 동안에는 종내 국경을 넘보려 하지 않았다는 것이다. 장생포에서 보인 왜구의 행태도 그러한 데 까닭이 있었음 직하다. 요컨대 여수 장생포에 쳐들어왔던 왜구가 유탁의 군내를 보자마자 무기를 거두고 물러간 것은 강진 만덕사에서 경험한 유탁의 위엄과 은덕 때문이며, 따라서 장생포에서의 그러한 무혈승리는 곧 유탁이 지키는 지역에 왜구가 다시는 넘어들려 하지 않았다던 『고려사』의 기록이 반드시 무계한 허위만은 아니었음을 보여주는 예라고 하여 지나치지 않은 셈이다.

앞서 이 글에서는 유탁이 만덕사에서 왜구를 물리친 공적과 장생포가가 처음 지어져 불리게 된 사실을 직접적으로 연결시켜 이해해야 할 하등의 이유가 없음을 강조하였다. 양자의 직접적인 인과관계를 강하게 부정하였다. 하지만 강진 만덕사에서의 유탁의 행적을 바탕으로 순천 장생포에서의 그의 무혈 승리가 가능하였고, 나아가 그와 같은 놀라운 승리를 배경으로 장생포가가 지어져 불렸다는 점에서, 양자를 간접적으로 연결하는 것까지 불가능한 것은 아니라는 사실도 또한 잊어서는 안 될 것이다.

2. 長生浦歌와 柳濯

장생포가는 왜구와의 전투에서 내지는 그로 인한 재난에서 벗어난 기쁨을 노래하며, 아울러 그와 같은 은덕을 베푼 유탁의 공적을 칭송하고자 만들어져 불린 노래이다. 유탁을 돌려놓고는 장생포가를 운위하는 게 불가능한 셈이다. 한데 그 유탁이 장생포가의 지은이인가의 여부를 둘러싸고 상이한 기록이 전해져 혼란스럽다. 위에서 제시한 사료①과 ④가 바로 그러하다. 『고려사』 악지의 장생포가 조항에는 유탁의 군사들이 이 노래를 만들었다고 기록된 데 반해(①), 같은 책의 유탁전에서는 유탁이 스스로 장생포가 등을 지었음을 분명히 하고 있는 것이다(④). 이후 장생포가 관련 기록에서는 흔히 둘 중 어느 쪽을 취하는가에 따라 그 작자를 달리 전하는 게 보통이다.

익히 알려진 바와 같이 『고려사』의 편찬이 완료되기까지에는 60년 가까운 오랜 기간이 소요되었다. 그런 만큼 널리 다양한 자료를 수집하여 편찬에 활용하고자 많은 노력이 경주되었으며, 또한 자료를 수합하고 취사선택하여 재구성하는 수찬활동에도 허다한 이들이 참여하였다. 그리고 그러한 편찬 경위에서 예상되듯이, 계통을 달리하는 다양한 자료의 존재 및 담당 분야를 달리하는 여러 修史官들의 참여로 인해, 때로는 『고려사』 내에서 ―특히 志의 부분에서― 앞뒤가 맞지 않는 단편적인 자료의 나열이 드러나기도 한다.[37)]

장생포가와 유탁전이 각각 들어 있는 『고려사』 악지와 열전의 사이에서도 또한 그러한 모순이 드러날 가능성이 없지 않음은 물론이다. 가령 열전의 내용 중에는 해당 인물의 墓誌(碑)銘이나 神道碑銘의 기록을 거의 그대로 옮겨 적다시피 한 곳이 적잖이 눈에 띈다. 열전을 편찬하면서 주로 이용한 자료가 무엇이었는가를 보여주거니와, 반면에 악지의 경우 특히 장생포가가 수록된 속악의 조항에서는 여러 '樂譜'[諸樂譜]를 주요 자료로 이용하였다고 한다.[38)] 열전과 악지 속악 조항이 본시 서로 계통을 달리하는 원자료를 바탕으로 편찬되었으며, 그런 만큼 두 편목의 기록 중에서 서로 일치되지 않는 부분이 나타날 가능성은 상존한다 하여 지나치지 않은 셈이다. 구체적으로 장생포가에 관한 내용으로 한정해서 보자면, 유탁전의 것은 앞서 언급한 대로 그의 신도비명에서 따왔으며, 악지 속악의 장생포가 항목은 여러 '樂譜' 아마도 유탁전에서 '樂部'라 지칭한 그 원자료에서 옮겨 적었음이 거의 분명하다. 『고려사』 유탁전 및 같은 책의 악지 장생포가 조항의 사이에 장생포가 작자를 서로 다르게 지목하는 모순이 발생한 것은 그리 놀랄 만한 일이 아니며, 그러한 차이는 아마도 계통을 달리하는 원자료에서부터 본시

37) 『高麗史』 卷首의 '進高麗史箋' 및 '纂修高麗史凡例'·'修史官'과 함께, 邊太燮, 『「高麗史」의 硏究』(三英社, 1982)를 참조하라.

38) 高麗俗樂 考諸樂譜 載之 其動動及西京以下二十四篇 皆用俚語 (『高麗史』 71 樂 2 俗樂 序)

그러하였을 가능성이 높아 보이는 것이다.

장생포가의 작자가 유탁인가 아니면 그 휘하의 군사인가를 둘러싸고 빚어진 혼란이, 계통을 달리하는 원자료에서 기인하였을 가능성을 살폈다. 나아가 유탁의 신도비명에서는 분명히 유탁 스스로 장생포가를 지었다고 기록하였으므로, 유탁 휘하의 군사들이 장생포가를 지었다는 설명은 아마도 '악부'와 같은 고려속요를 전하는 여러 악보들에서 인용한 내용으로 이해하는 게 온당할 듯싶다. 아울러 두 자료 중에서, 해당 인물의 업적을 칭송하는 데 더욱 힘을 쏟기 마련인 신도비명보다는, 다수의 고려속요들 가운데 하나로 취급함으로써 장생포가를 한층 객관적으로 대했을 법한 악보의 기록을 취신하는 게 좀 더 합리적이지 않을까 여겨진다. 장생포가의 작자를, 유탁이 아닌 그 휘하의 군사일 가능성에 좀 더 무게를 두고자 하는 것이다. 아마도 유탁의 공덕을 칭송하는 노래가 군사와 지역민들 사이에서 자연스레 만들어져 불리기 시작하여 널리 알려졌는데, 노래의 내용이 주로 유탁에 관한 것이다 보니 그가 작자라는 풍설이 함께 나돌았고, 그의 업적을 드러내는 데 주력한 신도비명 및 그것을 인용한 『고려사』 유탁전에 그것이 채택 수록되었던 게 아닌가 헤아려진다.39)

장생포가는 유탁의 은덕을 칭송하고자 휘하 군사와 지역민들에

39) 아니면 유탁 내지 그의 휘하 측근에서 유탁의 공적을 과시하고자 노래를 만들어 은밀히 군사들 사이에 유포시켰는데, 그리하여 작자가 불명인 채로 군사와 지역민들 사이에 그것이 애창되면서 유탁 혹은 그 휘하의 군사들이 지은 것이라는 풍설이 엇갈려 나돌았고, 그것이 신도비(열전)와 악보에 따로 각각 채택됨으로써 장생포가의 작자가 서로 다르게 알려졌는지도 모를 일이다. 뒤에 나오듯이 장생포가의 유포에 유탁의 은밀한 입김이 작용했음을 생각하면, 장생포가의 탄생에도 역시 그와 같은 남모르는 손길이 작용했을 가능성을 상정할 수가 있을 법해 보이는 것이다.

의해 처음 만들어져 불리기 시작했을 가능성이 높다고 생각한다. 설령 유탁 본인이 장생포가의 지은이라고 하더라도, 그것을 처음 노래 부르기 시작한 것은 군사와 지역민들이었음이 틀림없다. 다만 어느 경우이든, 그것이 휘하 군사와 지역민을 넘어 멀리 중앙에까지 알려지고 그리하여 악부에 수록되기까지에는, 무언가 인위적인 요소가 개입되었던 것으로 보아야 하지 않을까 싶다. 먼 남쪽 바닷가 여수반도의 끝자락에서 군사들과 일부 지역민들의 입을 거치며 유포되던 노래가, 중앙에까지 전파되고 더욱이 악부에 수록되는 게 그리 범상한 일 같지만은 않아 보이는 것이다. 어떤 인위적인 개입도 없이 그 모든 일이 자연스레 이뤄졌다고만 생각하기에는 무언가 석연치를 않다. 장생포가의 유포를 통해 모종의 이득을 취할 누군가를 상정하지 않을 수 없거니와, 그 표적으로 맨 먼저 떠오르는 이가 곧 유탁이 아닌가 한다. 장생포가 탄생의 주요 배경인 유탁의 업적이 이 노래의 유포에 의해 중앙에까지 알려짐으로써, 유탁의 정치사회적 위상이 고양되는 효과를 기대할 수가 있을 것이기 때문이다.

장생포가가 중앙에 전파되고 이어서 악부에 수록된 배후에는 유탁의 은밀한 입김이 작용했다고 생각한다. 그의 신도비명 및 『고려사』 유탁전에 장생포가의 작자가 유탁이며 그것이 악부에 실려 전한다고 기록된 것도, 장생포가의 탄생과 유포에 유탁이 그만큼 깊이 개입되었음을 반증하는 것으로 믿고자 한다. 그렇다면 유탁이 그처럼 장생포가의 유포를 통해 자신의 업적을 중앙에까지 알리고자 나선 까닭은 무엇이었을까? 단지 자신의 정치적 내지는 사회적 위신을 고양시키려는 단순한 생각에서였을까? 이와 관련해서 눈길을 주어 마땅한 게 곧 당시 유탁의 처지가 아닐까 싶다. 장생포가가 탄생하여 유포되던 시기에 유탁이 어떤 처지에 놓였던가를 살피다 보면, 자연히 이 노래를 중앙에까지 널리 알리고자 애쓴 유탁의 생각이 드러날 것으로 보이기 때문이다.

유탁은 원 간섭하의 고려에서 蒙古語 譯人으로 출세한 柳淸臣의 손자이다.[40] 원과의 관계가 남다른 가문의 출신이라 하겠는데, 그의 환로 진출이 원에 들어가 숙위하는 것으로 시작되었던 듯 기록에 전하는 것도 그와 무관치만은 않아 보인다.[41] 27세 되던 해 원에서 귀국한 그는 30대 중반의 비교적 이른 나이로 密直副使에 올라 宰樞의 반열에 진입하였으며, 40대 중반에 政丞, 이어 53세에서 58세까지 5년가량을 首相으로 재임하였다. 충숙·충혜·충정·공민왕대에 걸쳐 보기 드문 정치적 격변기에 용케도 쉼 없는 출세가도를 달렸던 셈이다. 다만 만년에 魯國公主 影殿의 工役을 중지하도록 건의하면서 공민왕의 노여움을 사 수상에서 해임·투옥되었다가 풀려난 적이 있었는데, 그 후 다시 노국공주의 喪葬祭儀에서 결례를 범하도록 이끈 주범으로 몰려 처벌당했다가 사면을 받는 등, 국왕의 표적으로 변해 집요하게 추궁을 당하던 끝에 마침내 신돈이 제거될 때 그 당여로 몰려 죽임을 당하였다. 공민왕 20년(1371), 그의 나이 61세 되던 해의 일이었다.

유탁은 원과 매우 긴밀한 관계를 맺었던 것으로 평가받는 인물이다.[42] 조부 유청신의 경우를 제하고도, 그의 妻父와 妹壻가 당시 원에서 관리로 활동 중이기도 하였다.[43] 한데 그가 관직생활을 하

---

40) 柳淸臣에 관해서는, 『高麗史』 125 姦臣 1 柳淸臣傳과 함께, 李楠福, 「柳淸臣과 그 史料에 對하여」, 『釜山史學』 9, 1985, 127~143쪽을 참고하라.

41) 柳濯의 생애에 관한 이하의 설명은, 『高麗史』 111 柳濯傳과 權近의 『陽村集』 39 故高麗國門下侍中柳公神道碑銘并序 및 그것들을 주요 자료로 삼아 작성하여 이 글의 끝에 첨부한 〈柳濯 年譜〉를 참조하라.

42) 金塘澤, 「高麗 恭愍王初의 武將勢力」, 『韓國史研究』 93, 1996, 29쪽. 閔賢九, 「高麗 恭愍王代 중엽의 정치적 변동」, 『震檀學報』 107, 2009, 51쪽.

던 당시 고려에서의 정치적 격변은 흔히 원의 깊숙한 개입에 의해 야기되곤 하는 게 보통이었다. 원과의 연고가 남다른 유탁으로서는 자연히 원의 간섭으로 발생한 政變的 사건에 연루되기 마련이었으며, 대개는 그 직접적인 당사자이기 일쑤였다. 瀋王을 옹립하고자 나선 주동자가 유청신이었다는 점에서, 그 손자인 유탁은 이른바 瀋王黨 사건에서 결코 자유로울 수 없는 처지였다. 또한 원의 사자로 고려에 와서 충혜왕을 끌고 간 인물로 나오는 大卿 朶赤이[44] 그의 처부일 가능성이 높은 만큼[45] 유탁 역시 충혜왕의 피체·사망 사건에 보다 직접적으로 연루되지 않을 수 없었을 터이며, 뒤이어 충목·충정왕대에 그가 재상으로서 활발히 활동하였던 것도 충혜왕 사건 후 훨씬 직접적이고 노골화한 원의 내정간섭과 무관치 않았던 듯 여겨진다.[46] 그 후 충정왕이 퇴위 당하고 공민왕이 즉위하는 과정에서 적극적인 공민왕 지지파에 속하지 않았던 그는,[47] 공

---

43) ·(前略) 公(柳濯)之仕元也 娶大卿朶兒赤之女 生男曰雲 檢校叅贊議政府事 (下略) (『陽村集』 39 故高麗國門下侍中柳公神道碑銘并序)
·(前略) 辛旽旣誅 憲司奏 (柳)濯爲首相 嘗欲專占全羅軍民 依妹壻也先帖木兒設萬戶府 成軍目靑册 納樞密院 (下略) (『高麗史』 111 柳濯傳)

44) (元)托以告郊頒赦 遣大卿朶赤·郎中別失哥等六人來 (中略) 王率百官 朝服郊迎 聽詔于征東省 朶赤·乃住等 蹴王縛之 (中略) 朶赤等卽掖王 載一馬馳去 王請小留 朶赤等拔刃脅之 (下略) (『高麗史』 36 忠惠王 후4년 11월 甲申)

45) 유탁의 처부로 나오는 元의 大卿 朶兒赤과(註 43) 충혜왕을 끌고간 원의 사자 大卿 朶赤은(註 44), 동일한 관직에다 이름마저 비슷하게 표기되었다는 점에서 동일인일 가능성이 높다고 생각한다.

46) 忠惠王이 元으로 끌려가 揭陽縣으로 유배되던 시기에, 柳濯은 元에 의해 合浦萬戶로 임명되었다. 이 당시 원의 깊숙한 고려내정간섭 등 정치적 상황은, 金塘澤, 「충숙왕대의 瀋王 옹립운동」·「충혜왕과 元의 갈등」·「元 간섭기 말의 反元的 분위기와 고려 정치사의 전개」, 『元干涉下의 高麗政治史』, 一潮閣, 1998, 72~166쪽의 설명을 참고하라.

47) 유탁은 충정왕과 공민왕 지지세력 중 어느 편에도 적극적으로 가담하지는

민왕의 즉위와 함께 잠시 외직에 나갔다가 이어 재상으로 복직 귀경하였다. 그러나 이어진 공민왕의 반원 개혁운동은 친원적 배경의 그에게 처신하는 데 다소 어려움을 주었음 직하며, 德興君을 옹립하겠다며 원이 군사를 동원해 침입했을 적에도 애매한 처지를 벗어나지 못했던 듯 보인다. 사건들 당시 그의 활동이 거의 포착되지 않으며, 관련 포상에서도 제외되었던 것으로 미루어 그처럼 판단된다.48)

않았던 듯싶다. 충정왕대 정치적 주도세력의 명단에서 그를 찾아볼 수가 없으며 그렇다고 당시 그가 공민왕파로 간주되어 특별히 배척되었음을 암시하는 증거도 찾아지지 않음은 물론(閔賢九, 「高麗 恭愍王의 卽位背景」, 『韓沽劤博士停年紀念史學論叢』, 知識産業社, 1981, 795~799쪽), 공민왕이 즉위하던 초기의 고위직 임명자 중에도 그가 들어가지 못했던 사실로(『高麗史』 38 恭愍王 卽位年 11월 乙亥) 미루어 그처럼 판단된다.

48) 유탁은 이른바 '誅奇轍功臣'에 들지 못하였으며(閔賢九, 「高麗 恭愍王代의 '誅奇轍功臣'에 대한 檢討」, 『李基白先生古稀紀念 韓國史學論叢』(上), 一潮閣, 1994), 덕흥군 사건 당시 활약했거나 혹은 그 공으로 포상을 받은 인물들 중에서도 그의 이름은 찾아지질 않는다. 한편 덕흥군 사건으로 처신에 어려움을 겪던 정치·사회적 환경 속에서, 柳濯이 조부 柳淸臣의 願刹인 眞宗寺를 중창하고자 나섰던 사실이 주목된다(『牧隱文藁』 1 眞宗寺記). 공민왕 13년(1364) 4월에서 동왕 15년(1366) 5월까지, 2년여에 걸쳐 모두 60여 칸에 이르는 건물 및 내외 시설과 함께 거기에서 사용될 비품 일체까지를 마련하는 공사였다. 모든 경비를 유탁 개인이 부담했으리라는 점에서, 결코 만만치 않은 큰 役事였다. 그런데 유탁이 眞宗寺 중창공사를 시작하던 무렵은, 홍건적 2차침입(공민왕 10년말~11년초)의 여파가 미처 가시지 않은 데다, 그에 더해 고려왕위를 탈취하고자 德興君이 몰고 온 元軍의 침입은 저지했으나(공민왕 13년 정월) 채 사건이 마무리되지는 않았던, 어수선하기 그지없는 시기였다(閔賢九, 「新主(德興君)와 舊君(恭愍王)의 對決」, 『高麗政治史論』, 高麗大學校出版部, 2004, 325~347쪽). 수상으로 재임 중이던 유탁과 같은 인물이, 개인적 차원에서의 祖上顯彰이나 祈福을 위해 막대한 경비가 소요되는 원찰 중창사업을 추진하기에는 그리 적절치 못한 시기였던 듯 여겨지는 것이다. 무언가 그럴 만한 이유가 있었음 직하거니와, 완공 후 베풀어진 落成法會도 심상치 않아 보이기는 매

공민왕이 재위하는 동안 유탁은 처신하기 어려운 사태에 자주

한가지이다. 33인의 승려를 초치하여 華嚴講會를 10일 동안 열었는데, 공민왕이 香幣를 내려 축하한 이 법회에는 또한 公卿搢紳이 가득하여 빈자리가 없었다고 한다. 고관대작의 대대적 참석은 물론이고 국왕까지 관심을 보일 만큼 화제를 불러일으킨, 성대한 낙성법회였던 셈이다. 그런데 낙성법회가 열리던 당시, 조정에서는 田民辨整都監이 이제 막 설치되어 활동에 들어가는 한편 魯國公主의 影殿을 축조하는 공사가 시작되었으며, 더욱이 유탁 자신은 —비록 받아들여지지는 않은 듯 보이지만— 병을 칭탁해 사직을 신청하였다. 시기상 너무도 절묘하다는 느낌을 지울 수가 없거니와, 이 역시 유탁의 진종사 중창을 그냥 지나칠 수 없게 만드는 요인이다.

그렇다면 유탁이 그러한 시기에 진종사를 중창하고자 맘먹은 까닭은 과연 무엇이었을까? 李穡은 당시의 상황을 다음과 같이 전한다.

(前略) 寺久將圮 公(柳濯)慨然惟念 不肖孫 得以繼跡先祖 實由先祖劬勞肪美以覆我子孫 子孫之列 吾最長 (中略) 盍一撤而新之且堂之 以垂我英密公(柳淸臣)之畵像 以祀以報 俾學佛者 祝釐之餘 呼無量光 以資冥福乎 (下略) (『牧隱文藁』 1 眞宗寺記)

유탁이 조부인 유청신을 기리는 한편 정토왕생을 기원하고자, 퇴락한 그의 원찰을 중창하였다는 것이다. 일종의 조부 현창사업이었다는 뜻인데, 그럼에도 하필 위에서 말한 거와 같은 시기에 그런 일을 추진한 의도가 무엇이었는지 궁금하기는 매한가지이다.

앞서 지적하였듯이 진종사 중창 공사가 시작되던 당시 고려는 온통 덕흥군 사건으로 뒤숭숭하였다. 원을 등에 업고서 고려왕위를 탈취하려던 이 사건이 채 마무리되지 않은 때문이었다. 그런데 당시의 그와 같은 상황은 유탁의 처지를 자못 난처하게 만들었을 가능성이 커 보인다. 앞서 그의 조부인 유청신이 마찬가지로 원을 등에 업고서 공민왕의 父인 충숙왕을 몰아내는 일에 앞장섰던, 이른바 심왕당 사건이 연상되기에 이르는 말이다. 덕흥군 사건이 완전히 정리되어 정치적 의미를 상실하지 않는 한, 심왕당 사건의 주역이던 유청신의 손자 유탁이 백관의 수장으로서 공민왕을 보필하는 역을 감당하기에는 여러 모로 어려움이 컸을 법한 것이다. 곤경에서 벗어나기 위한 전기를 마련할 필요성이 절실했으려니와, 그리하여 조부 유청신의 행적을 비호하고자 추진한 것이 곧 진종사의 중창이 아니었던가 여겨진다. 유청신의 원찰을 중창하는 것은 곧 그의 고려왕

봉착했던 듯 여겨진다. 정치적으로 애매한 처지를 벗어나지 못하는

조에 대한 공훈을 되새기는 하나의 기회이기도 하였음 직하다. 최소한 진종사의 중창을 통해, 그 주인공인 유청신이 나라와 왕실을 위해 애쓴 인물임을 부각시키는 데 도움을 얻었을 것임은 거의 틀림이 없다.

심왕당 사건의 주역인 유청신을 비호하는 데 유리한 환경을 조성함으로써, 덕흥군 사건으로 인한 정치적 곤경에서 벗어나려는 것이 진종사 중창에 나선 유탁의 속셈이라고 믿는다. 이색은 진종사 중창의 경위를 서술하면서, 유탁이 재상으로서 떨친 명성과 세운 공적이 하나같이 가문의 법도를 지키고 유청신의 행적을 본받은 결과임을 다음과 같이 칭송하였다.

(前略) 侍中公(柳濯) 一守家法 旣以豊名鉅量 爲朝德首 故其克復京城 定難興王 禦侮北鄙也 談笑從容廟堂之上 易國家岌岌者 爲泰山之重 盖其一發言一擧事 無一不式乎先祖(柳淸臣) (下略) (같은 책)

유탁이 가문에 내려온 법도를 지킴으로써 재상으로서의 위명이 조정에서 으뜸이었는데, 구체적으로 홍건적의 2차침입을 맞아 개경을 수복하고, 金鏞이 일으킨 興王寺의 변란을 수습하며, 북방에 쳐들어온 德興君과 元軍을 막아냄으로써 위기에 처한 나라를 태산처럼 안정시킨 그의 공적들이, 하나같이 유청신을 모범으로 삼은 데서 나오지 않음이 없다는 것이다. 유탁을 칭송하는 듯하지만 실제로는 유청신의 공적을 부각시키는 어법이다. 진종사 중창을 통해 유청신을 비호하는 데 유리한 환경을 조성함으로써, 덕흥군 사건으로 초래된 정치적 곤경에서 벗어나려는 유탁의 의도가 한층 분명히 드러난다 하겠다. 아울러 진종사의 중창 낙성법회에 공민왕이 향폐를 내려 축하하고 고관대작이 대대적으로 참석하였던 것은, 유청신의 그러한 공적이 널리 인정받는 동시에 유탁도 정치적 곤경에서 벗어났음을 암시한다 하여 지나치지 않을 듯싶다. 실제로 낙성법회가 개최되던 그 달에 칭병사직했던 유탁이 그 뒤에도 여전히 시중으로서 활동하였으며, 또한 그 해 11월에 공민왕과 두 后妃 및 집권자 신돈 등 넷만을 집으로 초청하여 향응을 베풂으로써 그 위상을 과시했던 것 등은, 그러한 추정이 그르지 않았음을 보여주는 증거라 하여 좋을 것이다.

유탁은 공민왕 12년(1363) 수상에 오른 이래, 신돈의 집권기간에도 시중으로서 신돈에 버금가는 위치를 고수하였다. 공민왕 17년(1368) 8월 노국공주 영전의 공사를 중단하도록 건의하다 공민왕의 노여움을 사 쫓겨나기까지, 전후 5년가량을 시중으로 재임하였다. 격렬한 정치적 파동 속에서의 이례적인 장기 재임이거니와, 정치적 곤경에서 벗어나고자 어려운

경우가 적지 않았을 듯싶거니와, 공민왕의 신임도 그리 두텁지는 않았던 것으로 판단된다. 그럼에도 불구하고 공민왕이 재위하는 동안의 대부분을 재상 혹은 수상으로 재임하며 보냈다. 아직 원의 영향력이 끈질기게 이어지던 상황에서 원과의 연고가 깊은 유탁은 쓸모가 적잖았을 터이며,[49] 뛰어난 군사적 능력에다 無學이라는 평에도 불구하고 오만한 元使까지 감복시킬 만큼 신중하며 예에 맞는 훌륭한 몸가짐으로 조야에서 두터운 신망을 모았던 정치적 역량 등이,[50] 그로 하여금 오랜 기간 재상과 수상으로 재임케 하는 원동력이었던 듯싶다.[51] 그런데 유탁의 그러한 정치적 자산은 한편으로 그를 옥죄는 족쇄이기도 하였다. 원과의 연고는 反元的 추세를 거스르는 것이었으며, 조야의 두터운 신망은 도리어 공민왕의 경계심을 자극했을 가능성이 높았다.[52] 그럴 만한 죄가 아니라

속에서도 2년여에 걸쳐 대대적인 진종사 중창 및 낙성법회를 추진하였던 유탁의 정치적 시도는, 그러므로 비교적 성공적이었다는 평가를 받아 무방할 듯 보이기도 한다.

49) 柳濯이 侍中에서 쫓겨난 다음 달에 明軍이 北京에 입성했다는 소식이 알려져 明에 사신을 파견하는 문제가 조정에서 논의되었으며, 그 이듬해에는 명의 사신이 고려에 옴과 동시에 元의 年號 사용이 정지되었다(〈柳濯年譜〉 참조). 유탁의 시중해임이 명군의 북경 입성 내지 원의 실질적인 패망과 무슨 연관이 있었던 것으로 여겨지지는 않지만, 역시 공교로운 느낌을 지울 수가 없다.

50) (前略) 有膽略 善武藝 (中略) 濯無學 (中略) 有詔使來 擧止甚峻 頗傲於王 見宰相 不肯與坐 及見濯 禮貌甚恭 簽書李禧謂同列曰 侍中動容中禮 見重宜矣 (中略) 濯持重 美風度 動止可觀 同列服之 及下獄 皆驚歎 (下略) (『高麗史』 111 柳濯傳)

51) 閔賢九, 「高麗 恭愍王代 중엽의 정치적 변동」, 51쪽.

52) 공민왕이 유탁을 처형하려 들 적마다 여러 신하들과 함께 공민왕의 모후인 明德太后 洪氏까지 나서서 번번이 만류할 정도로 안팎의 신망이 두터웠던 것이(『高麗史』 111 柳濯傳), 도리어 공민왕의 경계심을 자극하였던 건 아닌가 싶다.

는 주위의 만류에도 공민왕이 유탁을 죽이고자 벼르던 끝에 결국 신돈의 당여로 몰아 처형하였다든지, 혹은 그를 처형하면서 거론된 죄목 가운데 하나가 원과의 깊은 연고에 말미암은 것이었던 점[53] 등으로 미루어 그처럼 생각된다. 요컨대 유탁은 원의 정치적 간섭이 끝나가던 무렵에서 시작하여 反元이 시대적 흐름으로 자리잡아가고 더욱이 한편에서는 왜구와 홍건적의 침입 등 외세의 압력이 가중되던, 말하자면 한국 역사상 손꼽히는 격동의 시기에 때로는 武將으로서 혹은 고위관직자로서 나름의 역할을 수행하였으나, 공민왕의 즉위 이후 자주 정치적 어려움에 맞닥뜨린 끝에 마침내 형장의 이슬로 사라진 인물이었던 셈이다.

그런데 위와 같은 유탁의 생애 중에서 장생포가의 탄생 및 유포와 관련하여 눈길을 끄는 게 공민왕이 즉위하던 초기의 그의 행적이다. 『고려사』 유탁전에 의하면 장생포가는 그의 전라도만호 재임 시절에 탄생하였는데, 그가 전라도만호로 활동한 것이 바로 공민왕 즉위초의 일이었기 때문이다.[54] 다음의 사료를 살펴보자.

⑧ (유탁은)…忠定王 때 都僉議叅理에 除拜되고 推誠亮節翊祚功臣의 호를 하사받았으며 贊成事로 승진하였다. 공민왕 초기에 (外職으로) 나가서 全羅道萬戶가 되었는데, 가지런히 군사를 정돈하여 위엄을 갖춰 거느림으로써 고을에 소란을 일으키지 않으면서 士卒들과 더불어 苦樂을 함

53) (前略) 王欲殺(柳)濯 命(李)穡製諭衆文 穡對以濯無死罪 不敢爲辭 力爭 (中略) 王又以正陵無臘祭 爲濯所定 下獄 免爲庶人 籍其家 都堂言 諸陵皆無臘祭 請釋之 (中略) 辛旽旣誅 憲司奏 濯爲首相 嘗欲專占全羅軍民 依妹壻也先帖木兒設萬戶府 成軍目靑册 納樞密院 又公主昇遐之初 闕殯奠 葬用薄禮 又黨逆賊辛旽 (下略) (『高麗史』 111 柳濯傳)

54) 以全羅道萬戶柳濯 持軍嚴整 與士卒同甘苦 賜敎書衣酒勞之 (『高麗史節要』 26 恭愍王 元年 正月)

께 하였다. 공민왕이 敎書를 내려 표창하면서 의복과 술을 하사하여 위로하였다. 왜구가 萬德社에 쳐들어와 사람을 죽이며 약탈을 저지르고 돌아가니, 유탁이 가볍게 무장한 騎兵으로써 뒤쫓아 잡아들인 다음 그 사로잡혀 온 자들을 모두 (倭로) 되돌려 보내주었다. (그리하여) 유탁이 주둔하는 동안에는 종내 왜구가 다시 넘어들려 하지 않았다. 스스로 지은 장생포 등의 곡이 樂部에 전한다. (開京으로) 불려가 贊成事로 복직되었다가 얼마 지나지 않아 左政丞에 제배되었다…[55]

충정왕 때 첨의참리를 거쳐 찬성사에 올라 재상으로 활동하던 유탁이, 공민왕 초기에 외직으로 나가 전라도만호가 되었다고 한다. 그랬다가 軍功을 세워 개경으로 돌아가 찬성사로 복직되었다는 것이다.[56] 중앙에서 재상으로 활동하던 인물이 별안간 지방으로 나가 일선 지휘관으로 복무하던 중, 군공을 세워 다시 왕경으로 복귀함과 동시에 본래의 직위를 되찾은 셈이었다. 찬성사 유탁이 전라도만호로 나간 게 좌천 성격의 인사이동이었는데,[57] 성공적인

---

55) (前略) 忠定朝 拜都僉議參理 賜推誠亮節翊祚功臣號 進贊成事 恭愍初 出爲全羅道萬戶 持軍整肅 不擾州縣 與士卒同甘苦 王下敎褒奬 賜衣酒勞之 倭寇萬德社 殺掠而去 濯以輕騎追捕 悉還其俘 終濯在鎭 寇不復犯 自製長生浦等曲 傳樂部 召復爲贊成事 未幾拜左政丞 (下略) (『高麗史』 111 柳濯傳)

56) 이와 관련하여 전라도만호로서의 군공을 바탕으로 유탁이 공민왕에게 중용되었으리라는 지적이 참고 된다(金塘澤, 「高麗 恭愍王初의 武將勢力」, 42쪽).

57) 직급의 상승이 수반되지 않는 한, 중앙의 관직자가 지방으로 전출되는 것은 좌천으로 받아들여지는 게 상례였다. 유탁은 앞서 합포만호를 역임하고(1344) 그 이듬해(1345) 밀직부사에 올라 비로소 재추의 반열에 들어선 이래, 승진을 거듭하여 공민왕이 즉위하기(1351) 전에 벌써 찬성사라는 최고위급 재상에 이른 인물이었다(〈柳濯 年譜〉). 따라서 그처럼 최고위급 재상이던 유탁이 공민왕의 즉위와 함께 새삼 변방의 일선지휘관인 전라도만호로, 그것도 왜구가 한창 날뛰던 시기에 그들을 방어하는 직책을 맡아 최전방으로 나간다는 것은, 좌천으로 간주하여 지나치지 않을 것으로

직무 수행을 통해 다시 왕경의 재상으로 복귀하였음을 이해할 수가 있다.

유탁이 전라도만호로 좌천된 것은 정변에 가까운 정치정세 변화의 결과였다. 충정왕의 강제퇴위에 이은 공민왕의 즉위를 가리키거니와,[58] 당시 충정왕을 밀어내고 공민왕을 즉위시키는 일에 그가 적극적으로 가담하지는 않았던 것으로 보인다. 앞서 언급하였듯이 공민왕이 즉위하던 초기의 고위직 명단에서 그의 이름을 찾아보기가 쉽지 않을 뿐더러, 공민왕과 왕위를 두고 경쟁하던 충목·충정왕대에 공민왕 지지자라 하여 소외되기는커녕, 도리어 충목왕대 들어 재추의 반열에 처음 오르고 이어서 충정왕대에는 첨의참리를 거쳐 찬성사에까지 승승장구하였던 사실로 미루어 그처럼 판단된다. 비록 적극적인 충정왕 옹립세력에 속하지는 않았지만 당시 나름의 혜택을 누렸던 것으로 보이는 유탁은, 자연히 공민왕이 즉위하면서 정치적인 어려움에 봉착하였을 가능성이 크며, 그리하여 재상에서 밀려나 변방으로 좌천되어 왜구를 방어하는 일선지휘관에 보임되었던 게 아닌가 여겨지는 것이다.

유탁의 전라도만호 부임은 정치정세의 격변에 따른 좌천 성격의 인사이동에 의한 것이었을 가능성이 매우 높았다. 따라서 그가 중앙의 재상으로 되돌아가려는 염원을 지니는 것은 적이 자연스러운 일이었다. 그리고 위의 사료⑧에 따르면, 그러한 염원은 전라도만호로서의 그의 남다른 공적을 바탕으로 성취될 수가 있었다. 아니더라도 그가 전라도만호라는 직임에 충실하지 않았다면, 그의 왕경복귀와 찬성사 복직이 그리 쉽게 이뤄지지는 않았을 것임이 분명하다. 전라도만호로서의 행적이 그의 정치적 장래와 무관치 않았

믿는다.

58) 閔賢九, 「高麗 恭愍王의 卽位背景」.

으리라는 데에는 의문의 여지가 없어 보인다.

한데 앞서 살피었듯이 유탁이 전라도만호로서 빼어난 활약을 보였음을 알리는 상징적 증거가 다름 아닌 장생포가였다. 전라도만호 유탁의 공적을 함축적으로 담아 전하는 이 노래야말로, 그의 존재를 널리 알리며 그리하여 옛 지위를 회복하려는 그의 염원을 풀어줄 열쇠에 해당하는 셈이었다. 장생포가가 유포되어 중앙에까지 알려진다면, 전라도만호 유탁의 성공적인 활약상도 그와 동시에 개경 사람들 사이에 널리 전파될 것이며, 그것이 곧 그의 정치적인 지위 회복을 위한 자산으로 작용하리란 것은 불을 보듯 뻔한 일이기 때문이다. 전라도만호로 좌천되었던 유탁이 개경으로 복귀하여 찬성사로 복직된 데에는, 장생포가의 유포를 통해 자신의 업적을 중앙에까지 홍보하려는 전략의 성공적인 추진이 적잖이 영향을 끼쳤을 듯 여겨지는 것이다.[59)]

유탁이 전라도만호로서의 자신의 활약상 홍보에 힘입어 개경으로 복귀해 재상으로 복직하는 데 성공하였을 것임을 살폈다. 그리

59) 고려말 왜구를 물리친 여러 武將 중 거의 유일하게 유탁의 경우에만 그 공적을 칭송하는 俗謠가 만들어져 지금까지 전해지는 까닭도 그러한 사정과 무관하지는 않을 듯싶다. 여러 무장들이 하나같이 유탁과 비슷한 처지여서 정치적 지위 회복을 위해 자신의 군사적 공훈을 널리 알려야 할 필요성이 있었는지 의문이 드는 데다, 설령 그럴 필요성이 있었다고 하더라도 유탁만큼 절실하지는 않았을 수도 있을 것이기 때문이다. 무엇보다 崔瑩이나 李成桂 혹은 鄭地와 같은 무장의 경우, 굳이 홍보하지 않아도 될 만큼 사람들의 입에 오르내리는 大勝을 거두었다는 점에서 차이가 있었다. 유탁처럼 대중가요를 동원해가면서까지 자신의 군공을 알리고자 애쓸 필요가 없었던 것이다. 말하자면 대대적인 승첩이 아니라 지역사회에서 칭송을 받는 정도의 자그마한 戰勝이었기에, 그것이나마 과시하여 정치적인 지위 회복에 도움을 얻고자 유탁이나 그 휘하 측근 혹은 군사들에 의해 탄생 유포된 고려속요가 곧 장생포가였던 셈이다.

고 그것이 곧 유탁이 장생포가를 여수지역 넘어 멀리 개경에까지 전파시키려던 최종 목표였다고 생각한다. 장생포가를 유포시켜 전라도만호로서 자신이 이룩한 업적을 중앙에까지 알림으로써, 정치적인 지위 회복을 위한 징검다리로 삼고자 하는 게 유탁의 속셈이었음이 분명해 보이는 것이다. 먼 남쪽 변방인 여수반도의 끄트머리 바닷가에서 처음 불리기 시작한 이 노래가, 개경에까지 알려지고 그리하여 악부에 채록되어 후대에까지 전해질 수 있었던 데에는, 그와 같은 배경이 작용하였던 것으로 이해하여 지나치지 않다고 믿는다.[60]

---

60) 한편 장생포가의 『高麗史』 수록에는 조선초 유탁의 후손들에 의해 전개된 것으로 보이는 일종의 柳濯伸寃運動이 상당한 영향을 미쳤던 듯싶다. 유탁의 죽음이 억울했음은 당시의 여론이 인정하던 바인데(『高麗史』 111 柳濯傳), 그것이 비로소 공식화된 것은 조선왕조에 들어서였다. 태조 이성계의 꿈을 계기로 조정에서 유탁을 高興伯·忠靖公으로 追贈·追諡하며 그 아들 柳濕의 관작을 높여줬다든지(『太祖實錄』 12 태조 6년 12월 15일 癸巳, 『世宗實錄』 86 세종 21년 8월 6일 壬午 柳濕卒記, 『陽村集』 39 故高麗國門下侍中柳公神道碑銘并序, 『高麗史』 111 柳濯傳), 혹은 그 후손이 權近에게 비문을 청탁해 신도비를 건립함으로써 유탁의 억울한 죽음을 알리며 그 공적을 현창하고자 나서는 등 유탁신원운동을 전개했던 데서 짐작할 수가 있는 일이다. 아울러 그처럼 건립된 유탁 신도비가 『고려사』 유탁전 기술의 주요 자료로 채택되었던 데서 알 수 있듯이 유탁신원운동은 『고려사』의 해당 부분 서술에도 일정한 영향을 미쳤으며, 유탁의 군사적 공훈을 상징하는 『고려사』의 장생포가 부분 역시 그러한 사정과 무관치만은 않았을 것으로 짐작된다. 나아가 그러한 경위에 비추어, 장생포가의 유래 등에 전하는 유탁의 공적에도 다소의 과장이 더해졌을 가능성을 추정해 봄직하다. 유탁이 지키는 곳에 왜구가 다시는 얼씬도 하지 않았다든지, 또는 장생포에 쳐들어온 왜구가 유탁의 출현에 전의를 상실한 채 무기를 거둬 꽁무니를 뺐다는 등이 그것이다. 하지만 그렇다고 하여 유탁이 장생포에서 왜구를 물리친 일이 아예 없었다거나, 혹은 군사와 지역민들이 유탁의 승전을 기뻐하며 노래를 지어 불렀던 사실 자체까지 부정할 수는 없을 듯싶다. 다소의 과장이 섞였을 수는 있지만 유탁의 장생포 승전을 배경으로

3. 長生浦歌와 麗水 지역사회

이제까지 장생포가 관련 자료를 중심으로 그 유래와 함께 작자 문제를 검토하는 한편, 그것의 중앙 전파 및 악부 수록이 의미하는 바를 유탁의 당시 처지에 비추어 가늠해 보았다. 이제 이 노래의 공간적 배경에 주목하려는데, 그와 같은 속요가 처음 만들어져 불리기 시작한 여수 장생포의 역사적 환경이라든가 혹은 지역사회의 당시 상황과 같은 것을 시대적 배경에 비추어 되새김으로써, 왜 그러한 노래가 장생포지역에서 만들어져 불려야만 했던가, 바꿔 말해 장생포가가 만들어지고 또 그것이 널리 알려져 후대에 전승된 사실이 지니는 사회적 의미는 무엇일까를 음미해보고자 하는 것이다.

장생포가는 고려말엽 창궐한 왜구의 여수 장생포 침입을 배경으로 출현한 고려속요였다. 피 한 방울 흘리지 않고 재물 한 점 손실 없이 왜구를 물리친 유탁의 공적을 기리며, 군사와 주민들이 기뻐 부른 대중가요였다. 한데 당시 왜구로 인한 고초가 컸던 만큼 왜구 격퇴를 크게 반긴 지역이 여수 장생포 한 곳에 그치지는 않았을 터임에도, 그것이 대중가요로 만들어져 불린 것은 이 경우가 유일하였다.[61] 그 이유는 과연 무엇이었을까?

장생포가가 탄생 유포되었다는 사실에는 변함이 있을 수가 없으며, 자연히 본문에서와 같은 논의에도 나름의 의미를 부여해 무방하지는 않을까 헤아려지는 것이다.

61) 『高麗史』(권71 樂 2 俗樂)에 의거하는 한 그러하다. 한편 『增補文獻備考』(권106 樂考 17 俗部樂 1 高麗樂 俗樂)에는 李成桂의 荒山大捷을 기리고자 鄭道傳이 지었다는 高麗俗謠 '窮獸奔'이 전한다. 왜구 격퇴를 기린 고려속요라는 점에서 이 역시 장생포가의 경우와 얼핏 동일한 듯 보이는 것이다. 그렇지만 조선 건국 후 그 정당화 작업의 일환으로 이성계의 업적을 기리고자 만들어진 '궁수분'은(『太祖實錄』 4 태조 2년 7월 26일 己巳), 왜

여수지역은 전통시기 동아시아 해상항로의 주요 거점 가운데 하나였다.[62] 신석기시대에 벌써 해양을 통한 문물교류의 흔적이 나타나며, 청동기 · 철기시대에 들어서도 그것은 매한가지였다. 선사시기 이래로 여수지역이 동아시아 해상교류의 요충이었음을 알 수가 있는데, 뒤이어 백제 · 가야세력이 倭와 통교하고 또한 통일신라가 중 · 일과 교류하며 해상진출을 시도하던 교두보이자, 신라말 고려초에는 朴英規나 金惣과 같은 이름난 해상세력가들이 활동하던 해상 거점이었다. 전통시기 동아시아의 해상항로에서 여수지역이 그만큼 중요한 위치에 자리하였음을 보여준다 하겠거니와, 그리하여 고려말 왜구가 창궐하면서는 그들의 오가는 길목에 위치함으로 해서 많은 피해와 함께 여러 변화가 일어나는 것은 피할 수 없는 일이었다. 가령 순천의 속현이던 여수 고을이 주현으로 승격된 것도, 왜구의 잦은 출몰이 빚어낸 변화 가운데 하나였다. 고려시기 들어 여수에 지방관이 처음 파견돼 온 것은 충정왕 2년(1350)이었다. 왜구의 본격적인 침입 · 약탈이 시작되었다던 바로 그 해로서, 왜구가 나타날 경우 순천의 지휘를 기다리지 않고도 여수 수령을 중심으로 재빨리 대응하는 게 가능하도록 취해진 조치였다. 왜구가 빈번히 오가던 길목으로서, 여수지역이 그만큼 해로상의 요

구격퇴 당시 사졸이나 주민들 사이에서 자연발생적으로 불리기 시작하며 유포되었던 장생포가와는 상당한 거리가 있는 것으로 판단된다. 同時代人들의 공감 속에 입에서 입으로 자연스레 전파되어간 대중가요라는 면에서 보자면, '공수분'을 장생포가와 동등한 차원에서 논할 수는 없지 않을까 생각하는 것이다.

62) 이하 전통시기 해상교류 및 항로를 중심으로 여수지역의 중요성을 설명한 대목은, 변동명, 「전통시기 한중 · 한일 해상교류와 여수」, 『海洋文化研究』 2, 2009, 193~227쪽의 관련 내용을 요약한 것으로, 별도의 전거는 제시하지 않겠다.

지임을 조정에서 파악한 결과라 하겠다.

13세기말 고려와 원의 연합군이 일본에 원정을 다녀온 이후, 倭賊의 출몰에 대비하기 위한 군사시설이 남해안 일대에 들어서기 시작하였다. 충렬왕 7년(1281) 合浦에 설치된 鎭邊萬戶府와 그 뒤를 이은 全羅萬戶府가 대표적이었다.[63] 그밖에 보다 소규모의 鎭戍도 여러 곳에 설치되었다.[64] 진수의 경우 초창기에는 대개 일본과 마주한 경상도 연해안에 배치되는 게 원칙이었던 듯 보이는데, 예외적인 한 곳이 전라도의 여수지역에 위치하였던 것으로 기록에 전한다. 內禮梁이 그곳이었다.[65] 후일 내례만호의 기항지이자 전라좌수영이 들어선 바로 그곳이거니와, 그밖에도 고려말에서 조선시기에 걸쳐 突山戍·進禮萬戶·突山萬戶·左道都萬戶·防踏鎭·古突山鎭 등이 때에 따라 그 명칭이나 격과 위치를 조금씩 달리하면서, 여수지역에는 대략 3곳 가량의 왜구방어를 위한 수군기지가 늘 자리하고 있었다.[66] 그만큼 여수지역이 해로상의 요충으로서 왜구가 출몰하는 길목에 위치하였음을 보여준다 할 것이다.

장생포는 그처럼 해상항로의 요충이던 여수지역 중에서도 가장 중요한 포구였다.[67] 지리적으로 곧장 잇닿은 이웃 石堡 일원에 여

---

63) 邊東明, 「高麗 忠烈王代의 萬戶」, 116·120~121쪽.

64) 車勇杰, 『高麗末·朝鮮前期 對倭 關防史 硏究』, 忠南大 博士學位論文, 1988, 7~13쪽.

65) 是歲 遼陽省奏帝 請併征東·遼陽爲一省 移司東京 王上表云 (中略) 又上中書省書曰 (中略) 至元二十年 欽奉世祖皇帝聖旨 委付當職 行征東省事 威鎭邊面管領見設 慶尙道合浦等處并全羅道兩處鎭邊萬戶府 摘撥本國軍官軍人 見於合浦·加德·東萊·蔚州·竹林·巨濟·角山·內禮梁等所把隘口處 及耽羅等處分俵 置立熢 暗藏船兵 日夜看望巡綽 專一隄備日本國賊軍 句當到今 (下略) (『高麗史』 32 忠烈王 28년 12월)

66) 변동명, 「전통시기 한중·한일 해상교류와 여수」, 225쪽.

67) 아래의 장생포에 관한 설명은, 변동명, 「조선시기의 여천선소유적(順天船

수현의 치소가 자리함으로 해서 그 해상관문의 역할을 담당하였다. 여수반도 최대의 포구로서, 고을 관아와 그 주변을 중심으로 각종 해산물과 곡물을 비롯한 여러 물품들이 들고 나던 지역사회의 물화 유통기지였다. 상당한 인구가 밀집되어 들썩이던 시골 나름의 제법 번창한 포구로서, 여수 장생포는 邑治의 일부를 이루며 지역사회 중심부의 한 자락을 차지하는 핵심 배후지대였다. 고려말 조선초 한때 왜구를 피해 出陸한 적이 있는 突山縣의 僑寓處이자 突山萬戶의 寄港地였을 만큼, 장생포는 여수반도의 대표적인 사회·경제적 및 행정·군사적인 중심지였다. 적어도 전라좌수영이 설치되어 지역사회의 중심이 그쪽으로 쏠리기 시작하던 조선 성종대까지는 그러하였다. 그러므로 왜구가 장생포에 침입해왔던 것 역시 그러한 데에 까닭이 있었음이 분명하다. 바닷가로서 인구가 조밀하고 물산이 모여드는 고장이야말로 그들이 가장 노리던 바였기 때문이다.

여수 장생포가 고려말 조선초에 창궐하던 왜구의 입장에서 여러모로 노리기에 좋은 조건을 갖춘 지역임을 살폈다. 침투하기에 편한 해로상의 길목이자, 적지 않은 수의 주민이 모여 사는 한편 또한 그만큼 곡물을 비롯한 각종 물화가 풍부한 곳이었기 때문이다. 자연히 왜구의 잦은 침입으로 인해 장생포 주민들이 받은 고초 또한 다른 어느 지역보다 막심하였을 터이다.[68] 아울러 왜구의 빈번한 침입만큼이나 그들을 몰아내려는 관군의 출동도 잦았음이 틀림없어 보이는데, 그로 인한 주민들의 고통 역시 견디기 힘든 것이었음 직하다. 공민왕대 초반 전라도 안렴사이던 田祿生의 지적에서도

所)」, 235~240쪽의 설명을 참고하라.

68) 장생포를 비롯한 여수지역이 왜구로 인해 많은 피해를 입었을 것임은, 邊東明, 「조선시대의 突山鎭과 古突山鎭」, 『歷史學報』 198, 2008, 8쪽의 설명을 참고하라.

드러나듯이, 왜구방어를 빙자한 군 지휘관의 침학이 자심하여 그 피해가 왜구의 약탈에 못지않았기 때문이다.[69] 전자는 물론이고 후자의 경우 역시 왜구의 침투로 인해 초래된 민초의 고통이라는 사실에는 변함이 있을 수 없거니와, 장생포와 같이 왜구가 오가는 길목에 위치한 가운데 번성하던 해안 포구의 경우 다른 어느 지역보다도 그 피해가 컸으며, 그만큼 민생고가 한층 심각했을 것임은 불문가지이다.

나아가 고통이 컸던 만큼이나 거기에서 벗어나게 해줄 인물의 출현을 기다리는 민초들의 염원 또한 강렬했음 직하다. 자신들을 구제해줄 영웅적 인물을 향한 희원에서 장생포를 비롯한 여수지역 사회의 그것은 다른 어느 지역 못지않게 절실했으리라 판단된다. 그리고 그러한 상황에서 여수 장생포에 등장한 인물이 곧 유탁이었다.

공민왕 초기에 전라도만호로 부임한 유탁은 뛰어난 군사적 능력을 바탕으로 재빨리 왜구를 제압하는 데 성공하였다. 왜구의 침입을 격퇴함과 동시에 생포된 자들을 되돌려 보내주는 회유책을 병행함으로써, 전라도 연해안에서 왜구가 창궐하는 것을 한때나마 저지하는 데 이바지하였다. 싸우지 않고도 승전한 여수 장생포에서의 작은 기적은, 그와 같은 성공적인 왜구 진압정책이 가져다 준 선물이었던 셈이다.

게다가 유탁은 엄정한 군기를 확립함으로써, 고을의 주민들에게 아무런 피해가 가지 않도록 단속하는 일에 남다른 노력을 기울였

69) (前略) 恭愍朝 授起居舍人 (中略) 遷殿中侍御史 出按全羅道 奏曰 自有倭寇以來 一道置戍 多至十八所 軍將虐州郡以立威 役戍卒以濟私 遂使凋弊逃散 及寇至 更徵州郡兵 謂之煙戶軍 未見禦寇 祇以害民 不若罷諸戍 (下略) (『高麗史』 112 列傳 25 田祿生傳)

다. 또한 사졸들과 고락을 함께 하며 그들의 고달픈 처지에 공감하고자 애를 썼다. 병사들의 애환에 귀 기울임으로써, 으레 존재하게 마련인 그들의 불평을 잠재우는 데 힘을 쏟았다. 유탁의 그러한 노력을 국왕이 인정하여 포상하였음이 正史에 기록될 만큼,[70] 민생을 돌보고 사졸의 애환에 공감하며 민초를 어루만지는 장수가 흔치 않던 시절의 일이었다.

말하자면 유탁은 왜구로 말미암아 초래된 민초들의 고통을 한꺼번에 해결한 보기 드문 장수였다. 큰 고초 속에서 구제의 손길이 미치기를 염원하던 장생포지역의 군사와 주민이 기다려 마지않던 인물이었다. 따라서 그러한 그가 장생포에 모습을 드러내고 이어서 어떤 작은 피해도 없이 왜구를 물리쳤을 적에, 지역사회에서 보인 반응이 어떠했을지는 묻지 않아도 알 만하다. 고통에서 벗어났음을 크게 즐거워하며, 또한 유탁의 은덕을 칭송하는 노래가 절로 흥얼거려졌음 직해 보이는 것이다. 다른 곳이 아닌 여수 장생포 일대에서 처음 장생포가가 출현하고 또한 널리 노래 불렸던 데에는, 그와 같은 여수지역사회 나름의 사정이 개재되었다고 믿는다.

요컨대 장생포가는 고려말 여수지역사회 나름의 사정에 기인하여 나타나고 불린 고려속요였다. 여수반도의 중심으로서 번창하는 포구이자 왜구의 오가는 길목에 위치함으로 해서, 장생포를 포함한 여수지역이 왜구로 인해 남다른 피해를 입었기에 그러한 노래가 탄생 유포될 수 있었다. 이 속요가 지니는 사회적 의미는 그러한 데에 있었다.

---

70) ・以全羅道萬戶柳濯 持軍嚴整 與士卒同甘苦 賜教書衣酒勞之 (『高麗史節要』 26 恭愍王 元年 正月)

・柳濯 (中略) 恭愍初 出爲全羅道萬戶 持軍整肅 不擾州縣 與士卒同甘苦 王下教褒奬 賜衣酒勞之 (下略) (『高麗史』 111 柳濯傳)

맺음말

장생포가는 여수의 장생포를 지리적 배경으로 탄생하였다. 고려 말엽 창궐하던 왜구를 물리친 유탁의 행적을 근거로, 이 지역에서 처음 만들어져 불리기 시작한 고려속요였다. 장생포를 약탈의 목표로 삼아 침입한 왜구가 구원병을 이끌고 나타난 유탁을 보고는 두려워하며 꽁무니를 빼자, 아무런 피해를 입지 않고도 왜구로 하여금 스스로 물러가도록 만든 그의 공적을 기리며 군사와 지역주민이 기뻐 부른 노래였다. 아울러 여러 억측에도 불구하고 장생포가를 고려속요 동동과 연결시켜 생각할 만한 합리적인 근거는 찾기가 어려웠다.

장생포가는 유탁의 은덕을 칭송하고자 휘하 군사와 지역민들에 의해 처음 만들어져 불리었다. 그러던 것이 널리 유포된 끝에 중앙의 악부에 수록됨으로써, 일화의 형태로나마 지금까지 전해지기에 이르렀다. 한데 장생포가의 그러한 중앙 전파에 이은 악부 채록에는, 유탁의 은밀한 입김이 작용하였다. 공민왕의 즉위와 함께 전라도만호로 좌천된 유탁이, 장생포가의 중앙 전파를 통해 자신의 공적을 개경에 홍보함으로써 정치적인 지위를 회복하고자 도모한 데 따른 일이었다.

장생포가는 고려말 여수지역사회 나름의 사정에 기인하여 나타나고 불린 고려속요였다. 장생포를 비롯한 여수지역은 고려말 왜구의 좋은 목표였다. 번창하는 포구이자 왜구의 오가는 길목에 위치함으로 해서 큰 피해를 입을 수밖에 없었다. 구제의 손길이 미치기를 간절히 염원했으려니와, 그런 만큼 어떠한 피해도 없이 왜구를 물리친 유탁의 은덕에 감사하는 마음도 남달랐다. 다른 곳이 아닌 여수 장생포 일대에서 유탁의 공적을 칭송하는 장생포가가 처음 출현하고 또한 널리 노래 불렸던 이유이다. 이 속요가 지니는 사회적 의미는 그러한 데에 있었다. (『韓國史學報』 37, 2009)

柳濯 年譜

연령	연도	활동 · 역임관직 및 기타	전 거
1세	충선 3 (1311)	본관 고흥, 父 攸基(有奇), 母 朴惟正 女	柳濯 神道碑
19세	충숙 16 (1329)	(祖 柳淸臣 卒)	史 35 충숙 16년 6월 庚戌
27세	충숙 後6 (1337)	門蔭, 入元宿衛하다 귀국(4월) 監門衛 大護軍 몇 년 사이 세 번 승진 高興君 책봉	유탁 신도비 同上
32세	충혜 후3 (1342)	全羅道 都巡問使로서 對倭寇戰 指揮 (충정왕 2년의 착오인 듯?)	太祖實錄 13 7년 3월 22일 金先致 卒記
34세	충혜 후5 (1344)	元이 合浦萬戶 임명 (충혜왕 유배 도중 훙거, 충목왕 즉위)	사 36 충혜 후5년 正月 同上, 사 37 충혜 후5 2월 정미
35세	충목 원 (1345)	密直副使로 賀聖節使 入元 (瀋王 暠 卒)	사 37 충목 원년 3월 丁酉 동상 7월 乙未
38세	충목 4 (1348)	評理로 사신 入元	동상 충목 4년 4월 丁亥
39세	충정 원 (1349)	都僉議叅理	동상 충정 원년 10월 戊子
40세	충정 2 (1350)	僉議叅理로서 全羅 · 楊廣道 都巡問使 (앞서 2월 倭寇之侵始此)	동상 충정 2년 3월 庚辰 동상 충정 2년 2월
41세	충정 3 (1351)	贊成事	동상 충정 3년 8월 丙申
42세	공민 원 (1352)	全羅道萬戶로서 국왕의 표창 받음 (趙日新의 난) 찬성사 (조일신 복주) 判三司事	節要 26 공민 원년 정월 사 38 공민 원년 9월 己亥 동상 10월 壬寅 동상 乙巳 동상 丙午

연령	연도	활동 · 역임관직 및 기타	전거
43세	공민 2 (1353)	찬성사 찬성사로 3월 賀聖節 入元, 10월 환국	동상 공민 2년 정월 戊子 동상 3월 己酉, 10월 甲辰
44세	공민 3 (1354)	左政丞 入元 위해 면직 高興府院君, 援軍 이끌고 入元	동상 공민 3년 2월 己酉 동상 6월 丁酉, 7월 癸亥
45세	공민 4 (1355)	2월 좌정승 判軍簿, 6월 高興府院君	유탁 신도비
46세	공민 5 (1356)	(奇轍 등 주살, 당일 인사 개편 柳濯 안 보임) (復改官制) 門下侍郎同中書門下平章事 (判戶部) 유배 (洪彦博 면직, 尹桓 · 許伯 함께 유배)	사 39 공민 5년 5월 丁酉 동상 7월 丁亥 (유탁 신도비) 동상 11월 己卯
〈공민 8년말-9년초 1차 홍건적 침입〉			
50세	공민 9 (1360)	전 평장사로서 京畿兵馬都統使 (왜구 대비) 高興侯 책봉	동상 공민 9년 5월 己酉 동상 8월 己丑
〈공민 10년말-11년초 2차 홍건적 침입〉			
51세	공민 10 (1361)	평장사로서 공민왕 안동 피난 수행 慶尙道都巡問兼兵馬使	동상 공민 10년 11월 丙寅 동상 戊辰
52세	공민 11 (1362)	정월 수문하시중 찬성사(侍中; 安祐傳)로 3원수 사건 종결 기여 좌정승 좌정승으로 西北面紅賊防禦諸軍都統使 (元에서 德興君 국왕 책립 소문)	유탁 신도비 절요 27 공민 11년 정월 사 40 공민 11년 3월 甲子 동상 8월(9월; 절요) 庚戌 사 40 공민 11년 12월 癸酉
53세	공민 12 (1363)	春 都僉議政丞 · 判典理 推忠秉義同德輔理翊祚功臣 좌정승으로 興王寺의 變에서 金鏞 견제 좌정승으로 홍왕사의 변 建議集兵定難 1등공신	유탁 신도비 절요 27 공민 12년 윤3월 사 40 공민 12년 윤3월 乙酉

연령	연도	활동 · 역임관직 및 기타	전거
53세	공민 12 (1363)	좌정승으로 紅巾賊 침입 僉兵輔佐 1등공신 좌정승 (洪彦博 사망, 廉悌臣 우정승) 우정승 (수상. 廉悌臣 파면) 좌시중 (수상. 좌정승이던 李公遂 파면)	동상 동상 癸巳 동상 4월 丁巳 동상 5월 癸巳
〈12년말-13년초 德興君 · 崔濡 침입〉			
54세	공민 13 (1364)	4월 柳淸臣 願刹 眞宗寺 重創 시작 시중으로서 吳仁澤 등 銓注權 행사자 처벌 논의	牧隱文藁 1 眞宗寺記 절요 28 공민 13년 8월
55세	공민 14 (1365)	(魯國公主 薨) 都僉議侍中 노국공주 正陵 안장, 火葬 반대 (遍照 師傅로 국정 자문) 李仁任과 함께 都堂에서 庶政 총괄(金蘭 · 任君輔 · 睦仁吉 宮中에서 庶務 총괄)〈慶千興 政事 배제〉 고려에 온 오만한 元 使臣이 柳濯에게만 恭遜	사 41 공민 14년 2월 甲辰 동상 3월 庚辰 절요 28 공민 14년 4월 사 41 공민 14년 5월 사 41 공민 14년 5월 庚辰 〈절요 28 공민 14년 5월〉 유탁 신도비(柳濯傳)
56세	공민 15 (1366)	5월 眞宗寺 중창 공사 마침 (田民辨整都監 설치, 辛旽 判事) 칭병 사직 (正陵 齋室, 王輪寺 東南方 影殿 役事 시작) 侍中으로서 공민왕 향응 (두 妃와 辛旽 참석)	목은문고 1 진종사기 절요 28 공민 15년 5월 사 41 공민 15년 5월 壬辰 동상 癸巳 절요 28 공민 15년 11월
58세	공민 17 (1368)	都僉議侍中으로 巡軍 下獄 (影殿役 中止 上疏件) (元 북경 철수 소식 도달, 明에 사신 파견 논의)	사 41 공민 17년 8월 庚午 동상 9월 乙卯, 丁巳
59세	공민 18 (1369)	(明使 來, 元 至正 연호 정지) 前侍中으로 하옥 곧 석방 (正陵 臘祭件)	동상 18년 4월 壬申, 5월 辛丑 동상 18년 11월 辛未
61세	공민 20 (1371)	(辛旽 伏誅) 辛旽 黨으로 몰려 縊殺	사 43 공민 20년 7월 辛酉 동상 丁卯

Ⅳ. 石堡와 石(堡)倉

머리말

조선전기 여수지역에 石堡라 불리는 소규모의 석축 보루가 있었다.[1] 현 전라남도 여수시 석창네거리의 소위 '石倉城址'가 그곳이다.[2] 그리 높지 않은 산과 구릉이 사방을 둘러싼 자그마한 분지형 지대로서, 서·남·동 방향으로 각각 여수시 소재지 그리고 여수항 등 옛 여수 중심지 및 여수 국가산업단지로 이어지며 북으로는 순천시와 연결되는, 여수반도 육상교통의 요지에 위치한다.

여수 석보는 비록 작은 규모이기는 하지만 이를 나위 없이 전통시기의 군사시설이었다.[3] 외적, 주로는 왜구의 노략질에서 주민을

---

1) 『新增東國輿地勝覽』 40 順天都護府 關防 麗水石堡

2) 전남여수시청·명지대한국건축문화연구소·순천대박물관·전남대박물관, 『石倉城址 發掘調查 報告書』, 2003. 남도문화재연구원, 『여수 석창성 문화유적 발굴조사 약보고』, 2007.

3) 위 註 1)에서 여수 석보가 '關防' 항목에 수록된 것만 보아도 알 수가 있는 일이다.

보호하기 위해 쌓은 석축의 보루였다. 한데 그러한 군사시설이 어느 시기에 그리고 무슨 연유로 그곳에 들어서게 되었는지는 아직 공식 확인된 바가 없다.[4] 또한 그 석보가 언제 어떠한 경위를 거쳐 창고시설로 전용되고, 그리하여 석(보)창으로 불리게 되었는지도 불분명하기는 매한가지이다. 어느 것 하나 제대로 밝혀지지 않은 의문투성이의 존재라 하겠거니와, 그럼에도 여수지역의 옛 성터를 조사하는 경우 이곳은 으레 제외되는 게 상례였다.[5] 소규모인 데다 관련 기록도 거의 전무하다시피 하여, 연구자들의 눈길을 끌지 못했던 탓일 게다. 그렇지만 임진왜란 당시 전라좌수영의 역할에서 드러나듯이, 한국의 대외관계사에서 —각별히는 해양을 통한 그것에서

---

4) 석창성 즉 여수 석보는 통일신라 혹은 그 이전에 계획된 도시의 정방형 평지성으로서, 조선초기까지는 주요 관청을 품은 성곽이었다가 조선후기 들어 漕運倉 내지 場市로 활용되었다고 한다(위 전남 여수시청 등의 발굴조사 보고서, 325～326쪽). 여수 석보를 옛 여수현의 읍성으로 추정하는 견해인데(같은 책, 315～316쪽), 그에 반해 뒤이은 발굴조사에서는 그것을 오로지 水軍鎭堡로만 이해하는 입장에서 접근하여(위 남도문화재연구원의 약보고) 혼란을 불러일으킨다. 한편 여수 석보가 축조된 시기에 관해서는, 『세종실록』 지리지에 관련 기록이 나타나지 않는 점으로 미루어 『세종실록』이 편찬된 단종 2년(1454)에서 여수 석보가 처음 기록에 등장하는 세조 3년(1457) 사이의 어느 때로 보고 있다(위 남도문화재연구원의 약보고). 일리 있는 견해이긴 하지만, 『세종실록』에 편입된 지리지는 세종 14년(1432)에 편찬된 것으로서 거기에 반영된 시기의 하한도 —兩界의 新設 郡縣을 제외하고는— 대략 세종 12년으로 보는 견해가 유력한 만큼(鄭杜熙, 「朝鮮初期 地理志의 編纂」, 『歷史學報』 69·70, 1976. 金東洙, 「『世宗實錄』 地理志의 편찬」, 『世宗實錄 地理志의 硏究』, 西江大 博士學位論文, 1991), 실록이 편찬된 연도에만 의존하여 그처럼 단정하는 데에는 상당한 위험이 따른다. 석보가 그 자리에 들어서기에 이른 배경 등 여러 사정을 고려하면서 보다 신중하게 접근할 필요가 있을 듯 여겨지는 것이다.

5) 順天大博物館·麗水市, 『麗水의 城址』, 1998. 順天大南道文化硏究所·麗水市, 『麗水市의 山城』, 2003.

— 여수지역이 차지하는 비중을 생각한다든지, 혹은 전통시기 지역주민의 삶이 그와 무관하지만은 않았을 것임을 떠올릴 때, 그처럼 여수 석보를 소외시키기만 하는 게 과연 올바른 일인지는 의문이다. 근자에 들어 석창성의 정비·복원까지를 염두에 둔 가운데 그에 대한 종합적인 발굴·조사가 시행되어 그나마 다행이거니와, 이제라도 그 유래를 밝히는 등 여수 석보의 역사를 규명하려는 노력이 가해져 마땅할 것으로 생각한다. 비록 영세한 자료일망정 당시의 상황에 비추어 조심스럽게 음미하다 보면, 미흡하나마 석보를 이해하는 데 필요한 기초적인 사실 정도는 드러내는 게 가능하지 않을까 여겨지는 것이다.

여기에서는 먼저 여수 석보가 설치되기에 이른 端初를 더듬는 데서부터 이야기를 풀어가도록 하겠다. 조선초기의 관변 자료에 등장하는 이른바 '麗水 木柵塗泥城'을 그 실마리로 삼아,[6] 여수지방에 석보가 들어설 수 있었던 역사적 배경을 고찰하려는 것이다. 다음으로, 석보가 축조되고 또 그것이 운용되는 양상을 다루려 한다. 돌로 쌓은 보루가 들어서기에 이른 연유와 함께 關防으로서의 기능을 발휘하며 제 나름으로 자리잡아가는 모습을 살핌으로써, 최소한에서나마 여수 석보의 존재 양태를 드러내 보이려는 것이다. 마지막으로, 석보가 혁파되고 또 그것이 석(보)창으로 전환된 경위 등을 검토하겠다. 여수 석보가 폐지되어야만 했던 이유와 더불어, 그 뒤의 변화 이를테면 석(보)창으로의 전환 내지는 그리하여 맡게 된 역할이라든지 혹은 이후의 치폐 등을 살핌으로써, 그것이 오늘의 모습으로 전해지기까지의 경과를 헤아리려는 것이다.

이상에서와 같은 절차를 거쳐, 미흡한 대로 여수 석보 내지는

6)『世宗實錄』151 地理志 全羅道 順天都護府 麗水木柵塗泥城

'석창성지'를 이해하는 데 필요한 기초적인 정보라도 얻어지기를 바라는 마음 간절하다. 그리하여 해양사의 관점에서 여수지역을 이해하는 데 부족하나마 작은 도움이 되기를 기대하는 것이다.

1. 石堡 설치의 端初: 麗水 木柵塗泥城

여수지역에 석보가 들어서는 단초로서 무엇보다 눈길을 끄는 존재가, 조선초기 순천도호부에 위치하였다는 소위 '여수 목책도니성'이다. 이 성은, 현전 자료에 의거하는 한, 석보가 등장하기 이전 여수의 城堡施設로서 기록에 전하는 유일한 존재이다. 여수지역 곳곳에 산재하는 수많은 옛 성터의 존재에도 불구하고,[7] 공식 기록에서 여수를 冠稱한 성보로는 위 목책도니성이 최초이며, 바로 그 뒤를 이어 석보가 등장한다. 여수 석보의 선구적인 존재로서 먼저 여수 목책도니성을 떠올리는 게 자연스러우며, 따라서 그로부터 여수 석보가 들어서기에 이르는 실마리를 찾는 게 반드시 잘못이라고만은 생각되지를 않는 것이다.

여수 목책도니성이 기록상 최초로 등장하는 것은 『세종실록』 지리지에서이다. 당시 순천도호부의 옛 속현[古屬縣]인 여수에[8] 소재

7) 근자에 작성된 목록에 따르면, 여수지역에는 모두 23개소의 옛 성터 흔적이 흩어져 전한다고 한다(麗水市·順天大南道文化硏究所, 『麗水市의 山城』, 14쪽).

8) 全羅道 안에 존재하던 任內는 太宗 9년(1409)에 모두 혁파되어 直村化하였다고 한다(『世宗實錄』 151 地理誌 全羅道 全州府 所 夾註). 과연 그대로 시행되었는지에는 다소 의문이 있다지만, 대체로 수긍하는 게 현재의 분위기이다(李樹健, 「朝鮮初期 郡縣制整備와 地方統治體制」, 『韓國中世社會史硏究』, 一潮閣, 1984, 391쪽). 실제로 『세종실록』 149·150·151 지리지 충청도·경상도·전라도를 살피면, 전라도의 임내에는 모두 '古'가 接頭된 데 반해 충청도와 경상도는 그렇지가 않다. 속현의 경우 충청도·경상도

한다는 이 城堡가 순천부 읍성과 함께 그 모습을 처음으로 드러내는데, 바로 뒤이은 關防 항목에는 또한 內禮·突山이 잇따라 수록되어 전한다.[9] 말하자면 지리지 편찬자들은 古屬縣인 여수에 자리 잡은 목책도니성을 순천부의 읍성과 유사한 성격의 존재로 파악하였으며, 수군 전함의 정박 및 보급기지 역할을 하던 내례나 돌산은 관방이라는 이름 아래 별개의 항목으로 분류하였던 셈이다. 여수 목책도니성이 단순한 보루에 그치지 않고, 한때나마 고을의 치소와 유사한 아마도 모종의 행정적인 기능까지 함께 지닌 성보시설이었을 가능성을 추정하게 한다.

조선초의 기록에 비로소 나타나기 시작하는 목책도니성은, 변방의 연안지역처럼 별다른 방어시설이 없는 마을의 주민을 외부의 침략으로부터 보호하기 위해 쌓은 보루였다. 세종대의 기록에 따르면, 읍성과 멀리 떨어져 방어에 취약한 바닷가 촌락에다 지역별 실정에 맞추어 '木柵이나 石堡 혹은 土築'을 마련함으로써 왜적의 급작스런 출현과 노략질에 대비토록 하였다고 한다.[10] 외진 바닷가

에는 그냥 속현으로 나오지만, 전라도의 그것은 '古屬縣'으로 기록되는 따위가 그것이다. 다른 道와 달리 전라도에서는 『세종실록』 지리지가 편찬되던 세종 14년(1432) 이전에 이미 속현 등 임내가 사라졌음을 알 수가 있거니와, 그 구체적인 시기로는 태종 9년이 가장 유력해 보이는 것이다.

9) (前略) 古屬縣三 麗水 (中略) 陶器所三(夾註省略) 邑石城(夾註; 周回五百八十一步) 麗水木柵塗泥城(夾註; 周回一百四十三步) 關防 內禮·突山(夾註; 兵船泊立) 烽火四處 (下略) (『世宗實錄』 151 地理志 全羅道 順天都護府)

10) 兵曹啓 各道沿海散居人民 並令每里聚居 (中略) 一 沿邊居民 雖令每里聚居 若枕海極邊 邑城最遠所居者 倉卒有變 則壯者或可登山以避矣 婦女老幼 無有避患 守令亦必不及救援 尤爲可慮 大抵沿海 土地沃饒 屢獲豊稔 民樂恒居 盡移邑城近處 似乎勢難 雖賊船可泊 若潮水相連 泥陷難步之處 林木鬱密 可以避難之處 又兵船泊立 邑城附近易避賊變之處則已矣 其餘賊變可畏之處 或木柵 或石堡 或土築 隨地之宜 量數設置 以廉幹武才者 勿論良賤 定爲頭目 色掌指揮防禦諸事 晝則歸農 夜則屯聚 以備乘間擄掠之患 (下略) (『世宗實錄』 97 世宗

마을마다의 실정을 고려하여 석보나 목책 혹은 토축의 보루를 축조하여 왜구에 대비하였다는 것이다. 사실 연해지역의 주민을 보호하기 위한 성보 축조의 필요성은 그보다 훨씬 이전인 고려말부터 이미 여러 차례 제기되었으며,[11] 그러한 논의의 과정에서 여수 목책도니성이 쌓아졌으리라는 것은 이를 나위가 없다. 왜구의 노략질로부터 여수지역 주민을 보호하기 위해 마련된 시설임이 분명하거니와, 다만 그에 더해 지역 중심으로서의 어떤 역할, 예를 들어 과거 어느 시기에 읍성과 유사한 모종의 행정적 기능까지를 겸하도록 마련된 성보는 아니었을까 추정해보는 것이다.[12]

그렇다면 그러한 여수 목책도니성은 언제쯤 축조되었을까. 이 성보에 관한 최초이자 거의 유일한 직접적 자료로 판단되는 『세종실록』 지리지의 관련 항목에는, 단지 그 둘레가 143步라는 기록만이 전할 뿐이다.[13] 그밖에는 어떠한 정보도 남아 있지를 않다. 도무지 어느 시기에 어떤 경위로 축성되었는지 추적의 실마리를 찾기가 힘든 형편인 것이다. 다만 『세종실록』 지리지에 수록된 내용의 하한 연도라고 하는 세종 12년(1430), 내지는 이 지리지가 실제 편찬되었다고 하는 세종 14년[14] 이전의 언제인가 축성되었으리라는 추정이 가능한 정도이다.

한데 그처럼 풀기 어려운 여수 목책도니성의 축조 시기와 관련하여, 눈여겨보아야 할 내용 하나가 실록에 전한다. 세종 10년

24년 8월 4일 辛卯)

11) 車勇杰, 『高麗末・朝鮮前期 對倭 關防史 研究』, 忠南大 博士學位論文, 1988, 141~142쪽.

12) 여수 목책도니성이 과거 한때 그러한 기능을 지녔을 가능성에 관해서는 뒤에 좀 더 상세히 논하려 한다.

13) 위의 註 9)와 같다.

14) 위의 註 4)를 참조하라.

(1428)의 "…順天・寶城・咸平에 큰바람이 불어 木柵이 무너져 떨어져나갔다…"는 기록에 등장하는 순천 목책이 그것이다.[15] 조선초 순천 지방에 목책이 존재하였다는 기록은 달리 찾아지지 않는다. 순천 목책의 존재 자체가 의심받을 상황이라 하여 지나치지 않은 셈이다. 하지만 그보다는 태종 9년(1409) 무렵 이미 순천으로 통폐합되어 그 경내에 포함됨으로써, 이미 순천의 古屬縣으로 기록되기에 이른 여수에 위치한다던 목책도니를 여기에서 떠올림이 더욱 온당하지 않을까 한다. 순천으로 합속된 여수의 목책은 순천 목책으로도 표기가 가능할 것이다. 여수 석보가 실록에는 때로 순천(부) 석보로 기록되기도 하였던 것이 그러한 증거이다.[16] 말하자면 현전하는 기록상 조선초 순천도호부 경내에 존재하던 목책으로는 여수 목책도니성이 유일한 셈이며, 따라서 문제의 순천 목책은 곧 여수 목책도니성이라 간주함이 옳다고 믿어지는 것이다.

동일한 자료에 순천 목책과 함께 언급된 보성과 함평 목책의 경우를 통해서도 그것을 확인할 수가 있다. 이들 역시 순천의 사례에서처럼 각 경내에 목책이 존재하였다는 기록은 달리 찾아지지를 않는다. 다만 보성의 옛 속현인 南陽(陽江驛)과 함평의 옛 속현인 海際에 각각 위치하였다고 하는 목책도니성만이, 여수 목책도니성과 마찬가지로『세종실록』지리지에 나타날 따름이다.[17] 보성과 함평

---

15) 慶尙道慶州 (中略) 全羅道濟州 大風雨 牛馬多撞死 順天・寶城・咸平 大風 木柵頹落 咸吉道 (下略) (『世宗實錄』40 世宗 10년 5월 3일 甲寅)

16) 命召曾經政丞 (中略) 一 全羅道順天府石堡 軍人加設 (中略) 順天石堡 加設戍兵置倉事 似便 (下略) (『成宗實錄』94 成宗 9년 7월 20일 己卯)

17) ① 寶城郡 (中略) 古屬縣五 南陽 (中略) 鹽所一 邑石城 郡南古屬縣南陽陽江驛木柵塗泥城(周回八十三步) 驛二 (下略) (『世宗實錄』151 地理志 全羅道)
② 咸平縣 (中略) 古屬縣一 海際 (中略) 邑石城 海際木柵塗泥城(周回一百四十三步二尺) 關防 (下略) (같은 책)

의 목책 또한 각각 남양(현 고흥군 남양면)과 해제(현 무안군 해제면)의 목책도니성을 가리킴이 틀림없어 보이거니와, 이러한 증거들로 미루어 순천 목책은 여수 목책도니성으로 파악함이 온당할 듯싶은 것이다.

세종 10년(1428)의 기록에 나타나는 순천 목책이 곧 여수 목책도니성에 다름 아님을 살폈다. 여수 목책도니성이 늦어도 세종 10년 이전에 축조되었음을 이해할 수가 있는 것이다. 나아가 기록에 나타난 대로 그것이 바람에 무너져 내릴 만큼 퇴락한 상태였다면, 이 성은 그보다 상당히 오래 전부터 이미 그 자리에 서 있었을 가능성이 높아 보인다. 여수 목책도니성이 그만큼 낡은 상태였음을 암시하며, 따라서 그 축조는 세종 10년보다 자못 오래 전의 일이었던 것으로 이해함이 타당할 듯 여겨지는 것이다.

그렇다면 그 시기는 구체적으로 언제쯤이었을까. 문제의 순천 목책이 등장하기 10여 년 전인 태종 15년(1415)의 자료에서 그 실마리를 찾을 수가 있다. 전라도의 長興과 高興 및 光陽에 '立木泥塗' 바꿔 말해 목책도니성이 하나씩 들어서 있었다는 기록이 그것이다.[18] 앞뒤 문맥으로 보아 각기 해당 고을의 읍성이었던 것으로 판단되는데, 말하자면 태종 15년 즈음이면 현 전남지역의 동부 바닷가 세 고을에 저마다 목책도니의 읍성이 하나씩 자리하였음을 확인할 수가 있는 셈이다. 나아가 그로 미루어 이들 세 고을과 이웃해서 동일하게 전라도의 동부 연해안에 위치하던 여수지방에도, p

18) 命築金堤郡碧骨堤 全羅道觀察使朴習啓曰 (中略) 比者因兵曹戶曹之請 而金堤郡碧骨堤與沿海三邑城子修築之事 已下敎旨 候西成之後 當并營築 故臣巡行州郡 遍察其地 長興·高興·光陽三邑 地皆濱海 而倭寇泊船之處也 前日所置城子 皆隘窄立木泥塗 歲月旣久 傾頹已甚 (中略) 唯三邑之城 必須營築 若此碧骨之築 一時並擧 則民力難堪 臣以爲先築城堡 以固封守 後修堤堰 以備灌漑 (下略) (『太宗實錄』 30 太宗 15년 8월 1일 乙丑)

그 무렵이면 목책도니성이 자리하지는 않았을까 여겨진다. 지리적 여건에 비추어 반드시 부정할 수만은 없을 듯싶거니와, 아울러 그러한 성들이 처음 축조된 시기 또한 고려말·조선초까지 올려볼 여지도 없지 않다. 위 태종 15년의 자료에 나오는 바 장흥에 위치하였다는 '立木泥塗'의 읍성, 이른바 '皇甫城'의 사례로 미루어 그러하다.[19] 장흥의 中寧山에 일명 황보성이라 불리는 목책도니의 읍성이 축조된 것은, 왜구를 피해 寶城으로 옮겨갔던 장흥이 제 고장으로 돌아오면서였다. 장흥의 새 치소를 보호하기 위해 조선이 개창되던 해(1392) 8월과 9월의 두 달에 걸쳐 신축되었던 것으로 전하거니와,[20] 여수 목책도니성 역시 그와 유사한 시기에 수축되었을 개연성이 전혀 없지만은 않아 보이는 것이다.

여수 목책도니성이 장흥과 고흥·광양의 사례로 미루어 태종 15년(1415) 즈음이면 이미 그 모습을 드러냈을 가능성이 높으며, 나아가 장흥 읍성의 경우로 미루어 태조가 즉위하던 해에 처음 수축되었을 개연성마저도 없지 않음을 가늠해 보았다. 아니더라도 최소한 세종 10년(1428)에서 상당히 이전의 어느 시기에 축성되었음은 거의 확실하다고 하여 지나치지 않을 줄 믿는다. 그렇다면 그처럼 축조된 여수 목책도니성의 기능은 무엇이었을까. 위에서 지적하였듯이, 그것이 왜구로부터 여수지역의 주민을 보호하기 위해 마련된 보루였음은 이를 나위가 없다.

『세종실록』 지리지에 의하면, 조선초기에 목책도니성이 자리한

19) 長興郡·南道文化財研究院, 『長興郡의 城郭』, 2004, 24~25·47~48쪽.

20) 城中寧 固邦本也 (中略) 至正庚寅(忠定王2;1350)以來 日本島夷竊發 (中略) 濱海民居 於是蕩然 (中略) 勢窮事迫 移民之令出焉 長興流寓鐵冶縣 己未歲也(禑王5;1379) 合于寶城郡 己巳歲也(恭讓王1;1389) (中略) 今年(太祖1;1392) 春二月 (中略) 八月十七日起役 九月二十七日訖功 (『新增東國輿地勝覽』 37 長興都護府 古跡 皇甫城 李穡記)

지역은 여수를 포함하여 모두 네 곳이었다고 한다.[21] 순천도호부의 여수를 비롯하여 咸平縣 海際(현 무안군 해제면)와 長興都護府 荳原(현 고흥군 두원면) 및 寶城郡 南陽 陽江驛(현 고흥군 남양면)에 각각 위치하였다는 목책도니성이 그것이다.[22] 하나같이 현재의 전라남도 서・남해안에 자리를 잡아 공교롭거니와,[23] 또한 여수 목책도니성이 그러하였듯이 모두가 要害나 관방의 항목과는 구별된 채 읍성이 수록된 항목에 함께 올라 있다는 공통점도 지니었다.[24] 그 이전 어느 시기엔가 이 목책도니성들이 읍성과 유사한 모종의 행정적 기능을 보유하였을 가능성을 암시하는 게 아닌가 여겨지는 것이다.

아울러 이들이 예외 없이 옛 속현[古屬縣]에 위치하였다는 사실도 눈길을 끈다. 여수가 순천도호부의 옛 속현이었음은 이미 언급하였

---

21) 거기에 木柵 세 곳(慶州 下西知, 瓮津 回山, 長淵 熊沉里)을 더하여, 『세종실록』 지리지에 沿海地域의 柵堡로 수록된 것은 모두 일곱이라고 한다(車勇杰, 같은 논문, 144쪽). 하지만 이로써 조선초기 연해지역의 목책(도니) 보루가 망라되었다고 하기에는 어려움이 있다. 그밖에도 더 존재했음이 분명한데, 가령 앞서 언급한 장흥・고흥・광양의 立木泥塗 城堡와 같은 것이 그 증거이다. 여기에서는 다만 『세종실록』 지리지에 수록된 사례가 그러하다는 사실을 지적한 데 지나지 않는다.

22) 고용규, 「朝鮮時代 全羅道 水軍鎮의 考察」, 『전남문화재』 12, 2005, 10쪽.

23) 왜 전라도 서남해안에만 목책도니성이 나타나는지는 불명이다. 『세종실록』 지리지의 경우 郡縣에서 엮은 자료를 道에서 취합하여 보고한 것을 바탕으로 중앙에서 편찬하였으므로 동일한 존재라도 道別로 달리 기록되었을 가능성이 없지 않아 보이는데, 차후 면밀한 고찰이 요구된다.

24) ① 咸平縣 (中略) 古屬縣一 海際 (中略) 陶器所五 (中略) 邑石城 海際木柵塗泥(夾註; 周回一百四十三步二尺) 關防 (下略) (『世宗實錄』 151 地理志 全羅道)
② 長興都護府 (中略) 古屬縣五 (中略) 荳原 (中略) 磁器小一 陶器所一 邑石城 荳原木柵塗泥城 驛一 (中略) 關防 (中略) (같은 책)
③ 寶城郡 (中略) 古屬縣五 南陽 (中略) 鹽所一 邑石城 郡南古屬縣南陽陽江驛木柵塗泥城 驛二 (中略) 關防 (下略) (같은 책)

거니와, 그밖에도 목책도니성이 자리하였다는 해제와 두원 및 남양(양강역) 역시 각각 함평현과 장흥부 및 보성군의 옛 속현이었다.[25] 전라도의 任內가 태종 9년(1409)에 일제히 혁파되었다고 하므로,[26] 이 지리지가 엮어지던 세종 14년(1432)의 옛 속현이란 태종대에 폐지된 바로 그것을 가리킴이 분명하다. 그런데 기록에 나타나는 목책도니성이 공통적으로 그러한 옛 속현, 바꿔 말해 중앙과의 관계를 빼고는 불과 얼마 전까지 거의 자치적으로 지방행정이 이루어지던 속현이라는 지리적 공간에 위치하였던 것이다. 목책도니성이 속현이라는 半自治的 공간의 중심이었을 가능성을 상정케 하는 대목이다. 요컨대 『세종실록』 지리지에 등장하는 목책도니성은 하나같이 옛 속현에 위치하였는데, 동 지리지에는 이들이 속현 시기의 主縣 치소이던 읍성과 동일한 항목에 수록되었으며, 이는 곧 지리지 편찬자들에 의해 이들 목책도니성이 단순한 보루라기보다는 오히려 과거 속현 시절에 읍성과 유사한 기능을 발휘하던 존재로 파악되었음을 암시하는 증거가 아닌가 여겨지는 것이다.

『세종실록』 지리지에 수록된 네 곳의 목책도니성이, 소재한 고을이 속현이던 과거 한때 그 치소 역할을 담당하던 성보시설이었을 가능성을 따져 보았다. 적어도 지리지의 편찬자들에게는 그처럼 받아들여졌을 개연성이 다분해 보이거니와, 이와 관련하여 저들 목책도니성이 『세종실록』 지리지에서 해당 속현에 소재하는 것으로 기록된 유일한 성보시설이었다는 사실도 그냥 지나칠 수만은 없다. 저들 네 목책도니성이 공식 기록상의 유일한 성보 소재처가 될 만큼 속현의 중심 지역에 해당하는 곳, 억측을 더하자면 아마도 고을의 치소에 그 보호시설로서 축조된 보루는 아니었을까 여겨지

25) 바로 앞 註 24)

26) 위의 註 8)

는 것이다. 당시 주현은 물론 속현에 이르기까지 그 치소에는 성보 시설을 갖추는 게 상례였다는 견해를 대하고 보면,[27] 한층 그러한 생각을 떨칠 수가 없다.

고려왕조의 마지막인 창왕·공양왕대에 이르면 성보의 축조가 바닷가 고을의 치소로까지 확산되어가는 경향을 보였다고 한다. 앞서 내륙의 산성과 큰 고을의 치소를 중심으로 성의 수리나 축조가 이루어지던 것이, 이제 왜구가 다소 수그러들면서 비옥한 연해안으로 몰려들기 시작하는 주민을 보호하기 위하여 바닷가 고을에서도 점차 읍성이 수축되기 시작하였다는 것이다. 또한 당시에는 석축보다 축조 비용의 절감이나 시일의 단축에서 보다 유리한 토축이 더욱 많았다고 일러지기도 한다.[28] 목책도니성도 거기에 포함됨은 물론인데, 적은 비용을 들여 짧은 기간에 立木土築한 응급적 성격의 보루라는 점에서 더욱이 그러하다. 앞서 언급한 장흥의 읍성인 황보성과 같은 것이 그 현저한 사례이다. 고려 공양왕이 물러나고 조선 태조가 즉위하던 해(1392) 8월과 9월 두 달 사이에 급히 축조된 이 성은, 여수의 그것과 마찬가지로 목책도니성이라는 점에서 주목되거니와, 아울러 고을의 읍성이었다는 점에서도 또한 관심을 끈다. 고려말 조선초기의 한때 목책도니성을 축조하여 치소로 이용한 장흥의 그와 같은 사례에 비추어, 여수 목책도니성이 그 무렵 수축되어 여수의 치소로 이용되었을 가능성을 제시한 앞서의 추정이 아주 억지만은 아니지 않을까 헤아려지는 것이다.

한편 여수를 포함한 네 곳의 목책도니성은 모두 세종 초기까지 실제로 사용 중이던 보루였을 것으로 판단된다. 지역의 중심지로서

---

27) 崔鍾奭, 「고려시기 治所城의 분포와 공간적 특징」, 『歷史教育』 95, 2005, 201~206쪽.

28) 車勇杰, 위 논문, 14~29쪽.

나름대로 기능을 발휘하던, 아니더라도 최소한 왜구와 같은 외부의 침략에서 주민을 보호하는 성보로서의 역할쯤은 여전히 담당하고 있었음직해 보이는 것이다. 여수 등 네 곳의 목책도니성이 『세종실록』 지리지에 수록되었던 사실로 미루어 그처럼 추정된다. 『세종실록』 지리지는 국가의 통치에 도움이 되는 자료를 취합하여 적극 활용하려는 목적에서 편찬되었다고 한다.[29] 성곽의 경우 현실적으로 이용 가능한 대상을 제외하고는 굳이 수록하려 들지 않았을 성싶거니와, 그와 같은 통치자료로서의 성격이 많이 약화된 『신증동국여지승람』에서조차 실제 사용 중인 성곽 이외에는 별도로 古跡 항목을 만들어 수록하였음을 참고할 일이다.

가령 장흥의 목책도니 읍성이던 황보성의 경우가 그러하였다. 여수를 비롯한 네 곳의 목책도니성과 달리 이 성은 『세종실록』 지리지에 실리지 않았다. 이미 읍성으로서의 기능을 상실한 데다, 더 이상 이용하기 어려울 정도로 기울고 무너져 내린 때문이었다. 읍성의 신축을 논의해야 할 정도로 퇴락이 심한 상황에서[30], 마침내 세종 4년(1422) 무렵 현 장흥읍에 새로 축조된 읍성으로 장흥의 치소가 이동해가자[31], 황보성은 그 수명을 다한 채 버려져 방치되었던 것으로 보인다. 바로 인근에 위치한 신축 읍성만으로도 충분한 상황에서, 다 쓰러져가는 황보성에 굳이 관심을 보일 까닭이 없었을 것이기 때문이다. 그리하여 실용성을 중시한 『세종실록』 지리지의 파악 대상에서 제외되었고, 단지 뒤에 편찬된 『신증동국여지승람』의 고적 조항에만 수록되었던 게 아닌가 여겨지는 것이다. 여수 등 네 목책도니성이 『세종실록』 지리지에 수록된 것은, 그것들이 당시

29) 金東洙, 『『世宗實錄』 地理志의 硏究』, 47・51쪽.

30) 위의 주 18)의 史料와 같음.

31) 長興郡・南道文化財硏究院, 『長興郡의 城郭』, 2004, 26~27쪽.

까지 실제로 사용 중이었기 때문임이 거의 틀림없다고 믿는다. 말하자면 여수 목책도니성은 왜적의 침구와 같은 유사시의 위난 대피시설임에 더하여 한때나마 여수 고을의 치소 기능을 담당하였을 가능성이 없지 않으며, 『세종실록』 지리지가 편찬되던 세종 14년 무렵에도 나름대로 그 기능을 발휘하는 성보였던 셈이다.

조선초기의 수군은 '長在船上守禦'의 원칙 아래 운용되었다. 수군의 첨절제사나 만호와 같은 지휘관은 항상 전함을 이끌고 해상을 순시하면서 적을 탐지하고 수색토벌하도록 규정되어 있었다. 전함의 '泊立處'로 지정된 관방 명목의 포구가 있었지만, 그것은 유사시 下番船軍이 집결하는 無軍兵船의 정박처이자 전함의 수리나 군수물자 보급을 담당하도록 지정된 정기적 기항지에 지나지 않았다. 규정상으로는 그러한 泊立處에 성보를 축성하는 등 만일에 대비한 시설을 갖추는 것조차 허용되지 않았다. 수군은 항상 전함에 승선하여 왜적을 探望搜討해야만 하는 게 원칙이었다. 적어도 성종대에 水軍鎭 城堡의 축성이 결정되기까지 공식적으로는 그러하였다.[32] 따라서 여수 목책도니성이 애초에 그와 같은 수군기지의 방어시설로서 축조되었을 가능성은 거의 전무하다.

한편 여수현은 조선 태종 9년(1409)에 혁파되어 순천부의 직할지로 편입되었다. 『세종실록』 지리지가 편찬되던 세종 14년(1432) 무렵 여수 목책도니성이 여수현의 치소로서 기능한다는 것은 불가능한 일이었던 셈이다. 다만 고려말 이후 여수가 순천부의 속현으로 편입되는 조선 태조 5년(1396)까지 여수현의 치소였거나, 혹은 그 이후 태종 9년까지 속현 상태이던 여수의 치소로서 기능했을 가능성은 배제하기 어렵다. 만약 여수 목책도니성이 장흥의 황보성처럼

---

32) 車勇杰, 위 논문, 149~151쪽.

조선왕조가 개창되던 무렵 축조되었다면 그러했을 개연성이 다분해 보인다. 그랬다가 『세종실록』 지리지가 편찬될 무렵이면, 치소로서의 기능을 상실한 채 왜적의 침구로부터 지역 주민을 보호하는 대피시설로 이용되었던 게 아닌가 헤아려지는 것이다.

여수 목책도니성이 고려말 조선초에 여수현의 치소였다가 폐현 이후 지역주민의 위난 대피시설로 사용되었을 가능성을 더듬어보았다. 여러 정황으로 미루어 그것이 처음부터 단순히 왜구에 대비한 방어시설로서만 축조되지는 않았을 법해 보이는 것이다. 이제 끝으로 그 소재처를 비정함으로써 여수 목책도니성에 관한 논의를 마무리하겠다. 이 柵堡가 어디에 위치하였던가를 알려주는 기록은 전무하다. 다만 목책도니성이 여수현의 치소였으리라는 위에서의 추정이 옳다면, 여수의 옛 치소가 언급된 조선후기의 자료를 추적의 단서로 삼을 수가 있을 듯싶기는 하다. 麗水堡가 麗水古縣에 소재하며 石堡倉이 곧 麗水古縣이라는 『大東地志』(1864)의 기록이 그것이다.[33] 여수 석보가 여수의 옛 치소에 자리한다는 뜻으로서, 말하자면 현재의 石倉城址가 곧 옛 여수 고을의 치소였으며 자연히 여수 목책도니성도 그곳에 위치하였으리라는 암시인 셈이다.[34]

그런데 석창성지를 발굴조사한 최근의 보고서에 따르면, 거기에서는 목책의 흔적이 확인되지 않는다고 한다. 목책도니성이 본시 석보와 무관한 존재라는 결론이다.[35] 양자를 선후관계로 연결시켜 파악한 앞서의 발굴보고서와는[36] 정면으로 대치되는 이해이거니

---

33) 『大東地志』 14 順天 鎭堡 革廢 麗水堡 夾註, 같은 책 倉庫 石堡倉 夾註

34) 석보 즉 현 석창성지와 여수현의 치소에 관한 문제는, 다음의 석보를 다루는 곳에서 보다 상세히 논의할 예정이다.

35) 남도문화재연구원, 『여수 석창성 문화유적 발굴조사 약보고』.

36) 전라남도 여수시청 외, 『石倉城址 發掘調査 報告書』, 318쪽.

와, 설령 그와 같은 최근의 발굴결과를 존중한다고 하더라도 그처럼 둘 사이를 전혀 무관했던 것으로만 단정할 수 있을 지는 의문이다. 가령 석보를 축조하면서 바닥을 굴착하여 다지는 과정에서나 혹은 그 밖의 연유로 인해, 기존 목책도니성의 흔적이 완전히 파괴되어 사라진 경우라든지를 상정할 수는 없을까 여겨진다. 나아가 목책도니성의 위치가 설사 석보와 정확히 일치하지는 않는다고 하더라도, 석창성지 일원이 과거에 치소를 포함한 여수의 중심지였다면 부근 어딘가에서 목책도니성의 흔적이 발견될 가능성도 배제할 수만은 없어 보인다.

조선후기 이후 이제까지의 여러 논의들로 미루어 —이 글의 뒤에서 재차 거론할 예정이거니와— 현 석창성지를 포함한 그 일원은 치소가 위치하던 옛 여수현의 중심지였음이 거의 분명해 보인다. 아울러 한때 여수의 치소 역할을 담당했던 것으로 여겨지는 목책도니성도 또한 그 어딘가에 위치하였을 가능성이 높은 것으로 판단된다. 그렇다면 그 유력한 후보지는 어디일까. 여기에서 석창성지와 함께 각별히 눈길을 끄는 존재가 鳳溪洞土城이다. 석창성지와 맞닿은 현 여수시 봉계동의 아주 낮은 구릉(해발 76.1m)에 고도 70m 전후한 지점을 따라 축조된 토성으로서,[37] 장흥의 목책도니 읍성인 황보성이 현 장흥읍 인근의 해발 96.5m 구릉에 축조된 것과 비교할 만하다.[38] 그 위치나 고도 및 축성 재료 등으로 미루어, 봉계동토성이야말로 여수의 치소였을 것으로 추정되는 목책도니성이 들어서기에 알맞은 장소가 아닌가 여겨지는 것이다. 석창성지와 함께 각별히는 봉계동토성을 여수 목책도니성의 유력한 후보지로 제시해두고자 한다.[39]

---

37) 麗水市·順天大南道文化研究所, 『麗水市의 山城』, 2003, 50~62쪽.

38) 長興郡·南道文化財研究院, 『長興郡의 城郭』, 2004, 47~53쪽.

고려말 조선 초 즈음 여수현의 치소였던 여수 목책도니성이 폐현 이후 지역주민의 위난 대피시설로 사용되었으며, 그 위치는 현 석창성지 일대 어느 곳 아마도 봉계동토성일 가능성을 추정하였다. 이제 節을 바꾸어 그러한 여수 목책도니성에 뒤이어 여수지역의 성곽으로 기록에 등장하는 석보를 검토하겠다.

2. 石堡의 축조와 운용

여수 석보의 존재를 알리는 기록이 처음 나타나는 것은 세조 3년(1457)이다. 하삼도의 여러 鎭浦를 몸소 살핀 都巡察使 등이 보고한 조목들 가운데,

> 전라도 順天 突山浦(鎭)의 경우 그 동쪽에 內禮(鎭)가 있고 북쪽에 呂水 石堡가 있는 데다 바다와의 거리가 멀리 떨어져서 방어에도 긴요하지를 않으니, 이제 돌산포를 혁파하고 그 船軍은 내례와 呂島(鎭)에 나눠 소속시키도록 하소서.[40]

---

39) 사실 석창성지를 제외한 그 일원은 아직 발굴 조사된 적이 없다. 봉계동토성의 경우도 매한가지이다. 오직 지표조사에 근거한 추정에 지나지 않으며, 따라서 그러한 곳을 특정 유적의 유력한 후보지로 비정한다는 자체가 매우 위험하다. 다만 여기에서는 이제까지의 논의나 유적의 위치와 고도 및 축성새료 등으로 미루어, 다른 곳보다는 봉계동토성이 여수 목책도니성의 유적으로서 보다 가능성이 높지 않을까 짐작하는 정도이다. 한편 삼국에서 통일신라 혹은 고려시기 이래의 여수 치소와 관련하여 언급되곤 하는 석창성지 인근의 仙源洞山城도 또한 여수 목책도니성이 소재했던 후보지 가운데 하나로 상정할 수가 있을 듯싶은데, 다만 土築과 石築이 혼용된 성이라는 점에서 다소 주저되는 점이 없지 않다(麗水市・順天大南道文化研究所, 『麗水市의 山城』, 30~49쪽).

40) 忠淸全羅慶尙道都巡察使朴薑・副使具致寬等啓 慶尙全羅忠淸道諸鎭諸浦巡審合行事件 逐一開坐 (中略) 一 全羅道順天突山浦 東有內禮 北有呂水石堡 距

에 나오는 呂水 石堡가 그것이다. 여기의 呂水가 곧 麗水임은 이를 나위가 없다. 늦어도 세조 3년 즈음이면 여수 석보가 이미 확고히 자리를 잡아 공식기록에 등장할 정도였음을 알 수가 있는 것이다.

그렇다면 세조 3년(1457) 이전이었음이 분명한 이 여수 석보가 처음 축조된 것은 언제쯤이었을까. 고려말 이래로 왜구에 대비해 이뤄지던 축성사업은, 조선 태종대에 入保를 위한 대형 山城의 수축과 함께 연해안의 주요 관방처 축성으로 이어졌다고 한다. 그랬다가 세종 12년(1430) 무렵에는 다시 국가적인 차원에서 부대시설을 갖춘 석축의 —고려말 이래의 응급적인 불완전한 읍성이 아니라— 제대로 된 읍성을 연해안에서부터 축조하는 쪽으로 방향이 바뀌었다고 한다. 그리하여 세종 26년(1444) 즈음이면 왜구 방어에 긴요한 고을을 중심으로 연해안 읍성의 축조가 대략 마무리되었으며, 이후에는 읍성의 수축·정비와 더불어 차츰 치소에서 멀리 떨어진 바닷가 요해처에까지도 防戌軍이 배치되는 석보를 축조하기 시작하였다는 것이다.[41]

여수 석보도 또한 그러한 추세 속에서 축조되었으리라는 것은 이를 나위가 없다. 여수 석보의 축조를 예감케 하는 일련의 조치가 나타난 것은 세종 27년(1445)에 들어서였다. 그 해 2월 조정에서는 병조판서를 파견하여 경상도와 함께 전라도 연해안 여러 고을의 柵堡를 둘러보게 하였다. 그리고는 8월 들어 두 도의 요해처에 각각 하나씩의 석보를 축조하도록 결정하였다. 비록 한 달 뒤인 9월에 흉년이라는 이유로 석보 축조의 役事는 중지되었지만,[42] 연해

海隔遠 防禦不緊 今革突山浦 其船軍分屬內禮·呂島 (下略) (『世祖實錄』 6 世祖 3년 正月 16일 辛巳)

41) 車勇杰, 위 논문, 28~29, 52~77, 85~87쪽.

42) 『世宗實錄』 97 세종 27년 2월 10일(甲寅), 같은 책 109 세종 27년 8월 19

안에 석보를 축조하려고 든 효시라는 점에서 주목에 값한다. 여수 석보가 기록상 전라도에서 최초로 선을 뵌 연해안의 석보라는 사실을 상기하면,[43] 위 세종 27년의 조치야말로 그것이 축조되기에 이르는 계기에 해당한다고 하여 지나치지 않을 줄 믿어지는 것이다. 앞서 조정에서는 바닷가에 흩어져 거주하는 인민을 統·隊로 조직화하고 木柵이나 石堡 혹은 土築의 보루를 축조하여 일면 싸우고 일면 지킴으로써, 해적의 노략질 위험에서 벗어나도록 방침을 정하였다.[44] 위의 석보 축조 계획은 그것을 구체화한 조치 중의 하나이었으려니와, 이로써 마침내 여수 석보가 축조되기에 이르는 단서가 마련된 셈이었다.

당시 두 도에 하나씩 축조하려다 만 석보의 위치가 어디였는지는 불명이다. 다만 그 후 계속되는 석보 축조의 추이에 비추어, 경상도 울산의 柳浦 석보와 전라도 순천의 여수 석보가 곧 그것일 가능성을 제시한 견해는 자못 일리가 있어 보인다.[45] 유포 석보의 경우, 문종대의 유포 목책 설치에 이은 석보 축조의 시도 및 단종대의 석보 축조 결정과 잇따른 세조초의 완성에 이르기까지, 일련의 과정이 줄곧 빠짐없이 실록에 등장한다.[46] 유포 석보가 조정의 남다른 관심 대상이었음을 보여주거니와, 이로 미루어 그것이 세종

일(庚申), 같은 책 9월 3일(癸酉)

43) 조선왕조실록을 위시하여 현선하는 관변 기록에서, 전라도 연해안의 석보로는 여수의 그것이 최초이다.

44) 같은 책 97 세종 24년 8월 4일(辛卯)

45) 車勇杰, 같은 논문, 146쪽

46) 『文宗實錄』 5 문종 즉위년 12월 22일(壬辰), 같은 책 12 문종 2년 2월 12일(丙子), 『端宗實錄』 2 단종 즉위년 8월 1일(辛酉), 같은 책 3 단종 즉위년 9월 6일(乙未), 같은 책 14 단종 3년 윤6월 5일(己酉), 『世祖實錄』 14 세조 4년 10월 9일(癸亥), 같은 책 17 세조 5년 7월 17일(丙申)

27년에 최초로 축조가 시도된 두 석보 중의 하나이었을 가능성은 충분해 보인다. 나아가 그러한 유포 석보가 세조 4년에 축조되기 시작하여 동왕 5년 중반 이전 언젠가 완성되었음에 비추어,[47] 그보다 빠른 세조 3년 이전에 이미 완성되어[48] 전라도에서 가장 이른 시기에 그 존재를 드러낸 여수 석보의 경우도 또한 대략 그와 유사한 과정을 거쳐 축조되었던 것으로 이해하여 좋을 듯싶다. 아울러 유포 석보를 직접 거명한 축성 결정이 문종 2년(1452) 2월과 단종 즉위년(1452) 8월에 처음 나타난다는 점에서,[49] 여수 석보 역시 대략 그 무렵에 축성이 구체화되어 세조 3년 이전 언젠가 완성되었던 것으로 판단하여 무난하지 않을까 생각한다.

여수 석보를 축조하기로 조정에서 처음 방침을 세운 것이 세종 27년(1445) 무렵이었는데, 그와 같은 계획이 구체적으로 추진된 것은 문종 2년(단종 즉위, 1452)에 들어서였으며, 그리하여 세조 3년(1457) 이전 언젠가 성보의 축조가 완료되었을 것임을 살폈다. 그런데 여기에서 궁금해지는 것은 그러한 여수 석보가 무슨 연유에서 그 자리, 다시 말해 현재의 석창성지에 축조되었을까 라고 하는 점이다. 석보는 원래 바닷가 주민들로 하여금 느닷없이 난입하는 왜

---

47) 세조 4년 10월에 유포 석보가 축조되기 시작한 것은 확실하나(『世祖實錄』 14 세조 4년 10월 9일 癸亥), 그것이 완성된 시기는 기록에 전하지 않는다. 다만 그 이듬해 7월에 4품 이상의 武才로 柳浦 權管을 보임하기로 결정하였음에 비추어(같은 책 17 세조 5년 7월 17일 丙申), 그 즈음이면 유포 석보가 이미 완성된 것으로 간주해 무방할 듯싶다.

48) 위의 註 40)과 동일하다.

49) ① 三道都體察使鄭苯請 築忠淸道瑞山邑城 及慶尙道蔚山柳等浦石堡 泗川鎭城 從之 (『文宗實錄』 12 文宗 2년 2월 12일 丙子)

② 忠淸全羅慶尙道都體察使鄭苯啓曰 請遣從事官金淳于慶尙道 抄軍七千五百名 築蔚山柳浦石堡 令左右道都萬戶 領兵船守護 (中略) 從之 (『端宗實錄』 2 端宗 즉위년 8월 1일 辛酉)

구의 칼끝을 그에 의거해서 잠시 피하도록 마련된 보루였다고 한다.[50] 고려말 조선초 왜구의 출몰이 매우 잦았던 여수지역에[51] 석보가 먼저 들어서는 것은 자못 당연한 일이었던 셈이다. 하지만 그럼에도 불구하고 여수지역 내의 다른 곳은 제쳐두고 유독 현 석창성지에 그것이 축성된 까닭이 무엇이었는지는 아직 밝혀진 바가 없다.

생각컨대 조정에서 석보를 두기로 결정한 장소라면, 왜구가 자주 출몰하는 연해안의 취락 중에서도 각별히 다수의 주민이 밀집된 곳이었을 듯싶다. 주민이 거주하는 바닷가의 여느 촌락마다 모두 석축의 성보를 쌓고 또 유지 보수하는 것은 거의 불가능에 가까웠으며, 그리 능률적이지도 못하였을 것이기 때문이다. 현 석창성지 일대가 조선초 여수지역에서 비교적 많은 주민이 모여 살던 곳이었을 것임을 예감할 수가 있다.

조선전기 여수지역에서 사용 중이던 성곽으로는 全羅左水營城을 비롯하여 防踏鎭城과 突山鎭城 그리고 석보 등이 있었다.[52] 그런데 좌수영성과 돌산진성은 성종 21년(1490)에, 그리고 방답진성은 중종 17년(1522) 내지 18년에 각각 축조되었다.[53] 여수 석보가 처음 그 모습을 드러내던 세조 3년(1457) 무렵에는 어느 하나도 아직 축성된 게 없었다. 그 즈음 지역 내에서는 유일하게 여수 석보만이 이용 가능한 성곽이었던 셈이다. 여수지역에서 석보가 그만큼

---

50) 『成宗實錄』 94 成宗 9년 7월 20일 己卯 全羅道順天府石堡軍人加設

51) 여수반도 일원이 왜구가 자주 이용하는 해로상의 요지임에 관해서는, 邊東明, 「朝鮮時代 突山島 防踏鎭의 설치와 그 구조」, 『韓國史學報』 27, 2007, 16~19쪽의 관련 설명을 참고하라.

52) 『新增東國輿地勝覽』 40 順天都護府 城郭 關防

53) 車勇杰, 위 논문, 154·159쪽. 邊東明, 「朝鮮時代 突山島 防踏鎭의 설치와 그 구조」, 20~21쪽.

중요한 방어시설이었으며, 아마도 가장 많은 주민이 모여 살던 곳 다시 말해 지역의 중심지에 그것이 위치하였을 가능성을 암시한다 하겠다.

전통시기에 다수의 주민이 밀집 거주하던 중심지라면 우선 고을의 치소가 연상된다. 그런데 석보가 축조되던 무렵에는, 앞서 언급하였듯이 연해안의 읍성 축조가 거의 마무리된 상황이었다.[54] 석보는 그러한 읍성에서 멀리 떨어져 그에 의지할 수 없는 바닷가 취락에 왜구를 대피하도록 마련된 소규모 보루였다. 석보 축조 후보지에서 고을의 치소는 일단 제외되는 셈이거니와, 더욱이 여수의 경우 태종 9년(1409) 이래로 순천도호부에 통폐합된 상태였다. 석보가 축조될 즈음의 여수는 자립적인 고을로서의 위상을 잃은 채 자신의 치소조차 지닐 수 없는 처지였던 것이다. 따라서 당시 그러한 여수지역에서 다수의 인구가 밀집된 중심지라면, 자연히 옛 여수현 시절의 치소가 위치했던 지역을 떠올리지 않을 수가 없어 보인다. 석보가 들어섰던 현 석창성지 일원에 옛 여수현의 치소가 자리했을 가능성이 매우 높은 듯 여겨지는 것이다.

사실 현재의 석창성지 일원을 옛 여수현의 치소로 이해한 것은 이미 조선시기부터의 일이었다. 古山子 金正浩가 필생의 노력으로 이룩한 『大東輿地圖』(1861) 및 그의 해박한 고증이 돋보인다는 평가를 받는 『大東地志』(1864)에서 그것을 확인할 수가 있다. 전자에서 고산자는 石堡를 倉庫로 표시하면서(■), 古縣 표시(●)로 나타낸 麗水와 동일한 곳에 배치하였다.[55] 또한 후자에서는 麗水堡가 麗水古縣에 소재하며 石堡倉이 곧 麗水古縣이라고 기록해 두기도

---

54) 위의 주 41)과 동일하다.

55) 2004년에 월간 『山』 창간 35주년 기념호 별책부록으로 조선일보사에서 펴낸 『大東輿地圖』 영인축쇄판의 19-4쪽을 참고하였다.

하였다.[56] 여수 석보가 여수의 옛 치소에 자리한다는 뜻으로서, 말하자면 현재의 石倉城址 일원에 옛 여수 고을의 치소가 들어서 있었음을 명백히 하였던 셈이다.

한데 그처럼 현 석창성지 일대를 옛 여수현의 치소로 비정한 것은 고산자만이 아니었다. 그에 앞서 18세기 후반에 제작된 지도로 추정되는 국립중앙도서관 소장의 이른바 『湖南沿海形便圖』에서도 그러하였다. 여수 연해안을 그린 部分圖에서 '外倉'이라 표기한 石倉에다 '邑六十里 旧邑基'라 덧붙인 설명이 그것이었다.[57] 외창 즉 석창이 순천부 읍치에서 60리 떨어져 위치하는데, 옛 읍치의 터 곧 옛 여수현의 치소가 소재하던 곳이라는 의미이다.

비슷한 시기에 편찬된 읍지에서도 석창성지는 곧 옛 여수현의 치소가 소재하던 곳이라는 인식이 나타난다. 1792년에서 1800년의 어간에 엮어졌다고 하는 『順天府邑誌』(奎17434)가 그것이었다. 고적 조항의 여수폐현에 설명을 붙이되, 18세기 말엽인 당시까지도 그 城堞이 온전히 전하는데 중종 17년(1522)에 혁파되어 그 戍卒이 돌산포로 옮겨갔으며 이제는 창고로 사용한다는 것이다. 또한 중종 17년에 여수현이 폐지되어 고돌산진으로 옮겨갔다고도 하였다.[58] 뒤에 다시 나오겠지만 중종 17년에 혁파되고 그 수졸이 돌산진으

---

56) ① 麗水堡(夾註: 在麗水古縣 城周一千四百七十九尺 井三 中宗十七年革 合于突山堡) (『大東地志』 14 順天 鎭堡 革廢)
② 石堡倉(夾註: 麗水古縣) (같은 책 倉庫)

57) 金井昊 編, 『全南의 옛 地圖』, 鄕土文化振興院, 1994, 135쪽.

58) ① 在府東六十里 本百濟猿村縣 新羅改海邑縣 來屬 高麗改今名 忠定王時置縣令 本朝太祖大王時 還來屬 城堞尙完 節度使分兵戍之 嘉靖壬午(中宗17)革 戍卒移于突山浦 本府今置倉 (『順天府邑誌』 古蹟 麗水廢縣 夾註)
② 嘉靖壬午 廢麗水縣 移設本鎭 置萬戶 (下略) (같은 책 附 古突山鎭 建置沿革)

로 옮겨간 것은 여수 석보였다.[59] 위에서 거론된 성첩이 석보 즉 현 석창성지에 서 있던 석축의 보루에 다름 아님을 이해할 수가 있다. 그런데 읍지 편찬자들은 그것을 여수폐현 곧 옛 여수 고을의 성첩으로, 다시 말해 그 옛 치소에 위치하던 성곽으로 파악하였던 것이다. 석보가 곧 옛 여수현의 치소였다는 인식의 발로로서, 석보 즉 현 석창성지 일원에 옛 여수현의 치소가 위치하였다는 전통시기의 이해를 엿볼 수가 있다.[60]

---

59) 周一千四百七十九尺 高十尺 內有三井 節度使分兵戍之 (新增) 嘉靖壬午革 移于突山浦 (『新增東國輿地勝覽』 40 順天都護府 關防 麗水石堡 夾註)

60) 위 본문에서 거론한 18세기 이래의 자료들에서는 대개 석보 자체가 곧 여수폐현의 치소였던 양 전하고 있다. 그러나 석보가 축조되던 세조 3년(1457) 무렵이면 이미 여수 고을이 혁파되고도(1409) 50년 가까운 세월이 흐른 뒤였다. 석보가 여수 치소의 핵심시설을 보호하는 성곽으로 기능하였을 가능성은 全無한 셈이다. 따라서 위의 자료들은, 석보를 포함한 그 일대 즉 현 석창성지 일원에 과거 여수의 치소를 비롯한 고을의 중심지가 위치하였음을 전하는 증거 정도로 이해함이 온당할 것이다.

한편 이와 관련하여, 옛 여수 고을의 치소가 그처럼 석창성지 일원에 위치하였음을 전하는 기록이 하필 18세기부터 나타나기 시작하는가의 문제가 있다. 그만한 까닭이 있었음 직한데, 거기에는 아마도 麗水縣의 復設을 둘러싼 오랜 논란이 개재된 듯하다. 실록에 의하면, 늦어도 숙종 26년(1700) 무렵 여수를 순천에서 분리하여 독립된 고을로 회복시켜야 한다는 주장이 조정에서 논의의 대상으로 떠오르기 시작하였다(『肅宗實錄』 34 肅宗 26년 9월 9일 戊戌). 그리하여 마침내 영조 1년(1725)에 고을의 復設이 성사되지만(『英祖實錄』 7 英祖 1년 8월 6일 辛未), 이듬해 다시 혁파되는 운명을 맞이하였다(같은 책 10 英祖 2년 9월 5일 甲午). 이후 正祖代까지도 이를 둘러싼 논란은 끊이지 않거니와(『正祖實錄』 31 正祖 14년 8월 20일 戊辰), 고을을 회복시키려는 지역주민들의 그와 같은 열망은 자연히 여수의 연혁이나 치소 등에 대한 관심으로 이어지게 마련이었으며, 그리하여 18세기 들어 그것이 기록에 나타나기 시작하였던 건 아닌가 헤아려지는 것이다. 麗水 復設의 배경이나 의미 등 상세한 것은 後考를 기약한다.

석보가 위치하던 석창성지 일원을 옛 여수 고을의 치소로 비정한 자료들을 살폈다. 석창성지 일대가 옛 여수현 시절의 치소였다는 것은 조선후기 이래, 늦어도 18세기 즈음부터는 널리 받아들여진 이해였던 것이다. 한편 석보와 옛 여수 치소의 관계에 대한 그와 같은 인식은, 20세기 초반 들어 여수 고을이 다시 설치되면서 잇따라 편찬된 麗水邑誌類로 계승되었다. 석창성이 옛 여수의 읍터라느니 혹은 석창이 여수의 옛 터라느니 하는 등의 기록이 그것이었다. 지금도 현지의 古老들은 입을 모아 석창성지를 여수 고을의 옛 치소였던 것으로 전하거니와, 그것이 나름의 오랜 유래와 근거를 지닌 견해임을 이해할 수가 있는 것이다.[61]

여수 석보가 옛 여수현의 치소에 위치하였을 가능성을 탐색하였다. 현 석창성지 일원에 옛 여수 고을의 치소가 들어서 있었으며, 그처럼 지역사회의 중심으로서 가장 많은 인구가 밀집된 곳이었기에 15세기 중반 즈음 석보가 거기에 축조되었다. 지역 내의 다른

---

61) 1898년에서 1900년 어간에 편찬된 것으로 판단되는 『全羅南道麗水郡邑誌』(奎10803)와 1902년에 출판된 『麗水邑誌』(奎10794)에 관련 기록이 나타나는데, 그것을 적시하면 다음과 같다.

① 前麗水舊邑址 在郡西北二十里 今廢 (『麗水邑誌』 城郭 石倉城 夾註)

② 在郡西二十里 麗水舊址 有石圜城堞 設倉糶糴還穀 故稱名 今廢 (같은 책 倉庫 石倉 夾註)

③ 西二十里 麗水舊址 有石圜城堞 設倉還穀糶糴 故稱名 今廢 (『全羅南道麗水郡邑誌』 倉庫 石倉 夾註)

한편 석창성지 주위의 구릉과 산에는 마치 그것을 옹위하듯 둘러선 4개의 城郭이 있는데, 백제에서 통일신라까지의 사이에 축조된 것으로서, 여수반도의 남쪽 해안에서 석창성지와 같은 내륙으로 향하는 길목을 감시하고 방어하려는 목적에서 설치된 군사시설물이라는 공통점을 지녔다고 한다(麗水市·順天大南道文化硏究所, 『麗水市의 山城』, 13쪽). 참고할 만한 견해로서, 그와 같은 성곽의 배치로 미루어 삼국시기 이래 오랜 동안 석창성지 일원이 여수 고을의 중심지였음을 이해할 수가 있지 않을까 생각한다.

곳을 제쳐두고 유독 현 석창성지에 여수 석보가 축조되기에 이른 까닭은, 그 일대가 바다 가까이에 위치한데다가 특히 옛 여수현의 치소로서 지역의 중심지에 해당한 때문이었다. 비록 공문서상의 고을은 사라졌지만, 석보의 축조를 바탕으로 여수의 옛 치소는 여전히 지역사회에서 중심적인 역할을 수행하였던 셈이다.

한데 옛 여수현의 치소에는, 앞서 지적하였듯이 이미 목책도니성이 들어서 있었다. 석보의 축조와 무관할 리가 없어 보이거니와, 여기에서 주목되는 게 이 목책도니성이 일찍부터 매우 퇴락한 상태였다는 사실이다. 석보가 공식 기록에 처음 등장하는 세조 3년(1457)보다 훨씬 이전인 세종 10년(1428)에 벌써 큰바람으로 인해 무너져 내릴 정도였다.[62] 본시 목책도니성은 적은 비용을 들여 짧은 기간에 立木土築한 응급적 성격의 보루였다. 그만큼 퇴락하기 쉬운 조건 아래 놓인 방어시설이었던 셈이다. 게다가 여수 목책도니성의 경우 고을이 폐지되면서(1409) 치소로서의 기능마저 잃은 상태였다. 아마도 주민들의 왜구 대피시설로나 사용되었을 터이며, 그에 따라 치소였을 적에 비해 관아에서도 그 보수정비에 정성을 덜 기울였을 가능성이 높아 보인다. 여수 목책도니성이 급속도로 퇴락해가고, 그리하여 연해안 주요 읍성의 축조가 대략 마무리되어 바닷가 요충지에까지 축성이 추진되던 세종 26년(1444) 즈음이면, 그것을 대신할 새로운 성보의 축조가 시급히 요청된 것은 아니었을까 헤아려지는 것이다.

아울러 세종대의 연해안 읍성 정비에서는, 축성의 주된 방식이 토축에서 석축으로 전환되는 큰 변화가 나타났음도 지나칠 수가 없다.[63] 퇴락한 여수 목책도니성을 대신하여 새로운 석축의 보루

---

62) 위의 註 15) 및 그에 관한 본문의 설명을 참고하라.

63) 차용걸, 위 논문, 108~109쪽.

가 축조될 여건이 무르익어 갔다고 하려니와, 세종 27년(1445) 무렵 처음 그 축조가 계획되어 문종 2년(1452) 이후의 구체적 추진을 거치면서 세조 3년(1457) 이전 언젠가 여수 석보의 축조가 완료되기에 이른 것은, 그러한 추이의 결과였던 셈이다. 나아가 世宗末에서 世祖初에 걸쳐 추진된 일련의 군제정비도[64] 또한 여수 석보의 축조와 무관치만은 않았을 터이다. 鎭管體制의 성립으로 이어지는 그와 같은 군제의 정비가, 왜구에 대비한 방어시설인 여수 석보의 축조를 촉진하는 하나의 배경으로 작용하였음 직해 보이는 것이다.

한편 이 무렵 정비된 연해안의 읍성은 平地城이 주류였다. 대개 야트막한 구릉이나 야산을 끼고 위치하던 治所城이 조선전기 들어 평지로 이동해간 데 따른 일이었다.[65] 석보 즉 현 석창성지가 들녘에 위치하는 것 역시 그러한 추세에 상응하는 일임이 거의 분명하다. 앞서 여수의 치소이던 목책도니성은 나지막한 구릉의 현 봉계동토성에 위치할 것으로 추정하였다. 그런데 왜구가 뜸해지면서 연해안의 들녘에 거주하는 사람의 숫자가 급속히 늘어나고, 그에 따라 지역의 중심도 자연히 구릉에서 평야지대로 옮겨가는 경향이 나타났을 듯싶다. 말하자면 그처럼 다수의 주민이 거주하는 들녘에, 주민을 보호하기 위한 구조물인 여수 석보가 들어서는 것은 너무도 당연한 일이었던 셈이다. 여수 석보가 목책도니성을 계승하는 성격의 것이었음에도 불구하고, 목책도니성의 터가 아닌 다른 곳

64) 世宗末에서 世祖初에 걸친 군제정비 및 그것이 鎭管體制의 성립으로 이어지기까지의 경과는, 閔賢九, 「鎭管體制의 確立과 朝鮮初期 地方軍制의 成立」, 『朝鮮初期의 軍事制度와 政治』, 韓國研究院, 1983, 240~251쪽의 설명을 참고하라.

65) 車勇杰, 위 논문, 124쪽. 최종석, 「조선 초기 城隍祠의 立地와 治所」, 『東方學志』 131, 2005, 60~74쪽.

에 자리 잡은 데에는 그만한 배경이 있었던 것이다.

지금까지 여수 석보가 축조된 시기와 그 위치에 들어선 까닭 등을 검토하였다. 이제 그것이 운용된 양상을 더듬어 보겠다. 여수 석보는 축조된 처음 그 수비를 위해 배정받은 군인이 매우 적었던 듯 보인다. 소수의 군인과 함께 그 일대의 주민들이 유사시에 入保하여 스스로 무기를 들고 지키면서 營・鎭의 구원군이 오기를 기다리던, 이를테면 주민자위시설로서의 성격이 강한 城堡였던 듯싶다. '全羅道順天府石堡軍人加設'을 둘러싼 논의 도중 "賊이 만약 난입한다면 거주하는 백성이 어찌 능히 이 (작은) 석보를 지켜 어려움에서 벗어날 수 있으리오?"라는 의견이 나왔던 데서 짐작되는 일이다.[66] 방어를 담당할 군인이 적어 주민들이 스스로를 지키고자 나서야만 하였으며, 그렇게 하더라도 어려움을 피하기 힘든 실정이었음을 지적한 것이다. 따라서 그 이듬해인 성종 10년(1479)에 순천의 留防正兵 일부를 석보로 이속시키고 軍官으로 하여금 그 방호에 임하도록 조치한 것은, 그와 같은 현실을 타개하기 위한 방책이었음이 분명하다.[67]

나아가 그처럼 주둔군이 배치된 여수 석보는 陸守軍에서 그 운용을 담당했던 것으로 판단된다.[68] "절도사가 병력을 나누어 그곳(석보)을 지켰다"고[69] 한 지리지의 기록만으로는, 騎船軍 즉 수군

---

66) (前略) 一 全羅道順天府石堡軍人加設 及於蘭・達梁兩浦間置堡事 昌孫・明澮・沈澮・士昕・國光・思愼・弼商・克培・申瀞議 初設石堡 欲海邊居民 當倭寇突入之時 姑依此以避其鋒耳 非沿海居民 皆令投入也 若此小堡 非長遠之計 賊若闌入 則居民安能守此堡 以避其難哉 (下略) (『成宗實錄』 94 成宗 9년 7월 20일 己卯)

67) 『成宗實錄』 100 成宗 10년 正月 6일 癸亥

68) 車勇杰, 위 논문, 146쪽.

69) 周一千四百七十九尺 高十尺 內有三井 節度使分兵戍之 (下略) (『新增東國輿地

소속일 가능성도 배제할 수가 없어 보인다.[70] 그러나 지리지에서 언급한 절도사가 수군절도사가 아니라 병마절도사임은, "순천부 석보에 군인을 늘려 배치하는 것과 於蘭·達梁의 두 포구 사이에 보루를 설치하는 것이 모두 합당하니, 兵營의 戍卒을 빼내어 옮겨 배정하는 것이 어떻겠습니까"라든지, 혹은 "會寧浦와 馬島의 사이 및 達梁과 於蘭의 사이에 각각 석보를 설치하고 병영의 留防正兵 二隊로써 나눠 지키도록 하며, 순천(여수) 석보는 곧 본부(순천부)의 유방정병 一隊로써 지키도록 하고, 각기 군관을 파견하여 그들을 거느리도록 함이 편할 것입니다"라는 등의 기록으로 미루어 명백하다.[71] 그리고 실제로 그 이듬해(성종10)에는 여수에 전라좌수영을 설치하는 것과 동시에, 여수 석보에는 順天鎭의 유방정병 一旅(125명)를 옮겨 배속시키고 병마절도사의 군관으로 하여금 그들을 거느려 방어에 임하도록 하는 조치가 내려졌다.[72] 진관체제에서 순천부사는 병마절도사 휘하의 僉節制使로서 순천진을 지휘하도록 편제되어 있었다.[73] 따라서 그와 같은 순천진 즉 순천부의 유방정병

勝覽』 40 順天都護府 關防 麗水石堡 夾註)

70) 실제로 여수 석보를 수군 소속인 양 이해한 경우도 없지 않다(남도문화재연구원, 『여수 석창성 문화유적 발굴조사 약보고』).

71) (前略) 一 全羅道順天府石堡軍人加設 及於蘭·達梁兩浦間置堡事 (中略) 世恭·尹欽·繼謙·克均·申浚議 順天府石堡 加設軍人 於蘭·達梁兩浦間置堡俱便 抽出兵營戍卒 移定何如 (中略) 金之慶·朴埴·金順命·尹壕·曹幹·康袞·林自蕃議 會寧浦·馬島之間 及達梁·於蘭之間 各置石堡 以兵營留防正兵二隊分戍 順天石堡則 以本府留防正兵一隊戍之 各遣軍官領之爲便 (下略) (『成宗實錄』 94 成宗 9년 7월 20일 己卯)

72) · 兵曹據全羅道巡察使李克培啓本啓 我國若有倭變 全羅左道必先受敵 請於內禮置主鎭 設水軍節度使一員 以固邊備 從之 (같은 책 100 成宗 10년 正月 6일 癸亥)
· 兵曹據全羅道巡察使李克培啓本啓 以順天鎭留防正兵一旅 移屬石堡 令兵馬節度使軍官 領率防護 從之 (같은 책)

및 병마절도사의 군관이 방어에 임하는 여수 석보는, 이를 나위 없이 수군이 아닌 육군 소속이었으며 그 운용도 당연히 육군에서 담당하였음이 분명하다.

여수 석보는 육수군 소속으로서, 순천진의 보조적인 방어시설이었다. 다만 그것이 설치된 초기에는, 비록 육수군 소속이었지만 그 운용에 병마절도사는 거의 간여하지 못했던 듯 보인다. 순천부사가 겸하는 순천진 첨절제사가 그에 관한 한 거의 전권을 행사했던 듯 여겨지는 것이다. 성종 10년에 순천 유방정병의 일부를 여수 석보로 옮겨 배속하면서, 처음으로 병마절도사의 군관을 배치하여 석보 주둔군을 지휘하도록 조치한 사실로 미루어 그러하다. 석보는 본시 순천부사의 휘하에 의해서 통제 운용되었는데, 병마절도사의 군관이 배치된 그때부터 비로소 병사의 통제권 아래 들게 되었던 것은 아닌가 헤아려지는 것이다.

아울러 여수 석보가 그처럼 병마절도사 관할 아래의 본격적인 군사시설로 전환되면서, 그곳에는 유사시를 대비한 무기나 양곡 등의 저장시설이 들어섰을 가능성도 없지 않아 보인다. 군관과 그 휘하의 군사가 주둔하는 정규적인 방어시설이라면 籠城戰을 대비하는 게 당연하며, 자연히 무기나 양곡을 저장하는 창고시설의 마련이 과제로 떠올랐음 직해 보이는 것이다. 그 한 해 전인 성종 9년(1478)에 여수 석보 주둔군의 증원과 군관 배치를 논의하는 과정에서, 석보에 창고를 마련해야 한다느니 혹은 그처럼 소수의 군인이 주둔하는 외롭고 작은 보루에 창고를 두는 것은 불편하다느니 하는 등, 여러 의견이 분분했던 사실로 미루어 그처럼 추정된다.[74]

---

73) 閔賢九, 위 논문, 255쪽.

74) (前略) 一 全羅道順天府石堡軍人加設 及於蘭・達梁兩浦間置堡事 (中略) 許琮・有沼・誠之・柳洙議 (中略) 其築城形便之地 軍卒調發之宜 令本道觀察

국왕은 결국 석보의 증설·강화 및 창고 설치에 반대하는 쪽의 의견을 채택하였으나, '設堡儲糧'이라는 용어의 사용에서 드러나듯이[75] 그 당시에 벌써 보루 축조와 양곡 저장은 뗄 수 없는 일련의 과정으로 인식되었다는 느낌을 떨칠 수가 없다. 그리고 마침내 당시의 결정과 달리 이듬해 들어 여수 석보에 주둔군을 증원하고 군관을 배치하도록 조치가 내려지는 것으로 미루어,[76] 그때 창고도 함께 설치하였을 가능성마저 없지 않아 보인다. 후일 석보가 폐지되어 창고로 이용되면서 석보창 혹은 석창으로 불리게 되었던 데에는 그만한 연원이 없지 않았던 듯 여겨지는 것이다.

여수 석보가 축조된 시기에서 시작하여 그와 같은 위치에 들어선 까닭 및 그 운용에 이르기까지를 살폈다. 이제 그것이 혁파되고 이어서 창고로 전용되는 부분이 남았는데, 그에 관해서는 節을 달리하여 검토하도록 하겠다.

3. 石堡 혁파와 石(堡)倉으로의 전환

진관체제하에서 전라도 방어의 일익을 담당하던 여수 석보에 커다란 변화의 바람이 불어 닥친 것은 중종 17년(1522)에 가서였다. 병마사 휘하의 군관에 의해 관방시설로 운용되던 이곳에 혁파라는

使·節度使 同議啓聞 順天石堡 加設戍兵置倉事 似便 世恭·尹欽·繼謙·克均·申浚議 (中略) 諸堡兵少孤單 置倉不便 金之慶·朴埴·金順命·尹壕·曹幹·康袞·林自蕃議 (中略) 且倭寇雖圍城堡 不能曠日持久 不須設倉儲糧也 (中略) 今若堡內設倉 弊必如此 勿擧行爲便 金紐議 順天石堡 加設軍人 會寧·馬島·達梁·於蘭之間 設堡儲糧爲便 (下略) (『成宗實錄』 94 成宗 9년 7월 20일 己卯)

75) 앞 註 74)의 史料 끝 부분에 실린 金紐의 견해 중에 그러한 용어가 나타난다.

76) 위 註 72)의 두 번째 史料와 같다.

운명의 굴레가 씌워졌다. 여수 석보가 폐지되어 이웃 돌산포로 옮겨갔다는 기록이 그것을 말해준다.[77] 여수 석보가 돌산진으로 통폐합되면서 석보에 배치되었던 군병들이 돌산포로 옮겨간 사실을 이르거니와,[78] 이로써 여수 석보는 군사시설물에서 벗어나 새로운 모습으로 거듭날 수 있는 기회를 맞이하였다. 근본적인 변화의 계기가 주어진 셈으로서, 왜구를 방어하기 위한 석축의 보루로 자리를 잡은 이후 실로 70년에 가까운 세월이 흐른 뒤였다.

여수 석보에 혁폐의 그림자가 드리운 것은 조선왕조의 연해안 방어체제가 변화하면서였다. 우선 수군진성이 축조되면서 육진과 수군진의 구별이 무의미해졌다. 앞서 언급하였듯이 조선왕조에서 수군은 본시 船上守禦가 원칙이었다. 그런데 왜구의 출몰이 뜸해지면서 苦役으로 인식되던 그러한 원칙은 점차 해이해지고, 만호와 같은 수군지휘관들부터 육상의 泊立處에 거처할 가옥을 마련하는 게 드물지 않은 지경에 이르렀다. 그리하여 성종대에 들어서는 그러한 현실을 인정해야 한다는 주장이 제기되고, 나아가 박립처에 성보를 축조하여 수군지휘관을 보호하는 한편 무기 등 군수물자를 보관하는 시설로 이용하자는 논의가 일었다. 이후 치열한 찬반의 논란이 계속되었지만 그러한 속에서도 성종 16년에서 22년에 걸쳐 수군진에 대한 제1차 축성이, 이어서 연산조와 중종대를 거치면서 특히 중종 5년(1510)의 삼포왜란을 계기로 수군진에 대한 제2차 축성이 각각 이루어졌다. 그리고 그처럼 축조된 성보를 중심으로 한 조선의 연해안 방어체제가 점차 자리를 잡아갔다.[79] 그런데 육군

---

77) (前略) (新增) 嘉靖壬午(中宗17)革 移于突山浦 (『新增東國輿地勝覽』 40 順天都護府 關防 麗水石堡 夾註)

78) 周千四百七十九尺 高十尺 內有三井 節度使分兵戍之 嘉靖壬午革 戍卒移于突山浦 (『新增昇平志』(奎15591) 上 關防 麗水石堡 夾註)

은 물론 수군조차도 그처럼 성보를 축으로 연해안의 방어선을 형성함으로써, 이제 두 軍種 사이에는 별다른 차이를 찾아보기가 어렵게 되었다. 적어도 연해안 방어의 경우에는 양자 사이의 구별이 무의미한 실정이었다.[80] 병사 휘하의 여수 석보와 수사 휘하의 돌산진이 서로 다른 군종에 소속되었음에도 불구하고 쉬이 통폐합될 수 있었던 이유이다. 아울러 육군과 수군을 막론하고 연해안의 성보에 방어의 중심을 둠으로써, 여수 석보의 경우처럼 구릉을 사이에 두고 바닷가와 떨어져 군선의 정박이 불가능하면서도 그렇다고 깊은 내륙도 아닌, 애매한 위치의 소규모 왜구대피시설은 그 전략적 가치를 인정받기 어려운 처지에 놓였다. 여수 석보와 돌산진 중 바닷가의 돌산진이 유지되는 대신 석보가 그리로 통폐합되어간 데에는 그만한 까닭이 있었던 것이다. 여수 석보의 용도 폐기는 피할 수 없는 운명이었던 셈이다.

다음으로, 내해보다는 외해와 잇닿은 지점을 더욱 요충시하는 왜구대처전략의 변화도 빼놓을 수가 없다. 한동안 수그러드는 듯하던 왜구가 다시 문제화한 것은 성종대 후반부터였다.[81] 연산군

---

79) 車勇杰, 위 논문, 149~160쪽.

80) 연해안의 수군진에 성보를 축조하는 문제를 논의하는 자리에서 나왔던 바, '수군만호가 만약 성보를 축조하고 지킨다면 그것은 평안도와 함경도의 口子萬戶 즉 陸軍萬戶와 다를 게 없다'는 지직이 그것을 보여준다.

傳于承政院日 執義曺淑沂所啓全羅・慶尙道沿邊設堡事 不可不遣朝官審定 (中略) 傳曰 當遣大臣 其議于領敦寧以上 鄭昌孫・韓明澮議 (中略) 李克培議 國家設萬戶 所以長在船上 恒如敵至 以備倉卒之變 若築堡自守 則無異於兩界口子萬戶而已 其舟楫陸物機械 將每用之 若有事變 則棄舟楫 入堡自守 國家設陸鎭 又設水鎭 倭人捨舟入寇 則陸鎭禦之 使之相維 其慮深矣 (下略) (『成宗實錄』 171 成宗 15년 10월 29일 癸未)

81) 李泰鎭, 「中央 및 地方 軍制의 變化」, 『韓國軍制史』(近世朝鮮前期篇), 陸軍本部, 1968, 282~287쪽. 차용걸, 위 논문, 153・156~157쪽.

과 중종・명종대에 이르는 동안 발생한 몇 차례의 왜변은 그 현저한 사례였다. 그런데 이때의 왜구는 이전에 비해 대부분 규모가 작은 단발성의 기습침구가 많았다. 따라서 내해에서 왜구의 내습을 기다려 소극적으로 수비하는 데 치중하던 이전과 달리, 외해와 잇닿은 해로상의 요충을 선점하고 출몰 초기부터 그 기선을 제압하는 공세적인 선제전략이 요청되었다. 내해 쪽에 들어섰던 수군진이 점차 외해와 맞닿은 접점으로 옮겨가는 변화가 그것을 보여주거니와, 여수지역에서는 그것이 돌산도 방답첨사진의 신설로 나타났다(중종17, 1522). 空島政策의 결과 행정상의 공백상태이던 돌산도가 왜구 저지를 위한 요충으로 부각된 데 따른 조치였다.[82] 한데 방답진이 신설되면서 여수만 일대에는 결과적으로 모두 네 곳이나 되는 군사기지를 집중적으로 배치한 꼴이 되었다. 전라좌수영을 비롯하여 방답진과 돌산진 및 석보가 그것이었다. 군사력 운용상의 효율성 문제가 제기되는 것은 거의 피할 수 없는 일이었다. 애매한 위치에다 규모마저 작은 군사시설인 여수 석보가 그 전략적 가치를 인정받지 못한 채 혁파되어 이웃의 돌산진으로 통합된 것은 그러한 상황에서의 일이었다. 말하자면 여수 석보의 혁파는, 지역 해안방어의 중심이 전라좌수영과 방답진을 축으로 재편된 데 따라 취해지기 마련인 필연적 조치였다고 하여 과언이 아닌 셈이었다.

여수 석보가 혁파되어 관방시설로서의 지위를 상실하기에 이른 배경을 살피었다. 하지만 그렇다고 하여 이 석보가 장차 비상시에 위난대피시설로 이용될 수 있는 가능성마저 완전히 닫힌 것은 아니었음이 분명하다. 다만 평상시의 경우가 궁금한데, 모처럼 힘들

82) 邊東明, 「朝鮮時代 突山島 防踏鎭의 설치와 그 구조」, 14~19쪽.

여 쌓은 석축 구조물이라는 점에서 마냥 방치해두지만은 않았을 성싶은 것이다. 보기 드문 平地城으로서 이용하기에 편리할 뿐만 아니라, 육상 교통의 요지이자 지역 중심으로서의 오랜 역사와 함께 상당수의 인구가 밀집해 거주하였던 것으로 여겨지는 곳에 축조된 석보라는 점에서 더욱이 그러하다. 전라좌수영이 지역의 중심지로 부상하면서, 석보가 위치하던 현 석창성지 일대가 위축되고 거주인구가 줄어드는 현상은 어찌할 수 없었을 것이다. 그렇지만 이용하기 편한 여건을 갖춘 데다, 기왕에 축조되어 사용 중이던 석조 보루를 그냥 버려두지만은 않았을 법하다. 그보다는 어떤 형태로든 그것을 이용하려 들었을 개연성이 더욱 높아 보이는 것이다.

사실 여수 석보가 조정에서 파악하는 공식적인 군사시설로서의 지위를 상실하였다 함은, 곧 그 구조물에게 다른 용도로 사용되는 기회가 주어졌다는 뜻도 된다. 일반 행정시설 내지는 민간시설로 전용되는 계기가 마련된 셈이거니와, 석축의 튼튼한 구조물이라는 점에서 모종의 보호시설로서 제격이었음 직하다. 각종 물화를 보관 저장하는 창고시설과 같은 것이 그것이었다. 실제로 여수 석보에는 그에 앞서 이미 그러한 창고시설이 들어서 있었을 가능성마저 없지 않았다. 앞서 지적하였듯이, 그것이 군사시설물인 이상 유사시를 대비한 무기나 양곡 등의 저장시설을 갖추는 것은 거의 필수적이었을 것이기 때문이다. 석보가 창고시설로 활용되기에 이른 데에는 그와 같은 배경이 작용했다고 믿는다.

그렇다면 여수 석보가 순전히 창고시설로만 이용되기 시작한 것은 언제쯤이었을까. 석보가 창고로 사용되었음을 전하는 가장 오래된 현전 기록은 『昇平誌』이다. 순천부사이던 芝峯 李睟光이 광해군 10년(1618)에 편찬한 순천의 읍지인데,[83] 그 창고 조항에 석보창이 등장한다. 다음의 기록을 살펴보자.

> 石堡倉 (夾註) 즉 여수 석보이다. 평시에 창고를 두어 麗水, 三日浦, 召羅浦 등 세 里의 환곡을 여기에 거두어 간직하였으나, 지금은 폐지하였다. (新增) 지금은 다시 창고로 사용한다.84)

이수광이 읍지를 편찬하던 당시에는 이미 폐지된 상태였지만, 그 전에는 여수 등 세 곳의 환곡을 거둬 보관하는 창고가 석보에 두어졌었다고 한다. 그랬다가 洪重徵이 읍지를 새로 증보해 발간하던 영조 5년(1729)에는 다시 창고로 사용 중이라는 것이다. 최소한 1618년 이전에 석보가 창고로 활용되었으며, 나아가 당시 이미 폐지된 상태였음을 고려하면 그보다 상당히 이전에 벌써 석보창이 설치되었을 것임을 암시한다 하겠다. 군사시설로서의 역할을 마친 게 1522년이었으므로, 그로부터 100년도 채 안 되는 동안에 석보는 환곡을 운영하는 창고로 전용되었다가 다시 폐지되는 일을 잇달아 겪었던 셈이다. 아마도 여수 석보가 혁파되고 얼마 지나지 않아서 그곳에 환곡을 관리하는 창고가 설치되었던 듯싶거니와, 그리하여 석보창으로 이용되던 중 임진왜란과 같은 전란을 거치는 사이 경제적으로 피폐해지면서 환곡 운영이 원활치 못함에 따라 폐지되었던 게 아닌가 여겨진다. 그랬다가 경제력이 회복되고 환곡

---

83) 『昇平誌』의 서지적인 측면에 관한 설명은, 趙湲來, 「昇平誌 解題」, 『昇平誌』(南道文化硏究 資料叢書第一), 順天大 南道文化硏究所, 1988, ⅰ~ⅶ쪽의 내용을 참고하라.

84) 石堡倉 (夾註; 卽麗水石堡也 平時設倉 納麗水・三日浦・召羅浦三里還上于此 今廢 (新增) 今復) (『新增昇平誌』(奎15591) 上 倉庫) 〈補註〉 忠武公의 『亂中日記』 壬辰年(1592) 4월 18일에 '石堡倉'이 나타난다(『李忠武公全書』 5 亂中日記 1). 이수광의 『승평지』(1618)보다 30년가량 앞선 기록이다.

운영이 정상화되면서 다시 석보창으로 이용되던 게, 홍중징에 의해 『신증승평지』가 중간되던 1729년의 상황이었을 듯 헤아려지는 것이다.

여수 석보가 혁파되고 얼마 지나지 않은 16세기 중반 즈음 벌써 그곳은 창고로 전용되었을 가능성이 높다고 믿는다. 그 후 한때 그러한 역할마저도 중단된 적이 있었으나, 대략 조선말까지 석보창 혹은 석창이라는 명호 아래 환곡을 운영하는 창고로서의 기능은 계속 유지되었던 것으로 보인다. 18세기 중엽에 편찬된 『輿地圖書』(1760)에 석보창이 나오고[85] 19세기 중엽의 『대동지지』(1864)에서도 변함이 없다가,[86] 1900년 전후에 편찬된 두 여수 읍지에 석창의 폐지가 기록되었으며,[87] 일제하 1923년에 간행된 순천의 읍지에서도 마찬가지였던 사실로 미루어 그처럼 판단된다.[88] 16세기 중반 즈음 환곡을 운영하는 창고로서의 역할을 담당한 이래 왕조의 말엽까지 그러한 기능을 유지해오다가, 1894년의 갑오개혁과 함께 환곡의 제도가 실질적으로 폐지되면서 석(보)창도 그와 운명을 같이할 수밖에 없었던 게 아닌가 헤아려지는 것이다.

이미 여러 차례 지적하였듯이, 여수 석보가 들어선 지역은 여수반도 육상교통의 요충이었다. 또한 나지막한 구릉을 넘어 잇닿은

---

85) 石堡倉 (夾註; 在府東六十里) (『輿地圖書』 全羅道 順天府 倉庫)

86) 石堡倉 (夾註; 麗水古縣) (『大東地志』 14 順天 倉庫)

87) · 石倉 (夾註; 西二十里 麗水舊址 有石圜城堞 設倉還穀糶糴 故名稱 今廢) (『全羅南道麗水郡邑誌』(奎10803, 1898～1900編) 倉庫)
· 石倉 (夾註; 在郡西二十里 麗水舊址 有石圜城堞 設倉糶糴還穀 故稱名 今廢) (『麗水邑誌』(奎10794, 1902刊) 倉庫)

88) 石堡倉 (夾註; 卽麗水石堡也 平時設倉 納麗水 · 三日浦 · 召羅浦三里還上于此 今廢 (新增) 今復 (壬戌新增) 今廢 (『昇平誌』(南道文化硏究資料叢書第一) 上 倉庫) '壬戌新增'의 壬戌은 1922년을 가리킨다.

포구와 곧장 연결되는 위치였으며, 과거 여수현 시절에는 고을의 치소를 안은 중심지이기도 하였다. 해로와 직결되는 육상교통의 요지이자 고장의 옛 중심이었으며, 군사시설인 석보가 폐지된 후에는 주위 面里에서 환곡을 수집·보관해 운영하는 창고가 위치한 곳이었다. 그런 만큼 상당수의 인구가 밀집해 거주하였으며 왕래하는 유동 인구도 역시 적지 않았을 법하거니와, 전통시기의 그러한 요건에 비추어 석(보)창에 場市가 들어서는 것은 너무도 당연한 일이었다 할 것이다. 말하자면 오늘날의 석창성지는 시골치고 그리 한적하기만 한 곳은 아니었던 셈이다.

석(보)창의 장시는 지역 내에서 매우 이른 시기부터 개설된 축에 속하였다. 순천지역에서 처음 열린 것으로 기록된 3개 장시 중의 하나였다.[89] 한때 폐지되기도 하였으나 1729년 이전에 다시 개설되었으며, 매월 5일과 10일이 개장일이었다. 조선후기 순천지역의 장시 현황을 정리한 연구에 따르면,[90] 석(보)창의 경우 17세기 초반에 처음 개장한 이래 19세기 말까지 그것이 유지되었다고 한다. 또한 이 장시에서는 매월 1냥 5전의 場稅를 순천부의 民庫에 납부했다고 하는데, 지역 내 다른 장시의 그것과 비교했을 때 대략 중간쯤에 해당한다. 장시의 규모가 그러했으리라는 의미이거니와, 요컨대 석(보)창의 장시는 순천 등 전라도 동부지역에 개설된 일반 장시의 평균적인 모습을 지녔으리라고 하여 지나치지 않을 줄 믿어지는 것이다.

89) 府內(夾註省略) 廣川(夾註省略) 石堡 (夾註; 頃年暫設旋罷 (新增) 每月五日十日出市) (『新增昇平志』(奎15591) 場市)

90) 김덕진, 「全羅道 順天 海倉의 설치와 풍경」, 『全南史學』 22, 2004, 241~242쪽.

맺음말

여수 석보를 중심으로 목책도니성과 석(보)창까지를 살폈다. 여수 목책도니성은 석보의 선구적인 존재였다. 여수 목책도니성은 최소한 세종 10년(1428)에서 상당히 이전의 어느 시기, 아마도 태종 15년(1415) 즈음이면 이미 그 모습을 드러냈을 것으로 판단되며, 나아가 태조가 즉위하던 무렵에 처음 축조되었을 가능성도 없지 않았다. 장흥·고흥·광양의 立木泥塗 읍성 및 함평현 해제(현 무안군 해제면)와 장흥도호부 두원(현고흥군 두원면) 그리고 보성군 남양(현 고흥군 남양면)에 각각 자리하던 목책도니성의 경우로 미루어 그러하였다. 여수 목책도니성은 처음 여수현의 치소였다. 그랬다가 여수가 순천으로 통합된 이후에는 오직 지역주민의 왜구대피시설로만 이용되었다. 위 여러 목책도니성의 사례를 바탕으로 추정한 사실이거니와, 그리하여 그 위치도 또한 현 석창성지 일원의 어느 곳 아마도 봉계동토성일 가능성을 제시하였다.

여수 석보는 세종 27년(1445) 무렵 처음 그 축조가 결정되어, 문종 2년(단종 즉위, 1452)의 구체적 추진을 계기로 세조 3년(1457) 이전 언젠가 완성되었다. 이 석축의 보루가 현 석창성지에 들어선 것은, 바다 가까이에 위치한 데다 그 일원이 옛 여수현의 치소로서 가장 많은 인구를 껴안은 중심지이기 때문이었다. 앞서 축조한 목책도니성이 퇴락하여 주민을 왜구에게서 보호할 새로운 城堡가 요청된 데 따른 일이었다. 여수 석보는 진관체제하에서 順天鎭을 보조하던 陸守軍 소속의 방어시설이었다. 병마사 휘하의 군관이 순천부에서 배속되어 온 留防正兵을 거느리고 전라도 방어의 일익을 담당하던 소규모 關防이었던 것이다.

여수 석보는 중종 17년(1522)에 혁파되고, 그 군병은 이웃의 돌산진으로 옮겨갔다. 조선왕조의 연해안 방어체제가 변화하면서, 지역 방어의 중심이 전라좌수영과 방답진을 축으로 재편된 데 따른 조치였다. 관방으로서의 지위를 잃은 이후, 석보는 환곡을 관리하는 창고시설로 전용되었다. 혁파되고 얼마 지나지 않은 16세기 중반 즈음이었다. 명칭마저 석(보)창으로 바뀐 채 창고로서 기능하던 이 석조 보루는, 조선말 환곡제가 폐지되면서 마침내 그 공적인 시설로서의 운명을 마감하였다. 석(보)창 일대에는 상당수의 인구가 밀집 거주하였으며, 왕래하는 유동인구도 적지 않았다. 17세기 초반 즈음 벌써 場市가 개설될 정도였다. 순천과 여수지역을 통틀어 최초로 개설된 3곳 중의 하나였던 이 장시는, 전라도 동부지역에서 평균적인 규모의 것이었다. (『歷史學硏究』 33, 2008)

V. 突山鎭과 古突山鎭

머리말

돌산진은 여수지역에 위치하던 조선왕조의 수군진 가운데 하나였다. 처음 창설된 시기는 불명이며, 뒤에 고돌산진으로 바뀌어 불리다가 군제개편과 함께 1895년에 폐진되었다. 옛 鎭城의 흔적이 현 여수시 화양면 용주리에 전하는데, 여수만을 가운데 두고 양 쪽에서 안고 돌아가는 여수반도 끝 서쪽 갈래의 중간쯤에 위치한다. 여수만의 안쪽에 형성된 작은 灣을 앞에 둔 포구 지역으로, 나지막한 야산의 중복에서부터 작은 골짜기와 평지를 포괄하는 平山城으로 축조되었다. 석축의 성벽은 대부분 유실되어 일부 형적만 찾아지며, 地籍圖를 통해 전체의 윤곽이 대략 확인되는 정도이다.[1]

1) 박준범, 「여수시의 고고유적」, 『여수시의 문화유적』, 여수시 · 조선대학교 박물관, 2000, 171~172, 190~191쪽. 최인선 · 박태홍, 『麗水市의 山城』, 여수시 · 순천대학교 남도문화연구소, 2003, 83~91쪽.

돌산진은 조선시대 전남 동부지역의 해상 전초기지였다. 왜구의 방어를 주된 목적으로 하던 전라좌수영 관하 수군 거점 중의 하나였는데, 그 존재마저 거의 알려진 적이 없다. 조선시대의 수군 전체를 일괄해서 다뤄온 지금까지의 연구에서는, 주의를 끌어본 적조차 없는 변방의 자그마한 수군진이었던 것이다. 그러나 이들 소규모의 개별 수군진을 도외시하고서는 조선수군사 연구가 올바로 진척되기를 기대하기는 어렵지 않을까 싶다. 수군 전체의 틀 내지 수영이나 통제영과 같은 광역 단위의 수군체제를 중심으로 고찰해 온 기왕의 결과를 발판으로 삼아,[2] 이제는 그것을 뒷받침하던 말단의 수군진에도 관심을 기울일 때가 되었을 듯 여겨지는 것이다. 조선의 수군제도를 지탱한 토대 중의 하나였다고 해서 좋을 그들을 하나하나 짚어보는 일이야말로, 조선수군사 나아가서는 한국해

2) 조선의 수군에 관한 허다한 연구성과를 여기에서 모두 거론하기에는 어려움이 있거니와, 주로 참고한 논저를 제시하면 다음과 같다.

軍史硏究室 編, 『韓國軍制史(近世朝鮮前期篇)』, 陸軍本部, 1968. 車文燮, 『朝鮮時代軍制硏究』, 檀國大出版部, 1973. 軍史硏究室 編, 『韓國軍制史(近世朝鮮後期篇)』, 陸軍本部, 1977. 閔賢九, 『朝鮮初期의 軍事制度와 政治』, 韓國硏究院, 1983. 方相鉉, 『朝鮮初期 水軍制度』, 民族文化社, 1991. 오붕근・손영종, 『조선수군사』, 사회과학출판사, 1991(서울, 1998). 小田省吾, 「李朝時代の水軍」, 『朝鮮史學』 6, 朝鮮史同攷會, 1926. 李載龒, 「朝鮮前期의 水軍」, 『韓國史硏究』 5, 1970. 車文燮, 「軍事組織」, 『한국사』 10, 국사편찬위원회, 1974. 車文燮, 「軍事制度」, 『韓國史論』 3(朝鮮前期篇), 國史編纂委員會, 1975. 車勇杰, 「軍事制度」, 『韓國史論』 4(朝鮮後期篇), 國史編纂委員會, 1976. 金良洙, 「朝鮮 肅宗時代의 國防問題」, 『白山學報』 25, 1979. 金在瑾, 「朝鮮王朝의 水軍」, 『軍史』 1, 1980. 金鉉丘, 「朝鮮後期 統制使에 관한 연구」, 『釜大史學』 9, 1985. 張學根, 「朝鮮前期水軍萬戶考」, 『海士論文集』 26, 1987. 方相鉉, 「朝鮮後期 水軍統制使硏究」, 『國史館論叢』 17, 1990. 權寧國, 「고려말 지방군제의 변화」, 『한국중세사연구』 창간호, 1994. 盧永九, 「朝鮮初期 水軍과 海領職의 변화」, 『韓國史論』 33, 서울大 國史學科, 1995. 邊東明, 「朝鮮時代 突山島 防踏鎭의 설치와 그 구조」, 『韓國史學報』 27, 2007.

양사를 정리하는 데 필수적인 절차라고 믿는다. 비록 변방의 자그마한 수군 전초기지에 지나지 않지만, 돌산진은 검토할 만한 가치가 충분한 셈이다. 중앙의 시각에서 전체의 큰 틀을 위주로 연구해 온 이제까지와는 그 경향을 달리한다는 사실 하나만으로도 그러하지는 않을까 생각한다.

그런데 돌산진은 그 명칭에서 연상되는 바와는 달리 돌산도에 위치하지 않았다. 그 옛 성터의 위치에서도 드러나듯이 육지인 여수반도에 자리하던 수군진이었다. 필유곡절이려니와 그리 된 연유가 궁금하다. 아울러 그것이 처음 설치된 시기라든지, 돌산진에서 고돌산진으로 바뀌는 경위, 내지는 그 편제나 설비, 혹은 전라좌수영 내에서의 위상과 같은 사실도 별로 밝혀진 게 없기는 매한가지이다. 돌산진에 관심을 기울인 이가 거의 없었던 탓이려니와, 이제 그것들을 하나하나 더듬어보도록 하겠다.

우선 돌산진의 설치를 검토하겠다. 그것이 처음 설치된 시기라든지 또는 돌산도가 아닌 여수반도에 자리 잡기에 이른 연유 등을 밝힘으로써, 돌산진에 관한 여러 의문들을 해소하는 계기가 마련될 것으로 기대한다. 다음으로, 그처럼 설치된 돌산진을 조선시기의 전라도 수군편제와 관련시켜 살피겠다. 조선 수군제도의 정비에 발맞추어 전라도의 수군이 체제를 갖추어 가는 가운데 돌산진도 점차 제 자리를 찾아가려니와, 그리 되어가는 경로를 더듬어 그 위상을 헤아리고자 하는 것이다. 셋째, 돌산진의 위상 변화와 그 결과로서 고돌산진이 등장하기에 이르는 과정을 추적하겠다. 중종대 들어 돌산진은 萬戶鎭에서 權管鎭으로 격하되었다.[3] 그리고 얼마 후 別將이 주둔하는 召募鎭으로 변했고, 그 명호도 또한 언젠가 고

3) 『新增東國輿地勝覽』 40 順天都護府 關防 突山浦營

돌산진으로 바뀌었다.[4] 그처럼 변화를 겪어야만 되었던 이유가 궁금하거니와, 또한 그리하여 바뀐 내용 등을 함께 더듬어보려 한다. 넷째, 전라좌수영 편제 속에서의 고돌산진을 살피겠다. 전라좌수영 관하의 수군진으로서 고돌산진이 차지하는 바 위상을 알아보려는 것이다. 마지막으로, 고돌산진의 편제와 시설 등을 검토하겠다. 지휘관을 비롯한 고돌산진의 조직이나 무장설비라든지 鎭城 및 각종 부대시설 등을 훑어봄으로써, 그 내부를 들여다보는 기회로 삼고자 하는 것이다.

이 글을 통해 변방의 소규모 수군기지이던 돌산진과 고돌산진의 존재양상을 드러내며, 그리하여 비록 일부에 지나지 않을망정 조선시기 일선 수군진의 면모를 이해하는 데에도 조그만 도움이 되기를 기대한다. 나아가 이러한 작은 노력들이 쌓여 조선수군사 내지는 한국해양사를 정리하는 데에도 보잘것없으나마 밑거름이 되었으면 하는 바람을 가져본다.

1. 突山鎭의 설치

돌산진이 수군의 전초기지로서 처음 창설된 것이 언제였는지는 분명하지 않다. 다만 기록상 최초로 그 모습을 드러낸 것은 조선초기에 가서였다. 임무를 제대로 수행하지 못한 法聖浦萬戶 등을 '突山浦 水軍'으로 충당하였다는 태종 8년(1408)의 기록이 그것이다.[5] 최소한 그때 즈음이면 돌산포를 거점으로 삼는 수군이 존재하였음을 보여주거니와, 또한 늦어도 태종 18년 이전에 '突山萬戶'가 존재하였음을 명시한 자료도 전한다.[6] 아마도 태종 8년 즈음이면 이미

4) 『輿地圖書』 全羅道 順天府 鎭堡 古突山鎭

5) 『太宗實錄』 15 太宗 8년 정월 22일(辛未)

돌산포에 수군진이 들어섰으며, 그 지휘관으로 만호가 배치되었던 것은 아닌가 추정된다.

조선왕조 들어 수군지휘관으로서의 만호·천호·백호의 품계가 정리된 것은 태조 7년(1398)이었다. 그 전인 고려말부터 벌써 수군 지휘관에게 주어지던 직임들이었는데,[7] 이때 武資로 差定하는 騎船軍官의 품계를 그처럼 법제화해 규정함으로써 수군을 육군에서 분리시키었던 것이다. 그리하여 작전과 조직에서의 수군의 독립을 명확히 함으로써, 水上에서 목숨을 걸고 종신토록 노고하는 수군의 군관들을 위로하려는 목적에서였다.[8] 또한 태조 6년(1397) 이전부터 정종 2년(1400)까지 전라도 水軍都節制使로 재임하였음이 확인되는 金贇吉은,[9] 그 당시 전라도 내의 요해처에 만호를 배치하고 병선을 나눠 주둔시켰다고도 한다.[10] 그와 같은 조선초 수군지휘관 체제의 정비과정이나 金贇吉의 행적 등으로 미루어, 대략 태조 7년 무렵이면 돌산포에도 만호가 지휘하는 수군진이 들어섰을 가능성이 높아 보인다. 아니더라도 '돌산포 수군'이 사료에 처음 등장

---

6) 같은 책 35 태종 18년 4월 4일(甲申)

7) 閔賢九, 「鎭管體制의 確立과 朝鮮初期 地方軍制의 成立」, 『朝鮮初期의 軍事制度와 政治』, 176~178쪽. 權寧國, 「고려말 지방군제의 변화」, 259~260쪽.

8) 設水軍官職 萬戶三品以上 千戶四品以上 百戶六品以上 皆以武資差 國家以騎船軍官 寄命水上 勞苦終身 特設之 (『太祖實錄』 14 太祖 7년 윤5월 16일 辛卯) 車勇杰, 『高麗末·朝鮮前期 對倭 關防史 硏究』, 忠南大 博士學位論文, 1988, 38쪽.

9) 『太祖實錄』 11 태조 6년 정월 28일(辛巳), 『定宗實錄』 4 정종 2년 6월 2일(乙未)

10) 前全羅道水軍都節制使金贇吉卒 贇吉出身行伍 以軍功至達官 其爲全羅道水軍都節制使也 建白道內要害之處 置萬戶 分泊兵船 自後國用漕轉無虞 且設諸島屯田 以足船軍之食 以除仰給國庫之弊 就加都摠制 及卒 (下略) (『太宗實錄』 10 태종 5년 10월 25일 丁亥 金贇吉 卒記)

하는 태종 8년(1408) 이전에는 이미 돌산만호진이 그 존재를 드러냈을 것으로 간주하여 거의 틀림이 없을 듯 여겨지는 것이다.

현전 자료에 의거하는 한 突山萬戶로 재직하였음이 확인되는 최초의 인물은 金文發이다. 태종 18년(1418)에 사망한 그의 卒記에서 확인되는 일이다.[11] 한데 그는 앞서 태조 3년에 전라도에서 수군만호로 활동하였음이 다른 기록에 나타난다.[12] 전라도 요해처에 만호와 병선을 배치하였다는 水軍僉節制使 金贇吉도 같은 기록에 함께 등장하거니와, 아마도 김문발이 돌산만호로 재임하였다는 졸기의 기록은 이 즈음의 사실을 가리키는 게 아닌가 판단된다. 그가 돌산만호 외에 다른 수군만호를 역임했다는 기록이 나타나지 않는 것으로 미루어 그처럼 생각된다. 바꿔 말해 태조 3년 즈음이면 김문발이 돌산만호로 재임 중이었을 가능성이 매우 높으며, 따라서 그 무렵이면 만호 휘하의 수군기지로서 돌산진이 이미 자리를 잡았을 것으로 간주하여 무방하지 않을까 헤아려지는 것이다.

대략 조선초의 태조 3년(1394) 무렵 내지는 아마도 그 이전에 돌산만호진이 창설되었을 가능성이 높음을 살폈다. 사실 돌산에는 고려말부터 이미 왜구를 방어하기 위한 鎭戍處가 존재하였음이 밝혀진 바 있다.[13] '突山烽卒'이니 '突山戍'니 하는 용어가 나타나곤 하였던 데서 확인되는 일이다.[14] 공민왕 10년(1361)에 벌써 18곳이었

---

11) 前黃海道都觀察使 金文發卒 文發光州人 由都評議錄事出身 洪武丙寅(우왕12, 1386) 從全羅道元帥 擊倭寇于南原·寶城有功 由是知名 拜突山萬戶·順天府使 屢以捷聞 遂至擢用 遍歷京畿·忠淸·慶尙·全羅道水軍都節制使 爲人恭遜廉闇 卒年六十 子昇平 (같은 책 35 태종 18년 4월 4일 甲申 金文發 卒記)

12) 全羅道都觀察使安景恭報 水軍僉節制使金贇吉·萬戶金允劍·金文發等 獲倭三艘 盡殲之 上遣使賜弓矢綺絹銀器有差 (『太祖實錄』 5 태조 3년 3월 17일 丙辰)

13) 車勇杰, 위 논문, 10~12쪽.

14) 『高麗史』 38 恭愍王 원년 6월 丙寅, 같은 책 120 列傳 33 金子粹傳, 『高麗

다는 전라도 내 戍所 중의 하나였던 것으로 짐작되거니와,[15] 앞서 언급하였듯이 만호가 수군지휘관으로 등장한 것이 고려말부터였음에 비추어 고려왕조가 종언을 고할 무렵이면 이미 돌산포를 근거로 삼는 수군만호가 활동하였을 가능성조차 없지 않아 보인다. 말하자면 돌산만호진은 고려말에서 조선왕조가 개창되는 초창기의 어느 시기에 처음 설치되었던 것으로 여겨지며, 아마도 그 하한은 대략 태조 3년 즈음이 아닐까 판단되는 것이다.

그런데 앞서 지적하였듯이 그처럼 설치된 돌산진은 돌산도가 아니라 육지인 여수반도에 위치하였다. 돌산포 만호진이 정상적으로 기능을 발휘 중이던 조선전기 세조~성종대의 기록만을 살피더라도, 육지인 여수반도의 수군진을 일컫는 '突山'과 단순히 섬[島]을 일컫는 '突山'이 함께 기록에 나타난다.[16] 이웃해서 비록 멀리 떨어지지는 않았지만, 서로 위치를 달리하는 육지의 수군진과 그리고 섬이 동일한 명호로 칭해졌던 셈이다. 그렇다면 그처럼 돌산도에 위치하지도 않던 수군진에 돌산(포)이라는 이름이 붙게 된 연유는 무엇이었을까?

삼국시기 이래 突山(廬山)縣의 소재지이던 돌산도는[17] 고려말 내지 조선초 이후 행정적인 공백지대, 다시 말해 공식적으로는 無人

史節要』 30 禑王 원년 11월

15) 『고려사』 112 列傳 25 田祿生傳, 『고려사절요』 27 공민왕 10년 5월

16) 突山이 水軍鎭을 일컫는 사례로는 世祖 3년 1월 16일과 2월 25일(이상 『世祖實錄』 6) 및 成宗 9년 2월 10일, 16년 3월 25일, 21년 6월 28일(이상 『成宗實錄』 89, 176, 241) 등이 있다. 또한 섬[島]을 일컫는 사례로는 成宗 8년 9월 20일, 12년 9월 7일과 10월 3일, 19년 6월 2일과 8월 18일·25일과 12월 17일, 21년 12월 13일(이상 『成宗實錄』 84, 133, 134, 217, 219, 223, 248) 등이 있다.

17) 『新增東國輿地勝覽』 40 順天都護府 古跡 突山廢縣

島 취급을 받았던 듯 여겨진다. 조선 성종대에 일었던 돌산도의 개발을 둘러싼 논의에서 짐작되는 일이다. 돌산도의 토지가 비옥한데도 倭賊이 왕래하는 곳이라고 하여 버려진 상태이므로, 백성들에게 주어 경작하도록 시키거나 혹은 船軍들을 동원하여 屯田으로 개간함으로써 國用에 보탬이 되도록 하자는 것이었다.[18] 결국 돌산도를 개간하는 한편 그 거주민을 보호하는 등 왜구를 방어하기 위한 수군의 전초기지로서 防踏鎭을 창설하는 것으로 결론이 나거니와, 조선초기에 돌산도가 그처럼 무인도로 공식 간주되기에 이른 것은 고려말의 왜구와 관련해서였던 것으로 판단된다.[19]

14세기 후반에 들어 왜구가 창궐하면서 섬 등에 위치한 군현의 경우 그 治所를 내륙지대로 옮겨가는 일이 비일비재하였다.[20] 전남지역만 보더라도 조선초기에 나주로 폐합되었던 長山縣·榮山縣·壓海縣을[21] 비롯하여 珍島郡 등이 그러하였으며,[22] 그밖에도 靈光郡·興陽縣·長興府[23] 및 樂安郡[24]·谷城縣[25] 등의 치소가 이

18) 여러 차례 논의가 행해졌는데, 성종 19년(1488) 6월 2일(甲午)에 있었던 국왕의 傳敎 및 대신들의 협의와 같은 것이 그러한 예에 속한다(『成宗實錄』 217).

19) 돌산도와 돌산현에 관한 여기에서의 설명은, 邊東明, 「朝鮮時代 突山島 防踏鎭의 설치와 그 구조」, 14~17쪽에서 따왔다.

20) 김동수, 「조선초기 郡縣治所의 移設」, 『全南史學』 6, 1992, 19쪽. 김경옥, 「島嶼 移住民의 유입과 증가」, 『朝鮮後期 島嶼硏究』, 혜안, 2004, 50~53쪽.

21) 『新增東國輿地勝覽』 35 羅州牧 古跡

22) 이병희, 「고려시기의 신안군」, 『新安郡誌』, 新安郡, 2000, 119~120쪽.

23) 金東洙, 「朝鮮初期의 郡縣制度의 變更과 全南地方」, 『全羅南道誌』 4, 全羅南道誌編纂委員會, 1993, 68~70쪽. 柳昌圭, 「고려말 왜구의 침략」, 『順天市史』(정치·사회편), 順天市史編纂委員會, 1997, 265쪽.

24) 邊東明, 「樂安의 歷史와 邑城」, 『韓國中世의 地域社會硏究』, 學硏文化社, 2002, 173~175쪽.

25) 金東洙, 「谷城郡의 沿革」, 『谷城郡 文化遺蹟 學術調査』, 全南大博物館·全羅

설되었다. 왜구의 침탈이 자심하여 연안지역의 州郡이 텅 비는 상황이었으며,[26] 그리하여 섬의 경우 아예 통째로 비우는 일종의 空島政策이 시행되었던 셈인데,[27] 돌산현이 위치하던 突山島 역시 그와 매한가지의 상황에 놓였던 것은 아닌가 싶다. 왜구의 주요 통로에 위치하는 등,[28] 잦은 침구에 시달렸을 가능성이 높은 점으로 미루어 그러하다.

여수·돌산을 포함한 순천지역의 경우, 전통시기 해상교통의 요지로서 고려말 왜구에 의한 피해가 막심하였다. 왜구의 노략질이 막 기승을 부리기 시작하였다는 忠定王 2년(1350)에, 벌써 두 차례나 侵寇를 당하는 정도였다.[29] 고려말 전남 지방에서 왜구의 노략질을 당한 횟수를 누계하면 총 45회 정도에 이르는데, 순천지역이 15회로서 그 1/3 가량을 차지한다고도 한다.[30] 왜구가 왕래하는 길목에 위치한 지역으로서 그 피해의 정도를 짐작하기에 부족함이 없다. 이 통계에서 돌산이나 여수가 직접 거명된 것은 아니다. 하

南道·谷城郡, 1996, 25~26쪽.

26) 金秉仁, 「麗末鮮初 倭寇의 侵奪相과 地域實相」, 『全羅南道誌』 4. 柳昌圭, 「고려말 왜구의 침략」.

27) 高麗末 朝鮮初의 空島政策과 朝鮮前期의 島嶼 開發利用 및 潛入住民 문제 등에 대해서는, 閔賢九, 「朝鮮初期 軍事制度의 政治的 社會的 基盤」, 『朝鮮初期의 軍事制度와 政治』, 47쪽과 金京玉, 「島嶼 移住民의 유입과 증가」, 『朝鮮後期 島嶼硏究』, 47~67쪽 및 고석규, 「조선왕조 500년과 신안의 역사」, 『新安郡誌』, 124~135쪽의 설명이 참고 된다.

28) 돌산도 내지 방답진이 왜구의 주요 통로에 위치하였음은, 『成宗實錄』 134 成宗 12년 10월 3일(甲辰), 같은 책 197 成宗 17년 11월 22일(癸亥), 같은 책 217 成宗 19년 6월 2일(甲午), 같은 책 248 成宗 21년 12월 13일(庚申), 『中宗實錄』 65 中宗 24년 4월 15일(庚辰), 『宣祖實錄』 121 宣祖 33년 정월 28일(癸酉) 등 허다한 기록에서 확인된다.

29) 『高麗史』 37 忠定王 2년 4월 戊戌, 같은 책 5월 庚辰

30) 柳昌圭, 「고려말 왜구의 침략」, 261쪽.

지만 순천에 이르는 해상 통로에 위치한다는 점에서, 예외적으로 이 지역에만 왜구의 발길이 미치지 않았으리라고 생각할 수는 없다. 아마도 가장 먼저 피해를 입곤 하였을 것으로 추정되거니와, 그 결과 돌산현은 그 치소마저 육지로 옮겨야만 되었던 것으로 판단된다. 돌산도에는 주민이 거주하지 못하도록 통제되었고, 그리하여 조선왕조에서 이 섬은 주민의 실제 거주 여부와 무관하게 지방 행정상 무인도로 간주되기에 이르렀으며, 성종대에 드디어 그것을 개발 이용하는 문제가 떠올랐던 게 아닌가 헤아려지는 것이다.[31]

고려말·조선초에 돌산현의 치소가 육지로 옮겨갔을 가능성을 검토하였다. 그렇다면 그처럼 이설된 읍치는 어디에 위치하였을까? 아마 그 主縣이 소재하던 순천 혹은 여수지역, 즉 현재의 순천시를 포함한 여수반도 일대의 어느 곳이 아니었던가 여겨진다. 그리고 그러했을 경우, 옮겨간 돌산현의 치소로는 앞서의 돌산만호진이 자리하던 지역 부근이 가장 유력해 보인다. 고려말기에 왜구를 피해 다른 군현에 僑寓한 고을의 경우, 본래의 주민과 함께 고을 명호를 그대로 지니고 가는 것이 상례였다.[32] 따라서 돌산현이 옮겨

---

31) 그러던 도중 太宗 9년(1409)에 돌산현은 全羅道 任內의 일제 혁파 조치(『世宗實錄』 151 地理志 全羅道 全州府 所 夾註)에 따라 폐현되어 여수현과 함께 순천부로 통폐합됨으로써, 고을 자체가 아예 사라지고 말았다(『新增東國輿地勝覽』 40 順天都護府 古跡 麗水廢縣·突山廢縣).

32) 예컨대 전라도 남서해안의 섬에 설치된 고을로서 왜구를 피해 主縣인 羅州의 내륙지대로 옮겨간 壓海縣과 長山縣 그리고 靈巖郡으로 옮겨간 珍島縣 등이 그러하였다. 또한 黑山島의 경우 그 주민들이 -아마 왜구로 인해- 나주로 옮겨가 榮山縣을 칭했는데 본시 지명이 南浦였던 그곳은 현재도 榮山浦라 불리며, 巨濟島 溟珎浦의 경우도 그와 마찬가지로 僑居했던 晉州에 溟珎部曲이라는 이름을 남겼다.

· 壓海廢縣 (夾註; 在州南四十里 壓一作押 本海中島 百濟時 爲阿次山郡 新羅改今名 仍爲郡 高麗初來屬 後屬靈光郡 後復來屬 後因倭失土 僑居于此 仍爲

간 지역 역시 돌산으로, 그리고 그 지역에 있던 포구는 돌산포로 불리었을 터이며, 그곳에 만호가 지휘하는 수군진이 설치되었다면 마찬가지로 돌산포 만호진이라 명명되는 것이 당연하였음직해 보이는 것이다.

고려말 돌산현이 空島政策의 결과 돌산도에서 여수반도의 어느 지역, 구체적으로는 옛 돌산진이 자리하던 곳 부근으로 出居僑寓하였을 가능성이 높다고 믿는다. 조선초 돌산도가 공문서상의 무인도로서 행정적인 공백지대로 방치되기에 이른 연유이자, 동시에 돌산진이 돌산도가 아닌 육지의 여수반도에 자리하게 된 까닭이기도 하다. 한데 여기에서 궁금해지는 것은, 돌산현이 육지로 출거하면서 굳이 특정 지역 곧 돌산진이 소재하던 그곳을 선택한 이유는 무엇이었을까 라고 하는 점이다. 잠시 다음의 기록을 살펴보도록 하자.

전라도 감사가 병조의 關文에 의거하여 아뢰기를, "…좌도의 內禮와 突山은 서로 떨어진 거리가 멀지 않은데, 두 포구에 병선이 무리지어 정박하므로 불합리합니다. 현재 順天府의 長省浦에 정박하는 돌산만호의 병선 4척을 龍門浦로 옮겨 정박시키며, 그 용문포에 현재 정박하는 (全羅左道)

縣) (『新增東國輿地勝覽』 35 羅州牧 古跡)

· 長山廢縣 (夾註; 在州南二十里 一云安陵 本海中島 百濟時 爲居知山縣 居一作屈 新羅改名安波 爲壓海郡領縣 高麗改今名來屬 後因倭寇失土 僑居于此 仍爲縣) (같은 책)

· 榮山廢縣 (夾註; 在州南十里 本黑山島人 出陸僑寓南浦 稱榮山縣 高麗恭愍王十二年 陞爲郡 後來屬) (같은 책)

· 古珍島 (夾註; 在昆湄縣西 高麗忠定王時 珍島縣 因倭寇失土 僑寓於此 今還本土 邑基猶存) (같은 책 靈巖郡 古跡)

· 溟珎部曲 (夾註; 在永善東十五里 高麗末 巨濟溟珎浦人 僑居于此 入本朝 還本土 因名之) (같은 책 30 晉州牧 古跡)

都萬戶의 병선은 좌도의 중앙인 呂島로 옮겨 정박시키고 도만호가 순환하면서 방어하는 것이 합리적이겠습니다…" 하니, 그대로 따랐다.[33)]

전라좌도 수군진의 배치 상황을 참작하여 돌산만호의 船泊處를 長省浦에서 龍門浦로 옮기자는 전라감사의 건의가 받아들여졌다는 것이다. 본시 장생포이던 돌산만호의 기항지가 용문포로 바뀌었다는 의미이거니와, 이후에는 용문포가 돌산만호 및 그 휘하 수군의 근거지 역할을 하였으며[34)] 그리하여 포구의 명칭도 또한 점차 돌산포로 바뀌어갔다.[35)]

돌산진이 들어섰다는 장생포와 용문포는 오늘날의 여수시 안산동과 화양면 용주리에 해당한다. 그리 멀지 않아 이웃이나 다름없

---

33) 全羅道監司據兵曹關啓 (中略) 一 左道內禮・突山 相距不遠 而兩浦兵船 聚泊未便 順天府長省浦見泊突山萬戶兵船四隻 移泊於龍門浦 其龍門見泊都萬戶兵船 移泊於左道中央呂島 都萬戶循環防禦爲便 (中略) 從之 (『世宗實錄』 27 世宗 7년 2월 25일 乙丑)

당시 수군은 항상 艦船에 승선한 채로 복무하는 게 원칙이었다. 만호의 통솔 아래 순시 등의 임무에 매달려 늘 해상에 머물러야만 하였으며, 근무 도중의 무단상륙은 처벌을 받았다. 따라서 船泊處는 水軍鎭이로되 수군의 주둔지는 아니었으며, 그처럼 船上守禦하는 수군의 기항지 겸 보급기지이자 下番船軍의 집결지로서의 역할을 주로 하였다. 그러다가 15세기 초엽을 넘어서면서 왜구가 수그러지는 것과 함께 수군의 船上守禦 원칙이 점차 해이해지며 불법적으로 선박처 등지에서 留屯하는 軍官・水軍이 늘어났고, 조정에서도 그러한 현실을 인정할 수밖에 없었다. 그리하여 성종대 후반에 들어서는 선박처를 수군의 주둔기지로 삼아 방어시설인 鎭城을 축조하기 시작하였으며, 이로써 육상과 해상을 아우른 명실상부한 수군진이 자리 잡았다(車勇杰, 위 논문, 149~153쪽).

34) 『世宗實錄』 151 地理志 全羅道 關防 突山

35) 『世祖實錄』 6 세조 3년 정월 16일(辛巳), 같은 책 2월 25일(己未), 같은 책 15 세조 5년 정월 20일(癸卯), 같은 책 38 세조 12년 2월 17일(己丑), 『成宗實錄』 89 성종 9년 2월 10일(癸卯) 등

는 마을들로서,[36] 말하자면 이 일대가 곧 돌산현이 출륙하여 僑寓한 그곳에 해당하는 셈이었다. 그런데 여기에서 돌산현의 출거지 선정 배경과 관련하여 주목되는 곳이 장생포이다. 장생포는 고려말 왜구를 방어하는 데 성공한 고장으로서 사서에 그 이름을 남긴 군사상의 요충이었다. 공민왕 초기에 柳濯이 왜구를 물리친 곳으로서, 그의 공적을 기리는 長省(生)浦歌의 탄생지로 기록에 등장하는 것이다.[37] 장생포 일대가 왜구의 침략을 막는 데 유리한 조건을 지닌 이를테면 전략적 요충지에 해당한다 하겠거니와, 돌산도에 위치하던 돌산현이 왜구를 피해 출륙하면서 교우할 터를 물색할 때 그러한 사실을 염두에 두지 않았을 리가 없다. 요컨대 돌산현은 왜구를 방어하기에 좋은 조건을 지닌 長省浦 일원을 선택하여 出陸僑寓하였고, 따라서 그 일대는 저절로 돌산현으로 불리게 되었는데, 거기에 왜구를 방어하기 위한 수군기지가 들어서면서 그 명호도 자연히 돌산(포)진이라 불리게 되었던 셈이다.

돌산도의 돌산현이 현 여수시 안산동·화양면 일원으로 출륙교우한 게 배경이 되어, 그곳에 돌산의 명호를 지닌 수군진이 들어서게 되었을 것임을 살폈다. 대략 태조 3년(1394) 무렵 혹은 그 이전의 어느 때였다. 이후 돌산만호진은 조선전기 수군의 정비·확충에 발맞추어 제 자리를 찾아가거니와, 그에 관해서는 節을 달리하여 살피도록 하겠다.

---

36) 조선전기의 지리지에 따르면, 龍門浦와 長省浦는 순천부에서 동쪽으로 각각 55리와 60리에 위치하였다고 한다(『新增東國輿地勝覽』 40 順天都護府 山川 龍門浦·長省浦).

37) ·侍中柳濯 出鎭全羅 有威惠 軍士愛畏之 及倭寇順天府長生浦 濯赴援 賊望見而懼 卽引去 軍士大說 作是歌 (『高麗史』 71 樂 2 俗樂 長生浦)
·長省浦 (夾註; 在府東六十里 高麗時 倭入寇至是浦 柳濯將兵擊之 賊望見而引去 軍士大悅 作歌) (『新增東國輿地勝覽』 40 順天都護府 山川)

2. 全羅道水軍과 突山鎭

조선의 수군제도는 고려말 이래의 그것을 계승하여 정비하는 가운데 점차 체제를 갖추어갔다.[38] 그 중 초기인 태조에서 세종대에 걸쳐 개혁·확충된 내용이 『세종실록』 지리지에 수록되어 전하는데,[39] 道別로 약간씩 다른 형태로 존재하던 수군의 편제에서 전라도에는 1인의 水軍處置使를 필두로 2인의 都萬戶와 突山萬戶를 포

〈표 1〉 세종초 전라도 수군의 배치 현황

	水軍指揮官	船泊處	大船	中船	孟船	別船	船軍	梢工
本營	水軍處置使	務安縣 大堀浦	8	16			1,875	21
左道	左道都萬戶	寶城郡 東 呂島梁		6	12		1,012	19
	內禮萬戶	順天府 南 於浦		6		6	766	6
	*突山萬戶	順天府 南 龍門浦		8			518	4
	築頭萬戶	高興縣 南 高興浦		6		2	512	4
	鹿島萬戶	長興府 東 鹿島梁		6		2	483	4
	會寧浦萬戶	長興府 南 周浦		4		4	472	4
	馬嶋萬戶	康津縣 南 垣浦		8			510	4
	達梁萬戶	靈巖郡 南 達梁		7	2		519	4
	於蘭萬戶	海珍郡 南 三寸浦		4			480	4
右道	右道都萬戶	咸平縣 西 垣串		8		10	1,055	9
	木浦萬戶	務安縣 南 木浦		6		2	498	4
	多慶浦萬戶	務安縣 西 瓦浦		4		4	479	4
	法聖浦萬戶	靈光郡 北 法聖浦		6		2	493	4
	黔毛浦萬戶	扶安縣 南 熊淵		4		4	455	4
	群山萬戶	沃溝縣 北 鎭浦		4		4	461	4

38) 조선시기 수군의 정비에 관해서는, 위의 註 2)에 제시한 논저를 참고하라.
39) 李載龒, 「朝鮮前期의 水軍」, 119~120쪽.

함한 13인의 萬戶가 배치되었다. 이제 그와 같은 전라도 수군의 배치 현황을 간략히 정리하면 표 1과 같다.[40)]

조선초의 수군편제에서 돌산만호가 전라도 수군처치사 휘하의 좌도도만호 관할 아래 배치되었음을 보여준다.[41)] 배속된 전함은 8척이며 4명의 뱃사공[梢工]과 518명의 선군이 용문포를 기항지로 하여 그의 지휘를 받았다.[42)] 다른 만호들이 대체로 전함 8~9척에 500명 내외의 선군 및 4명가량의 뱃사공을 거느리던 것과 비교하여 별다른 차이가 눈에 띄지는 않는다.

뒤이어 세조대의 대대적인 지방군제 개편에 의해 전국이 일원적인 鎭管體制로 최종 정비되었고 그것이 약간의 수정을 거쳐 『經國大典』(성종 16, 1485)에 수록되었는데,[43)] 거기에서도 돌산포 수군진의 존재는 여전하였다. 다만 세조 3년(1457)에서 5년 사이, 아마도 진관체제로 정비되는 과정에서의 일이었던 듯싶거니와, 돌산진은 잠시 폐진되었다가 복구되는 곡절을 겪기도 하였다. 돌산포가 內禮 및 呂水石堡와 가까이 위치하는 데다 해로에서도 비켜나 방어에 긴요하지 않으므로 혁파하여 그 선군을 內禮와 呂島로 분속시키자

---

40) 『世宗實錄』 151 地理志 全羅道 關防

41) 세종 3년과 7년에 이미 全羅左道 都萬戶와 그 휘하의 突山·進禮·築頭·鹿島萬戶 등이 史書에 등장한다(『세종실록』 12 세종 3년 7월 21일 辛巳, 같은 책 27 세종 7년 2월 25일 乙丑). 한편 세종 9년에는 突山千戶가 기록에 나타나는데, 만호가 일시 천호로 격하되있던 것인지 아니면 만호 휘하에 천호가 설치되었는지 혹은 단순한 기록의 착오였는지 불명이다(같은 책 36 세종 9년 5월 21일 戊申).

42) 세종초에는 돌산만호 휘하의 전함이 4척이었던 것으로 나온다(『世宗實錄』 27 세종 7년 2월 25일 乙丑).

43) 世祖 元年(1455) 軍翼道體制의 三南 확장과 이어지는 3년 鎭管體制로의 정비 경위 및 그 내용 등에 관해서는, 閔賢九, 『朝鮮初期의 軍事制度와 政治』, 243~259쪽의 설명을 참고하라.

는 삼도도순찰사의 건의에 따라 폐진시켰다가, 그 2년 후 방어에 긴요하다는 삼도도순문진휼사의 건의에 의해 다시 복구하도록 결정되었던 것이다.[44] 아울러 성종 10년(1479) 정월에 전라좌수영이 신설되면서는, 돌산포진이 그 예하로 배속되는 변화도 있었다.[45]

이제 그러한 과정을 거쳐 『경국대전』에 수록된 전라도 수군편제에서, 돌산만호진을 비롯한 전라좌수영 부분을 발췌하여 제시하면 다음과 같다.[46]

全羅左道	主鎭(水軍節度使)	左水營(左水使, 順天 內禮浦) 여수시 군자동
	巨鎭(水軍僉節制使)	蛇渡鎭管(蛇渡僉使, 興陽) 고흥군 영남면 금사리
	諸鎭(水軍萬戶)	呂島鎭(呂島萬戶, 興陽) 고흥군 점암면 여호리
		鹿島鎭(鹿島萬戶, 興陽) 고흥군 도양읍 봉암리
		鉢浦鎭(鉢浦萬戶, 興陽) 고흥군 도화면 내발리
		會寧浦鎭(會寧浦萬戶, 長興) 장흥군 회진면 회진리
		達梁鎭(達梁萬戶, 靈巖) 해남군 북평면 남창리
		馬島鎭(馬島萬戶, 康津) 강진군 대구면 마량리
		*突山浦鎭(突山萬戶, 順天) 여수시 화양면 용주리

44) 『世祖實錄』 6 世祖 3년 정월 16일(辛巳), 같은 책 2월 25일(己未), 같은 책 15 世祖 5년 정월 20일(癸卯)

45) 鄭淸柱, 「全羅左水營의 역사」, 『全羅左水營의 역사와 문화』, 여수시 · 순천대박물관, 1993, 16~18쪽.

46) 『經國大典』 4 兵典 外官職

〈표 2〉 전라좌수영 관내의 전함과 수군

		大猛船	中猛船	小猛船	無軍小猛船	計	豫想水軍定員
主鎭	左水營	2	6	1	7	16	550
巨鎭	蛇渡鎭	1	4	2	8	15	380
諸鎭	呂島鎭	1	1	2	3	7	200
	鹿島鎭	1	2	3	3	9	290
	鉢浦鎭	1	3	3	4	11	350
	會寧浦鎭	1	1	2	4	8	200
	達梁鎭	1	2	1	3	7	230
	馬島鎭	1	2	1	4	8	230
	*突山浦鎭	1	2	1	3	7	230

『경국대전』이 간행되던 무렵(성종 16) 전라좌수영에는 해남반도 남단을 경계로 전라도 남해안의 동부 8鎭浦가 배속되었는데, 그 중의 하나로 돌산만호진이 자리하였음을 보여준다. 전라좌수영 관하의 사도첨사를 지휘관으로 하는 사도진관에 소속된 諸鎭으로서였다. 한편 같은 책에 의하면 전라좌수영 관내에는 총 88척의 전함이 배치되었던 것으로 나오는데, 그 구체적인 내용은 표 2와 같다.[47]

각종 전함이 수군진의 서열에 따라 고루 배속되었음을 알 수가 있다. 대·중·소맹선에는 각각 80·60·30명의 수군이 배정되었다. 無軍小猛船의 경우 수송이나 근무지원 혹은 유사시 비번의 수군이 소집될 때 투입하기 위해 비치해둔 일종의 예비전함으로서, 평시에는 수군이 배치되지 않았다.[48] 수군진별 선군의 정원은 그처럼 배속된 전함에 맞추어 규정되었던 것으로 보이는데, 돌산포

47) 같은 책 諸道兵船

48) 閔賢九, 「鎭管體制의 確立과 朝鮮初期 地方軍制의 成立」, 217쪽. 國防部戰史編纂委員會, 『壬辰倭亂史』, 1987, 21쪽.

의 수군이 230명이고 여도는 200명이라느니 혹은 좌수영의 수군이 550명이고 녹도는 290명이라는 등의 기록에서 그러한 짐작이 가능하다.[49] 각 수군진에 배정되었던 것으로 기록에 나타나는 수군의 숫자와, 배속된 전함별 운용 병력을 합한 예상수군정원이 일치함을 확인할 수가 있는 것이다. 돌산포진의 경우 7척의 전함에 230명의 수군이 배치되었다.[50]

한편 이 무렵 돌산진에는 城堡가 축조되었다. 수군의 船上守禦원칙이 무너지는 것과 함께 수군진에 축성하는 문제가 성종 13년 말부터 거론되기 시작하였다. 그러다가 15년 말부터 16년 초에 걸쳐 본격적으로 鎭城 축조정책이 추진되면서 22년까지 먼저 경상우도와 전라좌도의 수군진성이 축조되었는데,[51] 그러한 결과 성종 21년(1490) 6월에 돌산진성이 완성을 보게 되었던 것이다. 본시는

---

49) 『成宗實錄』 260 성종 22년 12월 5일(丁未), 같은 책 290 성종 25년 5월 11일(戊戌)

50) 『世宗實錄』 地理志의 그것과 비교할 때, 전함은 한 척 그리고 수군은 290명가량 줄었다. 다른 수군진도 매한가지여서, 전함의 숫자가 전반적으로 감소했음은 물론 특히 병력의 경우 1/3 혹은 1/2 이상까지 줄었다. 관련 예산이나 병력의 배분에서 그 동안 지나치게 수군 위주로만 짜였던 것을 적절히 조정한 결과인지, 혹은 正軍과 奉足을 합한 숫자와 그냥 正軍만의 숫자의 차이인지, 아니면 그 밖의 다른 요인이 개재된 것인지 後考를 요한다. 다만 돌산진 등의 수군 정원이 지나치게 소수이므로 늘려야 한다는 건의가 성종대 후반에 나타나는 것으로 미루어(『성종실록』 260 성종 22년 12월 5일 丁未, 같은 책 290 성종 25년 5월 11일 戊戌), 『경국대전』 체제가 확립되던 당시부터 이미 水軍額의 부족이 문제화하였음을 알 수가 있다. 한편 아마도 '放軍收布'를 가리키는 듯싶거니와, 돌산진의 경우 그나마도 萬戶가 船軍을 놓아 보내어 실제 번을 서는 선군이 20~30명에 지나지 않았음을 지적하는 기록도 전한다(같은 책 234 성종 20년 11월 11일 乙丑).

51) 당시 수군진성 축조정책의 추진 경위와 결과에 대해서는, 車勇杰, 위 논문, 149~155쪽의 설명을 참고하라.

둘레 3,600尺으로 계획되었으나 실제에서는 둘레 1,313尺으로 축소 완공되었다고 한다.[52] 수군의 집결지나 기항지 내지 보급기지의 역할에 그치던 돌산진이, 이제는 육상과 해상을 아우르는 명실상부한 수군 주둔기지로서의 설비를 갖추어 그 면모를 새로이 하게 된 셈이었다.

하지만 그것은 얼마 동안에 지나지 않았다. 그로부터 30년가량이 흐른 뒤 돌산진은 급속한 위상의 추락을 맛보아야만 하였다. 가까운 돌산도에 防踏僉使鎭이 신설되면서, 보다 內海 안쪽의 여수반도에 자리하던 돌산진은 종9품의 權管이 주둔하는 말단의 소규모 전초기지로 격하되고 말았다.[53] 앞서 세조대에 일시 혁파되었다가 복구되는 등 곡절을 겪던 것이, 이때에 이르러 폐진이나 진배없는 상태로까지 전락하는 운명으로 이어진 셈이었다. 중종 17년(1522) 무렵의 일이었다.

3. 突山鎭의 격하와 古突山鎭의 등장

돌산진이 폐진이나 다름없도록 격하되었던 데에는, 첫째 한층 內海 안쪽의 육지에 자리한 돌산진의 효용성을 둘러싸고 문제가 제기되는가 하면, 둘째 外海와 맞닿은 돌산도가 왜구의 주요통로로서 해로상의 요충이라는 점이 부각되었고, 셋째 그에 더하여 돌산도의 농토개간이 과제로 대두되어 그에 참여하는 주민이나 혹은 수군의 안전을 확보할 필요성이 커지면서, 돌산도에 방답첨사진을 창설한 데 따른 일이었다.[54]

---

52) 『成宗實錄』 176 성종 16년 3월 25일(丙午), 같은 책 241 성종 21년 6월 28일(己酉)

53) 『新增東國輿地勝覽』 40 順天都護府 關防 突山浦營·防踏鎭

여수반도에 위치하던 돌산진의 효용가치를 두고 맨 처음 의문이 제기된 것은 세종대 전라감사에 의해서였다. 전라좌도의 수군 만호진 중 순천부에 소재하는 內禮와 突山은 그 거리가 서로 가까워서 효율성이 떨어진다는 보고가 그것이었다.[55] 그 후 세조대에 충청·전라·경상도의 水軍鎭浦를 순심한 都巡察使 역시, 돌산포진이 이웃의 內禮와 呂水石堡 사이에 위치하여 서로 거리가 멀지 않은 데다 해로에서도 비켜나 해상방어에 긴요하지 않다면서 그 혁파를 건의하기도 하였다.[56] 이때 일시 혁파되었다가 곧장 복구되기도 하였음은 이미 언급하였거니와, 말하자면 돌산진은 그 소재하는 바 위치의 비효율성을 이유로 효용가치를 의심 받으면서 때때로 그 폐지까지 거론되곤 하였던 셈이다.

돌산진이 격하되던 즈음(중종 17) 麗水灣 내에는 전라좌수영을 비롯하여 여수석보와 돌산진 등 여러 鎭堡들이 촘촘히 포진 중이었으며, 게다가 돌산도 방답진까지 신설하기로 결정된 상황이었다. 軍鎭들이 너무 조밀하게 들어섬으로써 군사력 운용상의 효율성 문제가 제기되지 않을 수 없었으려니와, 그리하여 해로에서 비켜나 해상방어에 긴요하지 않다는 평가를 받은 돌산진의 경우 그처럼 격하되는 것은 일견 당연해 보이기까지 한다. 다만 그 얼마 전만 하더라도 돌산진이 왜구 내지 賊路의 요충이며 해상방어에 긴요하다느니 혹은 그러므로 그곳에 배정된 수군의 정원을 늘려야 한다느니 하는 등의 건의가 있었던 사실에 비추어,[57] 이때 돌산진의 전

54) 邊東明, 「朝鮮時代 突山島 防踏鎭의 설치와 그 구조」, 17~21쪽.

55) 『世宗實錄』 27 世宗 7년 2월 25일(乙丑)

56) 『世祖實錄』 6 世祖 3년 정월 16일(辛巳), 같은 책 2월 25일(己未)

57) 『세조실록』 15 세조 5년 정월 20일(癸卯), 『성종실록』 260 성종 22년 12월 5일(丁未), 같은 책 290 성종 25년 5월 11·12일(戊戌·己亥)

략적 가치를 둘러싼 평가가 정반대로 바뀌게 된 연유가 무엇이었는지 궁금하다.

앞서 돌산현 치소의 육지 이설을 다루면서 지적하였듯이, 처음 돌산진이 자리하던 장생포는 이를 나위가 없으며 뒤이어 옮겨간 용문포(돌산포) 역시 왜구방어의 요충이었다.[58] 그런데 15세기 초엽을 넘어서면서 조선의 해안방어체제가 자리를 잡아가는 것과 동시에, 창궐하던 왜구도 차츰 그 기세가 수그러져갔다. 일정한 통로를 이용한 간헐적인 소규모의 기습침구 위주로 왜구의 출몰 양상이 변화하였다.[59] 따라서 이제는 그 통행로를 미연에 제압함으로써 왜구의 기습적 출몰에 대비하는 쪽으로 방어의 중심을 옮겨야 할 필요성이 있었다. 왜구가 자주 이용하는 해로상의 요충을 선제하여, 그 왕래를 상시 감시하고 추포하는 전략을 마련해야만 하였다. 방어하기에 용이한 보다 안쪽의 내해에서 왜구의 내습을 기다려 소극적으로 수비하는 데 치중하기보다는, 외해와 잇닿은 해로를 선점하고 출몰 초기부터 그 기선을 제압하는 공세적인 선제저지 전략이 요청되었던 것이다. 말하자면 왜구 방어의 중심이 내해에서 외해와 맞닿은 지점으로 옮겨간 셈이었거니와, 따라서 내해의 안쪽에 위치하여 소극적으로 수비하는 데 유리하던 고려말 이래의 요충은 이제 그 전략적 가치가 크게 저감될 수밖에 없었다. 왜구가

58) 바로 앞의 註 57)과 동일하다.

59) 조선왕조의 개창을 전후하면서부터, 특히 세종 원년(1419)의 對馬島 정벌 이후 방답진이 설치되던 즈음(중종 17년)까지 대개 그러하였다. 삼포왜란(중종5) 정도가 거기에서 예외였다. 李鉉淙, 「倭寇와 對倭政策」, 『朝鮮前期對日交涉史硏究』, 韓國硏究院, 1964, 16~23쪽. 李泰鎭, 「中央 및 地方 軍制의 變化」, 『韓國軍制史(近世朝鮮前期篇)』, 282쪽. 하우봉, 「일본과의 관계」, 『한국사』 22, 국사편찬위원회, 1995, 374~379쪽. 최영희, 「왜란 전의 형세」, 『한국사』 29, 국사편찬위원회, 1995, 13~16쪽.

왕래하는 길목에서 비켜나 해상방어에 긴요하지 않은 곳이라는 평가를 받게 마련이었다. 육지 쪽을 향해 보다 내해로 들어가 자리잡았던 수군진이 조선왕조 들어 점차 외해와 맞닿은 접점으로 옮겨가는 것은, 그러므로 그러한 정세변화에 조응한 입지선정의 자연스러운 결과였다 할 것이다.[60] 영산강 입구의 안쪽인 무안현 大堀浦에 위치하던 전라도 수군의 本營이 외해와 잇닿은 木浦를 거쳐 해남의 黃原으로,[61] 그리고 광양만의 안쪽으로 들어가 위치하던 進禮梁의 萬戶鎭이 외해로 이어지는 여수만의 內禮梁으로 이동해가는[62] 따위가 그러하였다.

방답진이 신설되고 돌산진이 격하된 것은 위와 같은 상황에서의 일이었다. 내해보다는 외해와 잇닿은 지점이 더욱 요충으로 부각되었으며, 따라서 여수만의 안쪽 깊숙한 포구에 자리잡은 돌산진은 이제 더 이상 적로의 요충이 아니었다. 외해로 진출하는 요지인 돌산도에 방답진이 신설됨에 따라 그와 가까이 위치한 데다 더욱이 적로에서 벗어난 돌산진은 그 전략적 가치를 상실하였으며, 그리하여 폐진이나 다를 바 없는 처지로 격하되는 것은 피할 수 없는 운명이었던 셈이다.[63] 한편 그처럼 돌산진이 격하되는 것과 때를 같이하여, 그 이웃에 위치하던 麗水石堡가 폐지되면서 돌산진으로

---

60) 차용걸, 위 논문, 46쪽. 김경옥, 「島嶼政策의 추이」, 『朝鮮後期 島嶼研究』, 179~180쪽.

61) 『세종실록』 58 세종 14년 10월 20일(乙巳). 鄭淸柱, 「全羅左水營의 역사」, 14쪽.

62) 『세종실록』 19 세종 5년 정월 21일(癸卯). 鄭淸柱, 같은 논문, 15쪽.

63) 조선왕조가 들어선 이후 왜구를 격퇴하기 위해 효과적인 방안을 모색하며 또한 해안방어체제를 정비하는 과정에서 수군진의 통폐합과 신·이설이 잇달았거니와, 조선전기 전라도 수군진에서의 그것은, 전형택, 「금갑진성의 역사」, 『진도 금갑진성 지표조사 보고서』, 진도군·전남대 박물관, 2003, 19~27쪽에 잘 정리되어 참고하기에 편하다.

합쳐지는 변화도 있었다.[64] 조선초기 언젠가 설치되었을 것으로 여겨지는 여수석보는, 병마절도사가 병력을 나눠 진수하던 자그마한 진보였다. 현 여수시 여천동에 石倉城址라는 명호로 그 옛 성터가 전하거니와,[65] 바다와 다소 격절되어 한층 내륙의 안쪽으로 들어가 자리 잡았던 이 진보는 이때 아예 혁파되어 이웃의 돌산진으로 합쳐지고 말았던 것이다.[66]

돌산포 만호진이 말단의 소규모 권관진으로 격하되기에 이른 경위는 그러하였다. 그리고 거기에는 또한 폐지된 이웃의 여수석보가 통합되어 오기도 하였다. 한편 그처럼 변화한 돌산진에는 순천도호부의 鎭軍이 파견되어 防戍하였다.[67] 돌산포 권관진이 진관체제상 전라병영 관하의 순천진관에 배속되었다는 의미이다. 본시 돌산진은 수군에 속한 진보였다. 그러던 것이 격하와 함께 전라병영 관내의 순천진관 소속, 다시 말해 수군이 아닌 육군 소속의 소규모 전초기지로 바뀌었던 것이다. 전라좌수사의 지휘를 받는 사도진관 소속의 수군 만호진에서, 전라병사의 지휘를 받는 순천진관 소속의 말단 육군기지인 권관진으로, 돌산진의 지위에 큰 변화가 생겼던 셈이다.[68]

---

64) · 周一千四百七十九尺 高十尺 內有三井 節度使分兵戍之 (新增) 嘉靖壬午(中宗17)革 移于突山浦 (『新增東國輿地勝覽』 40 順天都護府 關防 麗水石堡 夾註)

· 兵曹據全羅道巡察使李克培啓本啓 以順天鎭留防正兵一旅 移屬石堡 令兵馬節度使軍官領率防護 從之 (『成宗實錄』 100 成宗 10년 정월 6일 癸亥)

65) 전라남도 여수시 · 명지대부설 한국건축문화연구소 · 순천대박물관 · 전남대박물관, 『石倉城址 發掘調査 報告書』, 2003. 남도문화재연구원, 『여수 석창성 문화유적 발굴조사 약보고』, 2007.

66) 邊東明, 「朝鮮時期 麗水의 石堡와 石(堡)倉」, 『역사학연구』 33, 2008.

67) (前略) 今上十八年 革萬戶 置權管 分本府鎭軍 戍之 (『新增東國輿地勝覽』 40 順天都護府 關防 突山浦營 夾註)

돌산진의 격하는 단순한 규모의 축소를 넘어 또 다른 의미를 지니었다. 수군진보에서 육군진보로의 소속 변경을 이름이거니와, 그 후 돌산진이 다시 수군진으로 되돌아온 것은 광해군 3년(1611)에 종9품의 別將이 주둔하게 되면서였다.[69] 임진왜란이 끝난 뒤 수군력을 재건 강화하는 과정에서,[70] 돌산권관진이 별장이 지휘하는

---

68) 한데 돌산진이 격하되고 얼마 지나지 않은 시기의 한 자료에는, 그와 달리 돌산권관의 소속이 마치 수군인 양 나타난다. 御史에 의해 '闕軍' 즉 軍兵缺損을 방치한 혐의로 적발당해 그 처벌이 상주된 경상·강원·전라도의 수군 첨사와 만호 중에 돌산권관이 포함되어 나온다. 慶尙道의 僉使·萬戶 10인 및 江原道의 萬戶 2인과 함께 群山浦萬戶·突山權管·呂島萬戶·鉢浦萬戶·黔毛浦萬戶 등 全羅道 僉使·萬戶·權管 5인이 처벌 대상으로 거명되었는데, 그 중의 하나로 들어 있는 것이다(『中宗實錄』 64 中宗 23년 윤10월 18일 丙戌). 함께 언급된 첨사·만호진이 예외 없이 水軍鎭浦였던 만큼 돌산권관진도 수군 소속으로 간주함이 온당할 듯싶거니와, 돌산진을 순천부의 진군이 방수했다는 다시 말해 돌산진이 순천진관 소속이라는 앞서의 자료와 상치됨은 물론이다. 당시가 돌산진이 격하된 지 얼마 되지 않은 시점이었음을 고려하면 그곳을 여전히 수군 소속인 것으로 오해한 결과일 가능성이 커 보이지만, 혹은 순천진관의 소속으로 이해한 것이 잘못인지도 모르겠다. 다만 이 글에서는 순천부의 진군을 나누어 돌산진을 방수토록 하였다는 기록의 명시성을 보다 존중하는 입장에서, 일단은 순천진관 소속으로 간주해 두고자 한다.

69) 돌산진이 別將 주둔의 召募鎭으로 바뀐 데 관해서는 1872년 무렵 편찬되었던 것으로 알려진 『湖南邑誌』를 영인한 『邑誌』 4(全羅道①, 韓國學文獻研究所 編, 亞細亞文化社, 1983)에 수록된 順天篇인 『新增昇平志』 및 그에 부재된 '古突山鎭鎭誌及事例'의 해당 기록이 참고 된다. 여기에는 그밖에도 '湖左水營營誌及事例'(高宗8, 1871)와 '防踏鎭鎭誌及事例' 등이 부재되어 있는데, 이하에서는 이들을 그냥 『新增昇平志』·『湖南左水營誌』·『古突山鎭誌』·『防踏鎭誌』 등으로 약칭하겠다.

70) 임진왜란 이후, 所屬鎭管을 개편하고 屬邑을 늘리는 등 鎭管體制를 재정비하는가 하면, 三道水軍統制使를 격상시키고 三道水軍統御使를 신설함과 동시에 防禦營을 각지에 설치하며, 수군지휘관에 새로 同僉節制使를 두는 한편 別將이 주둔하는 召募鎭을 설치하는 거와 같은, 수군의 복구 강화를 위

召募鎭으로 개편되면서 전라좌수영 소속으로 거듭나게 되었던 것이다.[71] 조선말기의 『古突山鎭誌』에서는 이를 '本鎭 萬曆三十九年辛亥(光海3) 設鎭'이라 하여 진의 최초 설치로 간주하였거니와, 이때의 개편이 새로운 수군진의 창설로 받아들여질 만큼 큰 의미를 지닌 조치였음을 보여준다 하겠다.

아울러 그처럼 수군 별장진으로 개편되던 무렵을 전후하여 돌산진은 그 명호가 바뀌었다. 古突山鎭으로의 개칭이 그것이었다. 언제부터 그리고 왜, 돌산진에 '고'를 덧붙인 명호가 사용되기 시작하였는지는 아직 알려진 바가 없다. 다만 앞서 살폈던 바, 방답진의 신설과 함께 돌산도가 본격적으로 개발되기 시작하면서 돌산이라는 본래의 명호를 되찾은 중종대 즈음이, 하나의 분기점이었음은 거의 틀림없어 보인다. 그처럼 돌산도가 부각되면, 더 이상 섬이 아닌 육지에 돌산의 명호를 붙이는 것은 혼란을 불러일으킬 것이 자명하다. 고려말 조선초 돌산현이 僑寓했던 육지 내지는 그곳의 포구나 혹은 거기에 자리 잡은 鎭堡를, 계속해서 돌산이라는 명호

한 여러 조치가 잇달았던 바, 그와 같은 조선후기의 수군에 관해서는, 오붕근·손영종, 『조선수군사』, 322~377쪽 및 許善道, 「'鎭管體制 復舊論' 研究」, 『國民大論文集』 5, 1973, 43~66쪽과 金鉉丘, 「조선후기의 통영」, 『統營市誌』上, 統營市史編纂委員會, 1999, 177~182쪽의 설명이 참고 된다.

71) ·(前略) 中宗朝 革萬戶 置權管 今設召募陣 有別將 (『東國輿地志』 5下 順天都護府 公署 突山浦萬戶鎭 夾註)

·(前略) 古有萬戶 中宗大王朝 革萬戶 置權官 今設召募津 (『輿地圖書』 全羅道 順天府 鎭堡 古突山鎭 夾註)

·(前略) 古有萬戶 中宗朝 革萬戶 置權管 今設召募陣 有別將 (『新增昇平志』 關防 突山浦 夾註)

·本鎭 萬曆三十九年辛亥(光海3) 設鎭 而初無(有?)萬戶 去壬辰後 革罷萬戶 設置權管矣 今設別將 (『古突山鎭誌』)

·鎭在順天地方 (中略) 左水營管下 (下略) (『古突山鎭誌』)

로 칭하기에는 여러 모로 불편이 컸을 게 분명하다. 필연적으로 양자를 구별하기 위한 방안의 마련이 요청되었을 법하거니와, 앞서 돌산현이 교우했던 지역의 명호에 '고'를 덧붙인 것은 그리하여 혼동을 피하고자 하는 심리의 자연스러운 발로가 아니었던가 싶다. 지명에 흔히 나타나는 古邑이니 古縣 혹은 古縣內니 하는 사례들을 떠올리면 되는 일이다. 나아가 그러한 옛 돌산 지역에 위치하는 鎭堡라는 의미에서, 고돌산진이라는 명호가 돌산진을 대신하여 점차 널리 사용되어갔으리라는 것은 이를 나위가 없다.

방답진이 신설되고 돌산진이 격하되던 중종 17년(1522) 이후 고돌산진이라는 명호가 등장했음은 의문의 여지가 없다.[72] 단 그것이 문자로 기록되어 나타나는 것은 조선후기에 가서였다. 인조 16년(1638)의 '古突' 내지 '古突別將'의 출현을 시발로 하여, 잇따라 '古突山 召募別將'이니 '古突山' 혹은 '古突山鎭'이니 하는 등의 용어가 사료에 나타나는 것이다.[73] 돌산진이 격하된 얼마 후 아마도 16세기 후반 즈음 고돌산진이라는 용어가 지역 내에서 점차 널리 사용되기 시작하였는데, 광해군 3년(1611)에 수군 별장이 주둔하는 소모진으로 개편되는 것을 계기로 하여 그것이 정식 명호로 정착되었으며, 그리하여 중앙의 공식 문서에도 그처럼 수록되기에 이른 것은 아니었을까 판단된다.

---

72) 돌산진이 격하된 직후인 중종 23년까지는 공식 문서상 아직 돌산진에 '古'字가 덧붙지 않았음이 확인된다(『중종실록』 64 중종 23년 윤10월 18일 丙戌).

73) 『備邊司謄錄』 1집 仁祖 16년 2월 28일, 같은 책 3월 3일, 『承政院日記』 6책 孝宗 즉위년 6월 23일, 『備邊司謄錄』 6집 肅宗 42년 10월 24일, 『輿地圖書』 全羅道 順天府 鎭堡

4. 全羅左水營과 古突山鎭

고돌산진은 전라좌수영 관하의 소규모 수군진보였다. 먼저 그와 같은 고돌산진을 포함한 조선후기 전라좌수영의 편제를 간략히 제시하면 다음과 같다.

水使 1員 : 全羅左道 水軍節度使營
僉使 2員 : 蛇渡鎭, 防踏鎭
萬戶 4員 : 呂島鎭, 鹿島鎭, 鉢浦鎭, 會寧浦鎭
別將 1員 : 古突山鎭

전라좌수사 휘하에서 2첨사·4만호와 함께, 좌수영 지휘부의 일원으로 고돌산진 별장이 자리하였음을 보여준다. 고돌산진은 召募鎭이었다.[74] 留防軍을 배정받지만 부족한 軍額은 自募軍으로 보충하도록 한 소규모의 수군진이었다.[75] 이러한 소모진에는 종9품의 별장을 兵曹에서 差任하는 게 보통이었는데, 그에게는 發兵權을 부여하지 않았다.[76] 소모진의 별장에게는 發兵符를 내려주지 않았다는 의미이거니와, 고돌산진 별장의 경우도 그러하였을 것임은 물

---

74) 『輿地圖書』 全羅道 順天府 鎭堡 古突山鎭 夾註, 『新增昇平志』 關防 突山浦 夾註

75) 고돌산진에는 720명의 留防軍에 더하여, 自募軍이 90명 또는 108명 내지 118명(『古突山鎭誌』) 혹은 100명(『輿地圖書』 全羅道 順天府 鎭堡 古突山鎭 夾註) 가량 배속되었다.

76) 소모진이란 해상방어의 요충이기는 하지만 財政 기타의 형편상 만호·첨사진을 두기 어려운 곳에 설치한 특수군진이었다. 그러므로 종9품의 別將이나 權管이 파견되는 게 보통이었지만, 경우에 따라 그 이상의 8품에서 6품에 이르는 품계를 지닌 무관이 파견되기도 하였다(邊東明, 「蟾津鎭의 설치와 운영」, 『韓國中世의 地域社會研究』, 207쪽).

론이다.[77]

고돌산진은 전라좌수영 관하의 蛇渡鎭管 소속이었다. 그런데 조선말기의 한 자료에는 고돌산진이 특정 진관에 소속되지 않은, 말하자면 좌수영의 직할진이었던 것처럼 기록되어 전하기도 한다. 지휘관인 별장의 유고시 그 印信을 좌수영에 留置하였음이 그 증거인 양 제시되기도 하였다.[78] 그러나 지휘관의 유고시에는 어느 鎭浦를 막론하고 그 인신을 수영에서 보관하는 것이 상례였다.[79] 인신의 수영 유치를 근거로 특정 수군진이 수영의 직할진이었음을 주장할 수가 없다는 뜻이거니와, 따라서 그보다는 고돌산진이 사

---

77) 수군절도사가 교체되면 전·후임자 간에 관내 수군진의 發兵符를 인계인수하는데, 조선후기 전라좌수영의 발병부 인계인수 보고서에는 관하 7진포 가운데 유일하게 고돌산진만이 항상 빠져 있다. 고돌산진 별장에게는 발병부가 없었기 때문이거니와, 한 사례를 제시하면 다음과 같다.

全羅左道水軍節度使臣李肇淵 謹啓爲到任事 主鎭發兵符一隻 印信一顆 馬牌三面 及所屬防踏·蛇渡·呂島·鉢浦·鹿島·會寧浦等 六鎭發兵符六隻 並以前水使臣鄭夏應 逢授爲白有如乎 (下略) (『全羅左水營啓錄』 1책 道光 30년 2월 12일(1쪽))

여기에서 인용한 『全羅左水營啓錄』은 『各司謄錄』 제20책 全羅道篇에 수록된 것이며, 인용전거 맨 끝의 숫자는 『각사등록』 제20책의 쪽수이다. 이하에서도 동일하다.

78) (前略) 至於貶罷則 元無主鎭故 印信直納于左水營門 (『乙未三月日古突山鎭事例』)

이 『古突山鎭事例』는 서울대학교 규장각에 소장 중인 바 고종 32년(1895)에 편찬된 『湖南鎭誌』(奎12188) 가운데 포함되어 전하는데, 제목이 무색하리만치 예닐곱 行에 그치는 정도의 매우 빈약한 내용에다 그나마 곳곳이 착오로 얼룩져 이용하는 데 자못 신중을 기해야만 하는 杜撰이다.

79) 예를 들어 1870년 7월 防踏鎭僉使 朱順元이 母親喪으로 奔喪하였을 때라든지, 혹은 같은 해 8월 會寧浦萬戶 姜斗泳이 재임 중 病死하였을 때, 그들의 印信은 늘 전라좌수영에 留置하였다. 『全羅左水營啓錄』 3책 同治 9년 7월 12일 承政院開坼(110쪽), 같은 책 同治 9년 8월 6일 承政院開坼(11쪽).

도진의 관할 아래 있었음을 명시한 다른 기록을 취신하는 게 보다 온당한 자세이지는 않을까 싶다.[80] 고돌산진을 사도진관에 소속된 말단의 소모진으로 간주하는 것이 당시의 실상에 더욱 근접한 이해인 듯 여겨지는 것이다.

고돌산진은 이를 나위 없이 전라좌수영 관내의 수군진 중에서 서열상 최하위였다. 종9품의 별장을 지휘관으로 받드는 말단의 소모진이었다. 그리하여 봄·가을로 바람이 잦아들거나(風和) 혹은 높아지기(風高) 시작하는 3월과 9월이면 留防하는 戰船의 숫자를 중앙에 보고한다든지, 혹은 6월과 12월이면 행하는 褒貶의 내역을 상급기관에 품신하는 경우, 전라좌수영 관내의 수군진 명단 중에서 고돌산진은 항상 맨 끝에 위치하였다.[81]

그렇지만 또 다른 면에서는 종4품 만호를 지휘관으로 하는 諸鎭

---

80) ·在縣東四十三里 鎭所管 會寧浦·馬島·鹿島·達梁·呂島·鉢浦·突山浦水軍僉節制使一人 (『東國輿地志』 5下 全羅道 興陽縣 公署 蛇渡僉節制使鎭 夾註)
·在縣東四十三里 有左道水軍僉節制使營 所管會(寧浦?)·呂島·馬島·鹿島·鉢浦·突山浦等營 水軍僉節制使一人 (『新增興陽誌』 關防 蛇渡鎭 夾註)
위 두 번째 인용문의 『新增興陽誌』 즉 高興邑誌는 그 跋文 끝의 '上之三十四年歲戊寅'에서 파악되듯이 영조 34년(1758)에 편찬된 것이다. 1872년 무렵 편집되었던 것으로 알려진 『湖南邑誌』를 영인한 『邑誌』 4(全羅道①, 韓國學文獻硏究所 編, 亞細亞文化社, 1983)에 수록되어 전한다.

81) 각기 한 사례씩만을 적시하면 다음과 같다.
·臣營留防戰舡四隻 及所屬防踏·蛇渡戰舡各二隻 呂島·鉢浦·鹿島·會寧浦·古突山戰舡各一隻等 今三月初一日爲始 風和待變爲白臥乎事是良爾 詮次善啓向敎是事 (『全羅左水營啓錄』 1책 道光 30년 3월 1일 承政院開拆(1쪽))
·全羅左道水軍節度使臣李肇淵 謹啓爲褒貶事 臣營所屬僉使·萬戶·別將 今庚戌年春夏等褒貶實績等第 與觀察使臣南秉哲 同議磨鍊開坐 謹具啓聞 防踏鎭水軍僉節制使 (中略) 蛇渡鎭水軍僉節制使 (中略) 呂島水軍萬戶 (中略) 鉢浦水軍萬戶 (中略) 鹿島水軍萬戶 (中略) 會寧浦水軍萬戶 (中略) 古突山召募別將 (下略) (같은 책 6월 1일(2쪽))

과 비교하더라도 별반 차이가 없는 경우도 적지 않았다. 우선 수군진이 보유한 무력의 상징이라 할 戰船의 숫자나, 혹은 그 지휘관에게 지급하는 朔布의 수량에서 그러하였다. 전라도에서는 만호진이나 별장진을 막론하고 모두 한 척씩의 전선을 동일하게 보유하였으며, 그 삭포도 또한 만호와 별장을 가리지 않고 10필씩 동등하게 지급하도록 규정되어 있었던 것이다.[82] 나아가 봄·가을의 정기적인 소집점검 및 훈련(春·秋操) 내지는 전투시의 편제에서도 그러하긴 매한가지였다. 고돌산별장은 전라좌수영의 左·中·右 삼각 편제에서 右司에 속했는데, 右司把摠인 방답첨사 휘하의 右哨官으로서 전초관인 여도만호를 비롯한 좌초관 회령포만호와 중초관 광양현감 및 후초관 보성군수 등과 함께 수군지휘부의 일원으로 자리하였다.[83] 훨씬 낮은 품계임에도 불구하고 좌수영 관내의 여러 수

82) ·(前略) 一 統制使朔布二同二十疋 水使朔布一同十疋 僉使朔布十五疋 萬戶及別將·權管朔布十疋式 (中略) 全羅道左水營 戰船三隻 龜船一隻 (中略) 防踏(夾註;左右道二戰船 僉使三鎭皆同…) (中略) 呂島(夾註;左右道萬戶十四鎭皆同) 一戰船 (中略) 古突山(夾註;左右道一戰船 別將二鎭皆同) 一戰船 (下略) (『備邊司謄錄』 6집 肅宗 42년 10월 24일)

·(前略) 右議政李健命言 全羅道新設鎭堡頗多 (中略) 取考本道各鎭戰船案則勿論僉使·萬戶 每鎭各置一戰船 而防踏·古今島·蛇渡三鎭 皆有二隻 (下略) (『肅宗實錄』 63 肅宗 45년 4월 30일 壬申)

바로 앞 註 81)에 인용한 『全羅左水營啓錄』 1책 道光 30년 3월 1일의 留防戰舡 숫자도 함께 참고하라.

83) ·節到付備邊司關內節啓下敎司啓辭 諸道春操稟啓 (中略) 中司把摠 虞候 (中略) 左司把摠 蛇渡僉使 (中略) 右司把摠 防踏僉使 (中略) 前哨官 呂島萬戶 (中略) 左哨官 會寧浦萬戶 (中略) 中哨官 光陽縣監 (中略) 右哨官 古突山別將 (中略) 後哨官 寶城郡守 (下略) (『全羅左水營啓錄』 1책 道光 30년 3월 21일 承政院開拆(1쪽))

·左司把總 蛇渡僉使 (中略) 中司把總 兼中軍虞候 (中略) 右司把總 防踏僉使 前哨官 呂島萬戶 左哨官 會寧浦萬戶 中哨官 光陽縣監 右哨官 古突山別將 後哨官 寶城郡守 (『湖南左水營誌』 司哨)

령·만호들과 대등한 위치에서 휘하의 수군을 지휘하였던 것이다. 따라서 조선말기 들어 고돌산별장의 유고시 방답첨사가 그 권한을 대행하고 역으로 방답첨사의 유고시 고돌산별장이 그 권한을 대행하도록 규정이 마련되었던 것은,[84] 이를테면 그와 같은 고돌산별장의 위상을 반영한 조치였다고 하여 반드시 지나치지만은 않은 셈이다. 지휘관의 유고라고 하는 특수한 상황에서의 임시적인 조치라고는 하지만, 종3품 첨사의 직임을 대행하도록 하였을 만큼 소모진의 지휘관이던 종9품 고돌산별장의 위상이 나름대로 만만치 않았음을 이해할 수가 있지 않을까 헤아려지는 것이다.

고돌산진은 해상을 방어하도록 설치된 최일선의 수군기지였다. 따라서 이 수군진이 '譏察瞭望'을 주요한 임무로 삼았다는 것은 그럴 법하다. 인근 도서와 해상을 정찰순시하며 정박 중이거나 혹은 왕래하는 선박을 탐망하는 것은, 수군진으로서 너무도 당연한 임무였을 것이기 때문이다. 다만 당초에는 신설진으로서 '搜討' 즉 수색토벌의 업무는 맡지 않았던 듯한데, 종내 그러하였던 것인지 아니면 뒤에는 다른 수군진과 동일하게 '수토'의 업무도 담당했었는지는 불명이다.[85] 가장 말단에 위치하는 소규모의 소모진으로서 '수토'보다는 '기찰요망'에 더욱 치중하였으리라는 것은 그럼 직하

---

84) ·折衝將軍全羅左道水軍節度使臣趙 今月十二日午時到付 防踏鎭首鎭吏文狀內 本鎭僉使 本月初三日遭其母喪 專訃來到 (中略) 該僉使朱順元奔喪後 同鎭兼察之節 依新定式 以古突山別將洪俊林 着意擧行之意 發關申飭爲白乎旀 (下略) (『全羅左水營啓錄』 3책 同治 9년 7월 12일 承政院開拆(110쪽))
·折衝將軍全羅左道水軍節度使臣成 今月二十九日申時到付 古突山首鎭吏文狀內 本鎭別將 本月十八日遭其母喪 專訃來到 (中略) 該別將洪俊林奔喪後 同鎭兼察之節 依新定式 以防踏僉使崔漢旭 着意擧行之意 發關申飭 (下略) (같은 책 同治 10년 7월 29일 承政院開拆(117쪽))

85) 一 搜討 以新設鎭 定譏察瞭望而已 初無搜討柱木合驗事 (『古突山鎭誌』)

거니와, 긴급한 경우에는 수색토벌에 나서기도 하였을 듯싶지만 단언할 수는 없는 노릇이다. 사실 격하되기 전의 돌산진에서는 만호를 비롯한 군관으로서 왜적을 수색토벌하는 데 참여한다든지 혹은 그러한 책임을 다하지 못했다고 하여 처벌을 받은 사례가 한둘이 아니었다.86) 일선의 수군진에게는 '수토'가 그만큼 긴요한 업무였다는 의미이거니와, 고돌산진의 경우에도 역시 그러하였으리라고 보는 게 순조롭지는 않을까 생각되는 것이다.

아울러 고돌산진은 3월과 9월이면 전라좌수영의 주관 아래 정기적으로 시행되던 소집점검 및 훈련에 참가하였다. 이른바 春·秋操를 이름이거니와, 고돌산진의 경우 이때 右司의 右哨官으로서 鯨島의 앞바다에 陣을 펼치도록 미리 약속되어 있었다. 전라좌수영의 방어체계상 외적의 침입이나 기타 비상시에 고돌산진이 우선적으로 그 방비를 맡도록 배정된 구역이 곧 경도 앞바다였던 셈이다. 그밖에도 고돌산진에서는 松政을 담당하였던 것으로 기록에 나타난다. 白也串의 松田을 관리 감독하는 업무가 그것이었다.87) 造船이나 각종 공공의 영조사업에 목재를 제공할 수 있도록 대비해야 하는 것도, 고돌산별장의 주요한 임무 가운데 하나로 부과되었던 것이다.88)

---

86) 『成宗實錄』 85 성종 8년 10월 15일(己酉), 같은 책 90 성종 9년 3월 1일(癸亥), 같은 책 234 성종 20년 11월 2일(丙辰), 같은 책 11월 7일(辛酉), 같은 책 11월 11일(乙丑), 『燕山君日記』 22 연산 3년 3월 6일(戊申), 같은 책 28일(庚午)

87) ·一 水操設陣 鯨島前洋 左(右?)司右哨官 (『古突山鎭誌』)
·一 掌內松田 在召羅面上道白也串 自本鎭周回六十里 (같은 책)

88) 앞서 돌산만호는 濟里島牧場의 監牧을 겸하였는데(『단종실록』 10 단종 2년 정월 8일 경신), 고돌산별장의 경우에는 어떠했는지 기록이 전하지 않는다.

5. 古突山鎭의 편제와 시설

고돌산진의 별장에게는 대략 280~360명 내외의 軍官을 포함한 人吏·水軍을 지휘하는 권한이 주어졌던 것으로 보인다. 18세기 말 및 19세기 후반의 자료에 근거한 추정인데,[89] 표 3은 그 중의 승선 인원에 관련된 부분을 적시한 것이다.

조선후기의 전함별 승선인원에 관한 자료에 따르면 戰船 164명,

〈표 3〉 고돌산진의 전함 및 승선인원

	『順天府邑誌』				『古突山鎭誌』			
	戰船	兵船	1·2 伺候船	合	戰船 (列字)	兵船 (張字)	1·2 伺候船	合
防船將		1		1		1		1
旗牌官	1	1		2	2	1		3
捕盜官	2			2	2			2
訓 導					1	1		2
射 夫	15	10		25	15	10		25
砲 手	24	10		34	24	10		34
火砲匠	10	1		11	10	1		11
舵 工	9	1		10	10	1		11
能櫓軍	108	30	各6 (沙格)	150	108	30	各6	150
合 計	169	54	12	235	172	55	12	239

* 『順天府邑誌』 舵工의 숫자에는 舡直 1명이 포함되었음.

---

89) 본문의 表에 나오는 『順天府邑誌』(奎17434, 附 古突山鎭)는 奎章閣에 소장 중인 자료로서 1792~1800년 무렵 편찬되었다고 하며, 『古突山鎭誌』는 위의 註 69)에서 언급한 자료로서 1872년 어간에 편찬되었던 것으로 보인다.

龜船 148명, 偵探船 79명, 兵船 17명, 伺候船 5명이었다고 한다.[90] 위 표의 전선 169·172명, 병선 54·55명, 사후선 6명과 대략 비슷한데, 단지 병선에서만 다소 차이가 난다. 하지만 그것도 고돌산진의 병선이 자료상의 정탐선과 병선의 기능을 아울러 지니도록 그 중간쯤의 크기로 건조하였던 것으로 간주하면 해결될 듯싶다. 따라서 고돌산별장 휘하의 전함별 승선인원은 모두 합해서 대략 240명쯤으로 이해하여 온당할 줄 믿는다. 그리고 여기에 通引·使令·軍牢 등 40명가량을 더하면[91] 총 280명 안팎의 인원이 고돌산진에 배속 운용되었던 게 아닌가 판단된다. 한편 동일한 『순천부읍지』에 부재된 고돌산진의 현황에는, 위 표에 제시한 전함별 인원과 별도의 軍額 항목에 총 361명이 수록되어 있다.[92] 아마도 고돌산진의 정원 전체를 가리키는 게 아닌가 싶거니와, 따라서 고돌산진의 별장은 위에서 언급하였듯이 대략 280~360명가량의 인원을 지휘 통솔하였던 것으로 파악하여 무난할 듯 여겨지는 것이다.

고돌산별장이 지휘하는 함정은 4척이었다. 전선과 병선이 각 1척씩에다 사후선이 2척이었다.[93] 전선과 병선은 운용 연한을 12년

90) 『肅宗實錄』 40 숙종 30년 12월 28일(甲午), 『備邊司謄錄』 6집 숙종 42년 10월 24일

91) 『古突山鎭誌』의 소속 인원을 기록한 부분에 軍官(36명)·鎭撫(21명)·旗手(2명) 외에도 通引 15명, 使令 21명, 軍牢 2명 등 38명이 부가하여 수록되었음을 참고할 일이다. 한편 『輿地圖書』(全羅道 順天府 鎭堡 古突山鎭 夾註)에도 軍官(27명)·旗牌官(9명)·鎭撫(21명)·旗手(4명) 외에 知印 15명, 軍牢 12명, 使令 14명 등 41명이 덧붙여 올라 있다.

92) 구체적인 내역은 다음과 같다. 軍官 27명, 旗牌官 9명, 旗手 14명, 射夫 25명, 火砲匠 11명, 砲手 33명, 能櫓軍 167명, 沙工 4명, 鎭撫訓導 23명, 軍牢 12명, 知印 15명, 使令 14명, 匠人 7명, 이상 모두 361명(『順天府邑誌』 附 古突山鎭 軍額)

93) 전선은 本板의 길이가 周尺으로 12.5把에 櫓가 左右 18개이며, 병선은 본

으로 한정하여 기한이 차면 새로이 건조해야만 하였다. 하지만 반드시 규정대로만 지켜지지는 않았는데, 철종 2년(1851)의 전라좌수영 보고에 따르면 당시 고돌산진의 전선과 병선은 각각 3년과 1년씩 그 기한이 초과된 상태였다.[94)]

고돌산진에는 그 거점으로 축조된 城堡가 있었다. 앞서 다루었던 바 성종 16년의 축성 계획을 시작으로 동왕 21년(1490)에 완공을 본 석축의 돌산진성이 그것이었다.[95)] 현재 여수시 화양면 용주리에는 그러한 진성의 일부가 흔적으로 남았는데, 조선시기의 몇몇 자료에는 그 전체 규모를 짐작케 하는 기록이 전한다.[96)] 고돌산진

판의 길이가 6.5把에 櫓가 左右 5개, 1·2사후선은 본판의 길이가 2.5 혹은 2把에 櫓가 좌우 2개였다(『古突山鎭誌』).

94) 全羅左道水軍節度使爲牒報事 邊圉備虞 莫緊于戰艦 營邑鎭舡隻 十二年限滿改造 自是新定式是如乎 (中略) 古突山 戰舡一隻 丁酉(1837)十二月日新造 辛亥(1851)至通計十五年 過限爲三年 兵舡一隻 己亥(1839)正月日新造 辛亥至通計十三年 過限爲一年 (『全羅左水營啓錄』 1책 咸豊 원년 8월 16일 全羅左水使在任時移報錄(14~15쪽))

95) 『성종실록』 176 성종 16년 3월 25일(丙午), 같은 책 241 성종 21년 6월 28일(己酉)

96) **〈표 4〉** 고돌산진성의 규모

출전	연도	둘레	높이	시 설
成宗實錄	1490	1313尺	13尺	
新增東國輿地勝覽	1531	2313尺	13尺	
東國輿地志	顯宗代	2313尺		
輿地圖書	1765	780尺	9尺	女堞 394, 井 4
增補文獻備考	1782	2313尺	13尺	
順天府邑誌	1800	787步	13尺	女堞 211, 城門 2
全羅左水營啓錄	1860	2980尺		女堞 308, 曲城 16, 南門樓(6칸), 西門(1칸), 北門(1칸)
古突山鎭誌	1872	787步		女堞 760, 銃穴 695, 泉井 5

성의 안팎에는 관아와 민가들이 가득하였다. 東軒과 內衙舍를 중심으로 伏波亭과 軍官廳·鎭撫廳·通引廳·使令廳 및 軍器庫·儲置庫·火藥庫·船倉什物庫 등 그 크기와 함께 기록에 이름을 남긴 각종 공공시설을 비롯하여, 성내의 82호와 성외의 62호 등 공식적으로 파악된 것만 144호에 달하는 民戶들의 존재로 미루어 그처럼 생각된다.[97] 한편 성곽이나 공공시설물은 필요에 따라 개보수가 실시되곤 하였다. 다만 관련 기록을 찾기가 쉽지 않은 형편인데, 고돌산진성의 경우 철종 11년(1860)에 행해진 대대적인 개보수의 기록이 전해져 참고가 된다. 이에 따르면 성벽 전체를 대대적으로 보수하는 것과 함께, 동헌과 남문루 및 선창집물고를 중수하고 서문과 북문을 신축하는 한편, 전선의 깃발 13종을 새로이 제작하였다고 한다.[98]

고돌산진에 소속된 防軍은 720명이었다. 다른 수군진이 보통

---

* 『成宗實錄』 241 성종 21년 6월 28일(己酉)
* 『增補文獻備考』 27 輿地考 15 關防 3 城郭 3 全羅道 順天 補 古突山鎭 협주(‘補’는 1782년 증보 의미)
* 『全羅左水營啓錄』 咸豊 10년 4월 20일 城堞修補秩·公廨修葺秩(55쪽)

97) 『古突山鎭誌』. 한편 『順天府邑誌』 附 古突山鎭에는, 公廨로서 客舍·衙舍·待變舘 그리고 倉庫로서 軍餉庫·還庫·軍器庫·船倉什物庫 등이 나타난다.

98) 行全羅左道水軍節度使臣洪吉謨 謹啓爲相考事 臣營所屬古突山召募別將金啓泓 (中略) 該鎭處在嶺湖咽喉之地 三面環海 一背依山 自是賊路要衝是白乎 則桑土之戎 陰雨之備 與他自別 而城堞公廨 處處頹圮 軍器什物 在在朽傷是白乎所修築而補繕 不容少緩是白如乎 該鎭別將金啓泓 自辦物財 乃設修補之役 (中略) 城堞修補秩 體城周回二千九百八十尺 間間修築 女堞三百八堞 全體改築灰隔曲城十六處 改築灰隔 公廨修葺秩 政堂四間·南門樓上下六間·舡所什物庫六間 一新重修 西門一間·北門一間 新建 戰舡軍器什物新備秩 列字戰舡前紅神旗一面·紅高招旗一面·左藍神旗一面·藍高招旗一面·中黃神旗一面·黃高招旗一面·右白神旗一面·白高招旗一面·後黑神旗一面·黑高招旗一面·認旗一面·帶旗一面·令旗一面 (『全羅左水營啓錄』 1책 咸豊 10년 4월 20일(54~55쪽))

810명인 데 비해 90명이 부족하였던 바, 이를 보충하는 것이 自募軍이었다.[99] 이들은 전라도내의 고을에 흩어져 살면서 달(月)을 정하여 立番하도록 지정된 존재였다. 그러나 실제로 소집되어 군인으로 근무한 것은 아니었으며, 방군과 자모군은 단지 番錢이라 불리는 身役價를 부담하는 데 지나지 않았다. 수군진에서는 그것을 받아 雇卒의 급대 및 기타 경비로 사용하였는데, 고돌산진의 경우 풍고·풍화기의 여섯 달에 각각 516냥과 1,080냥 등 도합 1,596냥을 신역가 중에서 매년 고졸의 급대 명목으로 지출하였다.[100]

17~18세기 이후 일선 수군진에서는 일반 행정의 기능이 크게 강화되는 추세였다고 한다. 조정의 지시를 이행하려면 해상방어 외

---

99) 一 他各鎭防軍八百十名 至於本鎭七百二十名 故九十名不足 代自募軍充疤捧番 以補雇卒給代 (『古突山鎭誌』)

100) · 一 風高每朔 各邑防軍三十五名 番錢七十兩 自募軍八名 番錢十六兩 合八十六兩 雇卒給代

· 一 風和每朔 各邑防軍八十五名 番錢一百七十兩 自募軍十名 番錢二十兩 合一百九十兩 內十兩 戰兵伺候船新造時需用次新加入除 餘在一百八十兩 雇卒給代 (『古突山鎭誌』)

이에 따르면 風高風和期에 실제 番錢을 징수하는 自募軍의 숫자는 108명으로서, 앞의 註 99)에 나오는 90명보다 많다. 나아가 동일한 자료의 맨 끝에는 자모군이 118명으로 올라 있으며, 또한 『輿地圖書』(全羅道 順天府 鎭堡 古突山鎭 夾註)에는 100명으로 기록되기도 하였다. 자료에 따라 그리고 같은 자료 안에서도 자모군의 숫자가 들쭉날쭉하여 혼란스럽거니와, 이마도 방군의 부족분을 보충하기 위해 허용되었다고 하는 90명을 자모군의 본시 정원으로 이해하는 게 온당할 듯싶다. 그러던 것이 자모군을 운용하는 수군진에서 부족한 재정을 충당한다는 등의 명분을 내세워 지속적으로 그 수를 늘리다 보니, 그와 같이 기록에서마다 자모군의 숫자가 달리 기록되기에 이른 건 아니었을까 여겨지는 것이다. 조선후기 자모군의 운용이 거의 일선 수군진의 재량에 맡겨지다시피 한 탓이었던 듯싶거니와, 아울러 그런 만큼 재량권을 남용한 수군 지휘관들의 자의에 가까운 수탈과 그로 인해 야기되는 국가재정의 부족 및 민생 파탄의 가능성까지도 예상된다 하겠다.

에도 松政이나 稅役의 수취와 같은 대민 행정업무에 더욱 매달려야만 하는 실정이었다는 것이다.[101] 고돌산진 역시 그러하였으리라는 것은 이를 나위가 없다. 앞서 언급하였던 바 白也串의 松田을 관리하는 업무와 같은 것을 그러한 예로 들 수가 있을 것이다. 해상방어를 담당하는 최일선 수군기지로서의 본래 임무를 제대로 수행하기가 어려운 실정이었던 듯싶거니와, 따라서 갑오경장의 군제개편에 따라 고돌산진이 폐지되던 1895년에 작성한 최종 현황보고서가 형편없는 수준이었던 것도 그와 무관하지만은 않았을 듯 여겨진다.[102] 불과 몇 행에 그치는 데다 그나마 착오로 얼룩져 보잘 것없는 내용에 그칠 수밖에 없을 정도로 고돌산진의 시설현황이나 문서관리가 엉망이었던 것으로 판단되는데, 그렇게 되었던 데에는 소규모 수군진으로서 감당하기 어려울 만큼 과중해진 대민행정 업무의 부담도 작용하지는 않았을까 헤아려지는 것이다.

맺음말

돌산진은 대략 태조 3년(1394) 무렵 혹은 그 이전의 어느 시기에 창설되어 갑오경장(1895) 때에 폐진되었다. 처음 長省浦(현 여수시 안산동)에 위치하였는데 세종 7년(1425)에 바로 이웃한 龍門浦(현 여수시 화양면)로 옮겨 앉았다. 돌산진이 돌산도가 아닌 여수반도에 자리 잡은 것은, 왜구 창궐에 따른 空島政策의 결과였다. 돌산현이 돌산도를 떠나 왜구 방어에 유리한 여수반도의 장생포 일원으로 出陸僑寓한 게 배경이 되어, 그곳에 돌산의 명호를 지닌 수군진이

---

101) 김경옥, 「島嶼政策의 추이」, 『朝鮮後期 島嶼研究』, 188~206쪽. 김경옥, 「靑山鎭의 設置와 財政構造」, 같은 책, 283~286쪽.

102) 위의 註 78)에서 언급한 『乙未三月日古突山鎭事例』가 그것이다.

들어서게 되었던 것이다.

조선초 돌산진에는, 전라도 수군처치사 휘하의 좌도 도만호 관하에서 종4품 만호가 지휘하는 8척의 크고 작은 전함과 520명가량의 수군이 배치되었다. 그 후 진관체제가 정비되면서는 전라좌수영 관하의 사도진관에 소속된 諸鎭의 하나로서, 7척의 전함과 함께 230명가량의 수군이 주둔하였다. 한편 성종 21년(1490)에는 鎭城이 축조됨으로써, 이제 돌산진은 육상과 해상을 아우르는 명실상부한 수군기지로서의 면모를 갖추었다. 그러나 그것은 그리 오래 가지 못하였다. 30년 쯤 뒤인 중종 17년(1522) 돌산도에 방답진이 들어서면서, 돌산진은 종9품 權管이 주둔하는 소규모의 전초기지로 추락하였다.

돌산진의 격하는, 첫째 여수만 내에 여러 군진이 촘촘히 포진함으로써 군사력 운용상의 효율성 문제가 제기된 데다, 둘째 소규모적인 단발성의 기습출몰 양상을 띠는 왜구에 대비하려면 수비적인 內海 쪽의 돌산진보다는 外海와 맞닿은 돌산도가 더욱 유리하였으며, 셋째 그에 더해 돌산도의 농토개간에 참여하는 민간인 혹은 둔전병의 안전을 확보할 필요성이 커지면서, 돌산도에 방답첨사진을 신설한 데 따른 일이었다. 한편 그처럼 격하된 돌산진은 순천도호부의 관할을 받게 되었다. 수군에서 육군으로 그 소속이 변경되었다는 뜻이거니와, 돌산진이 다시 수군으로 되돌아온 것은 광해군 3년(1611)에 가서였다. 임진왜란 뒤 수군력을 재건 강화하는 과정에서, 돌산권관진을 종9품 別將이 지휘하는 召募鎭으로 개편하면서 전라좌수영 소속으로 거듭나게 되었던 것이다. 아울러 그와 동시에 공식 명칭도 고돌산진으로 바뀌었다. 방답진이 들어서면서 본격 개발되기에 이른 돌산도와의 사이에 명호상의 혼란이 야기되는 것을 피하려는 목적에서였다.

고돌산진은 전라좌수영 관하의 사도진관 소속으로서, 별장이 지휘하는 말단의 소규모 수군진이었다. 지휘관인 별장에게는 發兵權이 없었으며, 배정받은 留防軍도 부족하여 自募軍으로 보충해야만 하는, 최하위 서열의 소모진이었다. 그렇지만 보유한 戰船의 숫자나 지휘관의 朔布에서는 만호진과 동등하였으며, 훈련과 전시의 편제에서도 전라좌수영 소속의 만호·수령들과 어깨를 나란히 하는 등, 고돌산진 별장의 위상은 나름대로 확고하였다. 고돌산진에서는 평소 譏察瞭望을 주임무로 삼았지만 松政도 담당하였다. 고돌산진의 별장은 1척의 戰船을 포함한 모두 4척의 전함에다 280명 내외의 水軍·人吏를 지휘하였다. 또한 防軍과 自募軍의 番錢 및 기타 수입원을 바탕으로 雇卒의 급대 및 상납이나 여러 경비를 지불하는 한편, 城堡를 위시한 각종 공공시설을 운영·유지·보수하는 일도 소홀히 해서는 안 되었다. 그밖에 稅役의 수취와 같은 각종 대민 행정업무도 갈수록 늘어났는데, 최말단의 수군진으로서는 감당하기 어려운 부담이었다. (『歷史學報』 198, 2008)

Ⅵ. 突山島 防踏鎭

머리말

방답진은 돌산도에 위치하던 조선왕조의 수군진이었다. 倭로부터의 침입을 방어하기 위해 설치된 일선 수군기지 중 하나였거니와, 그 옛터를 품은 섬이 바로 돌산도이다. 이 섬은 우리나라에서 9번째의 크기를 가진 것으로 알려져 있다.[1] 남해안의 중앙에서 남쪽으로 뻗어 나온 여수반도의 끝자락과 작은 內海를 사이에 두고 바로 이웃해서 위치하는데, 현재는 돌산대교를 통해 連陸된 상태이다.

방답진은 이 돌산도의 남서쪽인 현재의 麗水市 突山邑 郡內里에 그 터가 전한다. 빙 둘러선 나즈막한 구릉을 이용하여, 邑治를 품에 안은 듯 서 있는 石築의 城址가 바로 그곳이다. 앞쪽으로 凹形의 우묵한 灣이 그리고 다시 그 전면에는 松島가 가로막듯이 들어앉아 천연의 良港을 이룬다. 또한 西門址 밖으로 나서면 자그마한

1) 박영한 외, 『지리부도』, 동아출판사, 1994, 110쪽.

掘江이 나타나는데, 구전에 의하면 방답진의 戰艦을 매어두던 곳이었다고 한다.[2] 이 방답진은 外海에서 여수만·광양만과 순천만으로 들어가는 길목이자, 남해를 동서 방향으로 연결하는 곳에 위치하였다. 남해의 연안항로를 제어할 수 있는 천혜의 요충으로서, 조선시대 전라좌수영을 구성하던 주요한 수군진 중의 하나였던 것이다. 임진왜란 시기 상승의 전라좌수영 수군 중에서도 좌수영 본진을 제외하고는 거북선을 거느린 유일한 수군진이었다는 사실에서, 그 위상을 넉넉히 짐작하고도 남음이 있다.

이 글은 전통시기 해상교통의 요충이자 주요한 수군기지로서 현재는 그처럼 터만 남아 전하는 돌산도의 방답진을 살피고자 마련되었다. 우선 방답진이 설치되기에 이른 경위를 더듬어보도록 하겠다. 방답진의 설치 이전부터 여수지역에는 전라좌수영을 비롯하여 돌산포진과 여수석보 등 수륙군진이 밀집 분포했었다.[3] 그처럼 손에 잡힐 듯 가까운 거리에 여러 방어기지가 위치했음에도 불구하고 돌산도에 새삼 수군진을 창설해야만 되었던 까닭이 궁금하거니와, 이를 밝힘으로써 전통시기 연안항로상의 요충이었던 돌산도의 중요성과 함께 방답진 설치의 의미도 자연히 드러나게 될 것으로 믿는다. 다음으로, 그처럼 창설된 방답진이 조선시대 전라좌수영의 편제에서 차지하는 위치를 검토하겠다. 조선시대 수군제도의 정비를 더듬으면서 전라좌수영과 함께 더욱이 방답진의 존재에 유의하며, 나아가 전라좌수영 조직 내에서 차지하는 바 그 위상을 헤아려보려는 것이다. 마지막으로, 방답진의 편제와 시설 및 규모 등을 살펴보겠다. 각급 지휘관과 人吏를 포함한 방답진의 조직이나 鎭城

2) 박준범, 「여수시의 고고유적」, 『여수시의 문화유적』, 여수시·조선대박물관, 2000, 168·189쪽.

3) 『新增東國輿地勝覽』 40 順天都護府 關防

의 규모 및 부대시설 등을 훑어봄으로써, 그 내부를 들여다보는 기회로 삼고자 하는 것이다. 이로써 방답진의 설치 경위나 그 위상은 물론, 조선시기 일선 수군진의 존재양상을 이해하는 데에도 미약하나마 밑거름이 되기를 기대한다.

1. 突山島 防踏鎭의 설치

돌산도에 방답진이 설치된 것은 조선 중종대였다. 왜적이 왕래하는 길목의 요충이라는 이유로, 종3품의 첨절제사가[4] 주둔하는 巨鎭으로 창설되었다.[5] 돌산도에 인간이 거주하기 시작한 것은 늦어도 신석기시대부터였던 것으로 보인다. 부속도서 격인 이웃의 자그만 섬 松島의 조개더미 유적을[6] 통해서 짐작할 수가 있다. 그리하여 청동기시대를 거치면서는 고인돌의 분포[7] 등에서 확인되듯이 돌산도에 적지 않은 인구가 모여 살았다. 백제시기 들어 이 섬에 하나의 고을(突山縣)이 두어진 것은 그러한 성장을 반영한 결과였다. 이후 통일신라에서 고려에 이르도록 그 위상에는 거의 변함이 없었다. 다만 고을의 명호가 廬山縣으로 바뀌었다가 다시 돌산현으로 복구되었으며, 또한 고려시대에는 昇平郡의 屬縣으로 격하되는 정도의 변화가 있었다. 그러다가 조선 초기에 지방제도가 개편되면서 돌산현은 순천부로 흡수통합되었다. 고을 자체가 아예 없

4) 『經國大典』 4 兵典 外官職. 이하 조선시기 수군지휘관의 품계는 동일한 전거에 의한다.

5) 在府東一百七十里 今上(中宗)十八年 以賊路要害 設鎭 置僉使一人 (『新增東國輿地勝覽』 40 順天都護府 關防 防踏鎭 夾註)

6) 지건길 · 조현종, 『돌산 송도』 Ⅰ · Ⅱ, 국립광주박물관, 1989·1990.

7) 박준범, 앞의 논문, 113~123쪽. 김병호, 「역사적 배경」, 『돌산읍지』, 돌산읍지발간추진위원회, 2000, 79~92쪽.

어지고 말았다.[8] 그리고 얼마 후 돌산도에 방답진이 설치되었다. 그만한 까닭이 없었을 리 없거니와, 더군다나 당시 이 지역에는 전라좌수영을 비롯하여 여수석보와 돌산포진 등 여러 수륙군진이 이미 들어서 있었다. 돌산도에 새로이 해상방어기지를 창설해야만 되었던 이유가 무엇인지 궁금하지 않을 수가 없는 것이다.

조선전기 한때 여수반도 즉 돌산도가 아닌 육지에 突山浦鎭(營)이 자리한 적이 있었다. 종4품의 만호가 주둔하던 이 수군진은 여수반도 서남쪽의 현 여수시 화양면 용주리에 위치하였다.[9] 어느 시기에 두어졌는지는 불명이나, 태종 8년(1408)에 '突山浦 水軍'이라는 기록이 나오고 이어서 동왕 18년의 金文發 卒記에 그가 '突山萬戶'를 역임했다는 기록이 나타나는 등으로 미루어, 그 이전에 이미 설치되었음은 분명하다.[10] 이 돌산포진은 중종 17년(1522)에 防踏鎭의 설치와 함께 權管(종9품)이 주둔하는 소규모 전초기지로 격하되었으며,[11] 뒤에는 古突山鎭이라 불리면서 別將(종9품)이 지휘하는 작은 召募鎭으로 유지되다가, 갑오경장(1895) 때의 군제개편에

---

8) 『新增東國輿地勝覽』 40 順天都護府 古跡 突山廢縣

9) 박준범, 앞의 논문, 190~191쪽. 여수시·순천대학교남도문화연구소, 『麗水市의 山城』, 83~91쪽. 본시는 順天府 長省浦(현 여수시 안산동)에 위치하던 것이, 세종 7년(1425)에 그리로 옮겨졌다(『世宗實錄』 27 世宗 7년 2월 25일 乙丑).

10) 조선 초 수군제도의 정비 과정이나, 혹은 太祖~定宗代에 全羅道 水軍都節制使를 역임하였던 金贇吉의 전라지역 萬戶鎭 설치에 관한 기록 등으로 미루어, 아마도 태조 7년(1398) 이전이 아니었던가 추정되는데, 이에 관해서는 비슷한 과정을 거쳐 설치되었던 法聖浦 水軍鎭의 사례(邊東明, 「法聖浦·法聖倉·法聖鎭」, 『韓國中世의 地域社會硏究』, 學硏文化社, 2002, 221~223쪽)와 함께, 邊東明, 「조선시대의 突山鎭과 古突山鎭」(『歷史學報』 198, 2008)의 관련 설명을 참고하라.

11) 뒤에 防踏鎭 설치를 다루면서 다시 언급할 예정이다.

따라 폐진되었다.[12]

그런데 위와 같은 돌산진의 연혁에서 눈길을 끄는 것이 그 위치와 명호이다. 돌산포 만호진이 유지되던 세조·성종대의 기록만을 살피더라도, 육지인 여수반도의 수군진을 일컫는 '突山'과 단순히 섬[島]을 일컫는 '突山'이 함께 사용되었다.[13] 이웃해서 비록 멀리 떨어지지는 않았지만, 서로 위치를 달리하는 육지의 수군진과 그리고 섬이 동일한 명호로 칭해졌던 것이다. 그렇다면 그처럼 돌산도에 위치하지도 않던 수군진에 돌산(포)이라는 이름이 붙게 된 연유는 무엇이었을까? 여기서 눈여겨보아야 하는 것이 수군진 명호의 변화가 아닌가 한다. 처음 突山(浦)營 혹은 突山(浦)鎭이라 불리다가, 돌산도에 방답진이 설치된 이후 언젠가부터 '古'突山鎭이라 불린 것이 그것이다.[14]

---

12) 이에 관해서는 1872년 무렵 편찬되었던 것으로 알려진 『湖南邑誌』를 영인한 『邑誌』 4(全羅道①, 韓國學文獻硏究所 編, 亞細亞文化社, 1983)에 수록된 順天篇인 『新增昇平志』 및 그에 부재된 '湖左水營營誌及事例'(高宗 8, 1871)를 비롯한 '古突山鎭鎭誌及事例'·'防踏鎭鎭誌及事例' 등이 참고된다. 이하에서는 이들을 그냥 『新增昇平志』·『湖南左水營誌』·『古突山鎭誌』·『防踏鎭誌』 등으로 약칭하겠다.

13) 突山이 水軍鎭을 일컫는 사례로는 世祖 3년 1월 16일과 2월 25일(이상 『世祖實錄』 6) 및 成宗 9년 2월 10일, 16년 3월 25일, 21년 6월 28일(이상 『成宗實錄』 89, 176, 241) 등이 있다. 또한 섬[島]을 일컫는 사례로는 成宗 8년 9월 20일, 12년 9월 7일과 10월 3일, 19년 6월 2일과 8월 18일·25일과 12월 17일, 21년 12월 13일(이상 『成宗實錄』 84, 133, 134, 217, 219, 223, 248) 등이 있다.

14) 『古突山鎭誌』에서는 이 진이 처음 설치된 것을 光海 3년(1611)이라고 하였다. 중종대 이후 權管이 주둔해오던 것을 別將 주둔의 召募鎭으로 개편한(『新增昇平志』 上 關防 突山浦 夾註) 연도를 가리키는 듯 여겨지거니와, 아울러 이 무렵부터 그 명호도 古突山鎭이라 칭하기에 이른 것은 아니었던가 생각되기도 한다.

고려 말 이후 돌산도는 행정적인 공백지대, 다시 말해 공식적으로는 無人島 취급을 받았던 듯 여겨진다. 조선 성종대에 일었던 돌산도의 개발을 둘러싼 논의에서 알 수가 있는 일이다. 돌산도의 토지가 비옥한데도 倭人들이 왕래하는 곳이라고 하여 버려진 상태이므로, 백성들에게 주어 경작하도록 시키거나 혹은 船軍들을 동원하여 屯田으로 개간함으로써 國用에 보탬이 되도록 하자는 것이었다.[15] 결국 돌산도를 개발하는 한편 그 주민을 보호하는 등 왜구를 방어하기 위한 전진기지로서 방답진을 창설하는 것으로 결론이 나거니와,[16] 돌산도가 그처럼 무인도로 공식 간주되기에 이른 것은 고려 말의 왜구와 관련해서였던 것으로 생각된다.

14세기 후반에 들어 왜구가 창궐하면서 섬 등에 위치한 군현의 경우 그 治所를 내륙지대로 옮겨가는 일이 비일비재하였다.[17] 전남지역만 보더라도 조선 초기에 나주로 폐합되었던 長山縣·榮山縣·壓海縣을[18] 비롯하여 珍島郡 등이 그러하였으며,[19] 그밖에도 靈光郡·興陽縣·長興府[20] 및 樂安郡[21]·谷城縣[22] 등의 치소가 이

15) 여러 차례 논의가 행해졌는데, 성종 19년(1488) 6월 2일(甲午)에 있었던 국왕의 傳教 및 대신들의 협의와 같은 것이 그러한 예에 속한다(『成宗實錄』 217).

16) 이어지는 방답진 설치 부분의 설명을 참고하라.

17) 김동수, 「조선초기 郡縣治所의 移設」, 『全南史學』 6, 1992, 19쪽. 김경옥, 「島嶼 移住民의 유입과 증가」, 『朝鮮後期 島嶼硏究』, 혜안, 2004, 50~53쪽.

18) 『新增東國輿地勝覽』 35 羅州牧 古跡

19) 이병희, 「고려시기의 신안군」, 『新安郡誌』, 新安郡, 2000, 119~120쪽.

20) 金東洙, 「朝鮮初期의 郡縣制度의 變更과 全南地方」, 『全羅南道誌』 4, 全羅南道誌編纂委員會, 1993, 68~70쪽. 柳昌圭, 「고려말 왜구의 침략」, 『順天市史』(정치·사회편), 順天市史編纂委員會, 1997, 265쪽.

21) 邊東明, 「樂安의 歷史와 邑城」, 『韓國中世의 地域社會硏究』, 2002, 173~175쪽.

설되었다. 왜구의 침탈이 자심하여 연안지역의 州郡이 텅 비는 상황이었으며,[23] 그리하여 섬의 경우 아예 통째로 비우는 일종의 空島政策이 시행되었던 셈인데,[24] 돌산현이 위치하던 突山島 역시 그와 매한가지의 상황에 놓였던 것은 아닌가 싶다. 왜구의 주요 통로에 위치하는 등[25] 잦은 침구에 시달렸을 가능성이 높은 점으로 미루어 그러하다.

여수·돌산을 포함한 순천지역의 경우, 해상교통의 요지로서 고려 말 왜구에 의해 막심한 피해를 입어야만 하였다. 왜구의 노략질이 막 극성을 부리기 시작하였다는 忠定王 2년(1350)에, 벌써 두 차례나 侵寇를 당하는 정도였다.[26] 고려 말 전남 지방에서 왜구의 노략질을 당한 횟수를 누계하면 총 45회 정도에 이르는데, 순천지역이 15회로서 그 1/3가량을 차지한다고 한다.[27] 왜구가 왕래하는 길목에 위치한 지역으로서 그 피해의 정도를 짐작하기에 부족함이 없다. 이 통계에서 돌산이나 여수가 직접 거명된 것은 아니다. 하

---

22) 金東洙,「谷城郡의 沿革」,『谷城郡 文化遺蹟 學術調査』, 全南大博物館·全羅南道·谷城郡, 1996, 25~26쪽.

23) 金秉仁,「麗末鮮初 倭寇의 侵奪相과 地域實相」,『全羅南道誌』 4, 1993. 柳昌圭,「고려말 왜구의 침략」,『順天市史』(정치·사회편), 1997.

24) 高麗末 朝鮮初의 空島政策과 朝鮮前期의 島嶼 開發利用 및 潛入住民 문제 등에 대해서는, 金京玉,「島嶼 移住民의 유입과 증가」,『朝鮮後期 島嶼研究』, 47~67쪽 및 고석규,「조선왕조 500년과 신안의 역사」,『新安郡誌』, 124~135쪽의 설명이 참고 된다.

25) 돌산도 내지 방답진이 왜구가 자주 왕래하는 주요 통로에 위치하였음은,『成宗實錄』 134 成宗 12년 10월 3일(甲辰), 같은 책 197 成宗 17년 11월 22일(癸亥), 같은 책 217 成宗 19년 6월 2일(甲午), 같은 책 248 成宗 21년 12월 13일(庚申),『中宗實錄』 65 中宗 24년 4월 15일(庚辰),『宣祖實錄』 121 宣祖 33년 정월 28일(癸酉) 등 허다한 기록에서 확인된다.

26)『高麗史』 37 忠定王 2년 4월 戊戌, 같은 책 5월 庚辰

27) 柳昌圭,「고려말 왜구의 침략」, 261쪽.

지만 순천의 속현으로서 그에 이르는 해상 통로에 위치한다는 점으로 미루어, 예외적으로 이 지역에만 왜구의 발길이 미치지 않았으리라고 생각할 수는 없다. 아마도 가장 먼저 피해를 입곤 하였을 것으로 추정되거니와, 그 결과 돌산현은 그 치소마저 육지로 옮겨야만 되었던 것으로 판단된다. 돌산도에는 주민이 거주하지 못하도록 통제되었고, 그리하여 조선왕조에 들어서도 이 섬은 주민의 실제 거주 여부와 무관하게 지방행정상 무인도로 간주되기에 이르렀으며, 성종대에 마침내 그것을 개발 이용하는 문제가 떠올랐던 게 아닌가 헤아려지는 것이다.

고려 말에 돌산현의 치소가 육지로 옮겨갔을 가능성을 검토하였다. 그렇다면 그처럼 이설된 읍치는 어디에 위치하였을까? 아마 그 主縣이 소재하던 순천 혹은 여수지역, 즉 현재의 순천시를 포함한 여수반도 일대의 어느 곳이 아니었던가 여겨진다. 그리고 그러했을 경우, 옮겨간 돌산현의 치소로는 앞서의 돌산 만호진이 자리하던 지역 부근이 가장 유력해 보인다. 고려 말기에 왜구를 피해 다른 군현에 僑寓한 고을의 경우, 본래의 주민과 함께 고을 명호를 그대로 지니고 가는 것이 상례였다.[28] 따라서 돌산현이 옮겨간 지역 역

---

28) 예컨대 전라도 남서해안의 섬에 설치된 고을로서 왜구를 피해 主縣인 羅州의 내륙지대로 옮겨간 壓海縣과 長山縣이 그러하였으며, 黑山島의 경우 그 주민들이 -아마 왜구로 인해- 나주로 옮겨가 榮山縣을 칭했는데 본시 南浦였던 그곳은 현재도 榮山浦라 불린다.

・壓海廢縣(夾註 ; 在州南四十里 壓一作押 本海中島 百濟時 爲阿次山郡 新羅改今名 仍爲郡 高麗初來屬 後屬靈光郡 後復來屬 後因倭失土 僑居于此 仍爲縣) (『新增東國輿地勝覽』 35 羅州牧 古跡)

・長山廢縣(夾註; 在州南二十里 一云安陵 本海中島 百濟時 爲居知山縣 居一作屈 新羅改名安波 爲壓海郡領縣 高麗改今名來屬 後因倭寇失土 僑居于此 仍爲縣) (같은 책)

・榮山廢縣(夾註; 在州南十里 本黑山島人 出陸僑寓南浦 稱榮山縣 高麗恭愍王

시 돌산으로, 그리고 그 지역에 있던 포구는 돌산포로 불리었을 터이며, 그곳에 만호가 주둔하는 수군진이 설치되었다면 마찬가지로 돌산포 만호진이라 명명되는 것이 당연하였음 직하다. 그랬다가 뒤에 다시 돌산도가 개발되고 방답진이 설치되면서 돌산이라는 본래의 이름을 되찾자, 옛 돌산현이 교우하던 지역에 설치된 군사기지는 자연히 '古'突山鎭이라 명명되기에 이르렀던 건 아닌가 여겨지는 것이다.

고려말기에 돌산현이 여수반도의 돌산만호진이 자리하던 곳 일대로 出居하였을 가능성이 높다고 믿는다. 돌산도가 공문서상의 무인도로서 행정적인 공백지대로 남겨지게 된 연유이거니와, 돌산도에 방답진이 설치된 것은 그러한 속에서의 일이었다. 방답진의 창설은, 첫째 여수반도에 자리한 돌산진의 효용성을 둘러싸고 문제가 제기되는가 하면, 둘째 돌산도가 왜구의 주요 통로로서 해로상의 요충이라는 점이 부각되었으며, 셋째 그에 더하여 돌산도의 농토 개간이 과제로 대두되는 상황에서, 그 필요성이 논의된 끝에 이루어진 일이었다.

여수반도에 위치하던 돌산진의 효용가치를 두고 맨 처음 의문이 제기된 것은 세종대 전라감사에 의해서였다. 전라좌도의 수군 만호진 중 순천부에 소재하는 內禮와 突山은 그 거리가 서로 가까워서 효율성이 떨어진다는 보고가 그것이었다.[29] 그 후 세조대에 충청·전라·경상도의 水軍鎭浦를 순심한 都巡察使 역시 돌산포진이 이웃의 內禮鎭과 呂水石堡 사이에 위치하여 서로 거리가 멀지 않은 데다 해로에서도 비켜나 해상방어에 긴요하지 않다면서 그 혁파를 건의하기도 하였다.[30] 소재하는 바 위치의 비효율성을 이유

十二年 陞爲郡 後來屬) (같은 책)

29) 『世宗實錄』 27 世宗 7년 2월 25일(乙丑)

로 돌산진의 효용가치가 의심을 받으면서, 때때로 그 폐지가 거론되었던 것이다.

한편 그 즈음 돌산도에는 종종 왜인의 선박이 출몰하여 문제를 일으키곤 하였다. 고기잡이를 하거나 해산물을 채취하는가 하면, 때로 어선이나 혹은 어민을 비롯한 바닷가 주민에게 약탈을 일삼는 등 해적행위를 하였으며, 어느 경우에는 조선의 수군이 그들과 충돌하여 피해를 입기도 하였다.[31] 왜인이 자주 이용하는 해로상의 요지에 돌산도가 자리하였음을 보여주는 증거가 아닐 수 없다. 조정에서도 이미 그것을 충분히 파악하였던 듯, 돌산도가 왜인의 주요 통로임을 지적하는 의견이 적잖이 기록에 전하기도 한다.[32] 동시에 눈여겨보아지는 것은, 이때 그러한 突山島와 함께 防踏이라는 지명이 倭賊의 해로상 요해지로서 처음 기록에 등장한다는 사실이다. 성종 21년(1490)의 일이었다.[33] 왜구와 관련하여 해상 요충으로서의 돌산도, 그중에서도 특히 방답지역의 비중이 점차 커져감을 느낄 수가 있는 것이다.

아울러 그러는 사이 또 한편에서는 돌산도의 농토를 개간하는 문제가 대두되었다. 주로 성종대에 집중되어 나타나거니와, 국왕의 깊은 관심 속에 수차례에 걸쳐 논의가 거듭되었다.[34] 농민을 모아

---

30) 『世祖實錄』 6 世祖 3년 정월 16일(辛巳)

31) 『成宗實錄』 84 成宗 8년 9월 20일(甲申), 『成宗實錄』 133 成宗 12년 9월 7일(戊寅), 『成宗實錄』 217 成宗 19년 6월 2일(甲午), 『成宗實錄』 248 成宗 21년 12월 13일(庚申), 『燕山君日記』 22 燕山 3년 3월 20일(壬戌)

32) 『成宗實錄』 134 成宗 12년 10월 3일(甲辰), 같은 책 197 成宗 17년 11월 22일(癸亥), 같은 책 217 成宗 19년 6월 2일(甲午)

33) 全羅道敬差官李永禧・柳順汀馳啓曰 (中略) 臣等又聞 沿海附近諸島 則魚菜不富 必入楸子・青山等島釣採 倭人亦於此採矣 附近諸島所泊者 非釣船 乃倭賊也 靈巖境在甫吉・露兒・達牧等島 順天境在突山・防踏・金鰲等島 頻頻往來乘便作賊 (下略) (『成宗實錄』 248 成宗 21년 12월 13일)

경작지로 개간토록 시킬 것인가 아니면 수군을 동원하여 둔전으로 개발할 것인가 라든지, 혹은 개발할 경우 왜구의 주요 통로인 이 섬을 어떻게 방어할 것인가와 같은 것이 주요한 의제였다. 앞서 이미 당대의 실력자인 韓明澮가 內禮浦에 水軍節度使營을 설치함과 동시에 왜인이 왕래하는 통로인 돌산도에도 수군진을 설치하도록 건의하였다고 하거니와,[35] 개간 문제와 맞물려 해상 요충으로서의 돌산도의 중요성이 한층 부각되어갔던 것이다.

돌산도에 방답진이 설치된 것은 위와 같은 과정을 거친 끝의 일이었다. 돌산도에 둔전을 설치하여 개발하는 한편,[36] 방답포구에

---

34) 『成宗實錄』 134 成宗 12년 10월 3일(甲辰), 『成宗實錄』 217 成宗 19년 6월 2일(甲午), 『成宗實錄』 219 成宗 19년 8월 18일(己酉), 『成宗實錄』 219 成宗 19년 8월 25일(丙辰), 『成宗實錄』 223 成宗 19년 12월 17일(丙午).

한편 이때만 하더라도 조정에서는 島嶼地域에 주민의 거주를 금지하는 空島政策을 시행하는 중이었다. 따라서 성종의 깊은 관심 속에 추진된 돌산도 개간은 그와 같은 도서정책이 변화할 조짐을 보이는 증거로서도 중요한 의미를 지닌다는 견해가 있다(金京玉, 「島嶼地域의 경제기반 변화」, 『朝鮮後期 島嶼硏究』, 110~112쪽).

35) 『成宗實錄』 217 成宗 19년 6월 2일(甲午)

36) 언제부터 돌산도에 둔전을 열었는지는 명확하지 않으나, 중종 20년(1525)과 33년(1538)의 기록에 따르면 이곳의 둔전에서 한 해에 적어도 7~8백 석, 많으면 1천여 석의 소출을 거둬들여 軍資로 쓰거나 혹은 환곡 등으로 운영하면서 비축하였다고 한다(『中宗實錄』 54 中宗 20년 5월 4일 壬戌, 같은 책 88 中宗 33년 9월 30일 庚子). 한편 임진왜란 시기에는 李舜臣 장군이 돌산도에 둔전을 설치하여 운영하였던 것으로 나타나 눈길을 끈다. 영남 등지에서 좌수영 관내로 몰려들어온 피란민들을 모아, 그들로 하여금 오래 묵은 돌산도의 둔전을 개간토록 하여 군량을 보충하려는 목적에서였다. 수차례의 건의 끝에 조정의 허락을 받아 둔전을 운영하게 되었는데, 좌수영의 軍官을 農監官으로 삼아 피란민들과 留防軍 및 노약하여 군에서 전역한 사람들을 시켜 경작토록 하여 수확량의 절반을 수취하였다고 한다(『李忠武公全書』 3 請令流民入接突山島耕種狀, 같은 책 3 請設屯田狀, 같은 책 4 請改差興陽牧官狀).

성을 쌓도록 하여 왜구 방어의 거점으로 삼음으로써,[37] 전라좌수영 관하의 巨鎭으로서 종3품의 僉節制使가 주둔하는 핵심 수군진으로 자리잡기에 이른 것이었다.[38] 그리고 이와 동시에 육지에 위치하는 돌산진은 종4품의 萬戶가 주둔하는 諸鎭에서, 兵符가 주어지지 않아 發兵權을 행사하지 못하는 종9품 權管 주둔의 소규모 전초기지로 격하되었다.[39]

그렇다면 이러한 방답진은 구체적으로 언제 그리고 어떠한 일을 계기로 하여 설치되었을까? 『신증동국여지승람』에는 방답진이 중종 18년(1523)에 창설되었던 것으로 나온다. 이웃 돌산포진이 만호진에서 권관이 주둔하는 소규모 전초기지로 바뀌는 것과 동시의 일이었다.[40] 한편 실록에 따르면 방답진에 축성을 시작한 것은 그보다 한 해 전인 중종 17년(1522)의 일이었다고 한다.[41] 방답진을 설치하기도 전에 城堡의 축조부터 먼저 시작한 셈이거니와, 설진과 축성의 순서가 뒤바뀐듯하여 혼란스럽다. 그런데 이와 관련하여 주목되는 것이, 방답진과 동일한 시기인 중종 17년에 경상우수영 관하의 彌助項鎭 및 전라우수영 관하의 加里浦鎭에서도 축성이 추진되었다는 사실이다.[42] 비록 소속은 다르지만 첨절제사가 주둔하는

---

37) 『中宗實錄』 44 中宗 17년 5월 7일(壬子)

38) 『新增東國輿地勝覽』 40 順天都護府 關防 防踏鎭. 防踏鎭僉使로서 實錄에 나타나는 최초의 인물은 中宗 24년(1529)의 李繼綱이다(『中宗實錄』 65 中宗 24년 4월 15일 庚辰).

39) 『新增東國輿地勝覽』 40 順天都護府 關防 突山浦營

40) · 在府東一百七十里 今上十八年 以賊路要害 設鎭 置僉使一人(같은 책 防踏鎭 夾註).

· 在府東七十九里 水軍萬戶一人 (新增) 今上十八年 革萬戶置權管 分本府鎭軍戍之 (같은 책 突山浦營 夾註).

41) 兵曹判書張順孫啓曰 彌助項·防踏·加里浦等處 已令築城 防禦至緊 (下略) (『中宗實錄』 44 中宗 17년 5월 7일 壬子)

거진이라는 공통점을 지닌 데다 같은 시기에 축성이 추진되었던 것으로 미루어, 그 설치의 경위나 시기에서도 서로 유사하지 않았을까 싶은 것이다.

위 지리지에 의하면, 미조항을 첨사진으로 삼은 것이 중종 17년,[43] 그리고 가리포를 첨사진으로 삼은 것이 중종 16년이었다고 한다.[44] 미조항에서는 설진과 축성이 같은 연도에 이루어졌던 데 비해, 가리포진의 경우 설진된 지 1년 후에 비로소 성보의 축조가 추진되었던 셈이다. 한데 같은 책에 따르면, 蛇渡鎭管 소속의 達梁萬戶鎭을 혁파하여 가리포진으로 이속시킨 것이 중종 17년이었다고도 한다.[45] 가리포진을 설치하면서 달량만호진의 수군을 그에 병합시켰다는 기록에 상응하는 사실이거니와,[46] 역시 설진된 지 1년 후, 다시 말해 가리포진성을 축조하던 해에 수군을 배속받았던 셈이다. 먼저 중종 16년에 가리포진의 설치가 결정되고 그 이듬해에 달량진을 혁파하여 수군을 그쪽으로 이속시켰던 것인지, 아니면 같은 해의 일을 어느 한 자료에서 잘못 기록한 것인지 쉬이 판단이 서지를 않는다. 가리포진 역시 방답진과 유사하게 설진과 수군 배속 및 축성 연도의 기록에 다소 혼란을 불러일으킬 만한 소지가 없지 않은 것이다. 정리하자면 방답진을 비롯한 미조항·가리포의 세 수군진에는 중종 17년에 함께 城堡의 축조가 추진되었는데, 가리포진은 중종 16년에 설진되어 이듬해에 수군을 배속받았으며,

42) 앞의 주 41)과 같다.

43) 『新增東國輿地勝覽』 31 南海縣 關防 彌助項鎭

44) 같은 책 37 康津縣 關防 (新增) 加里浦鎭

45) 水軍萬戶一人 正德壬午(中宗 17) 革移于康津加里浦 (같은 책 35 靈巖郡 關防 達梁營 夾註)

46) (前略) 今上(中宗)十六年 以倭寇要路 始設鎭 置僉使一人 并合達梁水軍 (같은 책 37 康津縣 關防 (新增) 加里浦鎭 夾註)

미조항진은 중종 17년에 그리고 방답진은 중종 18년에 각각 설진되었다는 것이다. 거의 같은 시기에 남해안의 수군 巨鎭 세 곳이 창설되었는데, 축성은 동일한 연도인 데 반해 설진이나 수군 배치의 시기가 제 각각이었던 셈이다.

왜구에 대비한 남해안에서의 설진과 축성에 아무런 체계가 없었던 듯 보여 어리둥절하다. 하지만 가리포진의 경우 미조항진과 마찬가지로 대략 중종 17년경에 설진과 축성이 함께 추진되었던 것으로 보이며,[47] 따라서 방답진도 또한 그러하였던 것으로 생각하여 무난하지 않을까 싶기는 하다. 미조항에 첨사진을 두기로 한 것이 중종 17년이었고, 또한 방답진과 미조항진・가리포진에 축성을 추진한 것도 17년이었으며, 실록에 가리포진이 처음 등장하는 것도 중종 17년이었던 사실 등으로 미루어 그러하다. 비록 『신증동국여지승람』을 비롯한 地誌類에는 방답진이 중종 18년에 설치되었던 것으로 나오지만,[48] 그보다 1년 앞서(중종 17) 방답진성의 축조가 추진되었다는 실록의 기사에 더욱 비중을 두는 게 옳지 않을까 여겨지는 것이다.[49]

---

47) 실제로 『增補文獻備考』 32 海防 2 南海 康津 加里浦에는, 加里浦僉使鎭이 中宗 17년에 설치된 것으로 나오기도 한다.

48) 『大東地志』 14 順天 鎭堡 防踏鎭 夾註. 한편 앞 註 12)의 『防踏鎭誌』 및 고종 32년(1895) 편찬되어 서울대학교 奎章閣에서 소장 중인 『湖南鎭誌』(奎 12188) 가운데 『防踏鎭鎭誌及事例并錄成册』(이하 『防踏鎭册』으로 약칭)에는, 방답진이 성종 18년에 창설되었던 것으로 나온다. 그러나 이는 중종 18년(1523)을 잘못 기록한 것임이 분명하다.

49) 돌산진이 혁파되고 방답진이 설치된 해를 『新增東國輿地勝覽』(권40 順天都護府 關防 突山浦營・防踏鎭)에서 '今上十八年'이라 하였는데, 이를 중종이 즉위하여 18년이 되었다는 뜻으로 파악하면, 이 해는 곧 조선시기의 踰年稱元法에 의한 중종 17년(1522)에 해당한다. 말하자면 『신증동국여지승람』에서도 실록과 마찬가지로 중종 17년에 방답진이 설치되었음을 전

미조항과 가리포에 수군 거진을 설치하기로 한 것은 끊이지 않는 왜구의 노략질 때문이었다.[50] 앞서 중종 5년(1510)에 일어난 三浦倭亂과 뒤이은 명종 10년(1555)의 乙卯倭變은 그중에서도 대규모의 변란이었거니와, 그밖에도 성종・연산・중종・명종대에 이르도록 왜인의 해적행위는 斷續的이지만 여전하였다. 당시 왜구는 대개 일정한 경로를 통하여 출몰하는 것으로 파악되었는데,[51] 그 통행로를 제압하기 위해 移鎭・設鎭이 잇따르는 가운데 미조항과 가리포에도 설진하기로 결정되었던 것이다.[52] 돌산도 방답진 역시 그와 매한가지였음은 이를 나위가 없다. 앞서 지적하였듯이, 왜적이 왕래하는 요해처이자[53] 왜구가 자주 출몰하는 양대 海路 중의 하나에 속하는 요충이면서[54] 개간이 가능한 넓은 농지를 안고 있어 방어의 필요성이 높아진 까닭에, 첨사가 주둔하는 거진으로 설치되기에 이르렀던 것이다.

하는 것으로 이해할 수 있는 여지가 충분한 셈이다.

50) 李泰鎭, 「中央 및 地方 軍制의 變化」, 『韓國軍制史』(近世朝鮮前期篇), 陸軍本部, 1968, 282~287쪽.

51) 『成宗實錄』 248 成宗 21년 12월 13일(庚申), 『宣祖實錄』 121 宣祖 33년 正月 28일(癸酉), 『正祖實錄』 20 正祖 9년 7월 26일(癸酉)

52) 倭寇가 출몰하는 要路에 위치하기 때문에 비로소 加里浦에 僉使鎭을 설치하였다는 앞의 註 46)의 기록에서도 그것을 이해할 수가 있다.

53) (前略) 今上(中宗)十八年 以賊路要害 設鎭 置僉使一人(『新增東國輿地勝覽』 40 順天都護府 關防 防踏鎭 夾註)

54) 『成宗實錄』 197 成宗 17년 11월 22일, 『宣祖實錄』 121 宣祖 33년 正月 28일(癸酉), 『正祖實錄』 20 正祖 9년 7월 26일(癸酉).

성종대 이후 삼포왜란 때까지 왜적이 침구한 사례는 중종 5년(1510) 禮曹에서 對馬島主에게 보낸 서계에 상세하거니와, 그 무렵 돌산도에 왜구가 출몰한 기록으로는 다음이 찾아진다. 『成宗實錄』 84 成宗 8년 9월 20일, 『成宗實錄』 89 성종 9년 2월 16일, 『成宗實錄』 133 성종 12년 9월 7일, 『成宗實錄』 249 성종 22년 정월 5일, 『燕山君日記』 22 연산 3년 3월 12일.

행정적인 공백상태로서 공문서상의 무인도이자 왜구가 빈번히 출몰하는 해로상의 요충인 돌산도에, 중종 17년(1522) 무렵 방답첨사진이 창설되기에 이른 경위를 검토하였다. 이제 그러한 방답진을 전라좌수영과의 연관 아래 고찰하려 하는데, 그에 관해서는 節을 달리하여 살피도록 하겠다.

2. 全羅左水營과 防踏鎭

조선의 수군제도는 고려말 이래 왜구를 방비하고자 재건되어오던 것을 계승하는 가운데 정비되었다.[55] 그리하여 태조에서 세종대에 걸쳐 확충 정비된 내용이 『世宗實錄』 지리지에 수록되어 전하는데, 전라도의 경우 1인의 水軍處置使 휘하에 左道와 右道 都萬

---

55) 閔賢九, 「鎭管體制의 確立과 朝鮮初期 地方軍制의 成立」, 『朝鮮初期의 軍事制度와 政治』, 韓國研究院, 1983, 170~178쪽.

朝鮮前期의 水軍 정비에 관해서는 다음의 연구를 주로 참고하였다. 軍史研究室 編, 『韓國軍制史』(近世朝鮮前期篇), 陸軍本部, 1968. 車文燮, 『朝鮮時代軍制研究』, 檀國大出版部, 1973. 軍史研究室 編, 『韓國軍制史』(近世朝鮮後期篇), 陸軍本部, 1977. 閔賢九, 『朝鮮初期의 軍事制度와 政治』, 韓國研究院, 1983. 方相鉉, 『朝鮮初期 水軍制度』, 民族文化社, 1991. 오붕근・손영종, 『조선수군사』, 사회과학출판사, 1991(1998). 小田省吾, 「李朝時代の水軍」, 『朝鮮史學』 6, 朝鮮史同攷會, 1926. 李載龒, 「朝鮮前期의 水軍」, 『韓國史研究』 5, 1970. 車文燮, 「軍事組織」, 『한국사』 10, 국사편찬위원회, 1974. 車文燮, 「軍事制度」, 『韓國史論』 3(朝鮮前期篇), 國史編纂委員會, 1975. 車勇杰, 「軍事制度」, 『韓國史論』 4(朝鮮後期篇), 國史編纂委員會, 1976. 金良洙, 「朝鮮 肅宗時代의 國防問題」, 『白山學報』 25, 1979. 金在瑾, 「朝鮮王朝의 水軍」, 『軍史』 1, 1980. 金鉉丘, 「朝鮮後期 統制使에 관한 연구」, 『釜大史學』 9, 1985. 張學根, 「朝鮮前期水軍萬戶考」, 『海士論文集』 26, 1987. 方相鉉, 「朝鮮後期 水軍統制使研究」, 『國史館論叢』 17, 1990. 權寧國, 「고려말 지방군제의 변화」, 『한국중세사연구』 창간호, 1994. 盧永九, 「朝鮮初期 水軍과 海領職의 변화」, 『韓國史論』 33, 서울大 國史學科, 1995.

戶 2인이 배치되었고, 다시 그 아래에 諸萬戶가 배속되어 선군과 병선을 거느리도록 편제되었다.[56] 이후 조선의 수군제도는 세조대의 대대적인 개혁을 거치면서 鎭管體制로 정착되었다. 그리고 그것이 약간의 수정을 거쳐 『經國大典』(成宗 16, 1485)에 수록됨으로써 그 완성된 골격을 드러내었다.[57]

한편 그러는 사이 전라도의 수군편제에는 큰 변화가 나타났다. 전라좌수영의 창설이 그것이었다. 왜구의 잦은 출몰에 대비하고자 전라도의 동쪽 끝 왜구와 대치하는 최전선에 수군절도사영을 설치할 필요성이 증대된 때문이었다. 그리하여 성종 10년(1479) 정월에 전라좌도 도만호 관하의 內禮萬戶鎭을 主鎭으로 승격시켜 전라좌수영으로 삼기에 이르렀던 것이다.[58] 본시 세조대 진관체제하에서 전라도 수군은 海南 黃原에 주둔하는 수군절도사 1인이 左右道의 巨鎭인 蛇渡鎭管과 臨緇島鎭管의 첨절제사 2인 및 그 관하의 諸萬戶를 거느리는 일원적인 체제였다. 그런데 전라좌수영이 신설되어 좌도의 사도진관을 관할하면서, 기왕의 전라도 수군절도사는 우도의 임치도진관만을 관할하는 전라우수사로 변화하였다. 하나이던 主鎭이 두 곳으로 늘면서, 전라좌·우수사가 각각 좌·우도의 수군을 분리하여 통솔하는 이원적인 체제로 개편되었던 것이다. 성립 당시 전라좌수영에서는 강진·장흥·흥양·보성·낙안·순천·광양으로 이어지는 전라도 남해안 동부 7郡縣의 8鎭浦를 관하에 거느렸던 것으로 『경국대전』에 나타난다.[59]

---

56) 『世宗實錄』 151 地理志 全羅道 關防

57) 『經國大典』 4 兵典 外官職

58) 『成宗實錄』 100 成宗 10년 正月 癸亥

59) 鄭淸柱, 「全羅左水營의 역사」, 『全羅左水營의 역사와 문화』, 여수시·순천대박물관, 1993, 16~18쪽.

전라좌수영의 편제에 다시 변화가 생긴 것은 중종대에 가서였다. 앞 節에서 다루었던 바, 중종 17년(1522)에 가리포진과 방답진을 신설한 데 따른 일이었다. 좌수영 관하의 達梁萬戶鎭을 혁파하고 그 수군을 옮겨 우수영 관하에 加里浦僉使鎭을 신설하는 동시에, 좌수영 관하의 馬島萬戶鎭을 그 加里浦鎭管으로 이속시켰으며,[60] 또한 좌수영 관하의 突山萬戶鎭을 權管鎭으로 격하시키는 것과 함께 防踏僉使鎭을 신설하였던 것이다. 좌수영 휘하 사도진관의 두 만호진이 우수영 가리포진관으로 옮겨갔으며, 아울러 사도진관 소속의 한 만호진을 대신하여 첨사진이 설치되는 변화가 생긴 셈이었다.

다음은 그처럼 개편된 전라좌수영의 편제 및 그러한 속에서의 방답진을 적시한 것이다.

全羅左道	主鎭(水軍節度使)	左水營(左水使, 順天 內禮浦) 현 여수시 군자동
	巨鎭(水軍僉節制使)	蛇渡鎭管(蛇渡僉使, 興陽) 현 고흥군 영남면 금사리
	*巨鎭(水軍僉節制使)	防踏鎭(防踏鎭僉使, 順天) 현 여수시 돌산읍 군내리
	諸鎭(水軍萬戶)	呂島鎭(呂島萬戶, 興陽) 현 고흥군 점암면 여호리
		鹿島鎭(鹿島萬戶, 興陽) 현 고흥군 도양읍 봉암리
		鉢浦鎭(鉢浦萬戶, 興陽) 현 고흥군 도화면 내발리
		會寧浦鎭(會寧浦萬戶, 長興) 현 장흥군 회진면 회진리

본시 거느리던 7군현의 8진포 중 강진지역이 우수영 관하로 옮

60) 李泰鎭, 「中央 및 地方 軍制의 變化」, 285~286쪽.

겨감으로써, 전라좌수영에는 장흥·흥양·보성·낙안·순천·광양으로 이어지는 6郡縣의 6鎭浦가 소속되었다.[61] 그 일선 지휘부에는 1인의 절도사를 필두로 2인의 첨절제사와 4인의 만호가 배치되었는데, 그 2인의 첨절제사 가운데 하나가 곧 방답진에 주둔하는 수군 지휘관이었던 것이다.

16세기 말에 임진왜란을 겪은 조선왕조는, 전쟁의 피해를 복구하고 국방력을 재건해야 하는 과제에 직면하였다. 수군을 재정비하는 문제도 그중의 하나였음은 물론이다. 建州衛 女眞勢力의 급격한 팽창과 같은 내외 정세의 불안정 속에서도, 임진왜란의 쓰라린 경험과 교훈을 살려 수군력을 재건·강화시킬 필요성이 매우 절실하였던 것이다. 그리하여 17~18세기에 걸쳐 수군을 다시 배치하고, 지휘 통솔 체계를 재정비하는 것을 비롯해서, 함선을 건조하여 전선을 확보하며, 나아가 무장과 무기체계를 개선하고 군사훈련을 강화하는 등 일련의 조치가 취해졌다.[62]

한편 임진왜란을 거치면서 전라좌수영의 편제에도 약간의 변화가 있었다. 우선 會寧浦鎭이 전라좌수영의 관할에서 제외되었다가

---

61) 突山浦鎭은 제외하였는데 당시 여기에는, "(前略) 今上(中宗)十八年 革萬戶置權管 分本府鎭軍 戍之"(『新增東國輿地勝覽』 40 順天都護府 關防 突山浦營夾註)라 기록된 데서 알 수가 있듯이, 순천도호부에서 나눠 보낸 鎭軍이 權管의 통제 아래 防戍에 임하였다.

62) 임진왜란 이후, 所屬鎭管을 개편하고 屬邑을 늘리는 등 鎭管體制를 재정비하며, 三道水軍統制使를 격상시키고 三道水軍統御使를 신설함과 동시에 防禦營을 각지에 설치하며, 수군지휘관에 새로 同僉節制使를 두는 한편 別將이 주둔하는 召募鎭을 설치하는 것과 같은, 수군의 복구 강화를 위한 여러 조치 및 조선 후기 수군의 전반에 관해서는, 오붕근·손영종, 『조선수군사』, 322~377쪽 및 許善道, 「'鎭管體制 復舊論' 硏究」, 『國民大論文集』 5, 1973, 43~66쪽과 金鉉丘, 「조선후기의 통영」, 『統營市誌』 上, 統營市史編纂委員會, 1999, 177~182쪽의 설명이 참고 된다.

다시 돌아왔다. 임진왜란 당시 전라좌수영은 회령포진을 제외한 2첨사・3만호진 즉 흔히 5浦로 약칭되는 5수군진 및 장흥을 제외한 흥양・보성・낙안・순천・광양 등 보통 5官으로 약칭되는 5고을을 거느렸는데, 조선 후기에는 회령포진을 되돌려받아 2첨사・4만호진 및 장흥을 더한 6고을을 군사적인 관할 아래 두게 되었던 것이다. 여기에 숙종 12년(1686)에서 동왕 16년(1690) 사이에는 加里浦와 古今島의 두 첨사진 및 馬島・薪智島의 두 만호진을 전라우수영으로부터 이속받았다가 곧바로 환속시킨 적도 있었다.[63] 또한 광해군 3년(1611)에는 만호진 혁파 이후 權管이 주둔해오던 (古)突山鎭이 別將이 주둔하는 召募鎭으로 개편되어 좌수영 관하의 소규모 水軍鎭堡로 자리 잡았다.[64]

하지만 그러한 중에서도 방답진 자체에는 별다른 변화가 없었다. 1895년 갑오경장으로 군제가 개편되면서 폐진의 운명을 맞을 때까지, 여전히 전라좌수영을 구성하는 수군첨사진으로서의 자리를 지키었던 것이다. 방답진을 포함해서 그처럼 유지된 조선 후기 전라좌수영의 편제를 간략히 제시하면 다음과 같다.

水使 1員 : 全羅左道 水軍節度使營
僉使 2員 : 蛇渡鎭, 防踏鎭
萬戶 4員 : 呂島鎭, 鹿島鎭, 鉢浦鎭, 會寧浦鎭
別將 1員 : 古突山鎭

---

63) 鄭淸柱, 「全羅左水營의 역사」, 19~20쪽.

64) ・在府東七十九里 水軍萬戶一人 今上(中宗)十八年 革萬戶置權管 分本府鎭軍戍之 (『新增東國輿地勝覽』 40 順天都護府 關防 突山浦營 夾註)
・在府東七十九里 古有萬戶 中宗朝 革萬戶 置權管 今設召募陣 有別將 (『新增昇平志』 上 關防 突山浦 夾註)
・本鎭 萬曆三十九年辛亥(光海 3)設鎭 而初無(有?)萬戶 去壬辰後 革罷萬戶設置權管矣 今設別將 (『古突山鎭誌』)

그런데 이상에서 살핀 것과 같은 전라좌수영의 편제에서 방답진의 위상은 다소 미묘하였다. 방답진은 첨절제사가 지휘하는 수군진이었다. 현재의 고흥에 위치하던 蛇渡鎭과[65] 함께 전라좌수영 관하의 두 巨鎭 가운데 하나였다. 그런데 거진임에도 불구하고 방답진에는 관할하는 諸鎭이 없었다. 사도첨사가 蛇渡鎭管 소속의 여러 만호진을 관할하면서 主鎭인 전라좌수영의 통솔을 받던 것과는 사뭇 다른 모습이었다. 바로 이웃에 위치하던 별장진인 古突山鎭마저 사도첨사의 관할 아래 들어 있었다.[66] 방답진 첨사는 소속 諸鎭을 휘하에 거느리는 鎭管의 지휘관이 아니었던 것이다.

그렇다면 방답진은 전라좌수영의 지휘체계상 어디에 위치하였을까? 조선 후기의 일부 자료에는 이 수군진이 사도진 첨절제사의 관할 범위와 무관했던 것으로 나타난다.[67] 직접 관할하는 수군진을 거느리지 못하였으며, 그렇다고 하여 특정 진관에 소속되지도 않은 상태였던 셈이다. 따라서 방답진은 전라좌수영의 직할진이었다고나 해야 할 터인데, 반드시 그러했던가에는 의문이 있다. 무엇보다 방답첨사를 임명하면서 그 소속을 사도진관으로 명시한 중앙의 공식 자료가 전한다는 점에서 그러하다. '李廷彦爲禦侮將軍行蛇渡

---

65) 邊東明, 「興陽縣과 四浦」, 『韓國中世의 地域社會研究』, 256~258쪽.

66) · 在縣東四十三里 鎭所管 會寧浦 · 馬島 · 鹿島 · 達梁 · 呂島 · 鉢浦 · 突山浦 水軍僉節制使一人 (『東國輿地志』 5下 全羅道 興陽縣 公署 蛇渡僉節制使鎭 夾註)
· 在縣東四十三里 有左道水軍僉節制使營 所管會(寧浦?) · 呂島 · 馬島 · 鹿島 · 鉢浦 · 突山浦等營 水軍僉節制使一人 (『新增興陽誌』 關防 蛇渡鎭 夾註)
위 두 번째 인용문의 『新增興陽誌』 즉 高興邑誌는 그 跋文 끝의 '上之三十四年歲戊寅'에서 파악되는 바와 같이 영조 34년(1758)에 편찬된 것이다. 1872년 무렵 편집되었던 것으로 알려진 『湖南邑誌』를 영인한 『邑誌』 4(全羅道①, 韓國學文獻研究所 編, 亞細亞文化社, 1983)에 수록되어 전한다.

67) 앞의 註 66)에 제시한 자료들이 그것으로서, 거기에 거론된 蛇渡鎭管 관할의 水軍鎭 가운데 防踏鎭이 들어 있지를 않다.

鎭管防踏水軍僉節制使'라든가 '田瀥爲折衝將軍行蛇渡鎭管防踏水軍僉節制使'와 같은 기사가 그것이다.[68] 나아가 廢鎭에 당하여 방답진 첨사가 조정에 올린 최후의 현황 보고문 중에 등장하는 "鎭管蛇渡鎭"이라는 기록도 방답진이 사도진관 소속이었음을 전하기는 매한가지이다.[69] 아무런 전후 설명이 없이 중간에 불쑥 제시된 데다 어떤 자체 해설도 덧붙지 않은 단독 항목이어서, 무어라 말하기 어려운 점이 있기는 하다. 그러나 폐진 당시의 최종 현황을 보여주는 자료라는 점에서 결코 무시할 수 없으며, 더욱이 그 기록에 뒤이어 "面名呂水面"이라고 하여 방답진이 위치하던 행정구역명을 전하는 항목이 곧장 등장하는 사실 등으로 미루어, 당시 방답진이 사도진관에 소속되어 있었음을 전하는 것으로 이해함이 온당할 듯싶다. 적어도 위의 방답첨사가 임명되던 인조 7년(1629)·13년에서 폐진되던 고종 32년(1895)까지 방답진은 사도진관에 속했었음이 거의 확실해 보이는 것이다. 그리고 이는 곧 조선전기 이래, 아니더라도 임진왜란 이후 재정비된 수군진관체제에서 줄곧 그러하였음을 의미하는 것으로 받아들여 지나치지 않으리라 믿는다.[70]

그러나 이는 형식상 그렇다는 의미일 뿐, 실제에서는 방답진이 사도진과 대등하거나 혹은 그 서열이 더욱 높았던 듯 여겨지는 기

68) 『承政院日記』 2책(탈초본) 仁祖 7년 3월 12일, 같은 책 3책 仁祖 13년 9월 14일.

69) 앞 註 48)의 高宗 32년(1895) 撰 『湖南鎭誌』(奎 12188)에 수록된 『防踏鎭册』(약칭)에서, 鎭의 현황을 나열하던 중간에 아무런 설명 없이 단독 항목으로 제시되어 있다.

70) 이처럼 관내에 水軍鎭을 거느리기는커녕 형식상이나마 다른 僉節制使의 관하에 위치하였기 때문에, 일부에서는 防踏鎭을 僉節制使(從3品)가 아닌 同僉節制使(從4品)가 주둔하는 鎭浦로 여기기도 하였던 것으로 보인다(『大東地志』 14 順天 鎭堡 防踏鎭). 한편 방답진이 巨鎭이면서도 다른 거진 예하의 진관에 배속된 이유가 궁금한데, 後考를 요한다.

록도 흔히 눈에 띈다. 봄・가을로 바람이 잦아들거나[風和] 혹은 높아지기[風高] 시작하는 3월과 9월이면 좌수영의 지휘 아래 정기적인 소집점검과 훈련(春・秋操)을 실시하는데, 이때의 편제에서 사도진과 방답진은 각각 左司와 右司를 지휘하는 把摠으로서 대등한 위치였다.[71] 무장 수준에서도 그러하였다. 첨사진・만호진을 막론하고 전라도 수군진의 대부분이 戰船을[72] 한 척씩만 보유 중인 가운데, 방답진에서는 두 척을 보유하였다는 기록으로[73] 미루어 짐작이 가능하다. 방답진이 소속된 진관의 지휘부인 사도진 등과 함께였다.[74] 사도진과 비교해 방답진의 무장 수준이 결코 뒤떨어지지 않았음을 이해할 수가 있는 것이다. 왜적에 의해 자주 이용되는 해로의 요충에 방답진이 위치한 때문이었거니와,[75] 또한 그와 같은 이유로 해

---

71) ・節到付備邊司關內 (中略) 諸道春操 (中略) 中司 把摠 虞候 (中略) 左司 把摠 蛇渡僉使 異海謙 前哨官 長興府使 柳厚祚 (中略) 右司 把摠 防踏僉使 全尙信 前哨官 呂島萬戶 柳相德 (下略) (『全羅左水營啓錄』 1책 道光 30년 3월 21일 承政院開拆(1쪽))

・左司 把總 蛇渡僉使 前哨官 長興府使 (中略) 右司 把總 防踏僉使 前哨官 呂島萬戶 (中略) (『湖南左水營誌』 司哨).

여기에서 이용한 『全羅左水營啓錄』은 『各司謄錄』 제20책 全羅道篇에 수록된 것이며, 인용전거 맨 끝의 숫자는 『각사등록』 제20책의 쪽수이다. 이하에서도 동일하다.

72) 板屋船이라고도 불리는 戰船은 조선시기의 전투용 선박 중 가장 大型으로서 조선 수군의 주력 戰艦이었다. 조선전기 大・中・小猛船과 조선중후기 戰船・龜船・防(牌)船의 계승관계 및 그 크기 등에 관해서는, 『肅宗實錄』 40 肅宗 30년 12월 28일(甲午) 및 『增補文獻備考』 120 兵考 12 舟師 經國大典續大典戰船水軍之數 京畿條와 같은 당대인들의 서술이 전해져 참고가 된다.

73) 『肅宗實錄』 63 肅宗 45년 4월 30일(壬申)

74) 臣營留防戰船四隻 及所屬防踏・蛇渡戰船各二隻 呂島・鉢浦・鹿島・會寧浦・古突山戰船各一隻等 (下略) (『全羅左水營啓錄』 1책 道光 30년 3월 1일 承政院開拆(1쪽))

서 당시 방답진의 전선 2척 중 1척을 신설한 수군진으로 이속시키자는 건의도 받아들여지지 않았다.[76]

나아가 방답진의 서열이 사도진에 앞서는 듯 보이는 기록도 적지 않다. 신임 전라좌수사가 부임하면서 전임자에게서 좌수영 및 소속 6진의 發兵符를 인계받는 때가 그러하였다. 『全羅左水營啓錄』 중 현전하는 부분(철종 원년, 1850~고종 29, 1892)에 의하면, 신임 수사의 부임보고서에서 발병부의 인계인수 서열은 줄곧 좌수영→ 방답진→사도진→여도 이하 제만호진의 순이었다. '風和待變(禦邊)'하고 '風高罷防'하면서 留防戰船을 보고하는 경우에도, 변함없이 좌수영→방답진→사도진→여도 이하 제만호진 및 고돌산진의 순이었다. 좌수사가 휘하 지휘관인 첨사·만호·별장에 대해 시행한 褒貶 관련 보고문에서도 그것은 매한가지였다. 항상 방답첨사 →사도첨사→여도만호 등 제만호→고돌산별장의 순이었다. 특히 포폄의 경우 매우 예민한 인사 관련 행정으로서 전라관찰사와 상의하여 시행하는 게 원칙이었으며, 대상자의 이름과 함께 직임의 명칭도 조금의 생략이 없이 그 전체를 기록하는 등 매우 중요시하였는데, 거기에서도 방답진 첨사는 늘 사도진 첨사보다 앞서 기록되었다.[77] 전라좌수군 내에서 방답진의 위상이 사도진의 그것에

---

75) 방답진이 해로상의 요충에 위치하였음은 이미 수차 언급하였거니와, 일본에 포로로 끌려갔다 귀환한 사람 및 해안의 주민과 주둔했던 장수 등을 통한 견문에 바탕하여 李恒福이 선조 33년(1600)에 올린 倭賊對備策 중에, 방답도가 왜적 침구의 두 핵심 통로 중 하나라는 사실이 강조되었음은 유의할 만하다(『宣祖實錄』 121 宣祖 33년 正月 28 癸酉).

76) 『肅宗實錄』 63 肅宗 45년 4월 30일(壬申), 『承政院日記』 27책 肅宗 45년 4월 30일, 『備邊司謄錄』 7집(탈초본) 肅宗 45년 5월 2일

77) 『全羅左水營啓錄』 전체에서 사안별로 유사한 문투와 형식 및 순서가 대개 일관하여 유지되었는데, 위의 세 경우 각각에 대해 맨 처음의 것을 하나씩 예로 들면 다음과 같다.

못지않았거나 혹은 앞서기도 하였음을 이해할 수가 있는 것이다.

방답진이 형식상 사도진관에 속했지만, 전라좌수군 내에서의 실제 위상은 사도진과 대등하거나 혹은 앞서기도 하였음을 살폈다. 거진으로서 하등 손색이 없는 수군기지였거니와, 그 활동에서도 그러하였음은 물론이다. 전라좌수영 관하의 일선 수군기지로서, 평시에는 春・秋操 등 정기적인 소집점검 및 훈련에 임하고,[78] 風高期(9월~2월)와 風和期(3월~8월)에 맞춰 防戍하며,[79] '海洋瞭望'하

・全羅左道水軍節度使臣李肇淵 謹啓爲到任事 主鎭發兵符一隻 印信一顆 馬牌三面 及所屬防踏・蛇渡・呂島・鉢浦・鹿島・會寧浦等六鎭發兵符六隻 並以前水使臣鄭夏應 逢授爲白有如乎 (下略) (『全羅左水營啓錄』 1책 道光 30년(1850) 2월 12일(1쪽))

・臣營留防戰舡四隻 及所屬防踏・蛇渡戰舡各二隻 呂島・鉢浦・鹿島・會寧浦・古突山戰舡各一隻等 今三月初一日爲始 風和待變爲白臥乎事 (下略) (같은 책 道光 30년 3월 1일(1쪽))

・臣營留防戰舡四隻 及所屬防踏・蛇渡戰舡各二隻 呂島・鉢浦・鹿島・會寧浦・古突山戰舡各一隻等 今九月初一日爲始 風高罷防爲白臥乎事 (下略) (같은 책 道光 30년 9월 1일(3쪽))

・全羅左道水軍節度使臣李肇淵 謹啓爲褒貶事 臣營所屬僉使萬戶別將 今庚戌年春夏等褒貶實績等第 與觀察使臣南秉哲 同議磨鍊 開坐 謹具啓聞 防踏鎭水軍僉節制使 (中略) 蛇渡鎭水軍僉節制使 (中略) 呂島水軍萬戶 (中略) 鉢浦水軍萬戶 (中略) 鹿島水軍萬戶 (中略) 會寧浦水軍萬戶 (中略) 古突山召募別將 (下略) (같은 책 道光 30년 6월 1일(1쪽))

중앙 조정에서도 방답진을 전라좌수영 관내의 대표적인 수군진으로 인식하였다. 전라좌수영 관할 수군진을 뭉뚱그려 '方踏等五浦'라 표기하기도 하였던 데서 알 수가 있는 일이다(『備邊司謄錄』 1집 仁祖 12년 3월 26일, 『承政院日記』 2책 仁祖 12년 3월 27일).

78) ・節到付備邊司關內節啓下教司啓辭 諸道秋操 (中略) 右司把摠防踏僉使 (下略) (『全羅左水營啓錄』 1책 道光 30년 9월 4일 承政院開拆(1쪽))

・節到付備邊司關內節啓下教司啓辭 諸道水陸秋操 (中略) 右司把摠防踏僉使 (下略) (같은 책 道光 30년 9월 4일 承政院開拆(3쪽))

79) 앞 77)의 해당 사료.

거나 돌산도의 봉수대를 관리하는[80] 등 임무를 수행하였다. 나아가 최일선의 해상방어기지로서, 외적의 침략으로부터 나라와 백성을 수호하는 데 적극 앞장서도록 기대되었음은 이를 나위가 없다. 그러므로 倭船을 탐망하고 수색하며 토포하는 임무를 제대로 수행하지 못하는 경우 엄히 처벌을 받는 것은 당연하였다.[81] 또한 진상품을 싣고 가는 선박을 보호해야 하는가 하면,[82] 왜적과 접전이 발생할 경우 관내의 烽燧를 통해 긴급히 보고해야 하는 것은 물론이었다.[83] 왜선을 포획하고 적의 수급을 벤 방답진 첨사가 포상을 받았다든지, 반대로 화약을 준비 보존하는 상태가 불량하여 방답첨사가 처벌을 받은 기록도 전한다.[84] 일선 수군기지로서 수행해야 할 임무를 보여주거니와, 따라서 임진왜란과 같은 국난을 당해서 이 수군진에 속한 병선과 장졸들의 역할 내지는 활약이 기록에 자주 등장하는 것은 별반 새삼스러운 일이 아니라 할 것이다.

다만 임진왜란 당시 나라를 수호하는 핵심 전력이 전라좌수영의 수군이었던 만큼, 그 휘하의 거진이었던 방답진의 역할에도 남다른 바가 있었음은 지나칠 수가 없다. 임진왜란이 발발한 초기 경상도 해역으로의 출전에 가장 적극적으로 나선 장수 중 하나가 방답첨사였으며, 출전하기 이전부터 방답진 소속 함선의 움직임이 유난히 활발했는가 하면, 전라좌수군의 최초 출전을 전하는 李舜臣 장군의 군령도 방답첨사를 통해 처음 전달되었음이 『亂中日記』에 전한

80) 『防踏鎭冊』

81) 『中宗實錄』 65 중종 24년 4월 15일(庚辰)

82) 같은 책 6월 16일(己卯)

83) 『明宗實錄』 4 명종 원년 9월 25일(己卯)

84) 『宣祖實錄』 10 선조 9년 3월 19일(壬子), 같은 책 4월 3일(丙寅), 『備邊司謄錄』 1집 仁祖 16년 2월 28일, 『承政院日記』 3책 仁祖 16년 2월 29일, 『承政院日記』 4책 仁祖 16년 3월 3일

다.[85] 또한 출전에 미쳐서는 방답진 첨사가 늘 中衛將 내지는 前部將을 맡았으며,[86] 그리하여 왜장을 사살하고 또한 침략에 동원된 왜적의 명단인 '分軍記' 6軸을 탈취해오는 등[87] 그 활약이 출중하여 그를 특별포상하도록 좌수영에서 조정에 건의하였던 바, 거기에는 李舜臣 장군과 방답첨사 등이 더불어 죽기를 기약하며 매사를 함께 논의하는 사이였음이 특기되기도 하였다.[88] 그 지휘관인 첨사로 대표되는 방답진의 중요성을 파악하는 데 부족함이 없으려니와, 그밖에도 좌수영 본진 외에 유일하게 방답진만이 거북선을 거느린 수군진이었으며,[89] 사도첨사진을 비롯하여 여타의 수군진은 단지 100석의 군량만을 비축토록 한 데 비해 방답진에는 500석이 배당되었던 사실[90] 등에서, 거듭 좌수영 내에서의 그 위상을 확인할 수가 있다 하겠다. 임진왜란을 맞아 해전을 승첩으로 이끈 전라좌수영 소속의 주요한 수군진으로서 방답진이 그 역할을 다했다는 지역민에 의한 후대의 평가를,[91] 반드시 과장으로만 치부하기는 어려울 듯싶어 보이는 것이다.

---

85) 『李忠武公全書』 5 壬辰年 5월 1일~3일

86) 같은 책 2 赴援慶尙道狀·玉浦破倭兵狀·唐浦破倭兵狀·見乃梁破倭兵狀·釜山破倭兵狀

87) 같은 책 唐浦破倭兵狀

88) (前略) 防踏僉使李純信 盡瘁邊備 變後愈勤 四度討賊 必先奮擊 至於唐項浦接戰時 射斬倭將 其功超等 (中略) 諸將中 權俊·李純信·魚泳潭·裵興立·鄭運等 別有所恃 期與共死 而每事同論畫計 (中略) 唯此純信 未蒙天恩 故伏竢朝廷宣褒之命 (『李忠武公全書』 2 請鄭運追配李大源祠狀)

89) 같은 책 見乃梁破倭兵狀·釜山破倭兵狀 중의 사망·부상자 명단에, 방답진 소속의 거북선 승선자가 기록되어 방답진 거북선의 존재를 확인시켜준다.

90) 같은 책 移劃軍糧狀

91) 김병호, 「역사적 배경」, 121~127쪽.

전라좌수영 내에서의 방답진의 위상 내지 활동을 검토하였다. 이제 節을 달리하여 방답진의 편제와 시설 등을 일별함으로써 잠시 그 내부를 들여다보는 기회를 갖도록 하겠다.

3. 防踏鎭의 편제와 시설

방답진 수군첨절제사의 휘하에는 대략 500～700명가량의 軍官

	『防踏鎭誌』(1872)						『防踏鎭册』(1895)		
	1戰船	2戰船	1兵船 (2척)	1挾船 (2척)	2挾船 (2척)	合	1戰船	2戰船	合
船　將		1	2			3	1	2	3
旗牌官	2	2	2			6	3	3	6
捕盜官	2	2				4	2	2	4
訓　導	1	1	2			4	2	2	4
射　夫	15	15	20			50	25	25	50
火砲匠	10	15	2			27	11	11	22
砲　手	24	24	22			70	34	34	68
舵　工	2	2				4	10	10	20
繚　手	2	2				4			
椗　手	2	2				4			
舞　上	2	2				4			
船　直	1	1				2			
沙　工			2			2			
能櫓軍	108	108	60			276	138	138	276
沙格軍				12	12	24	12	12	24
合　計	171	177	112	12	12	484	238	239	477

※ 『防踏鎭册』의 항목 중 舵工의 숫자는 船直을 포함한 것임.

을 포함한 水軍·人吏가 배속되었던 것으로 보인다. 19세기 후반에 작성된 두 자료를 바탕으로 한 추정인데, 앞의 표는 그중의 乘船人員에 관한 기록을 적시한 것이다.

총인원이 470~480명가량으로 서로 비슷한데다 戰艦別 乘船人員에 관한 實錄上의 규정과도[92] 그다지 차이가 나지 않는 것으로 미루어, 두 자료 모두 신빙성을 지닌 것으로 판단된다. 防軍의 숫자 또한 1,620명으로 동일하게 나타나는 등[93] 자료가 작성되던 시점의 상황을 나름대로 충실히 반영한 기록으로 추정이 되는 것이다. 다만 兵種別 혹은 戰船別 인원에 다소 차이가 있으나, 이는 兵種分類의 詳略 내지는 『방답진책』의 경우에서처럼 전선별로 배당된 두 척씩의 伺候船 인원을 戰船의 인원에 포함시키는 등에 기인한 것으로서, 그 신뢰도에 손상을 주는 만큼의 근본적인 문제는 아닌 듯

92) 戰艦別 乘船人員에 관한 기록에 따르면, 조선 전기의 경우 大猛船 80명, 中猛船 60명, 小猛船 30명이던 것이, 조선 후기에는 전함의 대형화 추세에 따라 戰船 164명, 龜船 148명, 偵探船 79명, 兵船 17명, 伺候船 5명으로 바뀌었다고 한다(『肅宗實錄』 40 肅宗 30년 12월 28일 甲午). 이것을 본문에 제시한 『防踏鎭誌』와 비교해보면, 戰船이 171~177명, 兵船이 56명(2척에 112명), 挾船이 6명(2척에 12명)으로서, 戰船과 挾船(伺候船으로 간주)의 경우 숫자가 비슷하다. 단지 兵船에서만 다소 차이가 나는데, 이것도 실록에 나오는 兵船과 偵探船의 기능을 아울러 지니도록 방답진에서는 그 중간쯤의 크기로 兵船을 제작했던 것으로 이해하면 문제가 해결될 듯싶다. 한편 『防踏鎭冊』의 경우 戰船의 승선 인원이 238~239명이었던 것으로 나타나 실록상의 규정과 제법 차이가 벌어지는데, 그중 沙格에 각각 2척의 伺候船 인원 12명이 포함되는 등 戰船別로 관할 艦船의 인원을 모두 합해서 기록했던 듯하므로, 이를 감안하면 역시 크게 차이는 나지 않을 것으로 추정된다. 伺候船의 승선 인원이 6명(2척에 12명)으로 나타나 실록의 규정과 크게 어긋나지 않는 등 그러한 추정이 반드시 무리하지만은 않을 것으로 판단되는 것이다.

93) 앞서 숙종대의 자료에는 방답진의 防軍이 총 1,780명이었던 것으로 나온다(『備邊司謄錄』 6집 肅宗 42년 10월 24일).

하다.

아울러 위에 제시한 것과는 별도로 소속 인원을 기록한 부분이 나오는데, 그것을 적시하면 다음과 같다. 『防踏鎭誌』의 경우 軍官 50명, 旗牌官 25명, 鎭撫 45명, 知印 25명, 軍牢 25명, 旗手 50명, 使令 25명, 射夫 50명, 火砲匠 22명, 砲手 68명, 舵工・耳匠 18명, 能櫓軍 302명 등 총 705명이, 그리고 『防踏鎭冊』에는 軍官 11명, 將校 2명, 鎭撫 11명, 通引 2명, 使令 6명, 旗手 4명, 軍牢 4명 등 총 40명이 각각 올라 있는 것이다. 전자의 705명은 앞서의 승선인원 및 수군진 근무 인원 등을 포함한 방답진의 定員을 가리키는 듯하며, 후자의 40명은 아마 평상시의 방답진 근무자 중 일반 수군을 제외한 軍官・人吏만을 적시한 것이 아닌가 싶다. 따라서 이들을 종합해 볼 때, 방답진 수군첨절제사는 위에서 제시하였듯이 대략 500~700명가량의 인원을 통솔하였던 것으로 간주함이 좋지 않을까 여겨지는 것이다.[94]

하지만 그와 같은 정원과 무관하게 평상시에는 늘 인력의 부족에 시달리는 게 현실이었던 듯싶다. 格軍이 부족하여 방답진에서 보유 중이던 전함 가운데 일부를 해안의 언덕에 그냥 매어두기만 한다는 진술에서 짐작되는 일이다.[95] 그러므로 방답진의 전함 중 일부를 옮겨 光陽에다 새로 수군진을 설치하자는 것이었다. 광양에 설진하는 문제의 타당성을 둘러싸고 설왕설래하면서 언급되는 이야기이지만, 당시 방답진이 인력의 부족으로 힘겨워 하였음을 보

94) 영조 35년(1759) 무렵에 편찬된 『輿地圖書』(全羅道 順天府 鎭堡 防踏鎭 夾註)에 기록된 방답진의 관원 현황은 다음과 같다. 僉使(武班 正3品), 軍官 32명, 旗牌官 18명, 鎭撫 20명, 知印 9명, 使令 24명, 軍牢 39명, 旗手 36명.

95) 『仁祖實錄』 36 仁祖 16년 正月 17일(辛巳), 『承政院日記』 3책 仁祖 16년 정월 17일

여주는 방증으로 부족함이 없어 보인다.

방답진첨사가 지휘하는 함정은 8隻이었다. 각 두 척씩의 戰船과 兵船 및 1・2挾船 2척씩이 그것이었다.[96] 조선후기 들어 방답진에서는 전함이 불에 타는 화재 사건이 두 차례나 발생하였다.[97] 특히 純祖 6년(1806)의 화재시에는 軍民 41명이 불에 타거나 물에 빠져 죽었던 것으로 기록에 전한다. 국왕이 恤典을 내려 민심을 위무해야 하리만큼 대형 참사였다. 외적을 방어하는 최일선으로서 지녀야 할 긴장감이 매우 해이되었음을 짐작할 수가 있거니와, 자연히 전함의 보수나 건조 또한 형식적이었던 듯싶다. 철종 원년(1850)과 2년의 전라좌수영 보고에 따르면, 12년마다 새로이 건조하도록 규정된 전・병선이 소속 수군진 모두에서 하나같이 기한을 훨씬 넘긴 상태로 방치되었음을 보여준다. 방답진의 경우 1전선은 건조한 지 23・24년이 지나 기한을 11・12년 초과하였으며, 2전선은 12・13년 지나 꽉 찼거나 1년을 초과하였고, 1병선은 23・24년 지나 11・12년을 그리고 2병선은 20・21년을 지나 8・9년을 각기 초과한 상태였다.[98] 전함의 보존상태가 지극히 열악하였음을 이해하고도 남음이 있거니와, 그리하여 방답진이 폐진되던 1895년 무렵에는 어느 함선을 막론하고 심하게 파손된 상태였던 것으로 전한다. 戰

---

96) 1戰船은 本板의 길이가 예순석 자[63尺]이고 넓이가 열한 자[11尺]이며, 2전선은 본판의 길이가 쉰다섯 자[55尺]이고 넓이가 열 자[10尺]였다. 또한 병선은 본판의 길이가 마흔 자[40尺]에 넓이가 여덟 자[8尺], 그리고 1・2협선은 본판의 길이가 각각 스무 자[20尺]・열다섯 자[15尺]에 넓이가 각각 석 자[3尺]・두 자[2尺]였다(『防踏鎭誌』, 『防踏鎭册』).

97) 『仁祖實錄』 38 仁祖 17년 正月 24일(壬午), 『純祖實錄』 8 純祖 6년 4월 2일(己卯)

98) 『全羅左水營啓錄』 1책 湖左水營報牒錄 庚戌(1850) 7월 9일(16~17쪽), 같은 책 全羅左水使在任時移報錄 咸豐 원년(1851) 8월 16일(14~15쪽)

船 2척과 兵船 2척 및 伺候船 4척이 모두 '破傷無面'이었다는 기록으로 미루어 그러하다.[99]

방답진에는 앞서 언급하였듯이 그 거점으로서 城堡가 축조되었다. 중종 17년(1522) 무렵이었다.[100] 현지에는 성벽의 일부가 아직 남아 있는데, 조선후기의 몇몇 자료에는 그 전체 규모를 짐작케 하는 기록이 전한다.[101] 이 방답진성의 내부에는 관아 건물들이 즐비하였다.[102] 때로 건물과 성곽을 보수하였다는 기록이 전하기도 하는데,[103] 그 수준이 어느 정도였는지는 파악할 길이 없다. 공문서상 이 수군진에 거주하는 것으로 파악된 주민은 170戶였다.[104] 방답진에 소속된 防軍은 1,620명이었다. 이들은 전라도 내의 고을에

---

99) 『防踏鎭冊』

100) 『中宗實錄』 44 中宗 17년 5월 7일(壬子)

101)

출 전	간행연도	둘레	높이	시 설
輿地圖書	1759	694尺	10尺	女堞 387, 井 7
防踏鎭誌	1872	694보	19척	石築, 女堞 205, 城門 3, 池 1
防踏鎭冊	1895	694보	19척	女堞 205, 城門 3, 池 1

102) 『대동지지』에는 달랑 창고 두 곳만이 기록되었지만(권14, 順天 鎭堡 防踏鎭), 실제로는 관아를 비롯하여 그밖에도 수많은 건물들이 즐비하였다. 여러 자료 중 『방답진책』의 기록이 가장 상세한데, 그에 따르면 東門(1칸)·南門(3칸)·西門(1칸) 등의 세 성문을 비롯하여 客舍(5칸)·衙舍(3칸)·公門(2칸)·待變亭(2칸)·汁物庫(2칸)·軍器庫(3칸)·火藥庫(1칸)·官倉庫(2칸)·軍官廳(3칸)·將校廳(3칸)·鎭撫廳(4칸)·通引廳(3칸)·使令廳(3칸)·旗手廳(3칸)·軍牢廳(3칸)·火砲廳(2칸) 등이 있었다고 한다. 『방답진지』는 보다 간략한데, 客舍·衙舍·禦邊亭·賑恤倉·軍餉庫·火藥庫·兵庫·留軍器庫·水軍器庫 등이 있었던 것으로 전한다.

103) 『承政院日記』 49책 英祖 15년 9월 24일, 『全羅左水營啓錄』 3책 同治 11년(1872) 8월 15일(132쪽)

104) 戶額一百七十戶 (『防踏鎭冊』)

흩어져 살면서 風高期와 風和期에 따라 달[月]을 정하여 入番하도록 규정되었다.[105] 그러나 원칙이 그러하였을 뿐 실제로는 입번하지 않았으며, 단지 身役價를 부담하는 데 지나지 않았다. 그리고 수군진에서는 그것을 雇立·騶卒의 給代 내지는 기타 운영 경비로 사용하였다. 조선말기 방답진에는 고립·추졸 등의 급대로서 3,240냥이, 그리고 水軍粮代로서 1,620냥이 각각 배정되었다고 한다.[106]

근래의 연구에 따르면, 17~18세기 이후 도서를 비롯한 연해안의 수군진에서는 일반행정 기능이 크게 확대되는 추세였다고 한다. 해안방어 외에도, 松田과 封山을 관장하고 漕運上의 안전을 도모하며 收稅와 戶口 및 民役·雜役의 업무 그리고 造船의 기능까지 담당하는 등, 대민 행정업무에 더욱 치중하는 경향이었다는 것이다.[107] 수군진이 단순한 군사기구만은 아니었다는 의미이거니와, 방답진 또한 그러한 추세에서 예외였을 리가 없다.[108] 그리고 그것이 조선후기에 이룩된 島嶼를 비롯한 연해안 지역의 경제적·사회적인 변화와 발전을 반영한 조치였음도 충분히 수긍이 간다. 하지만 그럼에도 불구하고 수군진을 설치한 일차 목적이 해상방어에 있었다 함은 이를 나위가 없을 듯싶다. 해상에서의 외적방어라는 본연의 임무보다도 대민 일반행정, 특히 稅役의 수취와 같은 일에

105) 防軍一千六百二十名 散在各邑 風高風下 排朔入番 (『防踏鎭誌』)

106) 錢三千二百四十兩 雇立騶卒等給代 錢一千六百二十兩 水軍粮代 (같은 책)

107) 金京玉, 「島嶼政策의 추이」, 『朝鮮後期 島嶼硏究』, 188~206쪽, 金京玉, 「靑山鎭의 設置와 財政構造」, 같은 책, 283~286쪽. 사실 收稅나 漕運護送 등 몇몇의 경우 조선 전기에도 이미 수군진에서 담당했었거니와(張學根, 「朝鮮前期水軍萬戶考」, 『海士論文集』 26, 1987, 19~20쪽), 다만 후기로 갈수록 군사관계보다는 일반 행정업무의 비중이 더욱 커지는 경향이었음은 틀림없는 사실이다.

108) 가령 방답진 첨사가 松政을 담당하였음을 전하는 기록과 같은 것이 그러하다(『承政院日記』 45책 英祖 11년 9월 20일).

매달리도록 수군진에 변화를 강요한 것이, 과연 바람직한 정책이었는지에는 회의적이라 이르지 않을 수가 없는 것이다.

맺음말

돌산도에 방답진이 창설된 것은 조선 중종대였다. 당시 돌산도는 공문서상의 무인도로서 행정적인 공백지대였다. 돌산도 개간을 둘러싼 성종대의 논의에서 확인되는 일이거니와, 고려 말 왜구가 창궐하면서 空島政策이 시행되어 돌산현이 육지로 옮겨간 때문이었다. 돌산진이 돌산도가 아닌 여수반도에 위치하게 된 것도 그에 따른 일이었다. 돌산현이 僑寓한 지역에 설치된 수군진이다 보니, 돌산도와 무관한 곳임에도 돌산진이라 불리게 되었던 것이다.

공식적으로는 그처럼 무인도이던 돌산도에 방답진이 설치되기에 이른 것은, 첫째, 여수반도에 자리한 돌산진의 효용성을 둘러싸고 문제가 제기되었고, 둘째, 돌산도가 왜구의 주요 통로로서 해로상의 요충이라는 점이 부각되었으며, 셋째, 그에 더하여 돌산도의 농토 개간이 과제로 대두되는 상황에서 그 필요성이 논의된 데 따른 결과였다. 그리하여 중종 17년(1522) 무렵 육지의 돌산만호진을 權管鎭으로 격하시키는 것과 함께 돌산도에는 새로이 방답첨사진이 들어서게 되었던 것이다. 왜적이 자주 출몰하는 양대 해로에 드는 요충이자 개간이 가능한 넓은 농지를 안고 있어 방어의 필요성이 커진 때문이었다.

방답진은 전라좌수영 휘하의 蛇渡鎭管에 소속된 수군진이었다. 방답첨사는 소속 諸鎭을 휘하에 거느리는 진관의 지휘관이 아니었던 것이다. 제진 중의 하나처럼 취급을 받은 첨사진이었던 셈이다. 하지만 그것은 형식에 지나지 않았다. 실제에서는 사도첨사와 대등하거나 혹은 서열에서 앞서기도 하였다. 봄·가을의 훈련 편제에서나 혹은 무장의 수준에서는 서로 비등하였으며, 직속상관인 전라좌수사의 인수인계나 혹은 風和·風高期의 防戍 및 褒貶할 때의 열거 순서에서는 방답첨사의 서열이 사도첨사를 도리어 앞서는 게 보통이었다. 그리하여 평시는 물론 임진왜란과 같은 전란기에 전라좌수영을 구성하는 주요 수군진으로서의 역할을 다하였다.

방답진 첨사의 휘하에는 대략 500명에서 700명가량의 軍官·人吏를 포함한 수군이 배속되었다. 그들을 지휘하여 두 척씩의 전·병선과 4척의 협선을 운영하는 편제였다. 관아 건물이 즐비한 鎭城과 그 주위에는 공문서상 170호가 거주하였다. 다만 조선후기로 갈수록 稅役의 수취와 같은 일반 행정업무의 비중이 커지면서, 군사는 대개 문서상으로만 존재할 뿐이었고 전함은 파손된 채 방치되기 일쑤였다. 연해안과 도서지역의 경제·사회적인 변화 발전을 반영한 결과라고는 하지만, 해상에서의 외적방어라는 본연의 업무를 소홀히 하도록 이끈 잘못된 정책이 빚어낸 결과였다.

(『韓國史學報』 27, 2007)

Ⅶ. 麗川船所遺蹟[順天船所]

머리말

여천선소유적은 여수시 시전동에 위치하는 조선시기의 수군 관련 유적이다. 이순신 장군의 유적지로 알려지면서 정화 복원되어 사적 392호로 지정되었다. 과연 거북선을 건조한 조선소였던가의 여부로 세인의 관심이 모아지면서, 선소 유적 중에서는 보기 드물게 일찍부터 조사의 대상으로 떠오른 곳이다. 그리하여 문헌조사를 필두로 몇 차례에 걸친 발굴조사를 거치는 가운데 복원과 재복원이 시도되면서 오늘에 이르렀다.[1)]

1) 趙成都 外, 『李忠武公遺蹟地 船所 文獻考證報告書』, 全羅南道麗川地區出張所, 1979. 趙成都 外, 『李忠武公遺蹟址船所發掘調查報告書』, 全羅南道麗川地區出張所・李忠武公遺蹟址船所發掘調查團, 1980. 崔椿煥 外, 『李忠武公遺蹟址船所 二次 發掘調查報告書』, 全羅南道麗川市・明知大韓國建築文化研究所, 1986. 銀河建築士事務所, 『李忠武公遺蹟址船所 掘江試掘調查報告書』, 全羅南道麗川市, 1988. 趙湲來 外, 『여천 船所 풀뭇간』, 順天大博物館・麗川市, 1996. 文榮龜, 「龜船建造場所」(Ⅰ), 『麗水水產專門大論文集』 13, 1979 ; 『全

여천선소유적은 쌍봉선소·시전동선소 혹은 이충무공유적지선소 등 여러 명칭으로 불리었다. 조선시기에 순천도호부의 선소가 자리했던 터로서, 임진왜란 당시 이순신 장군과도 무관하지 않았음을 함축하는 적절한 명호를 찾고자 고심하는 과정에서 나타난 현상이었다. 결국 문화재위원회에 의해 여천선소유적으로 공식 명명되었는데, 그 위치하는 지역의 현재 소속된 고장을 중시한 결정이었다.[2)]

이 유적은 주목을 받았던 만큼이나 그 사이 많은 조사가 이루어졌다. 그리고 당연히 많은 사실들이 밝혀졌다. 무엇보다 그 동안 전라좌수영 선소의 터로 잘못 전해지던 것을, 순천도호부 선소의 유적으로 바로잡은 것은 매우 값진 성과였다. 다만 그와 같은 공헌에도 불구하고, 여전히 해결되어야 할 과제가 산적한 것도 외면할 수 없는 현실이다. 특히 이순신 장군 내지는 거북선에 관한 부분을 부각시키는 데에만 지나치게 몰두한 나머지 노정된 한계가 적지

羅左水營研究』, 大韓建設振興會, 1992. 朴炳柱, 「龜船의 建造場所에 대하여—雙鳳船所를 中心으로—」, 『軍史』 5, 1982.

2) 선소란 수군의 전함을 계류·수리·건조하고, 水軍器를 제조·보관·보수·보급하며, 수군을 대기·충원·조련하던 장소인 일종의 단위 수군기지라고 한다(文榮龜, 「龜船建造場所」(Ⅰ), 275쪽.). 정확한 학술적 검토를 거쳐서 나온 정의라기보다는 다분히 口傳과 사전적인 뜻풀이에 의존한 느낌이지만, 대체로 일리 있는 견해가 아닌가 싶다. 선소에서 전함을 건조·보수하고 계류하였다는 연구 결과나(金鉉丘, 「조선후기 造船業과 造船術에 관한 연구」, 『國史館論叢』 81, 1998, 238~245쪽), 혹은 조선후기에 선소를 '鎭' 그리고 그 거주민을 '鎭民'이라 표기하였던 사례("一 耳匠二十名(夾註; 在各面) 汲水船直三十名(在本鎭) (中略) 一 軍器修補所入魚膠 鎭民責當 (下略)" 『光陽縣各所事例册』(1850년) 兵船色 ; 『韓國地方史史料叢書』 8 事例篇1, 여강출판사 1987, 449쪽) 등으로 미루어, 그곳이 관련 군사장비와 시설을 갖춘 단위 수군기지였다는 기왕의 견해는 인정되어 무방하다고 생각한다.

않았음을 명심할 일이다. 정확한 사실의 규명에 집중하기보다 유적의 정화 복원을 서두르면서 남긴 부실한 부분도 간혹 눈에 띈다. 관련 기록이 극히 영세한 데다 고고학적인 발굴 성과마저 기대에 미치지 못한 데 따른, 거의 예견된 거나 진 배 없는 결과였다.

가령 여천선소유적이 현재의 그곳에 터를 잡은 배경부터가 오리무중이다. 조선시기에 순천도호부의 선소가 그 자리에 들어선 경위가 어떠하였던가에 관심을 돌린 연구를 아직 접해보지 못하였다. 나아가 그처럼 들어선 순천도호부의 선소는 어찌 운영되었으며 그 존재양태는 어떠하였을까, 다시 말해 현재의 여천선소유적이 조선시기에는 어떤 모습이었으며 그리하여 오늘과 같은 모습으로 전해졌을까에 관해서도 궁금하기는 매한가지이다. 요컨대 조선시기 순천도호부 선소의 성립 경위라든지 또는 그 존재양태를 검토하는 것이 먼저이며, 그러는 과정에서 자연스레 이순신 장군 내지는 거북선과의 관계 여부도 살피는 게 순서이지는 않을까 생각하는 것이다.

여기에서는 우선 여천선소유적이 성립되기에 이른 연원을 헤아리는 데서부터 실마리를 풀어가려 한다. 순천도호부의 선소가 그 자리에 들어서기에 이른 역사적 배경을 훑어봄으로써, 이 유적을 이해하기 위한 발판으로 삼으려는 것이다. 다음으로, 여천선소유적이 터를 잡는 과정과 함께, 그와 거북선의 관련 여부를 알아보겠다. 순천도호부의 선소가 그곳에 들어서는 시기나 경위를 따지는 중에 임진왜란 당시의 그 역할이 드러나게 되며, 자연히 거북선과의 관계도 밝혀지리라 기대한다. 셋째, 그처럼 들어선 여천선소유적과 조선시기 순천선소의 관계를 재검토하겠다. 현재의 여천선소유적이 처음부터 순천선소였으며 중도에 변화는 없었는지, 다시 말해 순천선소가 시종일관 현 여천선소유적에 위치했었는지 여부를 거듭 확인함으로써, 양자의 관계를 분명히 하는 기회로 삼으려는 것이다. 마지막으로, 조선후기에 여천선소유적이 어떤 모습이었던가를 더듬어 보겠다. 순천선소의 조직·운영이나 시설물 등을 고찰함으로써, 조선후기 여천선소유적의 존재양태를 살피려는 것이다.

이 글이 여천선소유적의 역사를 올바로 이해하는 하나의 작은 토대가 되기를 바라는 마음이다. 그리하여 이 유적의 가치를 올바로 평가하도록 바탕을 마련하는 출발점이 될 수 있기를 기대한다.

1. 麗川船所遺蹟의 연원

여천선소유적이 현재의 그곳에 자리하기에 이른 연원과 관련하여, 가장 먼저 기억해야 할 것이 長省浦[長生浦]라는 지명이다. 조선시기에 순천도호부의 선소가 장생포에 위치하였다는 지적을 떠올리면 되는 일이다. 아울러 현재의 여천선소유적을 포함하여 그 포구 전체가 장생포라 불리었다는 사실도 잊어서는 안 된다.[3] 장생포는 여천선소유적 일원의 포구를 가리키는 땅이름 가운데 기록에 남아 전하는 가장 오래 된 명호인 것이다.

그러면 그러한 장생포에 순천도호부의 선소가 들어선 배경은 무엇이었을까. 이 포구는 고려말에 왜구를 물리친 것으로 유명한 일화를 남긴 고장이었다. 공민왕 초에 왜구가 장생포로 침입해 왔는데, 柳濯이라는 장수가 군사를 거느리고 나타나자 그 위엄에 눌려 그만 물러가버렸다고 한다. 그러자 병사와 주민들이 그의 공덕을 기리며 부른 노래가 '長生浦歌'라는 것이다.[4] 당시 유탁이 거느린 군사가 육군이었는지 혹은 수군이었는지는 알 수가 없다. 만약 그

3) 趙成都 外,『李忠武公遺蹟地 船所 文獻考證報告書』, 18쪽.

4)『高麗史』71 志 25 樂 2 俗樂 長生浦, 같은 책 111 列傳 24 柳濯傳

의 휘하에 수군이 있었다면, 장생포가 그 수군의 근거지였을 가능성도 없지 않아 보인다. 설령 육군이었다고 하더라도 최소한 장생포가 왜구를 물리치기에 유리한 조건을 갖춘 군사적 요충이었다는 사실에는 변함이 있을 수가 없다. 후일 순천도호부의 선소가 이곳에 자리를 잡았던 데에는, 군사적 요충으로서의 장생포가 지닌 그러한 조건이 어떻게든 작용하였으리라는 게 온당할 줄 믿는다.

한편 장생포는 전통시기 여수 고을의 해양을 향해 열린 관문이기도 하였다. 전라좌수영이 설치되기 이전에는, 여수반도의 중심구역에서 바다로 나아가는 길목에 해당하는 포구였다. 현재의 石倉城址 일대가 옛 여수 고을의 治所였음에 비추어 그러한 추정이 가능하다. 여수지역을 다룬 18세기 이후의 읍지와 지도에서는, 하나같이 석창성지 일원을 이전 麗水縣 시절의 邑治가 위치하던 곳으로 전한다. 조선전기에 麗水 木柵塗泥城이나 혹은 麗水 石堡가 축조되기에 이른 경위를 살피더라도, 그러했을 가능성이 매우 높았다.[5] 나아가 성종 12년(1481)에 편찬된 『동국여지승람』에도 그것을 암시하는 기록이 등장한다. 다음의 자료가 그것이다.

> 滿月亭 (夾註; 여수현의 남쪽 장생포의 작은 섬 위에 서 있는데, 남쪽으로 한바다를 내려다보는 위치이다.)[6]

만월정이 들어선 자리를 설명하는 가운데, 장생포가 여수현의

---

5) 邊東明, 「朝鮮時期 麗水의 石堡와 石(堡)倉」, 『歷史學硏究』 33, 2008, 72～75쪽.

6) (前略) 滿月亭 (夾註; 在麗水縣南長省浦之小島上 南臨大海) (『新增東國輿地勝覽』 40 順天都護府 樓亭)
위 사료는 中宗 26년(1531)에 '新增'된 기록이 아니다. 증보되기 이전의, 말하자면 성종 12년에 편찬된 『동국여지승람』에 이미 수록된 부분에 해당한다.

남쪽에 위치한다는 사실을 전하고 있다. 여수 고을의 치소가 장생포 즉 현 여천선소유적 일대에서 북쪽 방향, 구체적으로는 북쪽과 이어주는 路程의 어디쯤에 위치한다는 의미이다. 오늘의 석창네거리 방향으로 이어지는 도로의 인근 어딘가를 가리키거니와, 석창성지가 자리하는 작은 분지의 주위를 감싸듯 둘러선 古代山城의 배치라든지7) 혹은 조선후기의 여러 자료들을 연결해서 생각할 때, 여수 고을의 치소가 석창성지 일원에 해당한다 함은 이론의 여지가 없어 보인다. 아마도 최소한 고려후기에서 여수현이 순천도호부로 통폐합되는 조선 태종대까지는 그러하였던 것으로 판단된다.

따라서 그처럼 옛 여수현의 치소가 현 석창성지 일원에 위치하였다면, 그와 맞닿은 장생포가 여수 고을에서 바다로 향하는 관문 역할을 담당했으리라는 것 또한 거의 틀림이 없을 듯 여겨진다. 포구로서의 조건이나 지리적인 위치 등에 비추어, 해양을 향해 열린 여수현의 관문으로서 장생포를 능가할 만한 곳이 달리 떠오를 성싶지는 않다. 고려말 조선초의 장생포는, 지리적으로 곧장 이어지는 여수현의 치소와 함께 지역의 중심지였다고 하여 지나치지 않은 셈이다. 그런 만큼 장생포 일대는 시골 나름의 제법 번창한 포구였다. 상당한 주민이 모여 사는 인구밀집지대이자, 남해안의 풍부한 해산물을 비롯하여 고을 관아에서 받아들이는 곡물 등이 모여들고 또 각 지역으로 배분되어 나가는, 일종의 조그마한 물화유통기지였다. 왜구가 장생포를 침략해왔던 것 역시 그러한 데에 까닭이 있었음이 분명하다. 인구가 조밀하고 물산이 모여드는 바닷가 고장이야말로 그들이 노리던 바였을 것이기 때문이다.

장생포는 아마도 고려말 조선초 여수반도의 최대 포구였음 직하

7) 麗水市・順天大南道文化硏究所, 『麗水市의 山城』, 2003, 13쪽.

다.[8] 앞서 살폈던 바 자연지리적 조건이나 인문사회적 환경으로 미루어 그러하다. 자연히 그 일대에서는 선박을 수리하고 또 건조하는 일도 드물지 않았을 것이다. 전통시기의 웬만한 포구에서는 대개 자체적으로 선박을 수리하고 건조하던 관행에 비추어 반드시 지나친 추정이 아니다. 그러므로 앞서 잠시 언급한 長生浦歌의 주인공인 柳濯의 휘하에 만일 수군이 있었다면, 그 전함의 수리나 보급 등에서 장생포가 전혀 무관하지만은 않았을 가능성이 높다.[9] 장생포에 순천도호부의 선소가 들어설 수 있었던 배경 중의 하나로, 오랜 기간 주요한 포구로서 기능하였던 그와 같은 역사적 경험은 빼놓을 수 없는 부분임이 분명하다.

장생포에는 고려말에서 조선초기의 한때 突山縣이 僑寓한 적이 있었다. 왜구의 창궐에 따른 空島政策의 시행 때문이었다. 본시 돌

8) 18세기 후반에 제작되었을 것으로 추정되는 지도인 『湖南沿海形便圖』(金井昊 編, 『全南의 옛地圖』, 鄕土文化振興院, 1994, 133~135쪽)에는, 포구별로 수용할 수 있는 선박의 숫자가 나온다. 여수반도의 경우 좌수영 포구의 15척을 비롯하여 포구별 수용 가능 선박이 1척에서 수십 척까지인 가운데, 오직 순천선소가 소재하는 포구 즉 邑倉이라고도 표기된 장생포만이 100여 척을 받아들일 수 있는 것으로 기록되어 있다. 후대의 상황이어서 고려말이나 조선초까지 거슬러 적용할 수는 없겠지만, 전통시기 장생포의 중요성이나 규모 등을 파악하기 위한 하나의 방증으로는 유용하지 않을까 싶다.

9) 고려말 전라도 수군을 이끌던 鄭地가 倭寇를 격파했던 觀音浦大捷 당시에도 장생포의 역할을 상정할 수가 있을 듯싶다. 여수반도 동쪽 海域에서 벌어진 海戰이었음을 생각하면, 여수반도의 최대 포구이던 장생포가 어떤 형식으로든 그에 개입되었으리라 보는 게 온당할 듯 여겨진다. 鄭地는 고려말 수군제도의 정비 및 해상에서의 왜구격퇴에 공을 세운 것으로 유명한 인물인데, 그의 생애나 활동은 傳記(『高麗史』 113 列傳 26 鄭地傳)와 함께 宋正炫의 연구(「鄭地將軍 硏究」, 『湖南文化硏究』 25, 1997)가 참고된다.

산도에 자리하던 돌산현이 섬을 온통 비워둔 채 주민 모두와 함께 장생포 일대로 고을 자체가 옮겨 나왔다.[10] 그만큼 이 지역이 왜구 방어에 유리한 군사적인 요충이자 여수반도에서 정치사회적으로 중요한 위치에 있었음을 반증하는 셈이다.

나아가 이 포구에는 왜구를 방어하기 위한 수군의 寄港地가 두어지기도 하였다. 한때 突山浦 萬戶의 碇泊處였음을 이름이다. 다음의 자료를 살펴보자.

> 전라도 감사가 병조의 關文에 의거하여 아뢰기를, "…좌도의 內禮와 突山은 서로 떨어진 거리가 멀지 않은데, 두 포구에 병선이 무리지어 정박하므로 불합리합니다. 현재 순천부의 長省浦에 정박하는 돌산만호의 병선 4척을 龍門浦로 옮겨 정박시키며, 그 용문포에 현재 정박하는 (전라좌도)도만호의 병선은 좌도의 중앙인 呂島로 옮겨 정박시키고 도만호가 순환하면서 방어하는 것이 합리적이겠습니다…" 하니, 그대로 따랐다.[11]

전라좌도 수군진의 배치상황을 참작하여 재조정하는 과정에서, 돌산만호의 碇泊處를 장생포에서 용문포로 옮기자는 전라도 감사의 건의가 받아들여졌다는 것이다. 돌산만호가 본시 장생포를 전함의 기항지로 이용하였음을 보여준다.

돌산만호진이 창설된 것은 태조 3년(1394) 이전이었다. 돌산만호가 장생포를 船泊處로 삼아 활동한 것이, 늦어도 태조 3년부터 위

---

10) 邊東明, 「조선시대의 突山鎭과 古突山鎭」, 『歷史學報』 198, 2008, 6~9쪽.

11) 全羅道監司據兵曹關啓 (中略) 一 左道內禮·突山 相距不遠 而兩浦兵船 聚泊未便 順天府長省浦見泊突山萬戶兵船四隻 移泊於龍門浦 其龍門見泊都萬戶兵船 移泊於左道中央呂島 都萬戶循環防禦爲便 (中略) 從之 (『世宗實錄』 27 世宗 7년 2월 25일 乙丑)

기록에서와 같은 정박처의 이설 조치가 취해지던 세종 7년(1425)까지였음을 알 수가 있다.[12] 그런데 당시 수군은 항상 전함에 승선한 채로 복무하는 것이 원칙이었다. 만호의 통솔 아래 순시 등의 임무에 매달려 늘 해상에 머물러야만 하였으며, 근무 도중의 무단상륙은 처벌의 대상이었다. 그러므로 장생포와 같은 선박처는 수군진이로되 수군의 주둔기지는 아니었다. 軍糧과 軍器를 쌓아두고 無軍兵船을 계류시켜 둔 채, 그처럼 船上守禦하는 수군의 기항지 겸 보급기지이자 下番船軍의 집결지로서의 역할을 수행하였다. 水軍鎭城이 축조되는 등 선박처가 수군의 주둔기지로 기능하는 것은, 선상수어의 원칙이 해이해진 성종대 후반에 들어서였다.[13]

장생포가 세종 7년까지 돌산만호의 정박처로서 전라좌도 수군의 기항지 겸 보급기지이자 하번선군의 집결지였음을 살폈다. 무엇보다 돌산만호 휘하의 수군 전함을 계류하고 또한 그 수리 및 건조까지도 담당하였으리라는 점에서 크게 주목된다. 그로써 후일 순천도호부의 선소가 장생포에 들어설 수 있는 기반이 구축된 것으로 여겨지기 때문이다. 요컨대 장생포는 늦어도 고려말 이래로 여수반도에서 손꼽히는 군사적 요충이자 최대의 포구로서 그 정치사회적 중심부에 자리 잡았으며, 더욱이 돌산만호의 정박처로서 그 휘하의 전함을 계류하고 수리하며 건조한 경험을 지닌 곳이었다. 결국 이 즈음이면 대체로 장생포에 장차 여천선소유적이 자리할 수 있는 바탕이 확실히 다져졌다고 하여 지나치지 않은 셈이었다.

---

12) 邊東明, 「조선시대의 突山鎭과 古突山鎭」, 4~11쪽.

13) 車勇杰, 『高麗末・朝鮮前期 對倭 關防史 硏究』, 忠南大 博士學位論文, 1988, 149~155쪽.

2. 麗川船所遺蹟의 성립과 거북선

장생포에 순천선소와 같은 수군시설이 들어설 수 있을 만한 토대가 확고히 구축된 것은, 그곳이 돌산만호의 정박처로서 기능하던 동안이었다. 하지만 선소 터전으로서의 그러한 여건을 계속 유지해갈 수 있는 형편은 못 되었다. 돌산만호진의 이설이 중요한 전환점이었다. 앞서 살피었듯이 세종 7년(1425)에 전라좌도 수군진의 배치를 재조정하는 과정에서 장생포를 선박처로 하던 돌산진이 용문포로 옮겨졌다. 전함을 계류·수리하며 또한 건조하던 기능도 덩달아 옮겨갔을 것임은 자명하다. 선소의 존재를 가능케 하는 핵심적인 요소로 간주될 만한 기능이 장생포에서 떠나가고 말았다.

실은 그에 앞서 여수 고을이 순천으로 통폐합되면서, 이미 장생포가 위축되고 그리하여 선소 성립의 기반이 약화되는 조짐이 나타났다. 태종 9년(1409)에 들어 조정에서는 전라도 안의 모든 任內를 혁파하도록 조치하였다.[14] 순천부의 屬縣이던 여수현도 폐지되는 운명을 맞이하였다. 돌산을 포함한 오늘날의 여수 고을이 통째로 순천도호부의 직할촌으로 편입되었다. 여수현의 관문으로서 나름의 번영을 누리던 장생포의 위상이 격하되는 것은 불을 보듯 뻔하였다. 선소가 들어설 수 있는 바탕이라 할, 포구로서의 기능도 당연히 취약해질 수밖에 없었다. 돌산만호진의 이설이 결정된 것은 그러한 속에서의 일이었다. 엎친 데 덮친 격이었다. 장생포에 유지되어 오던 바 선소 성립의 토대가 크게 훼손되는 것은 피할 도리가 없었다. 다만 여수현이 폐지됨에 따라 장생포가 순천도호부의 관내에 위치하는 포구로 변함으로써, 이곳에 장차 여수 아닌 순천의 선

14) 『世宗實錄』 151 地理志 全羅道 全州府 所 夾註. 李樹健, 「朝鮮初期 郡縣制整備와 地方統治體制」, 『韓國中世社會史研究』, 一潮閣, 1984, 391쪽.

소가 들어서기 위한 일차적인 여건은 갖춰진 셈이었다.

그러나 장생포는 여전히 여수반도에서 최대의 포구였다. 여수 고을의 관문은 아니었지만, 옛 여수현의 치소가 자리하던 곳, 즉 지역사회의 중심지를 바다로 이어주는 포구의 역할은 그런 대로 수행하였다. 고을의 옛 치소에는 여전히 다수의 주민이 밀집해서 거주하였으며, 그들을 보호하기 위한 방어시설이 들어서 있었다. 여수 木柵塗泥城과 그것을 계승한 石堡가 그것이었다. 그 중에서도 석보는 더욱이 수비하는 軍兵까지 배정받은 본격적인 군사시설물이었다.[15] 말하자면 옛 치소 일대는 여전히 여수 지역사회의 중심이었으며, 그 바다를 향한 관문이 곧 장생포였던 것이다. 포구로서의 뛰어난 천연 지리적인 조건에 더하여, 그와 같은 군사적 그리고 사회경제적인 배후지대를 갖춘 장생포에는, 자연히 갖가지 목적을 지닌 수많은 선박이 드나들게 마련이었다. 선박의 계류나 보수 및 건조를 위한 시설들도 들어서지 않았을 리가 없다. 장생포가 장차 선소로서의 기능을 발휘하는 데 필요한 최소한의 기본적인 조건들은 나름대로 유지 보존 중이었다 하여 지나치지 않은 셈이었다.

장생포에 위기가 닥친 것은 성종대에 가서였다. 內禮浦에 전라좌수영이 설치된 사실을 이름이다.[16] 성종 10년(1479)의 일로서, 이후 장생포는 더 이상 여수 지역사회에서 첫 번째로 꼽히는 핵심적인 포구가 아니었다. 무게 중심의 추가 전라좌수영의 내례포로 옮겨감으로써, 장생포는 쇠락의 길로 들어섰다. 게다가 중종 17년(1522)에는 여수 석보마저 혁파되어 돌산진으로 통합되었다.[17] 옛 치소로서 여수지역의 중심 역할을 하던 석창성지 일원이, 전라좌

15) 邊東明, 「朝鮮時期 麗水의 石堡와 石(堡)倉」, 59~79쪽.

16) 『成宗實錄』 100 성종 10년 정월 6일(癸亥)

17) 『新增東國輿地勝覽』 40 順天都護府 關防 麗水石堡 夾註

수영의 설치에 이은 석보의 폐지로 결정적인 타격을 입었다. 장생포를 뒷받침하던 가장 주요한 사회·경제적인 배후지대가 사라진 셈이었다. 따라서 그 포구로서의 기능도 매우 약화되었을 것임은 물론이다. 선소가 들어설 수 있는 기반도 함께 무너져 갔을 것임은 불문가지이다.

한데 그처럼 장생포에서 선소에 필수적인 기반시설의 명맥이 희미해져가던 바로 그 즈음, 한켠에서는 순천선소가 성립될 수 있는 환경이 점차 조성되어 갔다. 역사의 교묘한 장난이었다. '制勝方略'의 시행과 함께 水軍營鎭이 아니면서도 때로 수군에 배속되는 연해안의 일반 郡縣이 생겨나기 시작하면서, 그러한 고을에 점차 수군 관련시설이 들어서게 되었던 것이다. 船艙[船倉·船滄] 등 몇몇 이칭이 있지만, 일반적으로는 대개 선소라 불리던 시설이 그것이었다. 전남 동부지역의 대표적인 沿海郡縣이라 할 순천도호부의 경우에도 그것은 매한가지였다.

조선시기의 鎭管體制에서는 육군과 수군이 엄히 구별되는 게 원칙이었다.[18] 특히 전라도와 경상도의 경우에는 그러한 구분이 더욱 중요시되었다. 병마절도사와 수군절도사의 통솔권이 분리되어 서로 간섭해서는 안 되었다. 水使의 경우 휘하 水軍營鎭을 통솔하는 데 지나지 않았으며, 일반 고을에 대한 군사적인 관할권은 兵使의 몫이었다.

그렇지만 그것은 어디까지나 理想에 지나지 않았다. 각각의 진

---

18) 이하의 鎭管體制와 制勝方略에 관한 설명은, 李泰鎭, 「中央 및 地方 軍制의 變化」, 『韓國軍制史』(近世朝鮮前期篇), 陸軍本部, 1968, 275~302쪽과 321~324쪽 및 許善道, 「「制勝方略」 研究」(下), 『震檀學報』 37, 1974, 7~21쪽, 그리고 趙湲來, 「초기 해전에서 본 朝·日 양국의 수군전력」, 『새로운 觀點의 임진왜란사 研究』, 아세아문화사, 2005, 219~221쪽을 참고하여 정리하였다.

관편제에 따라 自戰自守하는 그러한 원칙은 제대로 지켜질 수가 없었다. 군사제도의 모순 때문이었다. 우선 保法의 실시에 따른 軍額의 지나친 확장과 군복무의 苦役化로 병역 담당자들이 과중한 부담에서 헤어나지를 못하였다. 그리하여 代立이나 放軍收布가 성행함으로써 전투능력이 크게 약화되었다. 그나마 잔존한 군사조차도 제 역할을 수행하는 데 크게 어려움을 겪는 실정이었다. 또한 진관체제는 전후방을 구별하지 않고 획일화한 도식적·평면적인 방위체제이었다. 변경의 요충지를 집중적으로 방어할 수 없는 허술함이 노정되는 것은 필연이었다. 간헐적인 기습이나 局地戰에 효과적으로 대응하기가 어려운 군사동원체제였다. 말하자면 군사력의 약화 및 진관체제에 내재된 그러한 문제점으로 인하여, 특정지역에서의 기습적인 적침과 같은 비상한 시기에 이 체제가 정상적으로 작동하기를 기대하는 것은 무리인 셈이었다.

따라서 陸·水軍을 가리지 않고 가용병력을 특정 지역에 집중 투입하여 그에 대처하려는 방안이 강구되는 것은 차라리 자연스러운 일이었다. 이른바 '制勝方略'의 등장이었다. 진관체제가 이완되면서 나타난 변칙적·응급적인 이 分軍法에서는, 육·수군의 혼합 편성은 물론 非軍士層까지도 동원되는 일이 비일비재하였다. 그러므로 본시 병마사 휘하의 육군 소속이던 바닷가의 일반 고을들이, 왜구의 기습적 침입을 맞아 수군 소속으로서 출전하는 게 그리 낯설지 않은 현상으로 자리를 잡아갔다. 兵使의 水軍兼治制가 시행된 것도 그와 같은 속에서의 일이었다.19) 연해의 일반 郡縣에서 水軍鎭浦와 유사한 수군 관련시설을 갖출 필요성을 느끼게 마련이었을

19) 兵馬使의 水軍兼治는, 李泰鎭, 같은 논문, 287~291쪽과 함께 朴炳柱, 「龜船의 建造場所에 대하여—雙鳳船所를 中心으로—」, 186쪽 및 趙湲來, 같은 논문, 219~220쪽의 설명이 참고 된다.

법한 상황이거니와, 그러는 과정에서 마침내 바닷가 고을의 선소가 성립을 보기에 이르렀던 셈이다.

전라도 지방에서 위와 같이 鎭管體制가 이완되는 가운데 制勝方略이 실시되는 단초가 나타난 것은, 대략 연산군 3년(1497)의 鹿島倭變 무렵이었다. 당시 중앙에서 파견되어 온 巡邊使를 중심으로 全羅左·右道水使 및 全羅兵使가 합동으로 왜구격퇴를 위한 작전을 수행하였는데, 수군과 전함은 물론이고 부족한 수군을 보충하고자 順天과 光陽의 육군까지도 水上에 동원하였다. 중앙에서 파견되어 온 사령관의 총지휘라든지 혹은 水·陸을 구별하지 않은 혼성 군사력의 특정지역 집중투입 등에서 드러나듯이, 이미 진관체제의 원칙이 무너졌음을 알 수가 있다. 나아가 육군 소속의 순천부와 광양현이 수군의 작전에 동원되었던 것처럼, 연해의 일반 군현에서도 차츰 수군 관련시설을 갖출 필요성이 생겨났다. 이후 三浦倭亂(중종4, 1509)과 蛇梁倭變(중종39, 1544)을 거쳐 乙卯倭變(명종10, 1555)에 이르면, 정규의 군사나 비군사층을 막론하고 가용인원을 한껏 징발하여 집중 투입하며, 역시 중앙에서 파견된 사령관이 그들을 지휘하는 형태가 고착화되었다. 진관체제가 붕괴되고 그에 대신하여 제승방략이 본격적으로 실시되었음을 이해할 수가 있는 것이다. 연해 고을의 경우 본시 병마사 휘하의 육군 소속이었음에도 이제는 수군에 편성되어 동원되는 게 차츰 일상화되어 갔다. 대개 을묘왜변을 기점으로 그와 같은 制勝方略的인 分軍法의 시행이 본격화된 것으로 이해들을 하거니와, 또한 그 무렵이면 바닷가 고을인 순천도호부에서도 선소와 같은 수군 관련시설의 필요성이 자못 증대되어 갔을 듯 여겨지는 것이다.

하지만 그렇다고 해서 당시에 순천도호부의 선소가 곧장 설치되었으리라 이해하는 것은 아직 속단이다. 『신증동국여지승람』(중종

26, 1531)을 비롯하여 임진왜란이 발발하기까지 그 존재를 명시한 기록은 미처 확인된 바가 없다. 그렇다면 순천도호부의 선소가 성립하여 장생포 즉 현재의 여천선소유적에 자리를 잡은 것은 구체적으로 언제였을까?

문헌에서 순천선소의 존재가 확실해지는 것은 조선후기에 가서이다. 지도상으로는 영조 41년(1765) 무렵 편찬된 『輿地圖書』의 '舡所' 표기가 가장 이른 시기의 것이며,[20] 1780년대의 것으로 추정된다고 하는 『湖南沿海形便圖』의 '船所 邑七十里' 표기가 그 뒤를 잇는다.[21] 기록으로는 위 『여지도서』의 장생포 협주에 나오는 '本府戰船所泊' 및 그보다 뒤인 헌종 13년(1847) 경에 편찬되었다는 『湖左水營誌』 路程의 '西北間距順天陸路八十里 船所至水路二十里陸路十五里'가 널리 알려졌으나, 실은 그에 앞서 『備邊司謄錄』의 숙종 34년(1708) 2월 3일 조항에도 장생포가 순천부의 선소임을 보여주는 내용이 나타난다.[22] 결국 장생포에 순천선소가 존재하였음을 알려주는 직접적인 자료는 일러야 18세기를 넘어서지 못하는 셈이다. 한편 현재의 여천선소유적에서 발굴된 磁器의 경우 그 대부분이 17세기에 유행했던 灰白色의 白磁이며, 임진왜란 이전의 것은 매우 소수라고도 한다.[23] 순천선소가 임진왜란 이후 아마도 17세기 즈음 설치되었던 것은 아닐까 여겨지게 하는 대목이다.

---

20) 『輿地圖書』 全羅道 順天府 地圖 및 山川 長生浦

21) 金井昊 編, 『全南의 옛地圖』, 125 및 135쪽.

22) 司啓曰 (中略) 一 興陽閑良吳弼文上疏 條陳水陸軍政變通之策 其中束伍給保邊將給料等事 所論可採 當商確處之 樂安・寶城・羅州船滄 距海門遙遠 不便於行船 樂・寶兩船則移置於長生浦 使順天監牧兼管 羅州一二船 移置於碧波亭 使珍島監牧兼管等事 則數處船滄 論者多言其不便 而戰器移置 事涉重大 有難輕議 更容熟講而審處 (下略) (『備邊司謄錄』 59冊 肅宗 34년 2월 3일)

23) 崔椿煥 外, 『李忠武公遺蹟址船所 二次 發掘調査報告書』, 34~35・45쪽.

그러나 임진왜란이 진행 중이던 1593년에 10척의 戰船이 순천도호부에서 건조되었다는 기록을 대하면 그러한 생각이 잘못임을 금방 깨닫게 된다.[24] 전선은 조선 수군의 주력함으로서 왜의 함선을 격파하던 당대 최강의 전함이었다. 흔히 板屋船이라고도 불리던 특급의 전함으로서, 일정한 규격에 맞추어 그와 같은 배를 건조하고 무장설비를 갖추는 일이 어디에서나 함부로 이루어질 수는 없는 노릇이었다. 그런데 순천부에서는 그것을 10척이나 건조하였으며, 또한 그 중의 5척에는 전함의 운용에 필수적 인원인 格軍과 射夫까지 갖추어 좌수영에 바치었다고 한다. 나머지 5척에도 곧장 인원을 갖추어 한산도로 보내기로 하였음이 기록에 나타나거니와, 그처럼 중차대한 업무가 별다른 조직도 없이 임시방편으로 대강 처리되었으리라고는 상상이 되지를 않는다.

전선 건조의 경우 군사용이라는 특성상 관련 무장설비와 더불어 일정한 규격이 요구되었음이 분명하다. 또한 그것을 운용하는 데 필요한 인원의 조련도 결코 만만치를 않아 보인다. 전선을 건조할 정도이면 그 계류·보존·수리는 물론이며, 그에 소요되는 각종 무기류의 제작·보관 및 보급까지도 함께 담당하였을 터이다. 당시 전라좌수영 관내의 5屬邑 통칭 5官에서는, 순천의 10척 외에도 흥양과 보성에서 10척과 8척 그리고 광양과 낙안에서 4척과 3척의 전선을 각각 건조하였으며, 그 중에서 격군과 사부까지 갖춰 1차로 한산도를 향해 출발한 것은 순천의 5척 외에 흥양과 보성이 5척과 4척 그리고 광양과 낙안이 각 2척씩이었다고 한다. 규모의 차이는 있겠지만, 고을별로 일종의 종합적인 수군기지를 보유하지 않고서

24) 『李忠武公全書』 4 狀啓 3 還陣狀 ; 李殷相 譯, 「진으로 돌아가는 일을 아뢰는 계본」, 『完譯 李忠武公全書』 上, 成文閣, 1988. 이하에서 인용하는 『李忠武公全書』는 모두 이와 동일하다.

는 엄두를 내기가 어려운 일이 아닐 수 없어 보인다. 최소한 이 무렵이면 순천을 비롯한 전라좌수영 관내 5곳의 일반 군현에 이미 선소가 갖추어졌던 것으로 이해함이 온당하지 않을까 헤아려지는 것이다.

임진왜란이 진행되는 동안 순천도호부에서 선소를 두고 운용했을 가능성이 매우 높다고 믿는다. 전라좌수영 관내의 5속읍이 모두 한가지였을 것임은 이를 나위가 없다. 반드시 조선후기처럼 모든 시설과 조직이 완비된 것은 아니었을지 모르지만, 그와 동일한 기능을 담당하는 기구나 포구는 존재했음이 거의 분명하다. 그런데 순천 등 소위 5官은 임진왜란이 발발하던 당시 이미 전라좌수영의 屬邑이었다. 왜란이 발발하자 충무공 이순신이 올렸던 바, "소속 각 고을[官]과 鎭浦에 '무릇 살피고 망보는 일들을 각별히 단속하고 기타 전투장비와 같은 전쟁의 모든 준비[戰具諸備]도 아울러 갑절이나 더 엄히 조치하여 事變에 대비토록 하라'고 일시에 공문을 보내었습니다"라는 장계에 나오는 바 '소속 각 고을[官]'이 그것이었다.[25] 그밖에도 여러 장계에서 '연해안의 고을과 진포'나 혹은 '본도 소속 연해안의 각 고을과 진포'[26] 등 유사한 句節이 자주 등장한다. 여기의 '고을'이 순천 등 5속읍을 가리킴은, 경상도로 출전할 것임을 아뢰는 장계에 좌수영 소속의 5鎭浦와 더불어 "順天·光陽·樂安·興陽·寶城等五官"이 함께 거명되는 것으로 미루어 분명하다.[27] 말하자면 임진왜란이 발발하던 당시 이미 순천 등 5고

25) (前略) 所屬各官·浦 凡干瞭望等事 各別撿飭 他餘戰具諸備 並倍嚴措置待變 (『李忠武公全書』 2 狀啓1 因倭警待變狀 二)

26) ·(前略) 沿海各官·浦 一時行移檢飭 (같은 책 因倭警待變狀)
·(前略) 道屬沿海各官·浦 并發馬傳通 (下略) (같은 책 因倭警待變狀 三)

27) (前略) 賊船前後之數 多至五百餘隻 在我威武 不可不嚴備 揚示掩擊之狀 使賊震怖 而所屬防踏·蛇渡·呂島·鉢浦·鹿島等 五鎭浦戰船 以勢甚孤弱 舟師

을[官]이 벌써 전라좌수영의 관할 아래 들어 있었으며, 그로 미루어 선소 내지 그와 유사한 기구도 또한 그 무렵에는 이미 설치·운영 중은 아니었을까 헤아려지는 것이다.

위 인용문에도 나오듯이 당시 좌수영 관내의 5속읍에서는 전투 장비와 각종 군수물자를 각자 스스로 마련하는 것이 원칙이었다. '戰具諸備'라 표현된 바 갖춰야 할 군수물자 중에는 수군의 핵심인 전함도 당연히 포함되었다. 출전을 준비하면서 이순신 장군이 "소속 수군은 각 고을과 鎭浦에서 배와 노를 가지런히 정비하여 主將의 명령을 기다리라"고 시달하였던 데서 짐작할 수가 있는 일이다.[28] 평상시에 늘 그러했다는 의미이려니와, 따라서 순천과 같은 좌수영의 속읍에는 전함을 비롯하여 수군 관련 각종 군수물자를 제조·보관·수리하고 보급하는 기구가, 늦어도 임진왜란 당시 혹은 아마도 그 이전부터 이미 존재했었음이 거의 틀림없다. 특히 전함을 건조하고 수리하며 계류·보존하기 위한 시설이라든지, 혹은 그러한 전함을 운용하는 데 필요한 인원을 집결·조련시키기 위한 장소의 마련은 필수적이었을 법하다. 좌수영 관내의 순천과 같은 연해의 일반 군현에 선소 내지 그와 동일한 기능을 갖는 기구가 들어선 것이, 임진왜란 이전의 일이었을 가능성이 그만큼 높은 셈이다.

보다 구체적으로 지적하자면, 그 시기는 아마도 을묘왜변(명종10, 1555) 즈음 내지는 그로부터 얼마 떨어지지 않은 뒤의 일이었을 듯싶다. 충무공의 장계에 의하면, 왜군이 침습하자 가덕진 첨사가 부산 다대포의 右邀擊將으로 하여금 군사와 전함을 정비하여 사변에

分軍之順天·光陽·樂安·興陽·寶城等五官 並依方略領率 慶尙道馳援 (下略) (같은 책 赴援慶尙道狀)

28) (前略) 所屬舟師 各官·浦整理舟楫 以待主將之令 事星火行移 (下略) (같은 책)

대비토록 조치하였는데, 이는 '方略'에 의거해서였다고 한다.[29] 또한 충무공은 소속 5鎭浦와 더불어 舟師가 '分軍'된 순천 등 5官을 아울러 거느리고 경상도에 갈 계획이었는데, 그처럼 5관을 아울러 영솔하는 것이 역시 '方略'에 의거한 일이었음을 밝혀 두었다.[30] 우요격장이니 분군이니 등의 용어가 암시하듯이, 여기의 '방략'이 곧 '制勝方略'임은 의문의 여지가 없다.[31] 순천과 같은 연해의 일반 군현이 수군절도사의 관할 아래로 들어온 게 제승방략에 의거한 조치였음을 확인할 수가 있는 것이다. 한데 그러한 제승방략적인 분군법이 본격적으로 실시된 것은 을묘왜변 즈음이었다는 게 지금까지의 연구 결과이다. 을묘왜변 당시 내지는 늦어도 그로부터 얼마 지나지 않은 어느 시기에, 순천을 비롯한 전라도 동부 연해의 고을들이 전라좌수영에 소속되었으리라는 것을 직감할 수가 있다.[32]

---

29) (前略) 僉使依方略 以釜山多大浦右邀擊將 軍船整齊 下海待變云云 (下略) (같은 책 因倭警待變狀)

30) 위 註 27)의 사료와 동일함.

31) 당시 '制勝方略'을 흔히 '方略'으로도 약칭하였음은, 아래의 두 기록으로도 명백하다(許善道, 「制勝方略 硏究」(上), 『震檀學報』 36, 1973, 49쪽 註 13)에서 재인용).

· 倭入尙州 李鎰兵潰走還 初慶尙監司金睟 聞賊變 卽依制勝方略分軍 移文列邑 各率所屬兵 進屯信地 故嶺底聞慶以下諸守令 皆領兵赴大丘屯兵 (下略) (『宣祖修正實錄』 26 宣祖 25년 4월)

· 賊陷尙州 巡邊使李鎰兵敗 奔還忠州 初慶尙道巡察使金睟 聞變 卽依方略分軍 移文列邑 各率所屬 屯聚信地 以待京將之至 聞慶以下守令 皆引其軍 赴大丘 (下略) (『懲毖錄』 1 14張)

32) 순천 등 전라도 동부 연안의 5고을 守令들이 도착해야 할 시각을 어겼다 하여 전라좌수사가 杖刑을 내렸는데, 그 중 보성군수가 사망하여 문제가 된 적이 있었다. 을묘왜변(명종10, 1555) 후 상당한 시일이 지난 선조 20년(1587)의 사건이지만, 이미 왜란 전부터 소위 '5官'이 군사적으로 전라좌수사의 강력한 통제 아래 들어 있었음을 보여준다 할 것이다.

全羅左水使李薦 以搜討事 約束諸將 而未及準到 順天府使成應吉及寶城·樂

나아가 그러한 조치를 계기로 순천 등 좌수영에 소속된 연해의 군현에도 전함이 배치되고, 또한 수군 관련 각종 군수물자를 제조·보관·수리하며 보급하는 기구가 설치되어갔으리라는 것을 예상할 수가 있다.

실제로 을묘왜변 즈음 혹은 그 얼마 뒤 수군진포가 아닌 일반 고을에도 戰船 내지는 板屋船이 배치되었음을 보여주는 기록이 나타난다. 다음을 살펴보자.

> ① 大臣과 備邊司가 함께 논의하여 아뢰기를 "…南致勤으로 하여금 戰船 7~8척을 거느리고…바닷길과 여러 섬들을 지나면서 살피게 하는데, 바다를 순찰할 적에 거쳐 가는 바 水營 및 戰船을 보유한 각 고을[官]의 수령과 각 鎭浦의 僉使·萬戶 등이 각기 전선을 거느리고 길을 가리키면서 함께 순행토록…함이 어떻겠습니까" 하니, 아뢴 대로 하라고 전교하였다.[33]

> ② 舟師大將 南致勤이 아뢰기를, "각 고을[官]과 각 진포의 전선을 보유한 곳이 모두 유명무실합니다. 단지 형체만 갖추었을 뿐 평상시에 수리와 보수를 잘 하지 않고서도 대수롭지 않은 일로 보아 넘기고 맙니다…開城都事 權以平은 開城府에 소속된 전선을 몸소 거느리고 와서 함께 그 운용을 시험해야 하는 데도 바다 건너는 것을 싫어하여 병을 핑계대고 오지 않았습니다…" 하였다.[34]

安·興陽·光陽等官守令 皆決杖 寶城郡守李屹即死 監司 以不計程途遠近 過用刑杖 且其所用杖過大 人多殞命 啓聞請罷 備邊司 以李薦非臨陣 而擅杖堂上守令 且號令失宜 請推考 上以推考不當 令更爲公事 (『宣祖實錄』21 宣祖 20년 6월 1일 己未)

33) 大臣備邊司同議啓曰 (中略) 請令南致勤 領戰船七八隻 今月二十日間 裝束發行 歷審喬桐·江華·富平·仁川·南陽海路諸島 而巡海之時 所經水營及有戰船各官守令·各浦僉使·萬戶等 各領戰船 指路竝行 以時運用 使鎭將及軍卒等習知水戰 何如 傳曰如啓 (『明宗實錄』25 明宗 14년 5월 8일 己卯)

③ 대신과 비변사가 함께 논의하여 아뢰기를, "각 진포의 板屋船은 처음 설치할 때 그 수효가 과다하였는데, 그 뒤에 점차로 줄여 지금은 艋船을 덜어 없애고 판옥선으로써 『경국대전』에 규정된 맹선의 숫자를 채웠습니다 … 이제 더하고 줄이는 것은 불가합니다. 다만 『경국대전』에 기재되지 않은 각 고을[官] 판옥선의 경우 民力이 많이 소요되고 폐단 또한 적지 않아서 그 가운데 고을의 쇠잔하고 번성함을 가려 다시 그 숫자를 줄였습니다 …" 하였다.[35)]

앞의 둘은 명종 14년(1559)에 있었던 경기도의 사례이며, 마지막은 동왕 21년(1566)의 일로서 어느 특정지역 사례인지 혹은 나라 전체에 해당하는지 여부가 명확하지 않으나 아마도 후자로 봄이 옳을 듯싶다. 이에 따르면, 경기도의 경우 수군진포 외에도 '전선을 보유한 고을'이 있었으며 구체적인 예로 '개성부'가 거명되기도 하였다(①②). 또한 『경국대전』에 수록된 각 수군영진별 전함[36)] 외에 일반 고을이 보유한 판옥선이 있었는데, 명종 21년에는 그 수효가 너무 많아 줄여야 할 형편이었음도 알 수가 있다(③). 그 밖에 자주 倭賊船을 포획하여 포상을 받은 咸平縣이나(명종14),[37)] 혹은 반대로

34) 舟師大將南致勤啓日 各官各浦有戰船處 皆有名無實 只爲形體 常時不謹修補 視爲尋常 非徒多有疎漏 亦或違制不合 (中略) 開城都事權以平 府屬戰船 所當親自領來 同試運用 而厭其渡海 托病不來 (下略) (같은 책 5월 27일 戊戌)

35) 大臣備邊司同議啓日 各鎭浦板屋船 當初設立之時 厥數果多 其後漸次減省 而今則略除艋船 以板屋船 充大典艋船之數 且古昔賊倭之來 皆乘平船 故我國亦以平船制勝 今則賊倭皆乘屋船 不得已用板屋船 然後可以相敵 今不可加減 但於大典所無各官板屋船 則多用民力 而弊亦不貲 其中殘盛分揀 更加量減 今將減下各官船隻之數 書啓矣 (下略) (같은 책 32 明宗 21년 3월 13일 甲辰)

36) 『經國大典』 4 兵典 諸道兵船

37) 傳于政院日 全羅監司書狀(夾註; 咸平縣監申翌 年少有武才 居官謹愼 防備整齊 十餘日之間 三見賊船 見輒捕獲 至爲可嘉 請各別褒奬 以激勵邊將云) 申翌之事 至爲可嘉 給一加 遞任時 本道沿海官陞職似當 (下略) (『明宗實錄』 25 明宗

왜적 추포에 나서지 않을 뿐만 아니라 軍器와 火砲를 싣고 다니지 않은 데다 格軍이 화살에 맞아 사망토록 만들어 추궁을 받은 靈光郡의 경우(명종12)도[38] 찾아진다. 함평이나 영광과 같이 수군진포가 아닌 연해안의 일반 군현에도 전함이 배치되었음을 추측케 하는 사례들이다. 을묘왜변(명종10) 즈음 혹은 그 얼마 뒤이면 수군진포가 아닌 일반 고을에서도 戰船[板屋船]을 보유하였으리라는 데에는 더 이상 의심의 여지가 없어 보인다.

순천 등 좌수영 소속의 연해 군현에서도 그러하기는 매한가지였을 것이다. 전라도 동부연안의 고을에만 유독 전함이 배치되지 않았을 까닭이 없으며, 왜구를 방어하는 요충에 위치한다는 점에서 이들 고을에 보다 우선적으로 전함이 배치되었을 가능성마저 없지 않아 보인다. 또한 위의 사료 ②에 전함을 보유한 각 고을과 진포에서 전함을 수리하고 보수하는 게 당연한 의무인 양 기록된 데서 알 수 있듯이, 이들 고을에 전함을 비롯한 수군 관련 각종 군수물자를 수리·보관하며 나아가 제조·보급하는, 요컨대 선소와 같은 기구가 설치되어 갔으리라는 것도 능히 추정할 수가 있다.[39]

사실 을묘왜변 즈음 水軍營鎭이 아닌 일반 고을에 벌써 선소가 설치되었음을 추정케 하는 기록도 없지는 않다. 을묘왜변 발발 이전부터 珍島에 유배 중이던 盧守愼이 왜변 3년 후(명종13) 지은 詩

14년 6월 8일 戊申)

38) 傳于政院曰 見此全羅監司狀啓(夾註; 右道水使吳瀁牒報曰 (中略) 而靈光假將朴希顔 非但不爲追捕 軍器火砲不載持 以致格軍逢箭致死 故囚禁推考) 則倭寇現形 (下略) (같은 책 23 明宗 12년 7월 4일 乙卯)

39) 宣祖 6년(1573) 전라도의 동부 연안 고을 중 하나인 樂安의 郡守가 板屋船 건조를 빌미로 소나무를 벌목하여 착복한 사건은(『宣祖實錄』 7 宣祖 6년 8월 1일 戊申), 전라좌수영의 속읍에서 이미 전선을 보유하는 것은 물론 그것을 건조하기도 하였음을 보여준다.

에 나오는 '船倉·船倉浦'가 그것이다.[40] 진도읍성을 중심으로 오른쪽의 船倉과 동쪽 방향으로 위치하는 金甲鎭의 존재를 묘사한 내용으로 미루어, 문제의 선창 내지 선창포가 조선후기의 지도에 표시된 진도의 선소를[41] 가리킴은 거의 틀림이 없어 보인다. 또한 당시 선창의 櫓가 벌써 낡은 상태였다는 지적에서, 선창 즉 선소가 그곳에 들어선 게 제법 오래 전의 일이었으리라는 느낌을 받기도 한다. 대략 을묘왜변 즈음이면 이미 진도에 선소가 들어섰음을 암시하는 자료로 간주하여 무방할 듯 여겨지는 것이다.

한편 늦어도 임진왜란이 일어나던 해(1592) 2월 이전에, 순천의 이웃이자 현재의 고흥에 해당하는 흥양현이 벌써 선소를 갖추고 있었음도 확인된다. 같은 달 19일부터 관내의 수군진포 순시에 나선 충무공이,

> 아침에 공무를 마친 뒤 鹿島로 가는데, 黃叔度도 동행하였다. 먼저 興陽戰船所에 이르러 배와 什物을 몸소 점검하고는, 그 길로 녹도로 갔다…[42]

에서와 같이, 녹도진으로 향하기 전 직접 점검하였다는 '흥양전선소'가 그것이다. 전라좌수사의 점검대상이자 '배와 집물'까지 두루

---

40) 이 詩의 존재를 교시한 광주교육대학교 김덕진 교수의 우정에 깊이 감사드린다.

城池幾歲設崖瓊 天地無期得事情 右帶船倉殘朽櫓 東連金甲只空營 君王僞塚誰傳號 奴僕專山自立名 顧我終爲陰谷鬼 從人看作沃州傖 (夾註; 船倉浦·金甲營·王塚峴·官奴山) (『穌齋集』 4 詩 戊午(1558) 11월 無題)

41) 金井昊 編, 『全南의 옛地圖』, 鄕土文化振興院, 1994, 84·108·130쪽.

42) 二十二日癸丑 朝公事後 往鹿島 黃叔度亦同行 先到興陽戰船所 親點船與什物 仍往鹿島 (下略) (『李忠武公全書』 5 亂中日記1 壬辰 2월 22일 癸丑)

갖춘, 즉 전선과 함께 그에 필요한 각종 군수물자를 모두 구비한 흥양현 선소의 존재를 명확히 전한다. 최소한 1592년 2월 이전에, 그처럼 관련 시설을 고루 갖춘 선소가 이미 흥양 고을에 들어섰음을 명시한 자료인 것이다.

진도와 흥양의 사례에 비추어 순천도호부에서도 임진왜란 이전에 벌써 선소를 보유하였음이 거의 분명하다. 아마 을묘왜변 즈음, 혹은 늦어도 임진왜란이 일어나던 해보다는 이전의 일이었을 것으로 추정된다. 충무공이 남긴 임진년 3월 20일의 다음과 같은 기록을 대하면, 더욱이 그러하였을 것임을 확인할 수가 있다.

> 순천에서 (관할구역을) 수색하여 살피는 일이 제 기한에 미치지 못했기로 代將 및 色吏와 都訓導 등을 추궁 논죄하였다…[43]

순천도호부에서 정해진 기한에 관할 구역을 수색・정탐해야 할 의무를 어겼다 하여, 충무공이 代將 등 관계자들을 처벌하였다는 내용이다. 전라좌수사가 논죄한 사실로 미루어 처벌받은 순천의 代將은 舟師代將임이 분명하다.[44] 그런데 조선후기의 자료에 의하면, 이 주사대장은 순천과 같은 연해 고을 소속 戰船의 지휘관이자 船所의 운영을 실질적으로 총괄하던 직임이었다.[45] 따라서 그러한 주사대장이 임진왜란 이전부터 이미 순천에 존재했으며 관할구역을 搜討하는 임무를 수행 중이었다면, 이 고을에서는 그보다 훨씬

---

43) 順天搜討 未及期限 故代將及色吏・都訓導等推論 (下略) (같은 책 3월 20일 庚辰)

44) 『新增昇平志』(奎15591) 上 武班, 『全羅左水營啓錄』 1책 道光 30년 6월 1일 各官戰舡代將褒貶 (2쪽)

45) 구체적인 것은 순천선소의 운영을 다루는 4節(조선후기의 여천선소유적)의 관련 설명을 참고하라.

전에 벌써 전선과 함께 관련 집물 및 그 운용에 필요한 각종 인력이 포함된 조직을 그런 대로 갖추었으리라고 보는 게 온당하다. 흥양현에서 운용 중이던 선소와 유사한 나름의 체계를 갖춘 기구를 상정하지 않고서는 설명하기가 어려운 대목이다. 순천도호부에도 전함 및 그에 소요되는 각종 군수물자를 제조·보관·수리·보급하며 또한 관련 인력을 관리하기 위한 시설, 이를테면 선소와 같은 기구가 마련되었을 것임을 충분히 예상할 수가 있는 것이다. 아마도 을묘왜변 즈음, 늦어도 임진왜란이 일어나던 해 이전의 일이었음은 틀림이 없다.

순천도호부의 선소가 성립한 것은 을묘왜변 즈음 내지는 그에서 멀지 않은 어느 시기의 일이었을 가능성이 크다고 믿는다. 늦어도 임진왜란이 발발하기 이전의 일이었음은 의문의 여지가 없다. 반드시 조선후기처럼 정비된 형태는 아니었을망정, 그와 동일한 기능을 지니는 시설이 임진왜란 이전부터 작동 중이었음은 여러 증거로 미루어 거의 확실하다. 임진왜란 도중의 혼란 속에서 10척의 판옥선을 건조할 역량이 갖춰진 것도 그러한 속에서의 일이었을 것임은 물론이다. 1593년의 기록에 나타나는 '順天龜船'도[46] 또한 이 시설에서 건조되었음이 틀림없다. 앞서 지적하였듯이, 충무공이 '戰具諸備'라 표현하였던 바 전함과 같은 수군의 각종 武裝設備와 군수물자는, 각 진포와 속읍에서 스스로 마련하는 게 원칙이었다. 거북선이라고 하여 거기에서 예외였을 까닭이 없다. 좌수영에서 건조하여 순천부로 인계하였을 가능성도 제기되지만,[47] 이미 소상한 연구가 나왔듯이 '順天龜船'은 순천부의 선소에서 건조되었음이 거의 분명하다.[48]

---

46) 『李忠武公全書』 5 亂中日記1 癸巳 7월 13일 乙丑

47) 文榮龜, 『全羅左水營研究』, 289쪽.

48) 다소 길지만, 참고삼아 관련 부분을 제시하면 다음과 같다.

"이순신이 거느린 세 척의 거북선은 각각 營龜船, 防踏龜船, 順天龜船이라 했다. 이들 세 척의 거북선은 소속이 그 이름대로 각각 전라좌수영 본영, 방답진, 순천부일 뿐만 아니라, 건조 장소 역시 본영의 船所, 방답진의 선소, 순천부의 선소들이었다. 즉 전라좌수사인 이순신 장군이 거느린 거북선 세 척은 본영, 방답진, 순천부의 선소에서 각각 한 척씩 만들어진 것이었다. 그것은 조선수군이 군선을 만들어 온 전통을 살펴보면 자명한 일이다.

조선시대를 통하여 군선의 건조와 보수의 책임은 전적으로 각 水營의 책임자인 水使와 산하 각 鎭浦의 수령인 僉使·萬戶 또는 각 고을의 방백들에게 있었다. 수사와 산하 읍진 수령 방백의 책임의 분담 한계는 분명치 않은 점도 있으나 대체로 본영 직속의 군선에 대해서는 수사가 책임지고, 각 수영산하 邑鎭에 소속된 군선에 대해서는 각 읍진의 장이 책임지는 것이 보통이었다. 그리고 실제의 건조작업은 각 읍진에 골고루 배속되어 있는 船匠과 冶匠들이 서로 내왕하며 합력해서 이루어졌는데, 위로는 수사나 각 읍진의 장이 임명한 造船監官의 지휘를 받고 밑으로는 수군사졸의 도움을 받아 이루어졌다. 좀더 알기 쉽게 구체적으로 말하면 전라좌수영 산하의 어느 읍진, 가령 防踏鎭에서 군선을 건조하려고 할 때는 다른 읍진들로부터 船匠과 冶匠 등 기능자 수십 명을 필요한 만큼 모아들이는 한편 군관 중에서 배 만들기를 좀 아는 이를 감독관으로 임명하고 잡일을 하는 인부로 수군사졸을 할당하여 이들 감관, 선장과 야장, 수군사졸이 일체가 되어 자기 읍진의 선창인 船所에서 조선작업을 하게 되는 것이다. 그러므로 거북선 세 척을 전라좌수영 본영의 선소에서 모두 만들어 다른 읍진, 가령 방답진이나 순천부에 나누어 줄 수는 없는 노릇이다.

그러므로 임진왜란 바로 14개월 전에 전라좌수사로 발탁되어 부임해 온 李舜臣은 왜군이 머지않아 쳐들어올 것을 생각하며 군비의 확보에 여념이 없던 중 辛卯년(1591) 가을 아니면 겨울쯤부터 수영의 선소에서 거북선 한 척을 만들기 시작하고 壬辰년(1592) 초에 선체를 거의 완성하고 다음에 방답진과 순천부로 하여금 거북선을 만들게 한 것이다. 물론 그때 수사인 이순신 장군이 여러 모로 그 거북선 건조를 후원한 것은 두 말할 필요가 없다. 그렇게 서두른 결과 營龜船 다음으로 防踏龜船이 완공되어 이순신 장군의 제2차 출동에 참가하고 뒤이어 순천귀선도 완공이 된 것이다." (金在瑾, 「龜船」, 『韓國의 배』, 서울大學校出版部, 1994, 196~197쪽)

3. 麗川船所遺蹟과 順天船所

여천선소유적 즉 조선시기 순천도호부의 선소가 성립되기에 이르는 경위를 살폈다. 그렇다면 그와 같은 순천선소는 처음부터 내내 현 여천선소유적에 위치하였을까? 현 여천선소유적이 조선시기에 순천도호부의 선소였다는 이제까지의 이해에는 의문의 여지가 없는 것일까? 장생포 즉 현 여천선소유적에서 과연 거북선이 건조되었던가를 의심하는 연구자는 없지 않았지만, 순천선소가 곧 현재의 여천선소유적에 위치하였음을 의심하는 견해는 아직 나타난 적이 없다. 앞서 제시한 조선후기의 지도와 읍지류 등 순천선소 관련 문헌 및 그에 기초한 이제까지의 연구에 비추어, 장생포 즉 현 여천선소유적이 곧 순천선소였음을 의심하는 것은 불가능해 보인다. 아울러 2節에서 살피었듯이, 현 여천선소유적의 역사를 훑어보더라도 순천선소의 후보지로서 그만한 장소는 다시 찾기가 어려운 것도 사실이다.

하지만 모든 자료가 하나같이 그것을 뒷받침하지만은 않는다는 데 문제가 있다. 조선후기의 일부 자료에는 그와 상치되는 듯 보이는 내용도 없지를 않은 것이다. 다음의 기록을 살펴보자.

"그 이유는, 첫째로 本營에서 건조되었으므로 本營龜船이라 이름하였을 것이고, 防踏鎭에서 건조되었으므로 防踏龜船이라 이름하였을 것이라는 평범한 논리이다. 만일 두 척 모두가 本營에서 건조되었다고 한다면, 龜船의 船名은 板屋船의 船名처럼 營第一號龜船·營第二號龜船이라 하는 것이 도리어 사리에 맞는 것이지, 구태여 방답진으로 양도하여 防踏龜船이라 이름할 아무런 이유가 없기 때문이다. 둘째로…本營龜船과 防踏龜船은 本營과 防踏鎭의 軍船定額 속에 포함되는 것이며…따라서 本營에서 2척을 건조하여 한 척을 防踏鎭으로 양도할 수는 없는 것이다." (朴炳柱, 「龜船의 建造場所에 대하여」, 190~191쪽)

① 戰船은 한 척이다. (夾註; 매 3년마다 한번씩 시설장비를 일제히 교체하는데, 깃발은 戊午年(1618) 봄에 彩段으로 새로 만들었다. 船直은 16명으로서 번을 나누어 교대로 守直한다. 겨울이면 涠浦에 넣어 둔다.)
② …掘浦 (협주; 순천부의 동쪽 70리에 있다) … 長省浦 (협주; 순천부의 동쪽 60리에 있다…)[49]

芝峯 李睟光이 순천부사로 재임 중이던 광해군 10년(1618)에 편찬한 순천의 읍지에서 따온 내용이다. 한데 여기에는 순천도호부 소속의 戰船을 계류하는 장소, 다시 말해 순천의 선소가 장생포 아닌 굴포로 나온다(①). 아울러 동일한 자료에서는 굴포와 장생포를 서로 다른 장소로 명백히 구별해 기록해 두기도 하였다(②).[50] 또한 1780년대에 편찬되었을 것으로 추정되는 『湖南沿海形便圖』에서는, 현 여천선소유적을 정확히 선소라 기록하는 한편으로 굴포는 화양반도의 끝에 별도로 표기하였다. 선소가 위치하는 포구는 풍랑에 구애받지 않는 가운데 100여 척의 선박을, 그리고 굴포는 서북풍에 취약한 가운데 2척의 선박을 각각 수용할 수 있음도 함께 기록해 두었다.[51]

순천선소가 소재하였다는 장생포와 문제의 굴포를 구별해서 파

---

49) ① 戰船一隻 (夾註; 每三年一改什物具 旗幟戊午春以彩段新造 船直十六名 番遆守直 冬則藏置於涠浦) (『新增昇平志』(奎15591) 上 船隻)
② (前略) 掘浦 (夾註; 在府東七十里) … 長省浦 (夾註; 在府東六十里 高麗時倭入寇至是浦 柳濯將兵擊之 賊望見而引去 軍士大悅作歌) (같은 책 山川)

50) 『新增昇平志』에 앞서 조선전기의 『新增東國輿地勝覽』 이래 조선후기에서 구한말에 이르도록, 역대 순천 및 여수의 邑誌類에서는 한결같이 굴포와 장생포를 서로 다른 포구로 구별해서 수록하였다.

51) · 船所 邑七十里 容百餘隻風無忌 (金井昊 編, 『全南의 옛 地圖』, 鄕土文化振興院, 1994, 135쪽)
· 掘浦 容二隻 忌西北風 (같은 책)

악하는 것은, 역대 地志・邑誌 및 地圖類에서 대개 공통적이었다. 위에 제시한 李睟光의 기록을 인정하는 한, 순천선소가 늘 장생포 즉 현 여천선소유적에 위치하였다고 장담할 수만은 없는 셈이다. 그렇다면 이 문제는 어찌 이해하는 게 온당할까? 여기에는 다음의 몇 가지 추리가 가능할 듯싶다.

첫째, 순천선소가 광해군 10년 당시 장생포 아닌 굴포에 소재하였을 것으로 이해하는 입장이다. 이수광의 『승평지』 기록을 문자 그대로 取信하는 견해인 셈이다. 다만 위에 제시하였듯이, 굴포는 겨우 2척을 수용할 정도로 포구로서의 여건은 그리 좋은 편이 아니었다. 더욱이 18세기 이후의 기록에는 하나같이 굴포 아닌 장생포가 순천선소로 기록되었음도 지나칠 수가 없다. 『승평지』의 기록을 받아들이더라도, 임진왜란 이전부터 광해군대까지 이 굴포가 계속해서 순천의 선소였다기보다는 그 당시 한때의 일이었던 것으로 제한해서 봄이 옳지 않을까 여겨지는 것이다. 아마도 본시 장생포에 위치하던 선소가 임진왜란으로 큰 피해를 입었는데,[52] 미처 회복이 되지 않아서[53] 잠시 피해를 입지 않은 변두리의 작은 포구인 그곳으로 옮겨간 정도로 이해함이 온당할 듯싶다.

둘째, 『호남연해형편도』의 굴포 소재처 표기가 잘못 되었거나, 혹은 그 지도상의 굴포와 이수광이 언급한 굴포가 서로 별개일 가

---

52) 『李忠武公遺蹟址船所 二次 發掘調査報告書』, 41쪽.

53) 이수광에 의해 『昇平志』가 편찬되던 당시(1618)에도 임진왜란의 상흔이 깊게 남아, 고을의 핵심 시설이라 할 衙舍(1606년)와 客舍(1617년)마저 겨우 그 무렵에야 다시 세워질 정도였으며, 병사들의 조련장이던 洗兵軒(1617) 역시 거기에서 예외가 아니었다(『新增昇平志』 上 館舍). 전답의 경우에도 임진왜란 전의 1/3 수준을 회복하는 데 그쳤다(같은 책 田結). 순천부의 입장에서 광해군 10년(1618)에는 아직 船所까지를 돌볼 만한 여력이 없었으리라는 추정이 크게 어긋나지만은 않아 보이는 것이다.

능성이 있다. 『신증동국여지승람』 이래 『신증승평지』를 비롯하여 굴포의 위치는 거의 모든 지지·읍지류에서 한결같이 순천부의 동쪽 70리로 나타난다. 영조 41년 편찬된 『여지도서』와 구한말의 『여수군읍지』(1898~1900, 奎10803)에만 '在水營西' 혹은 '西十里'로 달리 나타난다. 전라좌수영 혹은 신설 여수군의 읍치를 기준으로 거리를 표시한 데 말미암은 일이었다. 순천부를 기준으로 삼은 모든 기록에서 굴포는 그 동쪽 70리에 소재하였던 셈이다. 그런데 『호남연해형편도』 상의 굴포로 가는 길 중간에 위치하는, 다시 말해 순천도호부와 보다 가까이에 위치하는 돌산포[古突山鎭]의 경우, 순천 동쪽 79리(『신증동국여지승람』·『신증승평지』) 혹은 순천 동쪽 70리(『여지도서』)로 나타난다.[54] 순천을 기준으로 하였을 때, 지도상으로는 굴포가 돌산포보다 더 멀리 떨어져 소재하는 데 반해, 문자로 기록된 거리에서는 돌산포가 굴포보다 더 멀거나 혹은 동일한 위치로 나타나는 것이다. 모순이 아닐 수 없다. 다시 말해 『호남연해형편도』 상의 굴포와 지지·읍지류에 기록된 굴포가 서로 별개의 존재이거나, 혹은 『호남연해형편도』가 굴포의 소재처를 잘못 표기하였다는 말이 된다. 이수광의 『승평지』에 순천부 소속 전선이 留泊하였던 것으로 기록된 '굴포'는, 아직 그 소재처를 명확히 지정하는 게 불가능한 형편인 셈이다.

앞서 지적하였듯이, 순천도호부를 기준으로 굴포는 항상 그 동쪽 70리에 위치하였다. 그런데 순천선소 역시 순천부를 기준으로 적시한 자료에서, 한결같이 그 위치는 '府東七十里'였다(『순천부읍지』·『호남연해형편도』). 순천부를 기준으로 한 거리에서 굴포와 선소

---

54) '水營西三十里'(『順天府邑誌』(奎17434) 關阨 突山浦)와 '西二十里(『麗水郡邑誌』 關防 突山浦) 등, 좌수영 내지 신설 여수군 읍치를 기준으로 삼은 두 기록은 제외하였다.

는 동일한 위치였던 셈이다. 적어도 문자기록으로 한정해서 보자면 그러하다.

굴포는 전통시기 바닷가에서는 자못 흔한 지명이었다. 무언가 인공을 가해 만든 포구 내지는 그리하여 조성된 굴강이라는 정도의 의미로서, 전국 곳곳에서 그리 어렵지 않게 찾아지는 명칭이었다. 『신증동국여지승람』에서만도 전국에 7곳 이상의 굴포가 존재하였음이 확인된다.[55] 거의 보통명사화하다시피한 명호였음을 짐작할 수가 있다. 순천도호부 관내에서도 굴포가 한 곳 이상이었을 가능성이 없지만은 않아 보인다.

『신증승평지』에 의하면, 순천의 전선이 계류했다는 굴포는 '府東七十里'였고, 순천선소의 소재처로 알려진 장생포는 '府東六十里'였다. 양자의 위치에 10리가량의 차이가 있어 서로 별개인 듯 보인다. 그렇지만 장생포는 고려시기 이래 여수 고을의 관문으로서 포구 전체의 명호였을 가능성이 높다. 또한 매립 이전 이 포구의 주된 船泊處는 현재의 해안선보다 훨씬 내륙 쪽인 옛 학룡리·선원리 일대였다고도 한다.[56] 『신증승평지』에 따르자면 그곳까지의 거리가 순천부에서 동쪽으로 대략 60리였던 셈이다. 그런데 현 여천선소유적은 거기에서 상당히 떨어져 위치하므로, 거기에 10리를 더해서 본다 한들 하등 잘못이랄 게 없어 보인다. 그곳의 굴강 또한 굴포라 불러 무방할 듯싶기도 하다. 순천의 전선을 계류하였다

---

55) 간단한 컴퓨터 검색의 결과이며, 실제는 그보다 많다고 보아야 할 것이다. 『新增東國輿地勝覽』10 金浦縣 山川 堀浦, 권19 泰安郡 山川 堀浦, 권34 扶安縣 山川 堀浦, 권36 務安縣 山川 大堀浦, 권50 慶興都護府 古跡 掘浦, 같은 책 富寧都護府 建置沿革 (…省富居縣 移民戶于石幕 割本縣堀浦以西 會寧府錢掛峴以南 黃節坡以北屬之 號富寧 陞都護府…), 권53 義州牧 山川 威化島 (夾註; …稱爲掘浦…)

56) 『李忠武公遺蹟址 船所 文獻考證報告書』, 7쪽.

는 '府東七十里'의 굴포를 현 여천선소유적으로 간주할 수 있는 여지가 적지 않음을 알 수가 있다.[57] 19세기 중엽 이웃 고을 광양현에서는 선소를 준설 굴착하면서 그것을 일러 '掘浦'라 칭하였다. '戰·兵船留泊處'를 '掘浦'하기 위해, 즉 전선과 병선이 계류하는 선소를 준설 굴착하기 위해 '掘浦本錢'을 두어 자금원으로 삼았다는 기록이 그것이거니와,[58] 이러한 용례에 비추어 『신증승평지』의 굴포 역시 막연히 순천부의 선소를 지칭한 것이었을 가능성이 크며, 더욱이 그와 같은 순천선소 즉 현 여천선소유적이 넓은 의미의 장생포에 위치하였다고 이해하여 큰 잘못은 아니지 않을까 여겨지는 것이다.

요컨대 순천선소 내지 그와 동일한 기능을 지닌 기구는 을묘왜변 즈음 혹은 늦어도 임진왜란이 발발하기 이전의 어느 시기부터 장생포에 위치하였으며, 조선후기에는 더욱 정비되어 체계를 갖춘 선소로 그곳에서 왕조의 말기까지 존립하였다. 설사 『승평지』의 굴포와 『호남연해형편도』의 굴포가 동일한 곳으로서 그곳이 순천 전선의 정박처였음을 인정한다고 하더라도, 그러한 사실에는 변함이 있을 수가 없다. 문제의 굴포가 선소로 기능한 것은 임진왜란 이후 광해군대까지의 짧은 한때였으며, 그 사이를 제외하고는 변함없이 현재의 여천선소유적이 줄곧 그러한 기능을 맡아 왔다. 그리하여 임진왜란 당시는 물론 그 이후에도 여천선소유적은, 거북선을 비롯하여 많은 전함을 건조·수리·보존하고, 무기를 비롯하여 선상생활에 필수적인 군수물자들을 수집·보관·보급하며, 또

---

57) 『李忠武公遺蹟址船所 二次 發掘調査報告書』, 37~39쪽.

58) 一 戰·兵船留泊處掘浦 以掘浦本錢參拾兩利條拾五兩 春秋兩次 雇人掘浦矣 己亥大水 戰船漂傷之後 初無掘浦錢 (下略) (『光陽縣各所事例冊』(1850년) 兵船色 ; 『韓國地方史史料叢書』 8, 사례편 1, 여강출판사, 1987, 447쪽)

한 순천의 수군을 집결·조련하던, 일종의 단위 수군기지로 기능하였다. 그러다가 왕조 말기의 갑오경장 때 군제가 개편되면서 폐지되었다. 1895년의 일이었다.

4. 조선후기의 麗川船所遺蹟

조선시기 순천선소의 위치를 포함하여 그것이 성립된 경위를 더듬어보았다. 이제 그 존재양태를 살필 차례인데, 조선후기에 드물게나마 나타나곤 하는 선소 관련 인원이나 시설물 기록 등을 조사하는 데서부터 실마리를 풀어가려 한다. 조선시기 여천선소유적의 상황을 알려주는 직접적인 기록은 찾기가 매우 힘들다. 여타의 고을과 비교하더라도 지나치게 희소한 편이어서 어려움이 크다. 다만 여러 자료들을 모아 서로 비교하며 조심스레 접근한다면, 미흡한 대로 여천선소유적의 존재양상을 이해하는 데 필요한 기초적인 정보 정도는 알아낼 수가 있지 않을까 생각한다.

조선시기 수군 소속의 沿海郡縣에서 선소를 관리하는 현장책임자는, 흔히 代將이라 약칭되던 舟師代將[戰船代將]이었다. 가령 읍지류의 선소 조항에 서열대로 기재된 관련 직임 가운데 代將이 맨 앞에 나타난다든지,[59] 또는 고을 선소에 보관 중이던 비상대비 양곡을 代將이 제멋대로 나눠줌으로써 문제가 발생하였던 사례와 같은 것이 그러한 증거이다.[60] 아울러 수군이 두어진 고을에서는 반드

---

59) 『新增興陽誌』(英祖 34, 1758) 船所, 『興陽縣事例從時直定價成冊』(高宗 32, 1895) 船所色

60) 今六月二十三日大臣備局堂上引見入侍時 左議政柳所啓 (中略) 又所啓 沿海列邑大同儲置米中 有戰船待變糧 別置船所者 其數隨其船卒之多少 或三四十石常留船所 意非偶然 而船所與官家稍遠 故守令不能致察 每年稱以改色 代將輩任自分給 多有無一石留儲之處云 事甚可駭 自今以後 申飭各道 元定之數 常爲

시 부지런하고 성실하면서 수군에 익숙하여 잘 아는 사람을 代將으로 선임해야 하며, 고을의 수군 내지는 전함을 위시한 수군 군수물자에 이상이 있을 경우 代將과 함께 수령과 좌수에게까지 죄를 묻도록 하라는 지시가 내려졌던 것도 마찬가지이다.[61] 연해 고을에 설치된 수군의 실질적인 책임자가 주사대장이며, 그 수군의 군수물자를 관리하는 일 바꿔 말해 선소를 현장에서 운영하는 임무 또한 그에게 맡겨졌음을 알 수가 있다. 순천도호부에서도 그와 유사한 사례가 나타난다. 담당 海域을 수색하도록 정한 기일을 어긴 죄를 물어, 순천의 代將을 필두로 色吏와 都訓導 등이 좌수사 이순신에게 추궁 당한 사실을 이름이다. 임진왜란이 일어나기 한 달가량 전의 일이었다.[62] 약속 기한을 어긴 관내 고을의 수령을 대신하여 이순신이 그 代將에게 죄를 물었던 寶城의 사례도 그와 마찬가지이다.[63] 순천도호부와 같은 바닷가 고을의 수군을 대표하는 현장 책임자가 주사대장이며, 그러한 수군의 말단기지 역할을 하던 선소도 또한 자연히 그의 책임 아래 운영되었음을 충분히 이해할 수가 있는 것이다.

주사대장을 책임자로 하는 연해 군현의 선소에는, 그 외에도 상

留置船所 而以新捧儲置米 三年一次改色事 定式分付 何如 上曰 着實分付 可也 (『備邊司謄錄』 49책 肅宗 21년 乙亥 6월 24일 沿海列邑大同儲置米)

61) (前略) 一 各鎭浦戰船則有給代之規 (中略) 有舟師各官能櫓軍 (中略) 混定一邑之民 則去船所旣遠 常時守護 臨急調用 俱涉不便 必以戰船所泊處附近面居民充定 (中略) 代將乙良 必以勤幹諳鍊舟師之人 差定爲白乎矣 舟師軍器 有執頉之擧是白去等 守令代將外 時任座首 亦爲一體勘罪之地爲白齊 (下略) (같은 책 31冊 肅宗 원년 乙卯 2월 4일 三南巡撫使齎去應行節目)

62) 順天搜討未及期限 故代將及色吏都訓導等推論 (下略) (『李忠武公全書』 5 亂中日記1 壬辰 3월 20일 庚辰)

63) (前略) 朝食後 出坐中大廳 寶城倅 冒夜由陸馳來 拿入問後期之罪 治其代將 (下略) (같은 책 癸巳 2월 5일 庚寅)

당수의 인원이 근무하였던 것으로 판단된다. 순천의 경우 선소 관련 기록만을 따로 모아 둔 자료는 전하지 않는다. 따라서 다른 고을의 사례를 참고하면서 관련 기록을 하나씩 더듬는 게, 순천선소에서 활동하던 인원의 윤곽이나마 밝힐 수 있는 유일한 방도이다. 우선 흥양현의 사례를 예시하면 표 1과 같다.[64)]

흥양현은 순천도호부와 마찬가지로 전라좌수영의 관내 속읍이었다. 또한 여수와는 바닷길로 곧장 이어진 이웃 고을이기도 하다. 비교하기에 다시없는 상대인 셈이다. 더욱이 전라좌수영에서는 흔

〈표 1〉 興陽船所 戰艦 乘船人員

『新增興陽誌』(船所)		『興陽縣事例從時直定價成册』(船所色)	
직책	인원	직책	인원
代將	1인	代將	1원
兵船將	1인	防船將	1원
旗牌官	3인	旗牌官	1원
捕盜官	2인	捕盜官	2인
訓導	2인	訓導	2인
射夫	30명	射夫	30명
火砲匠	11명	火砲匠	11명
砲手	34명	砲手	34명
舵工	12명	上下粧舵工·船直	10명
能櫓	138명	能櫓	138명
格軍(沙格)	10명	兩伺候船沙格	12명
〈戰船 1척, 兵船 1척, 伺候船 2척〉		〈戰船 1척, 防船 1척, 伺候船 2척〉	

* 『新增興陽誌』(英祖 34, 1758), 『興陽縣事例從時直定價成册』(高宗 32, 1895)

64) 본문에 제시한 표 외에 備邊司方眼地圖 중의 湖南地圖(奎12155, 英祖代) 興陽篇에도 船所 관련 인원이 상세한데, 별 차이가 없으므로 생략한다.

히 두 고을을 비슷한 규모로 평가하곤 하였다.[65] 흥양선소의 경우에 비추어 순천선소를 추정하더라도 크게 어긋나지는 않을 듯 여겨지는 것이다. 바꿔 말해 순천선소에도 위의 표에 제시된 것과 비슷한 정도의 전함 승선인원이 배치되었을 가능성이 커 보이거니와, 실제 순천의 읍지를 조사한 결과도 거기에서 크게 벗어나지 않는다. 다른 자료와 뒤섞여 구분되지 않은 채로 여기저기 흩어져 기재되어 혼란스럽지만, 흥양의 예를 바탕으로 순천의 읍지에서 선소와 관련되었을 법한 인원을 찾아보면, 1인의 舟師代將[66] 내지는 戰船代將을 비롯하여 防船長(1인)·旗牌官(1인)·捕盜官(2인)·舟師砲手(34명)·射夫(30명)·火砲手(11명)·能櫓軍(146명) 등이 눈에 띈다.[67] 직책이나 인원에서 흥양선소와 거의 동일한 가운데, 訓導와 舵工 및 沙格만이 빠져 있다. 그 중 훈도는 本府의 인원 중에 포함되어 따로 구별해낼 수 없을 뿐이지,[68] 아예 존재하지 않았다고 하기는 어려울 듯싶다. 다만 타공과 사격은 기록에 나타나지 않는다. 그렇지만 위 흥양선소의 예에 비추어보거나, 혹은 앞서 제시한 바 임진왜란 한 달쯤 전 이순신 장군에 의해 그 代將과 함께 처벌받은 順天 都訓導의 존재 등으로 미루어, 순천선소에도 훈도를 비롯하여 타공·사격이 모두 존재했을 것임은 의심의 여지가 없다. 이제 조선후기 순천선소에 배정되었을 것으로 여겨지는 전함 승선인원을

65) 임진왜란 이듬해에 전라좌수영 관내 5屬邑에서 戰船을 추가로 건조하였는데, 순천과 흥양이 각 10척씩으로 가장 많았고 그 뒤를 이어 보성 8척, 광양 4척, 낙안 3척 등이었다(『李忠武公全書』 4 狀啓3 還陣狀). 전라좌수영 관내에서는 대체로 순천과 흥양이 비슷한 규모의 고을로 간주되었음을 알 수가 있다.

66) 『新增昇平志』 上 武班

67) 『順天府邑誌』(奎17434, 1792~1800년) 軍額

68) 같은 책 軍額 訓導

〈표 2〉 順天船所 戰艦 乘船人員

직책	인원	전거
戰船代將	1인	『順天府邑誌』 軍額
防船長	1인	
旗牌官	1인(3인)	
捕盜官	2인	
舟師砲手	34명	
射夫	30명	
火砲手	11명	
能櫓軍	146명	
(訓導)	(2인)	
(舵工)	(10 혹은 12명)	
(沙格)	(10 혹은 12명)	
〈戰船 1척, 兵船 1척, 伺候船 2척〉		같은 책 軍器

* 訓導·舵工·沙格을 비롯하여 괄호 안은 추정임

정리하면 표 2와 같다.

조선후기 순천선소 즉 여천선소유적의 공식적인 전함 승선인원은 대략 위와 같았을 것으로 판단된다. 추정한 내용이 일부 포함되었지만 거의 틀림이 없으리라 믿는다.[69] 한편 위의 전함 승선인원

69) 이웃 光陽縣의 경우에도 旗牌官(3인)·捕盜官(2인)·射夫(30명)·砲手(34명)·火砲匠(11명)·能櫓軍(111명)·沙工(9명) 등 —代將·兵船將은 기록되지 않았지만 없었을 리가 없으므로— 전함 승선인원이 거의 동일하게 나타난다(備邊司方眼地圖 湖南地圖 光陽). 아울러 『地乘』(奎15423)의 全羅道 順天府 註記에 戰舡 1척과 함께 기록된 舡卒 즉 수군의 숫자 243명이, 본문의 표(順天船所 戰艦乘船人員)에서 제시한 砲手·射夫·火砲手·能櫓軍·舵工·沙格 등을 모두 합한 숫자 241∼245명과 거의 동일하다는 사실도 그냥 지나쳐서는 안 될 것이다.

외에도 순천선소에는 행정업무를 지원하는 吏가 근무하였다. 앞서 임진왜란 직전의 자료에 順天代將·都訓導와 함께 처벌을 받았다던 色吏가 그것이다. 흥양현에 보이는 船所色이나[70] 광양현의 舟師色·兵船色과[71] 같은 존재를 가리키는 듯싶거니와, 순천선소에도 그와 유사한 명목의 색리들이 두어졌을 것임은 이를 나위가 없다. 또한 경상도 泗川縣 선소에 두어졌다는 軍器監官(1인)[72] 내지는 이웃 光陽縣의 선소에 있었다는 軍器監官(1인)과 船倉監官(1인)[73] 등이 순천선소에 배치되었을 가능성도 배제할 수가 없어 보인다. 순천부에는 본시 1인의 軍器監官(鄕任)이 있었는데 『승평지』가 증보되던 영조 5년(1729)에는 2인으로 증원되었다는 기록을[74] 대하고 보면 한층 그러한 생각을 지울 수가 없다. 순천읍성 안에 위치했다는 陸軍器의 중요성이 커짐에 따라 그 監官을 2인으로 늘렸을 수가 있겠지만, 그보다는 선소에 자리하던 水軍器의[75] 監官으로서 1인을 증원했을 가능성이 더욱 높아 보인다. 모두 몇 명이었을지 그 숫자까지 추정하기는 어렵지만, 군기감관·선창감관과 같은 소위 鄕任이나 혹은 선소색과 같은 색리 등 선소에서 각종 행정실무를 담당했을 이들의 존재도 빼놓아서는 안 될 것이다.

그런데 유의해야 할 점은, 이상의 공식적인 인원 모두가 늘 순천선소에서 근무 중인 것은 아니었다는 사실이다. 대장 등 필수요원을 제외하면, 숫자의 대부분을 차지하는 사·포수나 특히 능로군

---

70) 『興陽縣事例從時直定價成册』(1895년) 船所色

71) 『光陽縣各所事例册』(1850년) 舟師色·兵船色, 441·443쪽.

72) 金鉉丘, 「조선후기 造船業과 造船術에 관한 연구」, 241·243쪽.

73) 一 防船將一人 船倉監官一人 軍器監官一人 軍官·將官·良民中遞差事 (『光陽縣各所事例册』 兵船色, 443쪽)

74) 『新增昇平志』 上 鄕任 軍器監官

75) 『順天府邑誌』 軍器 陸軍器·水軍器

과 같은 일반 군졸들은 보통 문서상으로만 존재할 뿐이었다. 평시에는 각자의 생업에 종사하다가, 훈련이나 유사시에 동원되는 수군에 지나지 않았다. 그나마도 서류상에 제대로 채워두지를 않아 유사시에 대비할 수가 없음은 말할 것이 없었고, 春·秋操와 같은 정기적인 훈련에서도 구차스레 村民을 동원하는 폐단이 지적되곤 하는 실정이었다.[76]

그렇다면 조선시기 순천선소에서 상근하던 인원은 대략 몇 명쯤이었을까. 우선 전함의 승선인원 중 간부급 요원이라 할 代將(1인)·防船長(1인)·訓導(2인)·旗牌官(1인 혹은 3인)·捕盜官(2인) 등을 합한, 대략 7~9명의 전부 또는 일부가 그에 포함되었을 법하다. 대장과 방선장을 비롯하여 직책별로 1명씩 적어도 5명은 넘어서지 않았을까 여겨진다. 거기에 두 명가량의 軍器·船倉監官과 역시 두 명가량의 舟師·兵船色을 포함한 數名의 吏[77] 및 교대로 복무하였다는 16명의 船直 모두 혹은 그 중의 4~8명[78] 정도를 더 보탤 수

76) (前略) 一 各鎭浦戰船則有給代之規 格軍射砲手 皆以土兵充補待變 而各官戰船則旣無土兵給代之規 只以空船掛置浦邊 脫有事變 決無及時整齊發船之理 誠極寒心 何以則使各官舟師 可以整齊待變是白乎喩 詢訪便宜 詳細啓聞爲白乎矣 有舟師各官能櫓軍 或有全不充定 每當習操之時 驅村民而苟充 已成弊習叱分不喩 設有充定之邑 混定一邑之民 則去船所旣遠 常時守護 臨急調用 俱涉不便 必以戰船所泊處附近面居民充定 而如有不足之患是白去等 海邊所居之陸束伍 割屬能櫓軍 他面所在能櫓軍 移充陸束伍 則水陸俱便是白乎喩 (下略) (『備邊司謄錄』 31冊 肅宗 1년 乙卯 2월 4일 三南巡撫使齎去應行節目)

77) 順天船所의 吏 숫자와 관련하여, 인근의 古突山鎭이 종9품 別將이 주둔하는 가장 말단의 최소규모 水軍鎭이었음에도 40명가량의 吏를 보유하였던 사례가 참고된다(邊東明, 「조선시대의 突山鎭과 古突山鎭」, 『歷史學報』 198, 2008, 28쪽).

78) 16명이 교대근무하였다고 하므로(『新增昇平志』 上 船隻 戰船 夾註), 늘 16명씩 번갈아가며 근무했거나 혹은 16명 중 2교대 8명 내지는 4교대 4명이 근무하였음 직하다.

가 있을 듯싶다. 적게 잡아 15~16명에서 많게는 20명을 훌쩍 넘어서는 인원이 순천선소에서 상시 복무하였을 가능성이 자못 커 보이는 것이다.[79)]

이들 20명을 전후한 상근 인원은 아마도 선소마을 등 순천선소의 가까이에서 거주하였음 직하다. 전함에 승선하는 수군을 선소 인근의 주민으로 배정토록 하라는 지시로 미루어,[80)] 평시에 전함을 포함한 각종 군수물자의 관리를 담당하는 이들이 선소와 멀리 떨어져 거주하기는 어려웠을 듯싶다. 말하자면 이들이야말로 순천선소를 운영하는 주체이자 그것을 중심으로 조성되었다는 선소마을을 대표하던, 요컨대 조선후기 여천선소유적의 주도적인 사회계층이었던 셈이다.

조선시기에 순천선소 즉 여천선소유적은 이를 나위 없이 순천도호부의 관할이었다. 따라서 그 운영 또한 원칙적으로 순천부사의 권한이자 임무였다. 선소의 현장 책임자인 舟師(戰船)代將을 차정하는 일부터가 그러하였다. 흔히 閑良으로 보임되었던 듯 여겨지는 이 직임은,[81)] 조정에서 직접 그 임면권을 행사하지 않는 流外職이

---

79) 이웃 광양현의 경우 汲水船直만 30명이 船所에 배정되었다고 한다("一 耳匠二十名(夾註;在各面) 汲水船直三十名(在本鎭) 船倉募軍三十名·軍器募軍三十名(并在津下) 各該任掌募定事"『光陽縣各所事例册』 兵船色 449쪽). 그밖의 필수요원까지 합하면 위 본문에서 순천선소의 상근인원으로 제시한 것보다 훨씬 많은 숫자가 광양선소에서 상시 근무 중이었을 가능성이 커 보이거니와, 그런 만큼 순천선소의 경우에도 실은 20명을 훨씬 상회하는 인원이 늘 각종 업무를 처리하느라 분주했으리라는 게 보다 온당할 듯싶다.

80) 앞서 제시한 "(前略) 有舟師各官能櫓軍 (中略) 必以戰船所泊處附近面居民充定 (下略)" (『備邊司謄錄』 31册 肅宗 1년 乙卯 2월 4일 三南巡撫使齎去應行節目) 외에도, "(前略) 一 各邑鎭戰船能櫓軍 必以船所近處人充定 (下略)"(같은 책 60册 肅宗 36년 庚寅 11월 13일 兩西兩湖巡撫使齎去應行節目) 등 관련 기록이 산견된다.

었다. 지역의 軍官・將官層에서 번갈아 맡곤 하였다던[82] 이 직책에 대한 인사권이 순천부사에게 주어졌다는 의미이거니와, 그 이하의 직책들 가령 행정실무직인 吏는 말할 것이 없으며 防船長을 비롯하여 鄕任이라 표기된 軍器監官이나[83] 그에 준하였을 船倉監官 등, 현장에서 선소를 관리 운영하는 핵심요원들의 경우에도 역시 그와 전적으로 동일하였다.[84] 뿐만 아니라 射・砲手나 能櫓軍과 같은 선소의 수군을 정원대로 충당하고, 훈련이나 혹은 유사시에 이들을 동원하며, 결원 등 이상이 발생했을 때 그것을 해결해야 하는 책임도 순천부사에게 지워졌다.[85]

순천선소의 인력뿐만 아니라 그 운영에 소요되는 경비나 각종 물자도 역시 순천부사의 책임 아래 마련되었다. 전함을 포함하여 순천 수군의 운용에 필요한 무기나 군수장비를 제조・보수・유지

---

81) (前略) 順天代將閑良金希宅 上 長興代將閑良嚴乃潤 上 (下略) (『各司謄錄』 20책 『全羅左水營啓錄』 1책 2쪽, 道光 30년(哲宗1, 1850) 6월 1일 全羅左水營所屬沿海各官戰舡代將褒貶)

82) 이웃 고을인 광양현에서 그러하였다("一 戰船代將一人 軍官廳二年・將官廳一年式 輪回遞差 而差定壯紙上下紙所事"『光陽縣各所事例册』 舟師色, 441쪽. "一 戰船代將 將校廳與將官廳 輪回差出 而將校則兩年 將官則一年 擧行之意" 같은 책 軍官廳, 460쪽)

83) 『新增昇平志』 上 鄕任

84) 광양현에서의 "一 防船將一人 船倉監官一人 軍器監官一人 軍官・將官・良民中遞差事" (『光陽縣各所事例册』 兵船色, 443쪽)와 같은 사례로 미루어 순천부에서도 그러하였음이 거의 틀림없다.

85) 광양현의 다음과 같은 사례가 참고된다.

一 舟師軍二百三十五名 水營能櫓軍三十九名 (같은 책 舟師色, 441쪽)

一 舟師軍有頉 則該邑塡代 而役軍勘債 每名壹兩式收捧 營門磨勘情費及紙筆墨價責應事 (같은 책)

一 舟師軍 每年春秋 聚會點考 逃老故査實代定 而亦使同軍造注乙事(夾註; 仇皮・山麻・乾葛等) (같은 책, 442쪽)

하며 각종 소모품과 함께 보급하는 일체가 순천도호부의 부담이었다. 가령 연해의 營鎭과 고을에서는 규정상 정기적으로 전함을 개삭·보수하거나 새로이 건조해야만 하였는데, 관련 비용 일체를 해당 영진과 고을에서 부담하는 게 원칙이었다.[86] 순천 고을도 거기에서 예외가 아니었음은 이를 나위가 없다. 순천의 읍지에 전선·병선·사후선의 정기적인 개조를 명시해 둔 것이 그 증거로서,[87] 규정에 따라 순천부에서 전함의 개조를 담당해야만 하였음을 거듭 확인할 수가 있다. 무기를 비롯한 각종 군수장비의 보급도 또한 순천 고을의 부담이었다. 역시 읍지의 軍器 조항에, 水軍器가 船所에 위치한다는 사실과 함께 전함을 위시한 무기장비 일체가 수록되었던 데서 짐작할 수가 있는 일이다.[88] 戰船什物 등 그 외의 군수물자도 매한가지였다.[89] 순천선소에서 소요되는 무기를 위시

86) 金鉉丘, 「조선후기 造船業과 造船術에 관한 연구」, 221~256쪽.

87) (前略) 二(以?)上船隻 限七年改造 (『順天府邑誌』 軍器 伺候船二隻 夾註)
한편 전함의 改槊·新造 기한은 시기에 따라 일정치 않았다고 하는데(金鉉丘, 같은 논문, 221~223쪽), 순천의 경우 1792~1800년간에 편찬된 『順天府邑誌』에서는 7년을 기한으로(同書, 軍器 伺候船二隻 夾註), 그리고 『全羅左水營啓錄』의 1851년 자료에서는 12년을 기한으로(同書 14쪽, 咸豊元年 全羅左水使在任時移報錄 八月初一日) 개조하는 것이 원칙이었다고 각각 전한다.

88) (前略) 水軍器(夾註; 在船所. 이하 괄호 안은 모두 협주) 黑角弓(一百張) 長箭(二百桴) 片箭(三百桴) 別大箭(二十桴) 筒兒(三百箇) 看鐵防牌(十六坐) 四號拂狼機(八柄) 子砲銃(三十五柄) 百字銃(二十七柄) 玄字銃(七柄) 地字銃(三柄) 火藥(四百斤) 鉛丸(五十箇) 火箭(一百七十箇) 水鐵丸(五百四十個) 長槍(八柄) 大小鐵丸(一萬八十八箇) 技槍(八柄) 環刀(十五柄) 甲冑(六十件) 黃燭(三百柄) 戰船一隻(本板長十把 左右櫓十八隻) 兵船一隻(本板長六把五寸 左右櫓八隻) 伺候船二隻(各本板長六(?)把六寸 左右櫓二隻 二(以?)上船隻 限七年改造) (『順天府邑誌』 軍器)

89) ·每三年一改什物具 旗幟戊午春以彩段新造 (『新增昇平志』 上 船隻 戰船一隻 夾註)

한 각종 장비와 소모품 일체를 제조・보수・유지하며 보급하는 최종 책임이 순천의 수령에게 부담지워졌던 것이다.

순천선소의 경우 관계 기록이 자못 부실하다. 순천부사가 관내의 선소를 운영하던 구체적인 내역을 파악하는 데에도 자연히 어려움이 따를 수밖에 없다. 그렇지만 이웃 광양현의 사례를 참고하면 대강은 유추가 가능하다. 수군 정원의 배치와 궐원 보충, 水軍案의 정기적 작성・보완 및 상부기관 보고, 전선대장의 포폄 대비, 전함의 건조와 보수・개삭, 각종 군사장비와 일체 소모품의 제조・보급, 봄・가을의 정기적인 수군 동원・점검・훈련 참가, 糧餉이나 소금・간장과 같은 부식의 보급・비축, 선소와 전함에서의 각종 祭儀 집행, 선소의 굴착・준설 등, 선소에서 수행하는 업무의 내용 및 그에 소요되는 비용의 구체적인 액수와 함께 그것이 전적으로 당해 고을에서 마련되었던 내역을 상세히 전하는 것이다.[90] 연해읍의 선소에서 이루 헤아리기 어려울 정도의 허다한 업무를 수행하며, 그에 따른 수많은 명목의 막대한 비용 모두가 오로지 당해 고을의 주민에게 부담지워졌고, 고을의 수령은 그것을 바탕으로 선소 운영에 나섰던 사정을 이해할 수가 있다.[91] 아울러 광양의 그러한 예에 비추어 순천 역시 그러하였으리라는 것은 불문가지이다.

순천선소가 순천도호부의 관할 아래 허다한 업무를 수행하였으며, 고을 주민의 힘겨운 부담이 전제되었지만 그 운영 또한 순천부사가 담당하였음을 검토하였다. 한데 군사 분야만은 거기에서 예외

・每三年一改什物具 (같은 책 俠船一隻 夾註)

・乾葛・山麻・草芚等 每年量數 民結出定 (같은 책 徭役 戰船什物 夾註)

90) 『光陽縣各所事例册』 舟師色・兵船色

91) 沿海邑의 경우 船所 한 곳만으로도 인근 面里民이 겪는 고충은 여간이 아니었다고 한다(金鉉丘, 위 논문, 244~245쪽).

였다. 인력의 동원·보충이나 재정의 운용과 같은 행정 부문에서와는 달리, 군사적인 측면에서만은 전라좌수사의 순천선소 관할권이 보다 강하게 작용하였다. 우선 선소의 현장 책임자인 舟師代將의 褒貶부터가 전라좌수사의 권한이었다. 순천 주사대장의 차정은 순천부사가 담당하였지만, 그의 근무 실적에 대한 정기적인 평가는 전라좌수사의 몫이었다.[92] 선소에 소재하던 水軍器의 검열이나[93]

---

92) 매년 2회(春夏等·秋冬等)의 정기적인 褒貶이 행해졌는데, 전라좌수영 관내 고을의 哲宗 元年(1850, 道光30) 사례를 하나 들어보면 다음과 같다.

· 全羅左道水軍節度使臣李肇淵 謹啓爲褒貶事 臣營守城中軍 及所屬沿海各官戰舡代將 今庚戌年春夏等褒貶等第開坐 謹具啓聞 守城中軍閑良金之華上 順天代將閑良金希宅上 長興代將閑良嚴乃潤上 寶城代將閑良朴信源上 樂安代將閑良徐民植上 興陽代將閑良金洛彦上 光陽代將閑良姜斗文上 道光三十年六月初一日 水軍節度使臣李 (『全羅左水營啓錄』 1책 2쪽, 道光 30년 6월 1일 全羅左水營守城中軍及所屬沿海各官戰舡代將褒貶)

· 全羅左道水軍節度使臣李肇淵 謹啓爲褒貶事 臣營守城中軍 及所屬沿海各官戰舡代將 今庚戌年秋冬等褒貶等第開坐 謹具啓聞 守城中軍閑良金之華上 順天代將閑良金萬鍾上 長興代將閑良嚴乃潤上 寶城代將閑良林昇伍上 樂安代將閑良徐民植上 興陽代將閑良金洛彦上 光陽代將閑良姜斗文上 道光三十年十二月初一日 水軍節度使臣李 (같은 책 4쪽, 道光 30년 12월 1일 全羅左水營守城中軍及所屬沿海各官戰舡代將褒貶)

93) 전라좌수사 이순신이 임진왜란 두 달쯤 전 흥양선소에서 배와 집물을 몸소 점검한 사례와("…先到興陽戰船所 親點船與什物…" 『李忠武公全書』 5 亂中日記1 壬辰 2월 22일) 같은 것이 그러하다. 한편 이와 관련하여 주의를 끄는 자료가 소위 "船所水軍器反閱册"이다. 英祖代에 작성된 船所 水軍器의 인계인수서로서 매 낱장마다 수사의 職印이 그리고 맨 끝에 수사의 手決이 있다고 한다(趙成都 外, 『李忠武公遺蹟地 船所 文獻考證報告書』, 全羅南道麗川地區出張所, 1979). 사실이라면 순천선소의 수군기를 전라좌수사가 검열하였음을 보여주는 구체적 물증이려니와, 그 밖에도 순천의 읍지에 보이는 수군기와 비교의 대상이 되는 등 중요한 자료인데 행방이 묘연하여 실물을 확인하지 못하였다. (後補: 논문 투고 후 문제의 고문서를 촬영한 사진을 입수하였으나, 보다 정밀한 검토가 필요하여 일단 이 글에서는 다루지 않았다. 차후에 구체적인 소개의 기회를 갖고자 한다.)

수군의 지휘·훈련도 전라좌수사의 권한에 속하였음은 물론이다.[94] 사실 수군에 관한 한 순천부는 전라좌수영에 소속된 일개 고을에 지나지 않았다. 전라좌수영의 속읍이던 순천의 수군기지인 순천선소가, 전라좌수사의 관할을 받는 것은 너무도 자연스러운 일이었던 셈이다. 따라서 대체로 보아 평시에는 순천부사가 순천선소의 운영을 주도하는 게 상례였지만, 훈련이나 특히 전시에는 전라좌수사가 보다 직접적으로 순천선소의 업무수행에 영향력을 행사했다고 판단하여 좋을 것이다.

이상에서와 같이 운영되던 조선후기의 순천선소 즉 여천선소유적에는, 자연히 상당수의 공공시설물이 자리하였다. 우선 널리 알려진 굴강과 풀뭇간을 들 수가 있다. 전함을 계류하던 굴강은 선소의 상징적 존재로서, 몇 차례의 발굴조사가 이루어졌지만 미처 규명되지 않은 게 많다. 처음 축조된 시기를 비롯하여 규모나 석축방식 등 고고학적인 검증을 필요로 하는 부분만도 한둘이 아니다. 학문적인 검토에 앞서 유적의 정비 복원을 서둘렀던 데 따른 후유증인 셈이다. 풀뭇간은 철제품을 생산하던 곳인데, 그 일부를 조사하는 과정에서 鍛造爐 2기와 集水를 위한 시설로 추정되는 암반 웅덩이가 발견되었다.[95]

한편 조선후기의 지도에는, 여천선소유적에 1채에서 많게는 4채에 이르는 건물이 圖示되어 눈길을 끈다.[96] 공공건물들이었음이

94) 임진왜란 당시 전라좌수사 이순신의 휘하에서 순천수군이 활동하였던 것은 이를 나위가 없으며, 가령 春·秋操와 같은 봄·가을의 정기적인 훈련에 전라좌수사가 순천 등 관내 고을의 수령과 전함을 동원하여 점검·훈련하였던 일과 같은 것이 그러하다. 관련 사례가 『李忠武公全書』의 狀啓나 亂中日記 및 『全羅左水營啓錄』에만도 곳곳에 허다하므로 굳이 제시하지는 않겠다.

95) 위 註 1)에 제시한 각종 보고서를 참고하라.

분명하거니와, 水軍器와 船所倉 그리고 募軍倉과 같이 그 명호까지 표기해둔 경우도 있다.[97] 수군기에는 앞서 제시하였던 각종 武具類가,[98] 그리고 선소창에는 어느 한때 1,129석이기도 하였다는 儲置米를[99] 비롯하여 각종 什物들이 보관 저장되었을 것으로 판단된다. 아울러 모군창은 이웃 광양현에 설치되었던 것으로 나타나는 각 30명씩 모두 60명의 船倉募軍·軍器募軍과[100] 유사한 존재가 순천선소에도 두어졌음을 암시하거니와, 그들 모군 아마도 그들에게서 징수하는 番錢과의 관련에서 마련된 게 곧 이 건물이었을 터이다. 끝으로 그와 같은 3채에다 행정 업무를 위한 사무소 —예컨대 현재 복원된 세검정과 같은 건물— 하나 정도를 더한다면, 조선후기의 순천선소 즉 여천선소유적에 모두 4채 가량의 공공건물이 완성되는 셈이다. 앞서 언급하였던 바 순천선소에 4채의 공공건물을 도시한 조선후기의 지도가,[101] 별다른 근거 없이 단순히 보기 좋게 꾸미기 위한 차원에서 건물 그림을 집어넣은 것만은 아니었음을 직

---

96) 1~2채를 그려둔 지도는 일일이 제시하지 않겠다. 3~4채를 圖示한 지도로는, 奎章閣 소장의 1872년 地方地圖 全羅道 順天府地圖(金井昊 編, 『全南의 옛地圖』, 70쪽)와 國立全州博物館 소장의 湖南島嶼圖 順天地圖(같은 책, 122쪽)를 들 수가 있다.

97) 1872년 地方地圖 全羅道 順天府地圖가 그러하다(金井昊 編, 『全南의 옛地圖』, 70쪽).

98) 위의 註 88)을 참고하라.

99) (前略) 戰舡一隻 舡卒二百四十三名 儲置米一千一百二十九石 (下略) (『地乘』 (奎15423) 全羅道 順天府 註記)

100) 一 耳匠二十名(夾註; 在各面) 汲水船直三十名(在本鎭) 船倉募軍三十名·軍器募軍三十名(并在津下) 各該任掌募定事 (『光陽縣各所事例册』 兵船色 449쪽)

101) 國立全州博物館 소장의 湖南島嶼圖 順天地圖가 그것이다(金井昊 編, 『全南의 옛地圖』, 122쪽).

감하게 된다.

여천선소유적 일대에는 조선후기의 어느 때인가 場市가 들어섰던 것으로 보인다. 이른바 石堡場이 그것이었다. 이 장시는 본시 현 石倉城址에 개설되었다. 그러던 것이 석창성 일원의 쇠퇴와 함께 언제부터인가 포구 쪽 선소의 부근으로 옮겨졌던 듯싶다.[102] 늦어도 1872년 이전 어느 시기의 일이었다. 당시 제작된 지도에 석보장이 석창과 구별되게끔 별도로 표시되었는데, 그곳이 곧 선소 부근으로서 선소창·수군기 등과 섞여 나타나는 것이다.[103] 또한 1792~1800년 어간에 편찬된 것으로 여겨지는 순천의 읍지에는, 석보창 즉 석창이 순천부성 동쪽 60리의 麗水面으로 표기된 반면, 석보장은 순천부 동쪽 70리 그리고 선소창 또한 순천부 동쪽 70리의 여수면으로 각각 나타난다.[104] 석창성과 석보장이 10리 정도의 거리를 둔 별도의 장소였던 데 비해, 석보장과 선소창은 동일한 위치였던 듯 기록된 것이다. 석보장이 석창성지에서 선소창 즉 여천선소유적 일원의 포구 쪽으로 옮겨갔음을 암시하는 자료인 듯 여겨지거니와, 이르면 19세기 초반 늦어도 19세기 후반 즈음이면 석보장이 석창성의 옛터에서 포구 쪽의 여천선소유적 일원으로 이전되었을 가능성이 그만큼 높다 할 것이다.

---

102) 앞서 석보장이 17세기초 개장 이래 19세기말까지 현 석창성지에서 유지되어간 것으로 간주한 연구를 인용하였으나(邊東明, 「朝鮮時期 麗水의 石堡와 石(堡)倉」, 84쪽), 이제 그것을 수정하여 이르면 19세기 초반 늦어도 19세기 후엽이면 석보장의 전체 혹은 일부가 여천선소유적 일원의 포구(장생포) 쪽으로 옮겨간 것으로 이해하고자 한다.

103) 1872년 地方地圖 全羅道 順天府地圖 (金井昊 編, 『全南의 옛地圖』, 70쪽)

104) ·(前略) 石堡倉(夾註; 在城東六十里麗水面) 船所倉(在府東七十里麗水面) (下略) (『順天府邑誌』(奎17434) 倉庫)
·(前略) 石堡場(夾註; 在府東七十里) (下略) (같은 책 場市)

맺음말

여천선소유적은 조선시기 장생포에 소재하던 순천선소의 터를 가리킨다. 임진왜란 당시 이순신 장군이 거느리던 거북선 중의 한 척을 건조하였던 장소로 이름이 높다. 장생포는 고려말·조선초 여수현의 관문이자 돌산현의 僑寓處였다. 지역사회의 중심부와 연결된 여수반도 최대의 포구였다. 일상적으로 선박을 건조하거나 수리하던, 전통시기의 제법 번성한 포구 중 하나였다. 또한 장생포는 부근에서 손꼽히는 군사적 요충이었다. 특히 세종 7년(1425)까지는 돌산만호의 船泊處로서 전라좌도 수군의 기항지 겸 보급기지이자 船軍의 집결지 가운데 하나였다. 일반 선박의 건조·수리에 더하여, 장생포는 돌산만호 휘하의 전함을 계류하고 수리하며 건조한 경험을 지닌 포구이기도 하였던 것이다. 장생포에 장차 선소가 들어설 수 있는 기반이 구축된 것은 그러한 속에서였다.

하지만 이후 장생포에서는 그와 같은 선소 성립의 기반이 약화되어갔다. 여수현이 혁파되어 순천부로 통합되고(太宗9, 1409), 돌산진이 다른 포구로 옮겨간 데 이어(世宗7, 1425), 內禮浦에 전라좌수영이 들어서고(成宗10, 1479), 석보가 폐지되는(中宗17, 1522) 일련의 과정을 거치면서였다. 그런데 그처럼 장생포가 위축되고 선소 성립의 기반이 무너지는 한편에서, 차츰 순천선소가 들어서기 위한 환경이 조성되어갔다. 녹도왜변(燕山君3, 1497) 이래 몇 차례의 왜변을 거치면서 제승방략이 본격적으로 시행되어가는 것과 함께였다. 수군으로 차출되곤 하던 바닷가 고을에 전함과 같은 수군 군사장비와 각종 소모품을 제조·수리·보관하고 보급하는 시설의 필요성이 증대되면서, 순천과 같은 연해읍에 선소가 성립되어갔던 것이다. 대략 을묘왜변(明宗10, 1555) 즈음이었다.

이후 순천선소는 내내 장생포 즉 현재의 여천선소유적에 위치하였다. 임진왜란 직후 한때 다른 포구로 옮겨갔을 가능성도 없지 않으나, 설령 그랬다고 하더라도 그것은 짧은 동안에 지나지 않았다. 당시 순천선소에는 戰船代將을 비롯하여 대략 20명 전후 혹은 그것을 훌쩍 넘어서는 인원이 상주하며 근무하였다. 이들은 순천부사의 지시 아래 순천선소를 직접 운영하던 현장요원이었는데, 다만 군사적인 측면에서만은 전라좌수사의 통제를 받았다. 순천선소 즉 여천선소유적에는 상당수의 공공시설물이 자리하였다. 전함을 계류하던 굴강과 철제품 제조시설인 풀뭇간을 비롯하여, 군사장비와 각종 집물을 보관하던 水軍器와 船所倉 및 모군 관련시설인 募軍倉 등이 그것이었다. 그밖에 선소의 각종 행정 업무를 처리하던 사무소의 존재도 상정되거니와, 이들 여러 시설물들이 대략 19세기 후엽이면 개설되었음 직한 場市와 더불어 촘촘히 자리하였던 게 조선후기 여천선소유적의 모습이었다. (『海洋文化研究』 창간호, 2008)

Ⅷ. 麗川船所遺蹟[順天船所]의 古文書 '船所水軍器反閱册'

머리말

'선소수군기반열책'은 여수시 웅천동 송현마을의 정평호씨가 소장 중인 조선후기 고문서이다. 이 고문서의 존재가 세상에 널리 알려진 것은, 사적 392호로 지정된 이른바 麗川船所遺蹟을 조사 보고한 이에 의해서였다. 여수시 시전동에 자리한 이 수군 유적이 全羅左水使 李舜臣의 거북선 건조 장소로 소개되면서 그 정화 복원 및 사적 지정을 위한 조사가 진행되었는데,[1] 그러는 과정에서 이 자

1) 趙成都 外, 『李忠武公遺蹟地 船所 文獻考證報告書』, 全羅南道麗川地區出張所, 1979. 趙成都 外, 『李忠武公遺蹟址船所發掘調査報告書』, 全羅南道麗川地區出張所・李忠武公遺蹟址船所發掘調査團, 1980. 崔椿煥 外, 『李忠武公遺蹟址船所 二次 發掘調査報告書』, 全羅南道麗川市・明知大韓國建築文化研究所, 1986. 銀河建築士事務所, 『李忠武公遺蹟址船所 掘江試掘調査報告書』, 全羅南道麗川市, 1988. 趙湲來 外, 『여천 船所 풀뭇간』, 順天大博物館・麗川市, 1996. 文榮龜, 「龜船建造場所」(Ⅰ), 『麗水水産專門大論文集』 13, 1979 ; 『全羅左水營研究』, 大韓建設振興會, 1992. 朴炳柱, 「龜船의 建造場所에 대하여 ―雙鳳船所를 中心으로―」, 『軍史』 5, 1982.

료가 비로소 햇빛을 보기에 이르렀던 것이다.

한데 당시 이 고문서는 여천선소유적의 조선시기 관할처가 어느 관부였던가를 살피기 위한 보조 자료로서 언급되는 데 그치고 말았다. 가령

> 여기에서 명확히 해 두어야 할 것은 英祖 때 작성된 船所水軍器反閱册이라는 水軍器의 引受引繼書인데, 이 册의 맨 끝에 水使의 手決이 있고, 각 張마다 水使의 職印이 날인되어 있다 하여 쌍봉선소가 좌수영선소라는 결정을 내릴 수 없다는 것이다. 다시 말해서 쌍봉선소가 전라좌수사의 관할하에 있으니 선소의 수군기에 관하여는 수사의 수결이 필요했을 것이기 때문이다.[2)]

와 같은 서술이 그러하였다. 문제의 선소를 전라좌수영에서 관할하였던가 아니면 순천도호부에서 관할하였던가를 가리면서, 가볍게 짚고 넘어간 옛 서류에 지나지 않았다. 단지 지역 주민이 그저 소장해온, 별다른 의미 없는 조선후기의 지방자료 가운데 하나로 취급하여 지나치고 말았다.[3)] 이후 이 고문서는 더 이상 세인의 관심을 끌지 못한 채 거의 잊힌 것이나 진 배 없이 되었다.

현재 이 자료는 소장자에 의해 고이 보관 중이다. 자료의 전모 파악은 그만 두고라도 성격의 일단이나마 제대로 이해하는 게 여

---

2) 趙成都 外, 『李忠武公遺蹟地 船所 文獻考證報告書』, 15쪽.

3) 다음의 경우도 그와 동일하다. "여기에서 조금 의문이 가는 것은 영조 때 작성된 船所水軍器反閱册이라는 수군기의 인수인계서인데, 이것의 맨 끝에 수사의 手決이 있고, 각 장마다에 수사의 직인이 날인되어 있다는 것은 이 쌍봉선소가 순천부 水軍일지라도 좌수사의 관할에 있으니 선소의 수군기에 관한 한, 수사의 수결이 필요했을 것이니 쌍봉선소가 좌수영선소라는 것과는 무관한 것으로 안다."(文榮龜, 「龜船建造場所」(Ⅰ), 274쪽).

의치를 않은 형편이지만, 소장자가 호의를 베풀지 않는 한 그에 접근하기가 불가능할 것임은 이를 나위가 없다. 판독문이 간행된 바도 없어 그 내용조차 제대로 파악하기가 쉽지를 않다. 연구자들이 이용하는 데 불편을 느끼지 않도록, 최소한의 수준에서나마 이 고문서를 소개하고자 나선 배경이다.

아울러 이 고문서는 여수지역에 위치하던 조선후기의 선소를 이해하는 데 자못 유용한 자료이기도 하다. 이 고문서에는 조선후기의 어느 해[丁亥年] 여수의 어느 선소에서 보유 중이던 군사장비 일체가 수록되어 있다. 조선 수군의 무기체계라든지 무장수준은 말할 것이 없고, 이용하기에 따라서는 조선후기 선소의 존재양태를 파악하는 데에도 제법 도움을 줄 수 있는 자료임이 분명한 것이다.[4] 초보적인 수준에서나마 이 고문서를 다뤄보고자 마음먹은 두 번째 이유이다.

여기에서는 주로 여수시에서 촬영하였다고 하는 이 고문서의 사진을 이용하여 논의를 끌어갈 예정이다.[5] 기회가 닿는다면 되도록 그 원본을 확인하겠거니와, 설령 그리 하지 못하더라도 아쉬운 대로 자료의 내용이나 존재 의의를 파악하는 데에는 큰 지장이 없을 줄 믿는다. 먼저 이 고문서의 현재 상태를 살피는 동시에 그 판독을 시도하겠다. 조선시기 수군의 무기 내지는 군사장비 용어를 제

4) 변동명, 「조선시기의 여천선소유적[順天船所]」, 『海洋文化硏究』 창간호, 2008, 270~271쪽.

5) 확인 및 이용에 편리하도록 이 글의 맨 뒤에 첨부하였다. 사진자료를 활용하도록 허락해준 관계자 및 그것을 얻고자 애쓴 李舜臣海洋文化硏究所 宋銀日 선생께 감사드린다. 아울러 순 한글로 된 출력물의 형태로나마 이 고문서의 번역을 제공함으로써, 여수시의 촬영 사진에서 가려지거나 혹은 겹쳐져 판독이 어려운 부분을 해독하는 데 도움을 준 여수고등학교 김병호 선생의 호의도 잊을 수가 없다.

대로 이해할 만한 지식을 갖추지 못한 탓에, 해독의 정확성을 자신할 수는 없다. 그렇지만 개략적이나마 자료의 전모를 파악하는 데 무리가 없는 정도로 읽어내는 것은 가능하리라 생각한다. 다음으로, 판독문에 의지하여 이 자료에 수록된 내용을 검토하겠다. 단순히 관련 사실을 나열하기보다는, 여수지역에 위치하던 여러 水軍鎭의 관련 장비 보유수량과 대조하여 이 고문서를 생산한 선소의 정체를 밝히며 그 무장수준을 서로 비교한다든지, 혹은 문서 작성에 관여한 인물 내지는 그와 관련된 직임을 곰곰이 살펴 그 함의를 추구하겠다. 그리하여 이 자료를 이해하고 그 가치를 드러내는 데 도움을 주는 것은 물론, 궁극적으로 조선후기 선소의 존재양태를 파악하는 데에도 작은 힘이나마 보태고자 한다.

1. 자료의 현황 및 판독문

여수시에서 촬영한 이 고문서의 사진을 출력하여 묶은 팸플릿의 겉표지에는, 그 현황이 다음과 같이 정리되어 있다.

□ 소장자: 정평호 (송현마을 충무공 자당기거지 거주자)
□ 규격: 가로 19(?), 세로 18(?)
□ 분량: 8쪽
□ 연대: 정해년 5월 (1647년 추정)

위 내용 중 규격의 단위는 아마도 cm인 듯하며, 자료 작성 연도를 인조 25년(1647)으로 추정한 근거는 잘 알 수가 없다. 참고로 이 고문서의 존재를 세상에 알린 선소유적의 문헌조사 보고자는, 자료가 작성된 시기를 그보다 훨씬 뒤인 영조대일 것으로 추정하였

지만 역시 그 근거를 제시하지 않기는 매한가지이다.[6]

사진자료에 의거하여 정리한 이 고문서의 판독문은 다음과 같다.

<판독문>

* 표지 및 본문(8쪽 분량)의 순서에 따라 판독하였다.
* 원자료의 세로쓰기를 가로쓰기로 바꾸었다.
* 띄어쓰기와 행바꾸기는 원자료에 따랐다.
* 자체의 크기는 구분하지 않았다.
* 夾註는 괄호 안에 넣었다.
* 애매한 경우 해당 行의 끝에 〈해당문자?〉를 붙였다.
* 판독을 못한 경우 ○으로 표시하였다.

<표지>

丁亥五月 日

船所水軍器反閱册

<본문 1>

丁亥五月初五日水軍器反閱傳掌册

黑角弓五十七張內 (二張破傷)

校子弓四十三張 ⎫
會外弓十張 ⎭ (合五十三張內一張折傷)

弓絃一百六十介內 (二介 破傷)

(十一介沈東玉時欠)

(二介丁日公時欠)

長箭三百二十桴 (間間落羽)

弓衣一百十介內 (二介金右一時欠)

---

6) 위의 註 2)와 같음.

片箭三百二十桴內（十二介破傷）
甲衣六十六領內（三領破傷）
甲冑六十六件內（二件破傷）
甘吐六十六件內（三十五件破傷）
別大箭二十桴內（間間落羽）

<본문 2>

筒兒三百二十介內（二十介破傷） 〈筒兒 ?〉
甲冑三枝鎗象毛具六十六件內（二十件三枝鎗折傷）
環刀十五柄具纓內（二柄無家）
（三柄破傷）
（三柄無纓）
斬刀一柄
三枝鎗十柄
鐵鞭六件內（一件無鐵鞭在木）
長鎗八柄
短鎗八柄
捽鈸二坐內（一坐金右[7]時欠）
四張付油芚五番（間間破傷）
大鼓二坐（牛皮破傷）
鳥銃三十七柄內（三十四柄砲手處分在）
（三柄留庫破傷）

<본문 3>

三穴銃二柄（破傷）
留庫火藥四百斤內（三十四斤欠徐義得當時）（手決）
（同火藥三十四斤貿納次持丁甘孫）（手決）

7) 위에 나오는 金右一과 同一人인 듯 싶다.

錐子六件

弓鑽穴一件

水鐵鍊一坐

斫刀一建

木箭大小并二十九介

地子銃三柄

玄子銃八柄

百字銃六柄

四號拂狼器七柄

子銃砲三十四柄

木藥升一介 (破傷)

箴鐵十四介內 (三介破傷)

<본문 4>

噴火桶二十五介內 (四介防踏移送)

(二十一介專無灰沙)　　〈灰沙 ?〉

鐵釘六件

曲防牌二坐 (破傷)

船尾上橫防牌二坐 (欠無形體)

瓦罐二十坐內 (二坐破傷)

菱鐵三百介
大小發火[8]六百介　(同入罐瓦中)
鉤鐵三百介　　木[9]

大繩十五沙里
火繩五沙里　(年久折傷)

---

8) 사진상으로는 얼핏 尺으로도 읽히는데, 뒤에 인용할 古突山鎭과 防踏鎭의 水軍器 자료에 의거하여 火로 판독하였다.

9) 왜 따로 떨어져 기록되었는지, 그 의미는 무엇인지, 혹은 잘못 쓰인 것인지, 도무지 판단이 서지 않는다.

藥線五沙里

件鐵四介內（一介防踏移送）

唐火箭七十介內（九介破傷）

（全落羽六十一介）

石硫火箭九十介內（七介破傷）

火繩心紙五沙里

<본문 5>

乾隆篚二坐內（一坐破不用）

（一坐僅僅可用）

百斤彌子一件（折 破傷）

弓籠一坐（破傷）

火藥入盛樻四坐

繡雲甲衣二領

甲冑二件（三枝鎗象毛折傷）

弓槍倒之氣二巨里

大干鐵防牌七坐內（一介破不用）

小布一件（間破）

黃燭三百柄內（四十介破傷）

留庫火箭七十五介內（十五介欠）

烙印一件

可恠一件（庫子次持）

<본문 6>

獐足二件

令旗升二介內（一介折傷）

錚大小并二坐

七斤彌子一件內（折傷）

喇叭一雙（破傷）

錘子一介

鐵○板一件 (破傷)　　〈鐵○板 → 鐵釘板 ?〉

百斤彌子錘一件 (水鐵)

楸木二十三介

錞二坐 (無形體)

升藥升三百四十介

中水鐵丸三百二十介

水鐵丸一百三十介

大小水鐵丸五十二介

<본문 7>

小鉛丸六千三百十介

鉛丸五十介

拂狼器小鐵丸三百介

隔土一石
沙細一石
(無形體)

軍器庫
銃庫
(開鎖金專無)

鐵丸樻二坐 (破傷)

弓入盛籠一坐 (破傷)

箭入盛樻二十一坐

燈籠一坐 (破傷)

待變懸板一坐

<본문 8>

木送五十一介

槍木八介

小干鐵四介

傳軍器官 徐義得(자필서명)
受軍器官 丁甘遜(자필서명)　　　　丁甘遜(자필서명)[10]

使 (수결)

2. 자료의 검토

먼저 이 자료의 수록 대상이 되었던 船所를 알아보겠다. '선소수군기반열책'을 대할 경우 으레 따르게 마련인 의문, 즉 그 표제에 나오는 선소가 어느 선소를 가리키는가에 관한 궁금증을 해소하는 데서, 논의의 실마리를 구하려는 것이다. 아울러 이는 또한 문제의 선소를 관할한 관서가 어디였던가, 바꿔 말해 이 선소가 어느 관부에 소속되었던가를 밝히는 일이기도 함은 물론이다.

선소는 조선시기에 수군의 전함 및 기타 여러 군수장비를 관리하던 공간이었다. 水軍營·鎭은 물론 수군을 보유한 연해안의 일반 고을에도 으레 두어지게 마련이던, 조선시기 수군조직의 일부였다.[11] 이 글에서 다루려는 고문서에 등장하는 선소 역시 그와 같은 조선시기의 수많은 선소 중 하나였을 것임은 이를 나위가 없다. 아마도 이 고문서가 전해지는 여수지역에 위치하던 여러 선소 중의 하나였음이 거의 분명하다.

조선시기 여수지역에는 대략 4곳 가량의 선소가 들어서 있었다. 全羅左水營을 비롯하여 防踏鎭·古突山鎭과 같은 수군영진 및 順天都護府에 각각 설치된 선소가 그것이었다. 한데 이들 중 '선소수

---

10) 두 자필서명보다 우측, 두 행의 중간 지점에 丁甘遜의 자필서명이 위치한다.

11) 조선시기의 선소를 특집으로 다룬 『해양문화연구』 창간호(2008, 11)의 관련 논고를 참조하라.

군기반열책'을 작성하였을 법한 선소로는 순천도호부와 전라좌수영의 그곳이 먼저 떠오른다. 이 고문서가 전해지는 여수시 송현마을에 보다 가까이 위치한 선소가 바로 그 두 곳이기 때문이다.[12] 이 자료에서 수록 대상으로 삼은 선소를 찾아내기 위해서는, 우선 그 내용을 순천 및 좌수영의 선소 관련 기록과 비교하는 작업이 필요한 셈이다. 그런 다음 방답진이나 고돌산진의 그것과도 비교함으로써, '선소수군기반열책'에 실린 내용이 어느 선소의 상황을 전하는 것인가에 관한 의문을 해소하는 한편, 나아가 그곳을 관할하던 관부까지 파악해보도록 하겠다.

'선소수군기반열책'은 이미 지적되었듯이 조선왕조의 어느 수군기지에서 보유 중이던 각종 군사장비를 인계인수하면서 작성한 목록이다.[13] 따라서 그 표제에 등장하는 선소가 어느 선소를 가리키는가를 밝히기 위해서는, 비교 대상으로 거론된 순천도호부와 전라좌수영 및 방답진 · 고돌산진에서 보유 중이던 수군장비를 이 고문서에 수록된 그것과 서로 대조하는 작업이 필요하다. 그리하여 항목별로 보유 중인 군사장비의 수량을 비교하면, 이 고문서가 어느 선소의 수군장비 목록을 기록한 것인지 쉬이 판가름이 날 것이기 때문이다.

다만 어려운 점은 비교할 자료 사이의 同時性을 확보하는 문제이다. 비교 대상 사이의 시간적인 간극을 줄이면 줄일수록, 그 결과가 보다 믿을 만하리라는 것은 이를 나위가 없다. 그런데 '선소수군기반열책'의 경우, 앞서 언급하였듯이 그 작성 시기가 명확하지

12) 좌수영 선소는 송현마을의 남동쪽 방향으로 다소 거리를 둔 현 여수항에, 그리고 순천선소는 송현마을 북서쪽 가까이의 현 여천선소유적에 각각 위치하였다.

13) 위의 註 2)와 같음.

를 않다. 조선후기의 어느 丁亥年이라는 사실 외에는 기준 시점을 정하기가 막연하다. 비교 대상인 순천과 좌수영을 비롯한 수군진들의 경우, 동일한 시기에 보유 중이던 수군장비 목록이 기록된 자료가 전한다. 정조대 후반인 1792~1800년 무렵 제작된 것으로 추정되는『順天府邑誌』(奎17434)에 수록된, 순천 및 좌수영・방답진・고돌산진의 수군장비 관련 자료가 그것이다.[14] '선소수군기반열책'은 어찌할 수 없이 조선후기라는 데 만족하되, 그 비교 대상이나마 조선후기 가운데 어느 동일한 일정 시점에 작성된 자료들을 이용하는 것으로 아쉬움을 달래는 수밖에 다른 도리가 없는 셈이다.

아래에 관련 자료끼리 대조하기 쉽도록 수군장비의 항목과 그 보유수량을 찾아 표로 제시하였다. 단, 대조 항목의 선정은 수록 항목이 가장 적은 순천부의 水軍器를 기준으로 하였다. 자료에 따라 수록 항목에 차이가 나는데, 동종의 수군장비끼리 대조해야 하는 사정상 가장 그 항목이 적은 쪽을 택하는 수밖에 없었다. 순천도호부 수군기와 비교하는 표를 필두로 전라좌수영 및 방답진・고돌산진과 비교하는 표를 순서대로 제시하였다.

먼저 〈표 1〉을 살피면, 두 비교 대상 사이의 항목별 수량에서 많은 부분이 일치하거나 유사한 사실이 눈길을 끈다. 순천도호부에서 보유 중인 水軍器와 '선소수군기반열책'에 기록된 水軍器, 다시 말해 순천부의 선소에서 관리하던 수군장비와 고문서상의 선소에 갖춰져 있던 수군장비의 수량이 상당 부분 일치하거나 유사함을 알

---

14) 서울大學校奎章閣,『全羅道邑誌』 11, 2004, 해설 57~58쪽, 본문 449~528쪽. 구체적으로 순천도호부의 선소 수군장비는『順天府邑誌』 軍器 水軍器(484쪽), 전라좌수영 수군장비는 同邑誌 附『左水營鎭誌』軍器(515~518쪽), 방답진 수군장비는 同邑誌 附『防踏鎭誌』 軍器(521~522쪽), 고돌산진 수군장비는 同邑誌 附『古突山鎭誌』 軍器(525쪽)에 각각 수록되어 있다.

〈표 1〉 선소수군기반열책과 순천도호부 수군기 비교

順天府 水軍器		船所水軍器反閱册	
항목	수량	항목	수량
黑角弓	100張	黑角弓	57張(校子弓 43張, 會外弓 10張 : 총 100장 +10장)
長箭	200桴	長箭	320桴(弓衣 120介)
片箭	300桴	片箭	320桴
別大箭	20桴	別大箭	20桴
筒兒	300箇	筒兒	320介
看鐵防牌	16坐	大干鐵防牌	7坐, 曲防牌 2坐, 船尾上橫防牌 2坐(총 11좌)
四號拂狼機	8柄	四號拂狼器	7柄
子砲銃	35柄	子銃砲	34柄(鳥銃 37柄, 三穴銃 2柄)
百字銃	27柄	百字銃	6柄
玄字銃	7柄	玄子銃	8柄
地字銃	3柄	地子銃	3柄
火藥	400斤	留庫火藥	400斤
鉛丸	50箇	鉛丸	50介(小鉛丸 6,310介. 총 6,360개)
火箭	170箇	唐火箭	70介, 留庫火箭 75介, 石硫火箭 90介(총 235개)
水鐵丸	540箇	中水鐵丸	320介, 水鐵丸 130介, 大小水鐵丸 52介(총 502개)
長槍	8柄	長鎗	8柄(短鎗 8柄)
大小鐵丸	10,088箇	(拂狼器小鐵丸)	(300介)
三枝槍	8柄	三枝鎗	10柄
環刀	15柄	環刀	15柄(斬刀 1柄)
甲冑	60件	甲冑	66件(甲衣 66領, 繡雲甲衣 2領, 甲冑 2件)
黃燭	300柄	黃燭	300柄

〈표 2〉 선소수군기반열책과 전라좌수영 군기 비교

順天府 水軍器		船所水軍器反閱册		左水營鎭 軍器	
항목	수량	항목	수량	항목	수량
黑角弓	100張	黑角弓	57張(校子弓 43)	黑角弓	576張(交子弓 561)
長箭	200桴	長箭	320桴	長箭	1,557桴
片箭	300桴	片箭	320桴	片箭	1,500桴
別大箭	20桴	別大箭	20桴	別大箭	358箇
筒兒	300箇	筒兒	320介	筒兒	1,341箇
看鐵防牌	16坐	大干鐵防牌	11坐	防牌	1坐
四號拂狼機	8柄	四號拂狼器	7柄	四號拂狼旗	30坐
子砲銃	35柄	子銃砲	34柄	子砲	121柄
百字銃	27柄	百字銃	6柄	百子銃	30柄
玄字銃	7柄	玄子銃	8柄	玄字銃	36柄
地字銃	3柄	地子銃	3柄 (三穴銃 2, 鳥銃 37)	地字銃	11柄 (三穴銃 8, 鳥銃 376)
火藥	400斤	留庫火藥	400斤	火藥	3,967斤 15兩 8戔
鉛丸	50箇	鉛丸	50介 (小鉛丸 6,610)	鉛丸	182,884箇

順天府 水軍器		船所水軍器反閱册		左水營鎭 軍器	
항목	수량	항목	수량	항목	수량
火箭	170箇	唐火箭	70介 (石硫火箭 90介)	唐火箭	220箇 (石硫火箭 450, 火箭 239)
水鐵丸	540箇	中水鐵丸	502개	水鐵丸	50,050箇 (退水鐵丸 951)
長槍	8柄	長鎗	8柄(短鎗 8)	長槍	134柄 (短槍 84, 五色槍 102)
大小鐵丸	10,088箇	(拂狼器小鐵丸)	(300介)	(四號拂狼機水鐵丸) (長銃水鐵丸)	(2,860箇) (5箇)
三枝槍	8柄	三枝鎗	10柄	三枝槍	45柄
環刀	15柄	環刀	15柄	環刀	260柄
甲冑	60件	甲冑	66件	甲冑	100部 (銀甲冑 229)
黃燭	300柄	黃燭	300柄	黃燭	1,200柄

* 順天府 水軍器의 百字銃 수량과 左水營鎭의 防牌 수량은 다른 경우와 현저한 차이가 난다. 그럴 만한 이유가 있어서 실제로 그러했던 건지, 아니면 수량이 잘못 기록된 것인지 잘 알 수가 없다.

〈표 3〉 선소수군기반열책과 방답진·고돌산진 군기 비교

船所水軍器反閱冊		防踏鎭 軍器		古突山鎭 軍器	
항목	수량	항목	수량	항목	수량
黑角弓	57張 (校子弓 43)	黑角弓	525張 (交子弓 122)	黑角弓交子弓	164張
長箭	320桴	長箭	611部 1箇	長箭片箭別大箭	455部
片箭	320桴	片箭	551部		
別大箭	20桴	別大箭	129部 23箇		
筒兒	320介	筒兒	580箇	筒兒	207箇
大干鐵防牌	11坐	曲防牌	14坐	鐵防牌	9坐
四號拂狼器	7柄	栂狼機	14坐	拂狼機	6柄
子銃砲	34柄	子銃	65柄	各色銃	74柄
百字銃	6柄	百字銃	12坐		
玄子銃	8柄	玄字銃	12柄		
地子銃	3柄 (三穴銃 2, 鳥銃 37)	地字銃	5柄 (三穴銃 2, 鳥銃 138)		
留庫火藥	400斤	火藥	857斤 4兩5戔5分	火藥	396斤9戔6分

船所水軍器反閱册		防踏鎭 軍器		古突山鎭 軍器	
항목	수량	항목	수량	항목	수량
鉛丸	50介 (小鉛丸 6,610)				
唐火箭	70介 (石硫火箭 90介)	唐火箭	120箇 (石硫火箭 200)	各色火箭	150箇
中水鐵丸	502介	水鐵丸	3,330箇	各色水鐵鉛丸	14,925箇
長鎗	8柄(短鎗 8)	槍八色	144柄	各色槍	34柄
(拂狼器小鐵丸)	(300介)				
三枝鎗	10柄				
環刀	15柄	環刀	115柄	環刀	29箇
甲胄	66件	烏甲胄具	4部 (水銀甲胄 26)	甲胄	46件
黃燭	300柄	黃燭	60柄		

* 위 표에 빠진 항목이 많은데 그 중 총포류만 들어 보자면, 좌수영이 別黃字銃 12柄, 正鐵勝字銃 1柄, 玄字黃字熟銅銃 21柄, 唐勝字銃 23柄, 長銃 35柄을 더 보유하였으며, 방답진도 別黃字銃 2柄, 玄字熟筒砲 2柄, 黃字熟筒砲 5柄을 더 보유하였다.

수가 있는 것이다. 반면에 전라좌수영의 경우 고문서상의 선소보다 모든 수군장비에서 월등히 많은 수량을 관리 운영하였음이 분명하다(〈표 2〉). 또한 방답진은 고문서상의 선소에 비해 대략 2배 안팎의 수군장비를, 그리고 고돌산진은 고문서상의 선소와 비슷하거나 약간 작은 수량의 수군장비를 각각 갖추었음도 눈에 띈다(〈표 3〉). '선소수군기반열책'에 실린 선소가, 전라좌수영과는 비교할 수 없을 만큼 소규모이고 방답진의 반쯤 되는 그리고 고돌산진보다는 약간 크거나 비슷한 정도의 규모였음에 비해, 순천도호부의 선소와는 거의 동일한 규모였음을 보여준다. 이 고문서의 수록 대상이 되었던 선소가 다름 아닌 순천도호부의 선소였음을 암시하는 결과가 아닐 수 없다.

'선소수군기반열책'은 순천도호부의 선소에서 관리하던 수군장비의 목록을 정리한 문서였음이 거의 분명하다. 이 고문서가 전해지는 송현마을과의 거리나 그에 수록된 각종 수군장비의 수량으로 미루어 그러하였음이 틀림없는 것으로 판단된다. 그 표제에 나오는 선소가 곧 순천선소이며, 그리하여 순천선소에서 생산된 이 고문서에 어느 시기 순천선소의 상황이 고스란히 담겼음을 부정할 수가 없어 보이는 것이다. 또한 전·후임자 간의 인계인수를 위해 작성된 문서라는 특성상, 어느 한 때 순천선소에서 관리 운영하던 모든 수군장비를 담은 가장 상세한 목록이라는 사실에도 이견이 있을 수가 없다.

'선소수군기반열책'이 순천선소에서 제작한 고문서임을 살폈다. 이제까지의 막연한 추측에서 벗어나, 자료끼리의 구체적인 대조를 통해 확인한 결과이다. 이 고문서는 당시 순천선소에서 관리 운영하던 각종 水軍武具 전체를 일괄해 수록하였다.[15] 수군기별로 보유 수량 및 보관 상태를 매우 상세히 정리하였으며, 타처에 보관할 경우 그 장소를 적어두는 것은 물론이고, 경우에 따라서는 파손이나 欠缺된 당시의 관리자 성명을 적시하기도 하였다. 책임의 소재를 명확히 하려는 조치이려니와, 화약의 경우에서처럼 흠결 당시의 관리자 및 뒤에 그것을 사들여 채워 넣은 관리자의 성명과 함께 각자의 手決까지 덧붙여 각별히 그 중요성과 관리의 엄중함을 일깨우기도 하였다.

그렇다면 순천선소의 이 水軍器 목록은 언제 어떤 연유에서 만들어졌을까? 이 고문서가 작성된 것은 丁亥年 5월 5일이었다. 〈본문 1〉의 문서 첫 머리에 그처럼 나타난다.[16] 문제는 어느 정해년을 가리키느냐는 건데,[17] 아직 그것을 밝힐 만한 단서는 알려진 바가 없다. 앞서 언급하였듯이 근거가 불분명한 채로 관계자들에 의해 1647년(인조 25) 혹은 그냥 영조대로 추정되는 정도이다.

이 고문서의 작성 시기와 관련하여 눈길을 끄는 게, 〈본문 5〉에 나오는 "乾隆罷 二坐"라는 기록이다. 그 용도는 불명이거니와, 얼핏 乾隆 年間(1736(영조12)~1795(정조19))에 제작된 어떤 武具類로 간주할 수가 있을 듯싶어서이다. 그리고 그러한 해석이 가능하다면, 그 기간 중의 丁亥年에 해당하는 1767년(영조 43)을 '선소수군기반열책'의 작성연도로 추정하는 것 역시 무방할 듯 여겨지기도 한다. 이 고문서를 영조 때 작성되었던 것으로 단정한 과거의 어느 연구자

---

15) 武具別로 분류하여 순서에 따라 수록하였을 것으로 짐작되는데, 분류 및 배열의 기준은 미처 파악하지 못하였다. 조선 수군의 무기 명칭과 그 용도 내지 운용체계에 밝은 연구자에 의해 모든 게 명쾌히 밝혀질 날이 오기를 기대한다.

16) 丁亥五月初五日水軍器反閱傳掌册

17) 임진왜란 이후 조선왕조의 말기에 이르기까지 丁亥年은 모두 5회 반복되는데, 참고삼아 제시하면 다음과 같다. 1647년(仁祖 25), 1707년(肅宗 33), 1767년(英祖 43), 1827년(純祖 27), 1887년(高宗 24) 등이 그것이다.

도,[18] 아마 그러한 추정에 근거하지는 않았을까 헤아려진다.

그렇지만 위에서도 인용한 자료인 『順天府邑誌』(奎17434) 附 防踏鎭誌의 軍器 조항에 나오는 "乾靈龜 (夾註; 二坐)"라는 기록을 대하면, 과연 그러한 추정이 온당한 것인지 의문이 든다. 그 말뜻으로 미루어 거북이[龜] 형상을 한 용도 미상의 어떤 수군장비를 가리키는 듯 여겨지는데, 이 '乾靈龜'는 맹꽁이[黽] 모양의 수군기를 지칭하는 듯싶은 '乾隆黽'과도 무관하지만은 않은 것으로 판단된다.[19] 아마도 양자는 동일한 수군기의 異稱이었을 가능성이 높아 보이거니와, 자연히 '乾隆黽'을 '乾隆'이라는 연호와 연결시켜 생각하는 것은 무리라는 결론에 이르게 된다. '乾隆黽'의 '乾隆'에 기대어 이 고문서의 작성 시기를 영조대로 추정하는 데에는 한층 신중한 자세가 요청된다 하겠다. '선소수군기반열책'은 조선후기 어느 때 작성된 고문서라는 정도가 현재로서는 가장 무난하지 않을까 싶다.[20]

---

18) 위의 註 2)와 3)을 참조하라.

19) 乾靈龜는 나무곽으로 만든 指南針으로서 (『星湖僿說』 5 萬物門 乾靈龜) 일종의 나침반이라 할 수 있거니와, 乾隆黽도 또한 그와 동일한 기능을 지닌 수군장비가 아닌가 생각한다(補).

20) 다만 위의 〈표 1〉에서처럼 『順天府邑誌』의 順天船所 水軍器에 기록된 武具別 수량과 '船所水軍器反閱册'의 그것이 전적으로 일치하거나 혹은 매우 흡사했던 사실로 미루어, 이 고문서 역시 1792년(正祖16)~1800년(正祖24) 무렵에 제작된 자료로 판단되는 『순천부읍지』와 거의 비슷한 시기에 작성되었을 가능성이 없지 않아 보인다. '선소수군기반열책' 역시 18세기 후반 내지는 19세기 전반의 어느 때 만들어진 문서가 아니었을까 짐작되는 것이다. 한편 이 고문서에는 여러 인물의 實名이 등장하는데, 그들을 추적하여 이 고문서가 작성된 시기를 찾아내는 방법도 가능해 보인다. 실제로 순천과 여수의 邑誌라든지 당시 지역에 거주하였던 해당 氏姓의 족보를 일부 검색해 보았으나, 아직 해당 인물을 찾아내지는 못하였다. 추후 당해 문중의 협조 아래 보다 정밀하게 조사하여 성과를 거둘 날이 올 것으로 기대한다.

'선소수군기반열책'은 순천선소의 수군장비 목록이다. 따라서 이 고문서는 순천선소 즉 현 여천선소유적에서 만들어졌다고 보는 게 자연스럽다. 기록과 실제 상태를 대조 확인할 수 있는 현장이 아니면 그와 같은 서류의 작성은 불가능하다. 서류 작성의 최종 책임자는 순천도호부의 軍器監官이었다. 선소에 보관 중이던 水軍器를 관리하던 전임 군기관감 徐義得이 후임 군기감관 丁甘遜(孫)에게 업무를 넘기면서, 그 현황을 정리하여 인계인수한 목록이 곧 '선소수군기반열책'이었다. 맨 마지막(〈본문 8〉)에 첨부된 두 사람의 手決에서 그와 같은 사정을 능히 짐작할 수가 있다.

군기감관은 고을의 군기를 관할하는 직임이었다. 순천도호부에는 그러한 군기감관이 본시 1인이었는데, 18세기 이전 언젠가 2인으로 증원되었다고 한다.[21] 순천부에는 陸軍器를 보관하던 무기고와 水軍器의 그것이 멀리 떨어져 별개로 존재하였다. 순천부의 성내에 위치했다던 (陸)軍器庫와 선소에 자리했다던 水軍器(庫)가 그것이었다.[22] 추측컨대 처음에는 군기감관 1인이 두 곳을 함께 관할하다가, 후일 육군과 수군을 분리하여 해당 무기고를 별도로 관리하게 되면서 군기감관이 2인으로 증원되었던 게 아닌가 싶다. 육군과 수군으로 업무를 나눠서 맡긴다거나 혹은 과다한 업무량을 분산시킨다는 명분에서였을 것이다. 실제로 이웃 고을인 光陽縣이나 경상도 泗川縣의 경우 선소에 군기감관 1인을 두었음이 확인되기도 한다.[23]

---

21) (前略) 軍器監官(夾註: 一人 (新增)二人) (下略) (『新增昇平志』(奎15591) 上 鄉任). 李睟光에 의해 光海君 10년(1618) 편찬된 『昇平志』가 증보된 것은 英祖 5년(1729)이었다.

22) 軍器庫(夾註: 在城內) (中略) 陸軍器(夾註: 在城內) (中略) 水軍器(夾註: 在船所) (下略) (『順天府邑誌』(奎17434) 倉庫 및 軍器)

23) 順天船所의 軍器監官에 대해서는, 변동명, 「조선시기의 여천선소유적(順天

군기감관은 중앙에서 보임하는 관직이 아니었다. 고을 수령의 재량에 의해 擇差되던 鄕任이었다. 軍官이나 將校 혹은 良民 중에서, 아마도 鄕望에 의해 번갈아가며 선임되어 일정한 기간을 재임하던 행정실무직이었다.[24] 지방행정에서 상당한 경제・사회적인 권한을 지니며, 그리하여 지역사회에 나름의 영향력을 행사함으로써 지방 유력층에서 관심을 가졌을 법한 직임이었다. 순천부의 경우도 그러하였을 것임은 이를 나위가 없다. 군기감관이 2인으로 증원된 것 역시 그와 같은 자리를 탐내는 이들이 많아지자 그 수요증가에 부응하는 측면이 없지 않았을 듯 여겨진다.

군기감관은 대개 1년 혹은 2년마다 교체되었던 것으로 보인다. 선소의 지휘관인 戰船代將의 경우로 미루어 그처럼 추정된다.[25] 그리고 '선소수군기반열책'은 그와 같은 군기감관의 교체를 맞아 전・후임자 사이에 인계인수를 위해 작성된 서류였다. 아마도 지역사회에서의 鄕望을 바탕으로 순천부사가 새로운 군기감관을 선임하자, 전임자인 徐義得이 수군기의 현황을 정리하여 후인자 丁廿遜의 대조 아래 인계인수를 마치고 그 끝에 두 사람이 수결한 다음, 전라좌수영에서 매 낱장별 水使 職印을 날인하고 또한 맨 마지막에 水使가 手決하여 그것을 확인함으로써, 모든 절차가 완료되는

船所)」, 265~268쪽의 관련 설명을 참고하라.

24) ・座首 別監 斗米廳監官(夾註: 二人 ○以上并以鄕望擇差 (新增)今無) 官廳監官 軍器監官(夾註: 一人 (新增)二人) 約正 (下略) (『新增昇平志』 鄕任)
・一 防船將一人 船倉監官一人 軍器監官一人 軍官・將官・良民中遞差事 (『光陽縣各所事例冊』 兵船色)

25) 一 戰船代將一人 軍官廳二年・將官廳一年式 輪回遞差 而差定壯紙上下紙所事 (같은 책 舟師色)
一 戰船代將 將校廳與將官廳 輪回差出 而將校則兩年 將官則一年 擧行之意 (같은 책 軍官廳)

형식이었을 것이다.[26)]

‘선소수군기반열책’에 의하면, 조선후기 순천선소에서는 수군장비를 규정대로 철저히 관리하고자 노력하였던 듯 보인다. 수군기별로 보유 수량과 현재 상태를 꼼꼼히 파악하는 등 군수물자라는 특성에 걸맞도록 엄격히 통제하였다. 또한 순천선소의 무장수준이 防踏僉使鎭에는 미치지 못하지만 古突山別將鎭보다는 다소 우위였음도 확인할 수 있었다. 비록 일반 군현에 소속된 수군기구에 지나지 않지만, 순천선소가 전문 수군진에 못지않은 해상방어기지였음을 이 자료는 여실히 보여준다. 조선후기에 선소를 ‘鎭’으로 그리고 그 거주민을 ‘鎭民’으로 호칭하는 게 결코 어색한 일이 아니었으며,[27)] 순천선소 역시 손색이 없는 단위수군기지였음을 충분히 이해할 수가 있는 것이다.[28)] 요컨대 ‘선소수군기반열책’은 순천선소가 비록 조정에서 지휘관을 파견하는 전문 수군진은 아니지만, 그에 못지않게 조선의 해양방어에서 중요한 역할을 담당하던 최일선의 단위수군기지로서 확고한 위상을 지녔음을 확인해주는 자료라고 하여 지나치지 않은 셈이다.

한편 ‘선소수군기반열책’에는 손상을 입거나 혹은 흠결 등의 사유로 인하여 사용이 불가능해 보이는 수군장비도 상당수 수록되어

---

26) 전라좌수영에서의 확인 절차는, ‘船所水軍器反閱冊’의 매 낱장에 水使의 職印이 날인되었고 또한 맨 끝에 水使의 手決이 있다는 註 2)와 3)의 기존 보고서를 근거로 그처럼 추정하였다. 맨 끝의 ‘使’ 수결이 수사인지 혹은 순천부사인지 확인이 필요하다는 견해도 있는 만큼, 관계 전문가의 명확한 판정을 기대한다.

27) (前略) 一 耳匠二十名(夾註: 在各面) 汲水船直三十名(在本鎭) (中略) 一 軍器修補所入魚膠 鎭民責當 (下略) (『光陽縣各所事例冊』 兵船色)

28) 文榮龜, 「龜船建造場所」(Ⅰ), 275쪽. 변동명, 「조선시기의 여천선소유적(順天船所)」, 233쪽.

전한다. 그 중에는 화약처럼 '貿納'하여 보충한 경우도 눈에 띄지만 예외적이며, 나머지의 경우 보수하거나 혹은 부족분을 채우기 위한 계획조차 마련되지 않은 채로이다. 가끔 흠결 당시의 관리자 성명을 부기하여 책임 소재를 가리려 한 게 전부로서 거의 방치 수준이거니와, 엄격한 통제가 필수적인 수군기를 관리하며 유사시를 대비해야 하는 일선 수군기지에 어울리지 않는 허술한 처사라 이르지 않을 수 없다.

그밖에 이 자료에는 순천선소의 수군기를 관리하던 인물인 듯싶은 이름이 몇몇 전한다. 沈東玉・丁日公・金右一・徐義得・丁甘遜 등이 그들로서, 서의득과 정감손의 경우로 미루어 나머지 3인 역시 군기감관이었을 가능성이 높아 보인다. 일반 군현의 선소 수군기를 관리하던 군기감관의 실명으로서는 그리 흔치 않은 사례인 듯 여겨지거니와, 이용하기에 따라서는 선소의 운영 및 지역사회의 내부를 살피는 데 유익한 자료일 듯싶기도 하다.

마지막으로, '선소수군기반열책'에서는 조선후기의 순천선소 즉 현 여천선소유적에 들어선 공공건축물 중 한 곳의 명칭을 적시해 눈길을 끈다. 〈본문 7〉의 "待變懸板一坐"가 그것이다. '待變'이라는 명칭의 현판 하나가 당당히 인계인수 항목으로 올라 있다. 그만큼 중요했다는 의미이려니와, 아마도 순천선소를 대표하는 건축물에 걸린 편액이었음 직하다. 조선후기에는 선소를 대신하는 명호로 '待變亭'이 흔히 쓰였다는 지적이 절로 떠오르는 대목이 아닐 수 없다.29)

조선후기의 순천선소에는 최소한 4채 가량의 공공건물이 들어서 있었다고 한다. 건물의 용도가 적시된 水軍器와 船所倉 및 募軍倉

29) 류창규, 「조선시대 船所의 설치와 운영」, 『海洋文化研究』 창간호, 2008, 204쪽.

에 더하여, 선소를 관리하는 행정본부 격에 해당하는 건물 등이 그것이었다.[30] 따라서 문제의 현판은 아마도 그 중에서 아무런 용도가 적시되지 않은 바로 그 건물에 내걸렸음 직하다. 창고들과는 격을 달리할 만큼 중요하면서도 별도로 명호가 표기되지 않았다는 점에서 그처럼 판단된다. '待變'이라는 현판에 어울릴 법한 건물로는, 순천선소 안에서 그만한 곳을 다시 찾기가 어려워 보인다.

현재 여천선소유적에는 두 개의 건물이 '武器庫' 및 '洗劍亭'이라는 명호 아래 복원되어 있다. 수군기에 해당함 직한 무기고와 함께, 중심적인 건물 즉 선소 관리본부 격의 건물에는 세검정의 명칭이 붙여졌다. 현지 주민들 사이에 전하는 명호를 땄을 터이려니와, 그러한 속칭에도 의미가 없는 것은 아니다. 하지만 공식적인 명호가 기록에 전하는 이상, 이제는 그것을 교체하는 문제를 거론할 때가 되었다고 생각한다. '武器庫'는 '水軍器'로 그리고 '洗劍亭'은 '待變亭(館)'으로 각각 바꿔서 명명하는 게 온당하지 않을까 여겨지는 것이다.[31] 차후 복원을 추진하는 건물의 명칭도, 역시 기록에 나오는 대로 '船所倉'이나 '募軍倉' 등으로 명명하는 게 옳다 함은 이를 나위가 없다.

맺음말

여수시 웅천동 송현마을에 전하는 고문서인 '船所水軍器反閱冊'을 살폈다. 판독에 이어 그 내용을 가볍게 검토한 결과 다음과 같

---

30) 변동명, 「조선시기의 여천선소유적(順天船所)」, 271~272쪽.

31) 이웃의 防踏鎭과 古突山鎭에 각각 待變亭과 待變舘이 각각 존재하였음도 아울러 참고할 일이다(『順天府邑誌』(奎17434) 附 防踏鎭誌 公廨, 같은 책 古突山鎭誌 公廨).

은 사실을 알게 되었다고 생각한다.

'선소수군기반열책'은 순천선소에서 보유 관리하던 수군장비를 기록한 水軍器 目錄이었다. 邑誌類의 개략적인 기록과는 비교할 수 없을 정도로 매우 상세하게 모든 武具類의 현황을 담은 희귀한 자료였다. 조선후기 아마도 18세기 후반 내지는 19세기 전반의 어느 시기에 작성되었을 것으로 여겨지는 이 고문서는, 순천선소의 수군기를 관리하는 軍器監官 사이의 인계인수 문서였다. 따라서 당시 순천도호부 소속 수군의 軍備 현황이라든지 선소의 행정적·군사적 統屬體系 등을 구체적으로 보여주는 바, 순천선소가 서반 소속의 수군지휘관이 주둔하는 수군진에 못지않은 수준의 무장을 갖춘 가운데 순천부사와 전라좌수사의 관할 아래 위치하던 단위수군기지였음을 확인할 수 있었다. '鎭'이라는 호칭이 어색하지 않으리만큼 해상방어의 일익을 담당하던 최일선의 수군기지로서 손색이 없었음을 전하거니와, 순천선소의 그와 같은 사례를 통해 조선후기 연해안의 고을에 설치된 선소의 행정·군사적 위상 내지는 존재양상을 이해하는 데 도움을 주는 게 곧 '선소수군기반열책'이었던 것이다. 아울러 이 고문서는 순천선소에 존재하였던 건물의 명호를 전함으로써, 이 유적의 복원에 일조하기도 하였다. 세칭 '洗劍亭'의 공식 명칭이 '待變亭(館)'이었음을 전하는 기록이 그것이었다.

(『海洋文化硏究』 3, 2009)

[별첨] 여수시 촬영 원본 사진자료

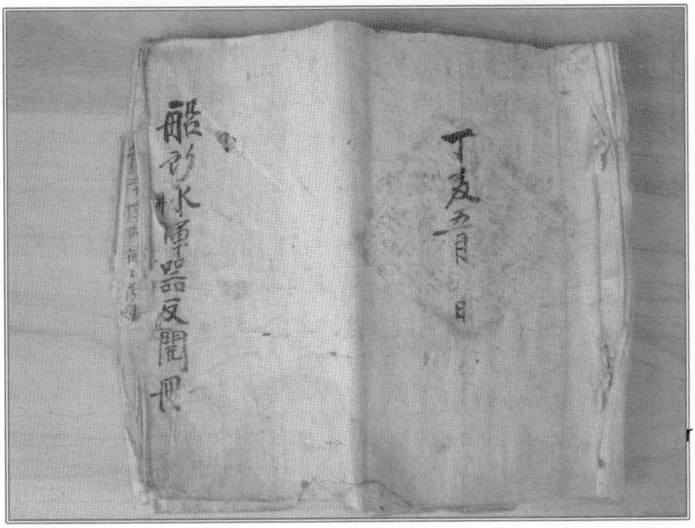

■ 표지

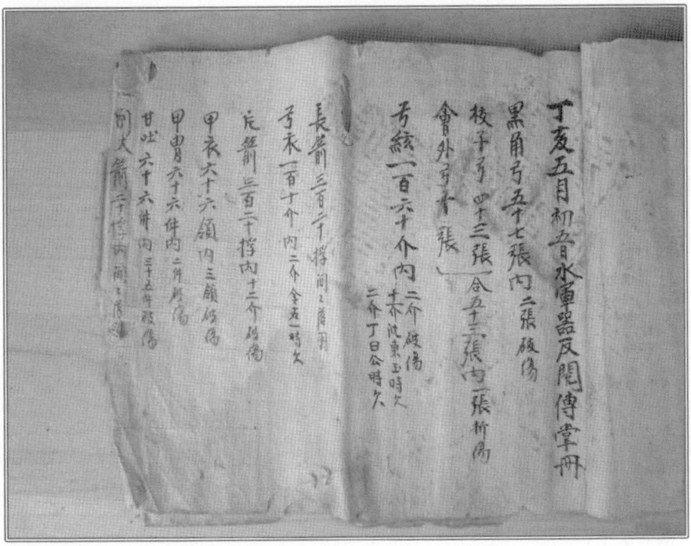

■ 본문 1

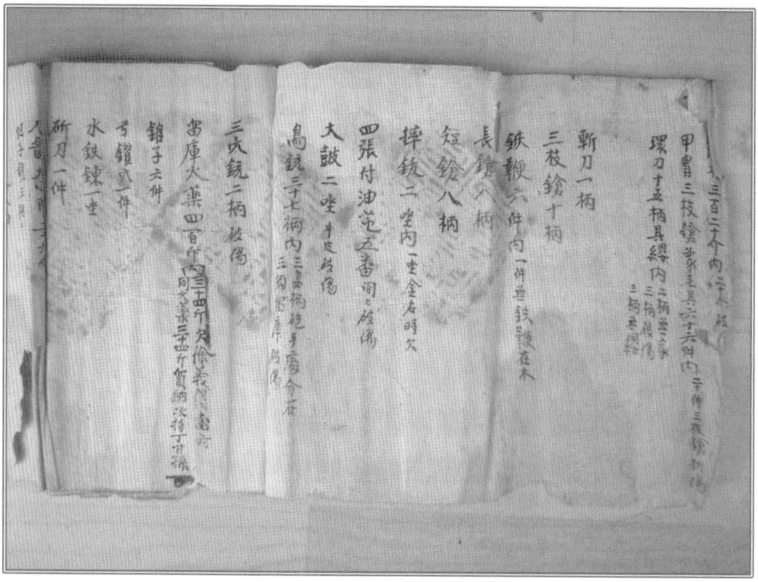

■ 본문 2

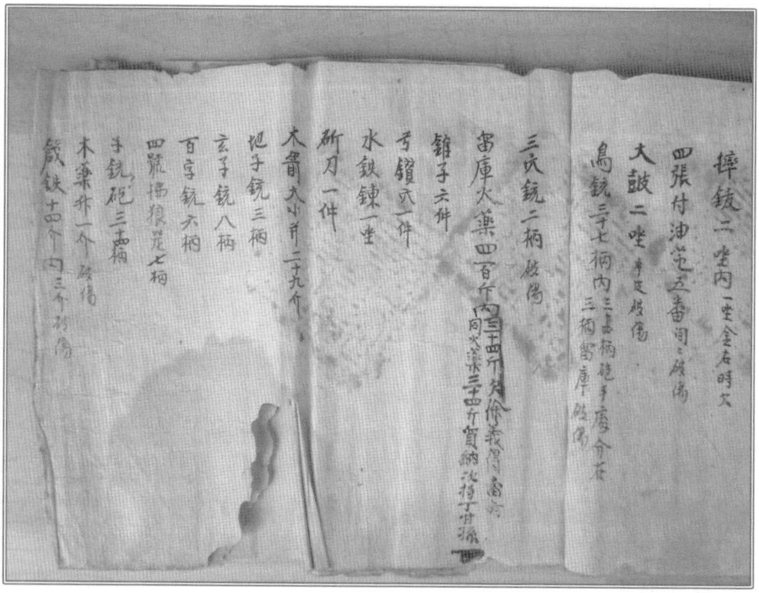

■ 본문 3

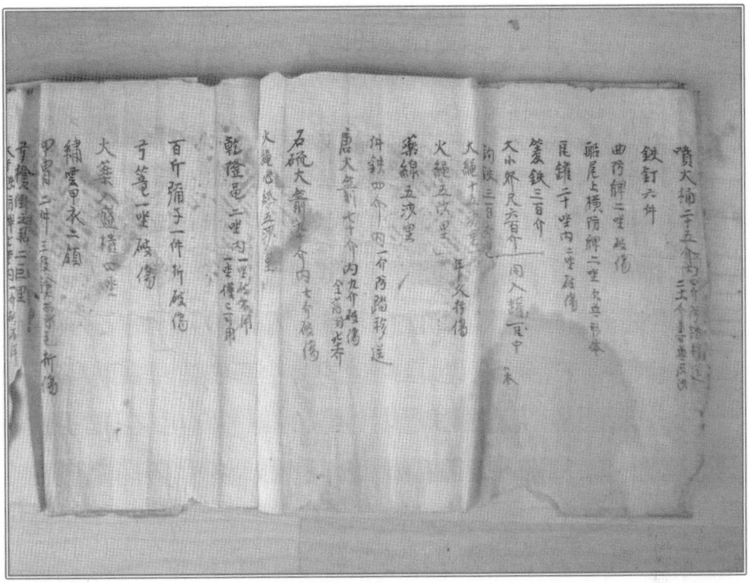

■ 본문 4

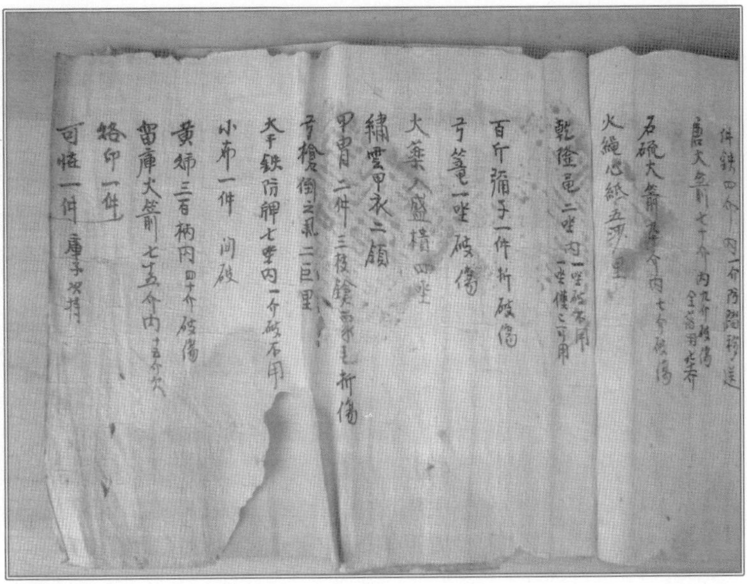

■ 본문 5

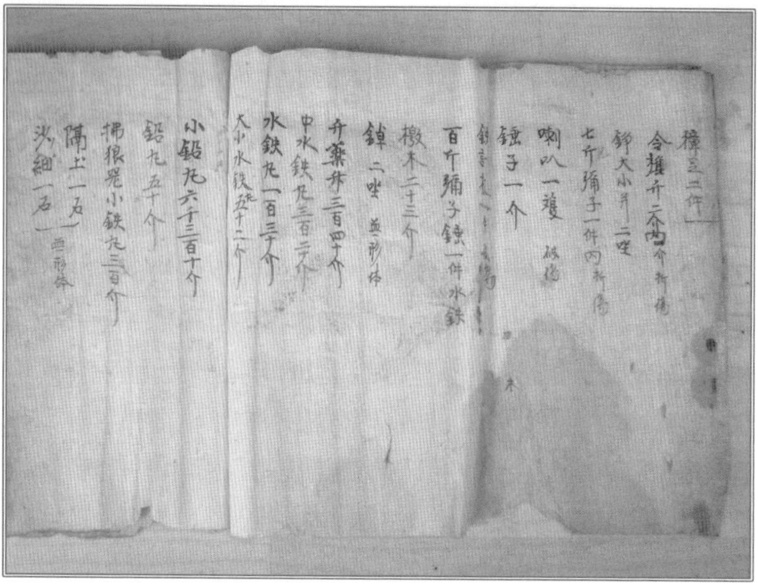

■ 본문 6

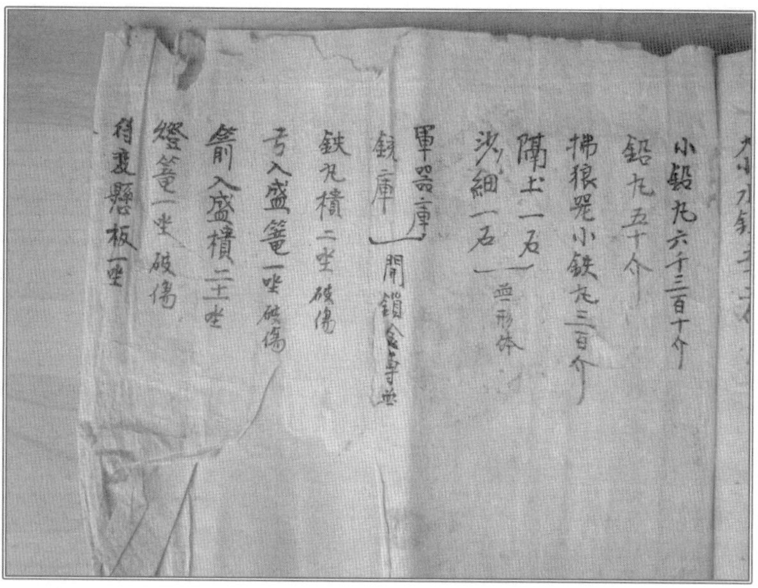

■ 본문 7

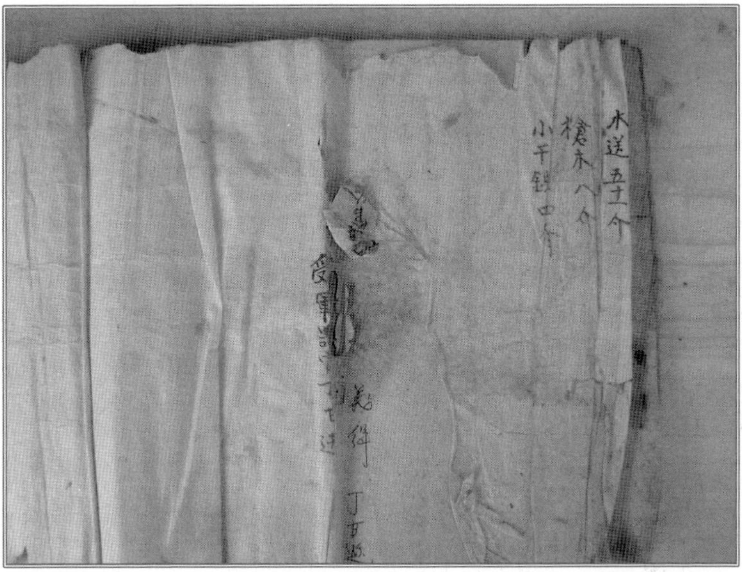

■ 본문 8

Ⅸ. 1592년 全羅左水營의 거북선[龜船] 건조

머리말

거북선은 너무도 유명하다. 학술적인 연구만 해도 자못 많다.[1] 이를 새삼 운위한다는 게 어색할 지경이다. 몇몇 쟁점 사항이 있지만, 새로운 견해를 제시할 여지는 거의 없어 보인다. 획기적인 자료가 새로이 발굴되지 않는 한, 결과적으로는 어느 한 쪽을 지지하는 형식으로밖에 달리 의견을 내놓을 수가 없는 게 현재의 상황인 듯 보인다. 연구대상으로 삼기에는 매우 부담스러운 주제라 하여 조금도 지나치지 않다.

그럼에도 불구하고 이를 다뤄 보고자 나선 것은, 지금까지의 연구에서 다소 미진했던 게 역사적 접근이라는 판단에서이다. 누가 왜 거북선을 건조하였던가를 두고 깊이 고민한 연구가 그리 흔치는 않았던 듯 여겨지는 것이다. 너무도 자명해 보이는 탓이었으려

1) 일일이 제시할 겨를이 없거니와, 박재광, 「조선군의 군선과 무기의 과학적 검토」, 『임진왜란과 동아시아세계의 변동』, 한일국제학술회의 발표문, 2009, 95~97쪽, 각주 1)~9)의 인용 논문이 참고 된다.

니와, 거북선의 철갑 여부라든지 혹은 그 내부 구조 등을 둘러싸고 오랜 기간에 걸쳐 진행되어 온 치열한 논란에 비춰 의외이다 싶을 정도이다. 대체로 이순신이 海戰에서 돌격선으로 이용하기 위해 건조한 전함이라는 정도의, 이순신 狀啓에 언급된 내용을[2] 되풀이하는 수준에서 그치는 게 보통이다. 가령 거북선이 돌격선용으로 건조되었다면 그러한 형태의 돌격선이 필요하다고 판단한 이는 누구이고 또한 그가 그처럼 판단한 이유는 무엇이었을까 라든지, 혹은 그리하여 거북선이 건조되기에 이른 경위는 어떠하였던가와 같은 기초적인 사실조차 아직 제대로 구명되지 못한 실정이다. 자료상의 제약 때문이겠지만, 그러한 의문을 풀어보고자 본격적으로 나선 연구자가 쉬이 찾아지지 않는다는 것은 놀라운 일이다.

이 글 하나로 위에서와 같은 의문 모두를 단번에 해소할 수 있다고는 생각하지 않는다. 그럴 의도도 없으며, 하려야 할 수도 없다. 단지 여기에서는 역사적인 연구방법에 보다 충실한 접근을 시도함으로써, 그와 같은 의문을 해소하기 위한 실마리나마 찾아볼 수가 있지 않을까 기대하는 정도이다. 모든 인간사에 적용되기 마련인 6가지 질문, 즉 누가 언제 어디서 무엇을 어떻게 왜 그랬을까에 초점을 맞추어 거북선 건조의 문제를 재검토함으로 해서, 평소에 품어오던 궁금증을 푸는 기회로 삼아보려는 것이다.

먼저 전라좌수영에서 거북선의 건조를 처음 추진한 인물을 살피겠다. 설화를 포함 그와 관련해서 지금까지 거론된 인물만도 여럿이거니와, 공인된 기록이나 당시의 정황에 비추어 전라좌수사 이순신이 거북선의 건조를 처음부터 주도한 인물이었음을 거듭 확인

---

2) (前略) 臣嘗慮島夷之變 別制龜船 前設龍頭 口放大砲 背植鐵尖 內能窺外 外不能窺內 雖賊船數百之中 可以突入放砲 今行 以爲突擊將所騎 先令龜船 突進賊船中 先放天地玄黃各樣銃筒 (下略) (『李忠武公全書』 2 狀啓 唐浦破倭兵狀)

함으로써, 논의를 시작하는 출발점으로 삼고자 하는 것이다. 다음으로, 거북선이 건조된 배경을 검토하겠다. 무엇보다 전라좌수사 이순신이 거북선과 같은 돌격선의 필요성을 절감하게 된 이유가 무엇이었을까, 다시 말해 이순신은 왜 거북선을 건조해야 한다고 생각했을까를 곰곰이 따져보려 하거니와, 이로써 임진왜란 직전에 전라좌수영의 거북선이 처음으로 완성되어 시험운행에 들어가기에 이른 배경을 파악할 수가 있을 것으로 기대한다. 마지막으로, 전라좌수영에서 처음 몇 척의 거북선을 언제 그리고 어느 곳에서 건조하였던가를 더듬어보겠다. 기왕에도 논란이 없지 않았거니와, 관련 기록과 함께 거북선의 건조를 이끈 전라좌수사 이순신의 입장에 보다 주의를 기울이면서 실마리를 풀어가려 한다.

1. 거북선 건조와 李舜臣

거북선을 고안하거나 혹은 건조한 인물을 두고 여러 이설과 속설이 난무한다. 이순신을 제외하고도 거론되는 이름이 한둘이 아니다. 그렇지만 적어도 임진왜란 초기에 전라좌수영 함대의 돌격선으로 활약한 거북선은 이순신에 의해 처음 창제되었다고 이해하는 게 합당해 보인다. 달리 자료를 찾으려 애쓸 필요도 없다. 이순신이 선조에게 올린 장계에 나오는 다음과 같은 기록 하나면 충분하다.

> … 신은 일찍이 왜적들의 침입이 있을 것을 염려하여 별도로 거북선을 만들었습니다[別制龜船]. 앞에는 용머리를 붙여 그 입으로 대포를 쏘게 하고 등에는 쇠꼬챙이를 꽂았으며, 안에서는 능히 밖을 살필 수 있어도 밖에서는 안을 들여다 볼 수 없게 하여, 비록 적선 수백 척의 한가운데

라 할지라도 쉽게 돌입하여 포를 쏠 수가 있으므로, 이번 출전에서는 돌격장에게 그것을 타도록 하였습니다. …3)

이른바 2차출전의 전과를 보고하는 글의 일부이다. 거북선을 다루는 글이라면 으레 거론하기 마련인 유명한 귀절로서, 왜적의 침입에 대비하여 기왕의 것과는 다른 새로운 전함인 거북선을 이순신 자신이 따로 건조하였음을 분명히 하고 있다.4)

당시 전라좌수사 이순신이 거북선을 건조하는 사업에서 실무를 담당한 이가 그 휘하의 軍官이던 羅大用이었던 것으로 보인다. 일부에서 거북선을 실제 창안 건조한 이로 거론하곤 하는 그 인물이거니와, 『이충무공전서』에 인용된 『羅州牧志』에 따르면, "나대용은…임진왜란을 당하여 충무공 이순신을 좇아 거북선 3척을 꾸몄다[粧]…"고 한다.5) 나대용이 이순신의 휘하에서 거북선을 건조하였다는 의미로서, 거북선 나대용 창제설의 근거로 제시되곤 하는 자료이다. 그렇지만 당시 나대용의 지위로 미루어 그가 거북선을 창안하여 그 건조를 주도하였다고 보기는 어렵다.

후일 나대용은 "…臣은…癸未年(1583, 선조16)에 登科하여…辛卯年(1591) 연간에 水使 李舜臣의 監造戰船出納軍兵軍官이었습니다…"라 회고하였다.6) 임진왜란 1년 전부터 자신이 전라좌수사 이순신

3) 앞의 註 2)에 제시된 原文을 참조하라. 이 글에서 인용하는 李舜臣의 狀啓나 『亂中日記』 등은, 成文閣에서 간행한 李殷相 譯, 『完譯 李忠武公全書』 上・下 및 『影印 李忠武公全書』에 수록된 것이다.

4) 柳成龍 역시 "(前略) 先是舜臣 創造龜船 以板鋪其上 (下略)"(『懲毖錄』 1 全羅水軍節度使李舜臣)이라 하여, 거북선이 이순신의 창안으로 건조되었음을 말하였다.

5) 羅大用 以縣令 當壬辰亂 從李忠武舜臣 粧龜船三隻 破倭賊有功 陞補京畿水使(『李忠武公全書』 14 附錄 6 紀實 下)

의 휘하에서 戰船의 건조를 감독하고 軍兵의 들고남을 담당하던 군관이었다는 것이다. 따라서 그처럼 전라좌수사를 보좌하던 여러 군관 중의 하나에 지나지 않던 그가, 기왕의 전선과는 별도의 새로운 전함인 거북선을 창안하여 건조하도록 이끈다는 것은 불가능하다고밖에 할 수가 없다. 건의 정도는 가능하였음 직하지만, 그나마도 主將인 좌수사 이순신의 거북선에 대한 깊은 이해가 전제되는 한에서이다. 다시 말해 이순신이 거북선을 잘 모르거나 혹은 아예 관심이 없었다면, 임진왜란 직전의 전라좌수영에서 이전과는 다른 새로운 전함인 거북선이 건조되는 것은 있을 수 없는 일이었다고 하여 지나치지 않은 셈이다. 나대용의 건의 여부를 불문하고, 전라좌수사 이순신이 거북선을 잘 알고 그 필요성을 절감하였기에 기왕의 주력 전함이던 판옥선과는 다른 신형 전함인 거북선이 창안 건조될 수 있었던 것이다.

거북선처럼 전함에 덮개를 씌워 乘組員을 보호하려는 발상은 그 유래가 제법 깊다. 거북선의 경우만 두고 보더라도, 널리 알려졌듯이 조선초기인 태종 13년(1413)에 이미 동일하게 불리는 전함이 기록에 등장한다.[7] 아울러 당시 일부에서는 거북선을 건조하여 일선에 배치하려는 구상도 있었던 듯한데,[8] 실제 그대로 시행되었는지 여부는 불명이다. 그 뒤로 임진왜란 때까지 어디에서도 거북선을 거론한 기록이 나타나지 않는 사실로 미루어, 당시 실전 배치에까

---

6) 兼三道統制使李雲龍馳啓曰 羅州居前縣令羅大用上疏內 臣長於羅州 癸未登科 北防六年 南戍七年 辛卯年間 爲水使臣李舜臣 監造戰船出納軍兵軍官 壬辰變初 (下略) (『宣祖實錄』 206 宣祖 39년 12월 24일 戊午)

7) 次于通濟院南郊 (中略) 上過臨津渡 觀龜船·倭船相戰之狀 (『太宗實錄』 25 태종 13년 2월 5일 甲寅).
方相鉉, 「朝鮮 龜船의 接木性 硏究」, 『慶熙史學』 16·17合, 1991.

8) 『太宗實錄』 30 太宗 15년 7월 16일 辛亥(左代言卓愼 上兵備事宜)

지는 이르지 않았던 것으로 이해들을 하는 게 보통이다. 한편 정유재란이 발발할 조짐이 짙어가던 선조 29년(1596) 후반의 기록 가운데에도, 황해도에서 거북의 등처럼 덮개를 씌워 거기에 칼을 박아 세운 전함을 건조한 적이 있었음이 나타나기도 한다.[9] 임진왜란 이전 또는 당시에 전라좌수영을 제외한 여타의 곳에서도 거북선이라 불리거나 혹은 그렇게 불릴 만큼 덮개를 씌워 그곳에 쇠꼬챙이를 꽂은 전함이 건조되었음을 알 수가 있는 것이다.

그렇지만 덮개를 씌운 전함을 건조하여 실전에 투입하는 데 성공한 것은 이순신의 경우가 최초이자 아마도 마지막으로서 거의 유일하였다. 이와 관련하여 앞서 태종대에 거북선을 개량하는 문제가 거론된 사실이 눈길을 끈다. 거북선을 건조하여 일선에 배치하자는 건의문 중에서였다. 다음의 자료를 살펴보자.

> 左代言 卓愼이 군사적으로 대비해 마땅한 일들을 건의하였는데, "첫째 … 여섯째, 거북선[龜船]의 제도는 많은 적과 충돌하더라도 적이 능히 해치지 못하도록 되어 있으므로, 가히 승리를 결정지을 수 있는 좋은 방책이라 하겠습니다. 견고하고 솜씨 있게[堅巧] 건조하도록 다시금 명령하시어, 전쟁에서 승리하는 도구를 갖추도록 하소서" 라고 하였다. 탁신이 그때 兵曹를 담당한 대언이었는데 주상께서 보시고는 병조로 내려

---

9) 朝 上御別殿 講周易 (中略) 上曰 龜船之制若何 (南)以恭曰 四面飾以板屋 狀若龜背 以鐵釘揷於傍 兩頭若與倭船遇 則所觸皆破 水戰之具 莫良於玆 上曰 何不多造乎 趙仁得曰 小臣在黃海道時 造一隻 揷之以劍 似若龜背 其制殊爲神妙 (下略) (『宣祖實錄』 82 선조 29년 11월 7일 己亥)

위 사료의 검을 꽂아 거북 등처럼 만든 전함을 황해도에서 한 척 건조해봤다는 趙仁得이 황해도에 머문 것은 임진왜란 당시 황해도의 관찰사로서였다(『宣祖實錄』 26 宣祖 25년 5월 4일 癸亥, 동 6일 乙丑, 동 23일 壬午). 아마도 이순신의 해전승리 소식과 함께 거북선의 활약상을 전해들은 황해감사 조인득이 그때 한 척을 건조해본 듯하다.

보냈다.[10)]

거북선을 '견고하고 솜씨 있게' 건조 배치하여 戰勝의 도구로 삼자는 것이다. 바꿔 말해 거북선을 내세워 전쟁에서 승리하려면, 그것을 보다 견고하고 또한 교묘하게 개량하는 작업이 필요하다는 뜻이다. 태종대의 거북선을 곧장 실전에 투입하기에는 그 구조상 다소의 문제가 드러났음을 암시하는 기록이 아닐 수 없다. 그 뒤의 조처를 알 수는 없으나, 임진왜란이 발발할 때까지 관련 기록이 더 이상 나타나지 않는 것으로 미루어, 당시 거북선의 구조를 개선하여 戰力化하는 문제는 유야무야되었던 게 아닌가 여겨진다. 거북선의 개념은 마련되었으되, 그것을 안심하고 실전에 투입할 수 있도록까지 하는 데에는 이르지 못하였던 게 태종대의 실정이었던 셈이다.

태종대 이후 거북선이라는 기록이 처음 등장한 게, 잘 알려진 바와 같이 이순신의 『난중일기』에서이다.[11)] 여기에서 거론된 거북선이 곧 임진왜란에서 활약한 그것임은 이를 나위가 없거니와, 그처럼 덮개 씌운 전함을 건조한 다음 시험 운행과 放砲 실험 및 현장 적응훈련을 거쳐 戰力化에 성공함으로써 實戰 투입의 단계에까지 이르고, 또한 그리하여 戰勝을 거둔 것은 이순신이 최초였다. 그 밖에는 어떠한 이유에서이건 그와 같이 성공적으로 거북선을 건조하여 운용한 사례는 달리 찾아볼 수가 없다. 태종대의 그것과는 달리 거북선을 전승의 도구로 처음 건조하고 운용한 이가 다름 아

10) 左代言卓愼 上兵備事宜 其一 (中略) 六 龜船之法 衝突衆敵 而敵不能害 可謂決勝之良策 更令堅巧造作 以備戰勝之具 愼時知兵曹 上覽之 下兵曹 (『太宗實錄』 30 太宗 15년 7월 16일 辛亥)

11) 『李忠武公全書』 5 亂中日記 1 壬辰年 2월 8일 己亥

닌 이순신이었으며, 이 경우야말로 역사적 탐구의 대상이 될 만한 가치를 지닌 것으로 이해하여 지나치지 않다고 생각한다. 거북선의 고안 건조와 운용은 이순신의 고심의 산물이며, 따라서 거북선에 관한 논의는 일단 그에게서 시작해 진행되는 게 온당하다고 믿는다.

조선 수군의 주력 전함이 猛船에서 板屋船으로 교체된 것은 명종대였던 것으로 알려져 있다. 漕運船을 겸하도록 만들어져 운용되던 맹선이 왜구의 침략을 막아내는 과정에서 문제점을 드러내자, 명종 10년(1555)의 을묘왜변을 계기로 水戰만을 위한 專用戰艦으로서 판옥선이 창안 건조되었다는 것이다.[12] 그런데 이처럼 수군 전체의 주력 전함을 교체하는 데에는 막대한 경비와 인력 및 기간이 소요되기 마련이었다. 정권 차원의 결단이 아니고서는 추진될 수 없는 대규모 사업이었다. 수군의 전략전술을 충분히 고려한 위에, 아마도 당시 집권자인 尹元衡 일파의 정치적 판단을 배경으로 추진된 국가적 사업이었음이 틀림없어 보인다.[13] 판옥선의 창안과 건조가 한 두 개인의 일시적인 발상에 의해서라기보다는, 조선초기 이래의 전함 건조 및 운용의 경험과 그 개발을 위한 중앙정부의 끊임없는 노력의 산물이었을 것임을 느끼게 한다.

반면에 1592년의 전라좌수영 거북선은 위 판옥선의 경우와 다소 달랐다. 무엇보다 이 새로운 전함은 중앙에서 국가적인 정책으로 추진한 사업의 결과 건조된 게 아니었다는 점에서 차이가 있었다. 거북선은 오직 전라좌수사 이순신의 결단에 의해 만들어질 수 있었다. 당시 지방의 水軍營鎭에서 전함을 수리 혹은 건조하려면, 중

12) 金在瑾, 「板屋船考」, 『韓國史論』 3, 1976, 383~392쪽. 金在瑾, 「朝鮮前期의 배」, 『韓國의 배』, 서울大學校出版部, 1994, 126~128쪽.

13) 그 정치적 함의를 살필 겨를이 없어 아쉽다. 후일을 기약한다.

앙에 보고하여 그 허락을 얻어야만 하는 게 원칙이었다. 영진별로 보유하도록 分定된 전함의 척수를 유지하며 정해진 年限에 맞춰 전함을 보수·개조 혹은 新造하는 일 자체가 그러하거니와, 엄격한 松禁政策이 시행되는 마당에 그에 소요되는 목재를 어느 곳에서 벌채할 것이며, 벌목 및 그 운반에 필요한 인력의 동원이나, 혹은 船匠이나 耳匠이라 불리던 각 수군영진에 소속된 배목수[造船技術工]의 동원에 이르기까지, 거개가 중앙에 보고하여 승인을 받아야 하는 일들이었다. 동원된 인력에게 지급해야 할 양곡 등 그에 필요한 각종 비용을 마련하는 것 역시 쉽지 않은 일이었다. 그런데 조선후기의 경우 그 모든 것을 중앙에 보고하여 승인을 얻는 것은 물론이고, 관련 비용을 염출하는 방안을 마련하는 것까지가 모두 수군절도사의 몫이었다.[14] 비록 조정의 허락을 얻었다고 하더라도, 전함을 건조하는 데 들어가는 각종 물자와 비용 일체는 각 水軍營·鎭에서 자체적으로 마련하는 게 원칙이었다. 나아가 조선전기 역시 대체로 그와 유사하였을 것으로 판단된다. 경기도 수사가 兵曹에 보고하여 허락받은 뒤 闕軍價布를 징수하여 전선을 건조했던 사례에서 드러나듯이 수군영진에서의 전함 건조는 그 지휘관의 책임 아래 추진되는 게 원칙이었거니와,[15] 전라좌수영에서 거북선을 건

---

14) 全羅左道水軍節度使爲牒報事 邊圉備虞 莫緊于戰艦 營邑鎭舡隻 十二年限滿改造 (中略) 本營所在舡隻中 (中略) 所屬七鎭中 (中略) 管下邑 (中略) 六邑段 (中略) 則雖曰待變之具 實無應變之器 遠慮所及 萬萬悚悶 其所改造 時日爲急是乎所 數多舡隻之一時并造 似難擬議 惟在處分之若何是乎乙在果 各邑則雖有造舡會減之例 至於本營與各鎭 初無造舡糧會減之事 亦無曳下材勞民之弊 所入物力 預有經紀乙仍于 以本營及各邑鎭戰兵舡過限未造者 後錄牒報爲去乎 同改造材 依例題下 以爲趁今改造 恐未知何如是乎乙喩 參商處分爲只爲 (『全羅左水營啓錄』 全羅左水使在任時移報錄 咸豊 원년(哲宗 2年) 8월 16일 ; 『各司謄錄』 20 全羅道篇 3, 14쪽)

15) 『宣祖實錄』 19 선조 18년 4월 21일 壬戌

조하던 당시에도 관련 업무 일체가 좌수사 이순신의 책임 아래 처리되었음이 거의 분명해 보이는 것이다.

거북선과 같은 신형의 特殊 戰艦을 건조하는 경우, 그에 대한 부담이 적지 않았을 법하다. 자칫 실패하였을 때 쏟아지기 마련인 예산과 인력의 소모에 따른 여러 비난을 감수해야만 할 것이기 때문이다. 이순신처럼 臺諫의 반대 속에 국왕의 결단으로 몇 계단을 건너뛰어 전라좌수사에 오른 인물에게는[16] 더욱이 그러하였음 직하다. 좌수사 이순신에게 거북선의 건조는 일종의 모험이었을 듯 여겨지는 것이다. 그런 만큼 이순신은 이 특수 전함을 충분히 연구하였음이 틀림없으며, 그리하여 그 필요성을 절감함과 동시에 그 성공적인 건조 및 운용에 확신을 지녔다 하겠다. 거북선은 전라좌수사 이순신의 치밀한 사전 준비와 고심 속에 개발된 신형의 특수전함이었다고 하여 지나치지 않은 것이다.

2. 거북선 건조의 배경

앞서 제시한 이순신의 장계에 따르면, 거북선은 왜적의 침입에 대비하고자 돌격선용으로 건조되었다고 한다. 그와 같은 신형의 특수 전함을 구상해야 할 만큼 이순신에게 돌격선이 절실히 필요했다는 의미이다. 그 이유는 과연 무엇이었을까?

널리 알려진 바와 같이, 판옥선은 왜구의 새로운 전함과 화기에

---

16) · 有政 (中略) 傳于吏批曰 (中略) 以珍島郡守李舜臣 超資除全羅道左水使 (『宣祖實錄』 25 宣祖 24년 2월 13일 庚辰)
· 司諫院啓 全羅左水使李舜臣 以縣監郡守 時未赴任 而超授閫帥 雖因乏人 官爵之猥濫 莫此爲甚 請命遞差 答曰 李舜臣事然矣 予亦知之 但此時不拘常規 乏人不得不爾 此人足以可堪矣 不必問官爵高下 可勿更論 以固其心 (같은 책 16일 癸未)

대항하여 창제된 조선 수군의 주력전함이었다.[17] 중종 18년(1523)을 전후한 즈음에서 명종대에 이르기까지 왜구가 高大堅實한 전함을 갖춘 데다 수준 높은 화약병기까지 구사하면서 빈번히 내습해 오자, 오랜 논의를 거친 끝에 명종 10년(1555)의 을묘왜변을 계기로 대량 주조한 대형 총통과 함께 마침내 판옥선을 건조하여 실전배치하기에 이르렀다. 판옥선은 그 선체가 堅厚壯大한 데다 높이 위치한 鋪板에 대형 총통을 안치함으로써 그 위력을 배가한 뛰어난 전함이었다고 한다. 또한 사면을 방패로 둘러막아 적의 탄환이나 矢石을 막아내도록 설계되어, 적선과 마주하더라도 격군이나 사・포수가 보호받을 수 있는 구조였음이 강조되곤 한다.

그런데 여기에서 의문이 드는 것은, 판옥선이 그처럼 거의 완벽에 가까운 전함이었다면 굳이 거북선과 같은 새로운 전함을 건조하고자 애쓸 필요가 있었을까 하는 점이다. 판옥선이 적선의 사격으로부터 사졸을 보호할 수 있는 구조였다면, 굳이 덮개를 씌운 돌격용 전함을 따로 제작하지 않아도 별다른 문제가 없었을 듯 여겨지는 것이다. 판옥선을 그냥 돌격선으로 내세우더라도 무방하였을 듯싶거니와,[18] 사정이 그러함에도 이순신은 돌격선으로 이용할 신형의 특수 전함을 건조하고자 고심하였다. 그만한 까닭이 없었을 리 없다.

다음의 기록을 살펴보자.

> … 全羅道 仇助島에서 싸우다 도망간 배는 龍을 그린 큰 깃발을 세웠고 鐵丸을 잘 쏘았는데 機械가 보통이 아니었고 배의 모양도 특이하였

---

17) 이하의 설명은 金在瑾, 「板屋船考」, 365~399쪽을 참고하라.

18) 아래 註 19) 인용문의 "(前略) 戰船左右前後 排設天地玄字銃筒 整備器械 人伏板屋之下 不露形體 而疾棹直進 迫近賊船 (下略)" 부분을 참고하라.

다. 비록 우리나라의 戰船을 만나더라도 조금도 놀라거나 두려워하는 기색이 없이 닻을 내리고 맞서 싸우니, 右水使 崔希孝가 (저들을) 잡아들이지 못하였고 (우리 측의) 군관과 뱃사공이 도리어 철환을 맞아 즉사하였다 … 賊船이 높고 크며 튼튼하여[高大堅實] 천자·지자 총통을 쏘아도 쉽게 부서지지 않았는데, (저들의) 철환은 도리어 (우리의) 참나무(상수리나무) 방패를 관통하였다 …19)

명종 14년(1559)에 備邊司의 대신 등이 논의하여 아뢴 내용 가운데 일부이다. 왜구의 출몰과 관련하여 監司에게 내려 그처럼 타이르도록 하자는 것이었다. 왜구의 함선들이 높고 크며 튼튼하여 총통에 맞아도 쉽사리 부서지지 않을 뿐 아니라, 도리어 우리 戰船의 참나무 방패를 관통한 적탄에 맞아 우리 측의 군관과 뱃사공이 사망하였음을 알려준다. 여기에서 언급되는 조선 측의 전선이 곧 판옥선이었음은, 위의 사료에 뒤이어 나오는

… 戰船의 앞뒤와 양 옆에 天字·地字·玄字 銃筒을 베풀어 늘어놓고 기계를 정돈해 갖추고서 사람들은 板屋의 아래에 숨어 형체를 드러내지 않은 채 재빨리 노를 저어 곧장 나아가 賊船 가까이로 들이닥쳐 그 높고

---

19) 備邊司大臣領府事 同議啓曰 下諭監司 當日 今者各道分泊倭船 (中略) 況於全羅道仇助島 相戰逃躲之船 則建龍大旗 善放鐵丸 機械非常 體樣異凡 雖遇我國戰船 略無驚懼之色 下碇拒戰 右水使崔希孝 不能措捕 軍官蒿工 亦逢鐵丸立死 以致賊船 西走大洋 (中略) 不特此也 羣山島外面 朱世鸞(夾註;沃溝縣監)·朴偉(萬頃縣令)等 失捕之船 三島·氐老·邑仇未(皆島名) 朴茂·金應禎等 不能追捕之船 體制·器械·號令·進退之狀 皆是一樣 (中略) 其曰賊船 高大堅實 雖放天地字銃筒 未易衝破 鐵丸亦能貫徹眞木(橡樹)防牌 (中略) 戰船左右前後 排設天地玄字銃筒 整備器械 人伏板屋之下 不露形體 而疾棹直進 迫近賊船 隨其高下 一時齊發 則豈有不破之理 亦豈有人被鐵丸之患乎 將士等 違越節制 捍禦器械 殊未整設 習成懦怯 臨戰無勇之所致也 (下略) (『明宗實錄』 25 明宗 14년 6월 6일 丙午)

> 낮음에 따라 동시에 일제히 발사했더라면, 어찌 (적선을) 깨뜨리지 못할 리가 있으며 또한 어찌 사람들이 철환에 맞을 염려가 있겠는가. 장수와 사졸들이 절제를 어긴 채 방어 도구를 거의 정돈해 늘어놓지 아니하였고, (적을) 겁내는 것이 습관으로 굳어 전투에 임해서도 용기를 내지 아니했기 때문일 것이다 …[20]

와 같은 기록에서 알 수가 있다. 전선의 板屋 아래 몸을 숨겨 드러내지 않은 채 적선에 가까이 다가갈 수 있었다는 것으로 미루어, 이 전선은 판옥선이 틀림없다. 한데 위의 자료에 따르면, 그러한 판옥선이 高大堅實한 왜적의 선함과 겨루어 승리하지 못했다고 한다. 판옥선이 제대로 장비를 갖추지 않았으며 또한 장졸들이 겁을 낸 탓에 그랬으리라는 추정이 전제되었지만, 어쨌든 총통으로 무장한 조선의 판옥선이 왜구의 전함이나 화기에 대해 일방적으로 압도적인 우세를 점한 것만은 아니었다는 사실에는 변함이 있을 수가 없다.

임진왜란에서 이순신의 함대가 연전연승한 것은 조선 수군의 전함과 화기가 왜군의 그것에 비해 월등히 우수했기 때문이라는 견해가 널리 받아들여지고 있다. 또한 당시 왜군에는 수군다운 수군 조직이 아예 존재하지 않았었기에, 조선 수군이 그처럼 승리할 수 있었다는 주장도 심심치 않게 눈에 띄곤 한다. 그러나 이는 일면만을 부각시킨 의견이며, 심지어는 의도적인 사실 왜곡의 혐의마저 없지 않다.

임진왜란 이전에 내습한 왜구가 우수한 화기로 무장한 데다 판옥을 올린 高大堅實한 함선을 이미 갖추었음은 선학에 의해 벌써 지적된 바이다. 아울러 그에 대항하기 위해 조선에서도 수군 전함

---

20) 위의 註 19)와 같음

용 대형 총통을 주조하고 또한 높고 堅厚長大한 판옥선을 건조하였음도 널리 알려진 사실이다.[21] 그런데 위 명종 14년의 자료에 의하면, 그처럼 왜구의 화기와 함선에 대비하고자 건조한 판옥선이 적선을 압도하거나 일방적인 우세를 점하기는커녕 도리어 적선의 공격을 받아 피해를 입었음을 알 수가 있다.

한편 임진왜란 당시 히데요시의 수군은 앞서 왜구로 활동하던 해적집단을 중심으로 재편한 것이었음이 널리 인정되고 있다.[22] 이미 조선 수군의 주력전함에 못지않은 戰力을 보유하였음이 확인된 왜구의 함선 및 그 운용 인력이, 히데요시의 수군에도 존재하였음이 틀림없어 보이는 것이다. 임진왜란에서 왜 수군의 전함이나 화력이 조선의 그것에 비해 일방적으로 열세였다고만 이해하기에는 문제가 없지 않은 셈이다. 실제 이순신의 장계를 보더라도 판옥선에 비견될 만큼 높은 層閣을 갖춘 왜 수군의 대형 전함이 적잖이 등장하며, 일본 측의 기록 등에 의해 그것을 지휘한 왜 수군의 장수 이름도 여럿이 확인된다. 그리고 이순신의 제1차 출전 때는 모르지만 최소한 제3차 출전 때인 한산도 해전의 경우, 이들 왜 수군의 장수들이 정예병력과 함께 수많은 전함을 이끌고서 조선 수군과의 본격적인 해전을 다짐하며 떨치고 나선 상황이었다. 그럼에도 왜 수군은 조선에 참패당하여 제해권을 상실하였다.

조선 수군의 전함과 화력이 왜군의 그것을 일방적으로 압도하였으며, 더욱이 저들에게는 수군이라 이를 만한 조직조차 갖춰지지

---

21) 金在瑾, 「板屋船考」. 許善道, 「朝鮮中期 火器의 發達」, 『朝鮮時代 火藥兵器史研究』, 一潮閣, 1994.

22) 이제까지의 관련 연구를 정리한 이민웅의 '전쟁의 또 다른 당사자, 일본 수군의 준비'(『임진왜란 해전사』, 청어람미디어, 2004, 56~70쪽)를 참고하라.

않았음만을 강조하는 주장을 무조건 따르는 것은 위험해 보인다.[23] 일면의 진실이 없지는 않지만,[24] 그것만을 오로지 내세우다가는 자칫 실상을 외면하는 결과로 이어질 수도 있음을 유의해야 한다. 판옥선이라고 해서 왜군의 전함보다 항상 절대적으로 우세한 것만은 아니었으며, 왜 수군의 존재도 무시해서는 안 된다. 정유재란 당시 元均 휘하의 조선 수군이, 이순신이 연승하던 임진왜란 초기 때보다 늘어난 전함 등의 전투장비와 인력으로 한층 강화된 전력을 갖추었음에도, 칠천량 해전에서 왜 수군에게 완패 당하였음을 잊지 말아야 한다.[25] 이순신과 그 휘하 조선 수군의 연승이 오직 전함이나 총통과 같은 전투장비의 우세에만 기인하는 양 강변하는 것은 전혀 온당치 않다고 믿는다.

조선 전함의 우수성이 널리 운위되지만, 사실 그것도 따지고 보면 반드시 그렇게 압도적이라고만은 할 수가 없는 수준이었다. 위

---

23) 柳成龍이, "領議政柳成龍 令備邊司郎廳啓曰 (中略) 舟師之勢亦甚可憂 (中略) 賊若水陸俱進 而舟師不能遮截 則事益危矣 大抵 倭賊非不慣水戰也 只以其船遠來 其制不能堅厚壯大 故無以安大砲於其上 而爲我國船所制耳 (下略)"(『宣祖實錄』 61 宣祖 28년 3월 18일 辛卯)라 하여, 왜군의 수륙병진책과 함께 그들이 수전에 익숙한 존재였음을 거론한 사실이 참고 된다. 즉 임진왜란 당시 왜군이 전함과 함께 수군 조직을 갖추었음은 물론 그들이 수전에 능숙한 존재이기도 하였음을 지적한 것이다.

24) 가령 왜 수군의 전함 아타케부네[安宅船]가 그 크기에서는 판옥선에 못지않은 대형이지만 선체가 넓적한 판자로 구성되어 그리 튼튼하지를 못하며, 또한 尖底型의 구조상 대형 화포를 안치하는 데 문제가 드러나는 등으로 해서, 전투력에서 판옥선에 뒤진다는 사실과 같은 것이 그러하다.

25) 이와 관련하여 李睟光의 "(前略) 李舜臣爲全羅左水使 創智造船 上設板蓋 形如伏龜 謂之龜船 至壬辰 用以制勝 蓋賴於舟楫之利也 然元均代舜臣 則以百餘戰船 敗衄無餘 舜臣代元均 則以十三戰船 摧破六百艘蔽餘海之賊 亦在乎將得其人而已"(『芝峰類說』 3 兵政部 兵器 我國戰艦條)와 같은 지적도, 그에 전적으로 동의하는 것은 아니지만 참고할 만하다.

명종 14년의 사례에서 드러나듯이, 판옥선이 왜의 전함과 맞붙었을 적에도 일방적으로 우위를 점하였다고만은 할 수가 없는 게 현실이었다. 판옥선은 "사람들이 板屋의 아래에 숨어 형체를 드러내지 않은 채 재빨리 노를 저어 곧장 나아가 賊船 가까이로 들이닥쳐 … 동시에 일제히 발사"하도록 만들어진 전함이었다. 하지만 "겁을 내는 것이 습관으로 굳어"진 사졸들로 하여금,26) 그처럼 재빨리 적선에게 접근하려는 용기를 내도록 독려하는 것은 쉬운 일이 아니었다. 적선의 가까이로 신속히 다가가서 총통 등을 발사하는 게 효과적이었지만, 겁을 먹은 군사들로 인해 판옥선의 장점을 살리기가 쉽지 않다는 게 문제였던 셈이다. 사실 적선에 가까이 다가가는 경우 판옥선이라 하더라도 왜군의 矢石이나 鐵丸의 위협에서 벗어나기 어려웠을 터이며,27) 나아가 왜적의 장기인 登船肉迫戰이 벌어질 가능성도 없지 않았다. 실제로 임진왜란 당시 수많은 장졸들이 아마도 接近戰을 벌이던 도중 적의 화살이나 철환에 의해 사상을 당했으며, 칠천량 해전에서는 등선육박전을 벌인 왜군에게 손한번 써보지 못한 채 조선 수군이 참패를 당했다는 기록도 참고할 일이다.28) 해상에서의 접근전을 꺼리는 게 반드시 장졸들의 겁 많은 탓만은 아니었던 셈이다.

판옥선이 승선인원을 보호함으로써 접근전을 벌이는 데 유리하도록 고안되었다고는 하지만, 실전에서는 한계가 없지 않음을 살폈다. 함대의 선두에서 먼저 적진으로 돌진하여 적선과 접근전을

26) 『明宗實錄』 25 明宗 14년 6월 6일 丙午(備邊司大臣領府事 同議啓曰)

27) 제장명, 「거북선의 복원(復元)에 관한 소고」, 『이순신연구논총』 6, 2006, 175~176쪽.

28) 上御別殿 引見大臣及備邊司堂上 (中略) 上曰 大砲火箭 亦載來乎 (金)命元曰 此則不知 金軾言 倭賊薄上我船 將士不能措手而敗沒云 (下略) (『宣祖實錄』 90 宣祖 30년 7월 22일 辛亥)

벌임으로써 주전함인 판옥선의 공격을 유도하는, 특수 전함의 필요성이 대두되었음 직한 대목이다. 비록 水戰은 아니었지만 몇 차례의 전투 경험을 통해 실전 적응의 어려움을 깊이 느꼈을 전라좌수사 이순신이, 거북선과 같은 돌격용의 신형 전함을 구상하기에 이른 주된 이유가 여기에 있었던 것은 아닌가 싶다. 그는 앞서 36세 되던 해(선조 13, 1580)에 전라좌수영 관내 수군진 중 하나인 高興鉢浦鎭에서 수군 지휘관으로 근무한 경험이 있었다. 또한 그 뒤(1589)에는 전라도 관찰사의 군관이 되어 助防將을 겸하면서 당시 왜구가 자주 출몰하는 최일선으로 여겨지던 전라도에서[29] 다시 한 번 수군에 많은 관심을 기울여야 하는 직임을 맡기도 하였다. 그가 최소한 두 차례에 걸쳐 남방의 수군을 직접 지휘하거나 혹은 수군의 왜구 방어를 논의하는 직책에 재임하였으며, 그리하여 그에게는 주전함인 판옥선의 한계라든지 혹은 왜적을 방어하기 위해 수군에서 절실히 필요로 하는 게 무엇인지 등을 파악할 수 있는 기회가 주어진 셈이었다.

이순신은 선조에게 올린 장계에서, 우리나라 사람 중에는 겁쟁이가 많아 바람 소리만 들려도 놀라 흩어져 도망하기 바쁘다며, 군사들이 겁을 내어 싸우러 나가지 않으려 하는 폐단을 지적하였다. 육군과 달리 바다에서는 군사들이 모두 한 배에 타고 있으므로 적

---

29) 주로 경상도와 전라도가 왜구 출몰이 잦은 방어상의 요충이었는데, 損竹島事變(1587)을 전후할 즈음에는 전라도 지역이 더욱 자주 언급되곤 하였다. 가령 선조 22년(1589)에 있었던 국왕과 신하 사이의 대화에서도 당시 전라도 지역이 왜구 방어의 최일선이었음이 드러난다.(有夕講 進綱目 (中略) (邊)協曰 其時倭人 習知我國海路 故能然 今則不知海路 忠淸道恐不能入也 上曰 不然 我國之事 彼無不知 若知我國致力於全羅道 而自他道入則奈何 協曰 小賊則天城加德可慮 大賊則何處不入來乎 (下略) (『宣祖實錄』 23 宣祖 22년 8월 1일 丙子))

선을 보고 겁을 내더라도 개별적으로 도망갈 수 없는 사정임을 들어 水戰의 유리함을 강조하였지만,[30] 어쨌든 그로 인한 전투력의 저하는 피할 수 없었음이 분명하다. 왜란이 발발하고 벌써 몇 차례의 水戰을 겪은 다음의 술회였다. 아예 전투 경험이 없을 경우 어떠하였을지 짐작이 가거니와, 판옥선의 승조원 보호능력만으로는 잠재우기 어려운 그와 같은 문제를 해결하고자 일찍부터 그가 자못 고심하였음을 암시한다. 적의 위협에서 한층 안전하다는 인식을 심어줄 새로운 전함의 필요성을 발포만호 이래 느껴오던 중, 전라좌수사로 부임한 다음 현지에서 그것을 거듭 확인하고서 쇠꼬챙이로 가득한 덮개를 씌운 거북선을 고안하여 그 건조를 추진하였던 게 아닌가 헤아려지는 것이다.

명량해전 직전으로서 와해된 수군을 재건하여 왜군의 西進을 막고자 부심하던 시기에, 이순신은 선박의 겉모양을 거북선 형상으로 꾸며 배치한 적이 있었다고 한다. 패배의식에 젖은 장졸의 사기를 북돋우며, 수군의 위세를 과시하기 위함이었다.[31] 실제 그러했는지 여부를 달리 확인할 만한 기록이 전하지는 않지만 만약 그것이 사실이었다면, 이순신이 적의 위협에 두려워 떨던 장졸의 용기를 북돋우는 데 거북선을 이용한 하나의 사례로서 유의함이 마땅해 보인다. 이순신이 거북선을 건조하는 데까지 이른 배경 중 하나가, 겁을 먹고 적선에 다가가기를 두려워하던 장졸의 사기를 북돋

---

30) 謹啓爲取稟事 水陸備禦之策 (中略) 一 我國之人 㤼者十居八九 勇者十中一二 而平時不爲分辨 混雜相聚 故風聲之來 輒生逃潰之心 驚動無常 顚倒爭奔 (中略) 至如水戰 則許多之軍 皆在船中 望見賊船 雖欲逃奔 其勢無有 (中略) 龜船先突 板屋次進 連放地玄字銃筒 又從以砲丸矢石 如雨如雹 則賊氣易奪 (下略) (『李忠武公全書』 3 狀啓 2 條陳水陸戰事狀)

31) 到會寧浦 戰船只十艘 公召全羅右水使金億秋 使收拾兵船 分付諸將 粧作龜艦 以助軍勢 約日 (下略) (『李忠武公全書』 9 附錄 1 行錄 丁酉年 8월 18일)

워 용기 있게 적선으로 돌진할 수 있도록 하기 위함이었음을 짐작케 하는 대목이 아닐 수 없다.

거북선이 판옥선의 한계를 보완하여 승선 인원에 대한 보호능력을 제고함으로써, 나약한 장졸로 하여금 적을 두려워하지 않은 채 마음 놓고 적선을 향해 돌진하도록 용기를 북돋우고자, 이순신이 개발한 특수 전함임을 살폈다. 용기를 고취하고 위세를 과시하는 데 적합하도록 고안 건조된 새로운 전함이 곧 거북선이었던 셈이다. 나아가 거북선은 그와 같은 정신적 측면에서의 효용성을 넘어, 실전에서 한층 높은 전투력을 발휘하도록 만들어진 전함이었음도 놓치지 말아야 한다.

우선 거북선 승조원들은 적의 위협에 대한 큰 두려움 없이 비교적 차분하게 전투에 임할 수 있었다. 심리적으로 한층 안정된 상태에서 활을 쏘거나 총통을 발사함으로 해서, 명중률이 높아지는 효과를 누리는 것은 자연스러운 일이었다. 또한 적선에 보다 가까이 다가가 사격할 수 있음으로 해서, 화살이나 砲丸矢石의 명중률과 함께 그 파괴력을 월등히 높이는 효능이 더해지는 것도 무시해서는 안 되었다. 전투가 시작되자마자 곧장 적선을 향해 신속히 접근하여 그처럼 효율적인 공격을 가함으로써, 적의 전열을 흩뜨리며 초반에 기선을 제압하여 戰局을 일거에 장악하는 데 이바지할 수 있도록 고안된 특수 전함이 거북선이었다. 말하자면 이순신은 장졸들의 실전 적응력을 제고하여 한층 높은 전투력을 발휘하도록 이끌고자, 그처럼 거북선을 고안해 건조하는 일에 매달렸다고 하여 지나치지 않은 셈이었다.

다음으로, 이순신은 자신의 작전을 보다 효과적으로 운용하기 위한 목적에서 거북선을 건조하였다. 이순신은 적선을 바다 한가운데로 몰아 놓거나 혹은 바닷가 한쪽으로 밀어붙여 그 움직임이 자유롭지 못하도록 압박을 가하는 동시에, 자신의 함대를 늘어세우거나 혹은 적선을 둘러싸는 형국으로 배열해 활과 총통을 발사하면서 돌진하는 전법을 사용하곤 하였다. 임진왜란 발발 후 이순신이 나선 최초의 해전인 옥포전투에서 "…東西 양쪽으로 들이치며 둘러싸서 포를 발사하고 화살을 날리는 것이 폭풍이 밀어닥치고 벼락이 내려치듯 급하게 하여 … 왜선 26척에 총통을 발사해 명중시켜 부딪쳐 깨뜨리고 태워 없앴다…"고 하였다.[32] 이순신이 임진왜란에서 사용한 전형적인 전법이었거니와, 이후에도 대개 바다 가운데로 적선을 유인한 다음 일시에 둘러싸듯 공격하거나 혹은 선창에 늘어선 적선을 향해 일제히 돌진해서 열을 지어 동시에 공격하는 형태의 전투가 많았다. 그리고 그러한 전투에서 늘 돌격선 역할을 담당하는 게 거북선이었다. 거북선이 최초로 참가한 제2차 출전의 사천전투에서 이순신은, "…이번 출전에서 돌격장이 거북선을 타고 나왔는데, 우선 거북선으로 하여금 적선들의 한가운데로 돌진하여 먼저 天字와 地字・玄字・黃字 등 여러 총통을 발사토록 하였다…"고 한다.[33] 거북선을 앞세워 적진 한가운데로 돌진시키면서 전투를 개시하였음을 보여주거니와, 이후에도 대개의 전투가 그런 형태로 진행되었을 것임은 이를 나위가 없다.

거북선을 앞세운 그와 같은 재빠른 돌격전술로 이순신이 수많은 전투에서 승리를 거머쥐었다는 게, 당시에서 지금에 이르도록 변함이 없는 평가이다. 사방으로 불같은 공격을 내뿜으며 다가서는

---

32) (前略) 以死爲期 東西衝抱 放砲射矢 急如風雷 (中略) 并倭船二十六隻 銃筒放中 撞破焚滅 一海大洋 煙焰漲天 登山賊徒 竄伏林藪 (下略) (『李忠武公全書』 2 狀啓 1 玉浦破倭兵狀)

33) (前略) 臣嘗慮島夷之變 別制龜船 (中略) 今行 以爲突擊將所騎 而先令龜船 突進賊船中 先放天地玄黃各樣銃筒 (下略) (같은 책 唐浦破倭兵狀)

괴상한 전함은 우선 적의 공포심을 자극하였음 직하다. 어떠한 공격도 잘 먹혀들지 않는 괴물 전함의 출현만으로도 적에게서 전의를 상실케 하는 효과를 거두지 않았을까 여겨진다. 또한 거북선이 전투 초반에 적진 한가운데로 돌진하여 그 대열을 흐트려 놓음으로써 적선들이 효과적으로 공격에 대응할 수 없도록 교란하였다. 나아가 맨 먼저 적의 대장선으로 다가가 집중 공격하여 깨뜨림으로써 기선을 제압하여 승리로 이끄는 경우가 많았다. 무엇보다 거북선의 돌격에 이은 그와 같은 효과적인 공격은, 뒤를 따르던 일반 전선의 장졸들에게 큰 용기를 불러일으켰을 법하다. 군사들로 하여금 두려움 없이 적선을 공격하도록 이끌어 전투를 승리로 이끄는 원동력이 되었을 듯 여겨지는 것이다.

요컨대 거북선은 판옥선의 한계를 보완하여 조선 수군의 전투력을 향상시키려던 이순신의 고심의 산물이었다. 판옥선은 방패 뒤에 몸을 숨긴 채 신속히 적에게 다가가 활과 총통을 발사해서 적을 죽이고 또한 적선을 깨뜨리고자 건조된 조선 수군의 주력 전함이었다. 하지만 실전에서 그처럼 운용하는 데에는 한계가 있었으며, 그리하여 돌격용 특수 전함의 필요성을 절감하던 이순신에 의해 거북선이 개발 건조되기에 이르렀다. 선박의 사면에 방패막이를 설치하는 것은 물론 등에도 쇠꼬챙이로 가득한 덮개를 씌움으로써, 적의 위협을 두려워하지 않도록 용기를 북돋우며 위세를 과시하여 장졸의 실전 적응력을 높이는 한편, 심리적인 안정 속에서 공격적인 접근전을 펼쳐 사격의 명중률을 높이는 동시에 그 파괴력을 강화하며, 나아가 전투 초반의 그와 같은 효과적인 공격을 통해 기선을 제압하여 戰局을 장악함으로써 일거에 승리를 거머쥐도록 하려는 목적에서, 전라좌수사 이순신이 고심 끝에 개발 건조한 신형의 특수 전함이 곧 거북선이었던 것이다.

이순신은 臺諫의 반대 속에 전라좌수사로 부임하였다. 재임 초반의 이순신에게 대간의 눈길이 집중되었을 것임은 이를 나위가 없다. 대간의 그와 같은 감시성 눈초리 외에도 이순신은 자신을 추천한 후원자 柳成龍이나, 혹은 대간의 반대를 무릅쓰고 자신의 좌수사 임명을 관철한 宣祖의 체면도 의식하지 않을 수 없었을 법하다. 공과 사의 구분이 명백하며 매사에 열과 성을 다하는 그였다지만, 좌수사로서의 공직 수행에 임하는 각오가 자못 남달랐을 듯싶은 것이다. 거북선과 같은 신형의 특수 전함을 개발하는 등 이순신이 전라좌수사로서의 업무 수행에 각별한 노력을 쏟아 부었던 이면에는, 그와 같은 현실에서 말미암은 남모르는 고민도 다소는 담기지 않았을까 여겨진다. 임진왜란이 발발하기 하루 전인 1592년 4월 12일자 『난중일기』에는, 거북선에서 地字·玄字 총통을 시험 발사한 사실이 기록되어 전한다. 앞서 3월 27일에 이은 거북선에서의 두 번째 試驗放砲였다. 한데 여기에서 눈길을 끄는 것은, 당시 전라관찰사의 군관이던 南僩이 그 행사를 참관한 듯하다는 점이다.[34] 하루 전 전라감사의 편지 등을 갖고 좌수영에 도착한 그가 이날 '審去'했다고 하거니와, 관찰한 대상이 무엇이었는지는 분명하지 않지만 전후 문맥으로 미뤄 거북선의 시험방포를 살피고 돌아갔던 게 아닌가 여겨지는 것이다. 앞서 한 차례 실시했던 거북선 방포실험을 재차 시행하는 것도 그렇거니와, 더욱이 그것을 상급 관청에 소속된 군관의 참관 아래 베풀었다는 점에서, 부임 1년을 막 넘긴 시점에서 자신이 그 동안 쏟아 부은 노력의 작은 결실이나마 드러내고 싶어 하던 이순신의 소박한 마음을 읽으려 한다면 지나친 일일지 모르겠다.

34) 『李忠武公全書』 5 亂中日記 1 壬辰年 3월 27일, 4월 11일, 12일. 崔斗煥, 「임란시의 원형 거북선에 관한 연구」, 『海洋硏究論叢』 22, 1999, 10~11쪽.

3. 거북선 건조의 경위

이순신은 전라좌수사로 부임하기 이전, 아마도 고흥의 발포만호(1580) 내지는 전라도 감사의 조방장(1589)으로 재임하던 시절부터 이미 판옥선의 한계를 보완할 새로운 전함의 필요성을 느꼈던 듯 보인다. 부임하고 겨우 1년 즈음에 당시까지 존재하지 않던 신형 전함의 건조를 벌써 마치고 그 戰力化에 돌입하였던 데서 짐작할 수가 있는 일이다. 거북선처럼 특수한 전함의 개념을 새로이 구상하여 주위의 동의를 구하고 또한 상부에 보고하여 허락을 받아내는 동시에, 배목수[造船技術工]들로 하여금 자신의 구상에 맞춰 선박을 건조할 준비에 들어가도록 지시하는 한편 필요한 자재와 경비를 마련하여 건조에 들어가기까지, 수월찮은 시일과 노력이 소요되었을 터이다. 가령 전함 건조용 목재만 하더라도, 그 조달 장소라든지 혹은 벌목과 운반에 투입할 인력 및 그에 소요될 양곡의 마련 등, 주선해야 할 사항이 너무 많았다. 거개가 담당 군관이나 아전에게 맡겨 시킬 일이었지만, 최초의 구상에서 시작하여 사업의 추진을 지시하고 수시로 진행 과정을 점검 확인하면서 이 신형 특수 전함의 건조를 성공적으로 끝마치도록 이끄는 최종 책임은 좌수사의 몫이었다. 아울러 처음 건조하는 신형의 특수 전함이라는 특성상, 그 모든 일을 1년 정도의 기간 내에 성공적으로 마치기란 결코 쉬운 일이 아니었음 직도 하다.

이순신이 거북선을 처음 만들기 시작한 게 언제였는지는 잘 알 수가 없다. 다만 거북선에서 총통을 시험 발사한 것이 1592년 3월 27일과 4월 12일이었던 사실로 미루어, 그가 전라좌수사로 부임하고 1년가량 되던 시기에 거북선 건조작업이 대략 끝났음을 파악할 수 있는 정도이다. 일반적으로 전함을 건조하는 데에는 보통 여섯 달 가량의 기간이 소요된다고 한다.[35] 가을걷이 후 벌목을 시작해서 목재를 산 아래로 내려 배 만들 장소로 운반한 다음 그것을 다듬어서 전함을 건조하는 게 이듬해 입춘 즈음이라는 것이다. 그런데 거북선의 경우 이제까지의 것과는 자못 다른 구조의 신형 전함이었다. 따라서 그처럼 새로운 구조를 지닌 특수 전함을 개발해 만들어내는 과정에서 빚어지게 마련인 차질 등 여러 난관을 생각하면, 여섯 달보다 훨씬 이전부터 건조를 위한 준비 작업에 들어갔다고 이해하는 게 온당해 보인다. 아마도 전라좌수사로 부임하던 초기부터 이순신은 거북선의 건조를 구상하였으며, 그리하여 좌수영의 업무 및 현황 파악을 마칠 즈음해서는 휘하 군관을 비롯하여 아전이나 관내의 조선기술공들에게 거북선 건조를 위한 준비에 들어가도록 지시를 내렸을 가능성이 높아 보이는 것이다.

부임하고 얼마 지나지 않아서 거북선 건조에 들어간 이순신은, 임진왜란이 발발할 무렵까지 최소한 1척 이상을 건조해냈던 것으로 보인다. 임진왜란이 발발하기 하루 전까지 방포시험을 했다던 거북선이 몇 척이었는지는 확실하지 않다.[36] 다만 임진왜란 당시 최초로 거북선이 참가했던 제2차 출전에서는 2척이, 이어서 그 한 달쯤 뒤의 제3차 출전에서는 3척이 각각 확인된다. 맨 먼저 제시한 자료에 나오듯이 거북선을 타고 출전한 장수는 돌격장이었다. 그런데 제2차 출전의 경우 '龜船突擊將及第李奇男臣軍官李彦良'이라는 기록에서처럼[37] 李奇男과 李彦良의 2인이 돌격장으로서 거북선을

35) 이원식, 「거북배(龜船)에 대한 小考」, 『大韓造船學會誌』 35—2, 1998, 43쪽.

36) 『李忠武公全書』 5 亂中日記 1 壬辰年 3월 27일 丁亥, 같은 책 4월 12일 辛丑

37) (前略) 終始如一事嚴飭 罷陣 中衛將權俊 (中略) 右斥候將金浣 龜船突擊將及第李奇男臣軍官李彦良 左別都將李夢龜 (下略) (『李忠武公全書』 2 狀啓 1 唐浦破倭兵狀)

이끌었으며, 제3차 출전의 경우 '左突擊將及第李奇男…右突擊將及第朴以良…左突擊龜船將及第李奇男保人李彦良'이라는 기록에 나오는 바와 같이[38] 李奇男과 李彦良 및 朴以良 등 3인이 거북선을 지휘하는 돌격장이었음이 확인된다. 제3차 출전의 경우, 한산해전에서 조선 함대의 '盲船' 즉 거북선 3척이 활약했다는 일본 측의 기록도 전한다.[39] 임진왜란 초기인 1592년의 여러 해전에서 이순신의 지휘 아래 활약한 전라좌수군 함대의 거북선은 3척이었던 것으로 이해함이 온당해 보인다.[40]

그런데 이들 3척의 거북선은 소속이 서로 달랐으며, 건조된 시기에도 약간의 차이가 있었던 듯 여겨진다. 임진왜란 초기에 출전했던 전함의 소속을 보여주는 기록에 따르면, 거북선의 경우 본영인 전라좌수영을 비롯하여 그 관내의 방답진 및 순천도호부에서 각 1척씩을 보유하였던 것으로 나타난다. '營龜船'이니 혹은 '防踏…同鎭龜船'[41] 내지는 '順天龜船'이니[42] 하는 기록들에서 알 수가 있다.

3척의 거북선 중 2척은 거의 비슷한 시기에 건조가 시작되어 완성되었던 것으로 판단된다. 1592년 5월 29일의 제2차 출전에서 저

---

38) (前略) 箭丸交發 勢若風雷 焚船殺賊 一時殆盡 順天府使權俊 (中略) 左突擊將及第李奇男 倭大船一隻 洋中全捕 斬首七級 (中略) 右突擊將及第朴以良 斬首一級 (中略) 軍物內抽出最關者開坐于後 中衛將順天府使權俊 (中略) 右斥候將呂島權管金仁英 左突擊龜船將及第李奇男保人李彦良 左部將樂安郡守 (下略) (같은 책 見乃梁破倭兵狀)

39) 崔永禧, 「龜船考」, 『史叢』 3, 1958, 14쪽.

40) 최영희, 같은 논문, 12~14쪽.

41) (前略) 接戰時 士卒中 營二船 (中略) 營龜船 土兵私奴金末孫 (中略) 等 中丸致死 臣騎船 格軍 (中略) 防踏一船 格軍 (中略) 同鎭二船 格軍 (中略) 同鎭龜船 格軍 水軍金允方 (下略) (『李忠武公全書』 2 狀啓 1 見乃梁破倭兵狀)

42) 順天龜船格軍慶尙人奴太壽 逃走被捉 行刑 (같은 책 5 亂中日記 1 癸巳年 7월 13일 乙丑)

들 2척이 함께 동원되어 해전에 참가했던 것으로 미루어 그처럼 추정된다. 거북선과 같은 신형 특수 전함의 경우, 건조를 마친 뒤에도 시험 항해 및 방포 실험은 물론이고 실전에 투입할 수 있을 만큼 승선 인원의 전함 운용 능력을 향상시키는 등, 그것을 戰力化하는 데 상당한 시일이 소요된다. 따라서 함께 출전하여 전투에 참가했다는 것은 두 거북선의 그와 같은 전력화 작업이 거의 동시에 추진되었음을 추정케 하며, 그리하여 두 거북선의 완성 시기가 비슷했고 자연히 그 건조가 시작된 시기에도 큰 차이가 없었음을 암시한다 할 것이다. 본영 거북선의 경우 이순신이 전라좌수사로 부임하고(1591) 얼마 지나지 않아서 건조를 위한 준비에 들어간 끝에 그 해 가을쯤의 벌목에서 시작하여 이듬해(1592) 2월~3월 즈음 완성되어 시험 운항과 함께 3월 하순 총통을 시험 발사한 것으로 여겨짐에 비추어, 또 한 척의 거북선도 대체로 그와 유사한 경위를 거쳐 건조를 보게 되었던 것이 아닌가 여겨진다.

나머지 1척의 거북선은 7월 6일의 제3차 출전에 처음으로 등장한다. 그런데 이 세 번째 거북선의 건조와 실전 투입에는, 앞의 경우에서만큼 많은 시일이 소요되지는 않았을 가능성도 없지 않아 보인다. 전란이 진행 중인 긴박한 상황인 데다, 이미 거북선 2척을 건조하여 전력화하는 데 성공한 경험이 있음으로 해서이다. 대략 최초의 거북선이 성공적으로 건조되던 1592년 초반 즈음 건조에 들어가, 늦어도 제2차 출전이 마무리되던 6월 초 무렵에 완성되었던 것은 아닌가 모르겠다.[43] 그리하여 최소한의 시험 운행 및 승조

43) 아니면 위의 2척과 동시에 건조가 시작되었지만 어떤 사정으로 인해 최종 완성이 늦어졌거나, 혹은 비슷한 시기에 완성되었지만 시험 운행 내지 방포실험에서 무슨 문제가 발생함으로써 전력화에 차질이 생겨, 실제 투입이 한 달 가량 늦어졌을 가능성도 생각해볼 수 있겠다.

원 훈련을 거쳐 7월 초순의 제3차 출전에서 첫 모습을 드러내기에 이르렀을 듯 헤아려지는 것이다.

한편 이들 거북선 3척이 전라좌수사 이순신의 구상과 추진에 의해 건조되었음에도, 그처럼 소속이 달리 나타나고 또한 건조된 시기 내지는 실전 투입의 시기에서 차이가 드러난 것은, 그 건조 장소가 서로 달랐던 사실과 무관하지 않았던 듯 여겨진다. 조선시기에 각 水軍營·鎭이나 소속 고을에서는 관련 軍需裝備 일체를 스스로 마련하는 것이 원칙이었다. 판옥선을 비롯한 전함도 그에 포함되는 것은 물론이었다. 이미 지적되었듯이, 거북선이라고 하여 거기에서 예외일 까닭도 없었다. 본영 소속의 거북선은 전라좌수영 직할의 船所에서, 또한 방답진과 순천부의 소속으로 기록된 거북선은 방답진과 순천부의 선소에서 각각 건조되었던 것이다.[44] 나아가 그와 같이 여러 장소에서 건조를 추진하다 보니, 본영 이외의 곳에서는 다소의 차질이 빚어졌을 법도 하다. 가령 본영만큼 사전 준비가 철저하지 못함으로 인해 건조의 시작이 늦어지거나, 또는 신형 함선의 건조에서 드러나기 마련이었을 여러 문제를 해결하는 능력이 미흡하여 완성되기까지 시일이 더 소요되었을 수가 있으며, 더욱이 완성된 후의 시험 운항이나 승조원 훈련과 같은 전력화 과정에서 착오가 발생했을 가능성도 없지 않을 듯싶거니와, 그리하여 각 거북선이 완성된 시기 내지는 실전 투입의 시기에서 그처럼 차이가 나타났던 것은 아닌가 짐작되는 것이다.

한데 궁금한 것은 그처럼 문제 발생의 소지가 다분함에도, 이순

44) 朴炳柱, 「龜船의 建造場所에 대하여—雙鳳船所를 中心으로—」, 『軍史』 5, 1982, 190~191쪽. 金在瑾, 「龜船」, 『韓國의 배』, 서울大學校出版部, 1994, 196~197쪽. 변동명, 「조선시기의 여천선소유적[順天船所]」, 『海洋文化研究』 창간호, 2008, 254~255쪽.

신이 거북선의 건조 장소를 분산시키려 한 까닭이 무엇이었을까라는 점이다. 우선 본영의 선소는 이를 나위가 없으며 나머지 두 곳 역시 모두 전라좌수영의 관내에 속하며, 자연히 그곳에서 건조된 거북선도 또한 하나같이 전라좌수사인 이순신의 지휘를 받도록 되어 있었음을 상기할 필요가 있다. 본영에서 건조한 것이나 다를 바 없이 방답진과 순천부의 거북선 역시 전라좌수사 이순신의 통제 아래 그의 전술에 맞춰 운용하는 게 가능함으로 해서, 비록 건조 장소가 여러 곳이라 하더라도 당초에 그가 이 신형의 특수 전함을 구상하고 또 건조하고자 했던 목적을 달성하는 데에는 별다른 지장이 없었을 듯 여겨지는 것이다.

다음으로 생각할 수 있는 것은, 수군영진이나 소속 고을에 각기 보유할 전함의 숫자가 법제상으로 규정되어 있었다는 점이다. 만일 좌수영에서 거북선 3척을 모두 건조했더라면, 거북선은 전선 즉 판옥선급으로 간주되므로, 평시 좌수영에서 보유했던 것으로 보이는 4척의 전선[45] 중 3척이 거북선인 셈이 된다.[46] 보유 중인 전함의 함종별 구성이 기형적이라는 비판을 면할 수가 없을 듯싶은 것이다. 전라도 동부해역의 방어를 책임지는 수군사령부에서, 주력 전함인 판옥선은 1척만 보유한 채 돌격선을 3척씩이나 보유한다는 것은 상상하기 어렵다. 거북선의 소속을 적절히 안배할 필요가 있었던 셈이다.

---

45) 臣營留防戰舡四隻 及所屬防踏蛇渡戰舡各二隻 呂島鉢浦鹿島會寧浦古突山戰舡各一隻等 (下略) (『全羅左水營啓錄』 道光 30년(哲宗 元年) 3월 1일 承政院開拆 ; 『各司謄錄』 20 全羅道篇 3, 1쪽)

46) 아울러 그처럼 水軍營鎭別로 戰艦의 보유 숫자가 규정된 상황에서, 좌수영이 거북선 3척을 모두 건조한 뒤 그 중 2척을 방답진과 순천부로 1척씩 양도한다는 것은 더욱이 있을 수가 없다.(朴炳柱, 「龜船의 建造場所에 대하여」, 190~191쪽)

마지막으로 지나쳐서 안 되는 것은, 거북선 3척을 모두 좌수영에서 건조할 경우 그 경제적인 부담이 너무 컸으리라는 점이다. 앞서 언급하였듯이 전함의 건조 비용은 당해 수군영진이나 고을에서 떠안는 게 원칙이었다. 한데 좌수영의 경우 일반 고을과 달리 조세 수취나 역역 동원의 대상이 마땅치를 않아 늘 재정상의 어려움에 시달렸으며, 그나마도 순천부와의 관할 다툼으로 영일이 없는 형편이었다. 그러한 좌수영의 입장에서, 한 해에 3척이나 되는 신형 전함을 건조하는 것은 지나치게 과도한 재정적 부담이라 이르지 않을 수 없다.[47)]

이순신이 거북선을 만들면서 본영은 물론 관내의 다른 두 선소들에도 각 1척씩 배당하여 분산 건조하는 방식을 선택한 배경을 더듬어보았다. 그런데 여기에서 다시 떠오르는 의문은, 거북선을 건조하도록 배당한 곳이 하필 방답진과 순천부였을까 라고 하는 점이다. 본영을 제외하면, 전라좌수영 관내에서 가장 중요한 수군진으로는 蛇渡鎭管을 지휘하는 蛇渡僉使鎭이 있었으며, 그 다음이 防踏僉使鎭이었다. 좌수사(정3품) 다음으로 관내에서 높은 품계를 지니는 종3품의 첨절제사가 주둔하는 巨鎭이라는 면에서는 사도진이나 방답진이 동일하다. 그렇지만 공식 서열상으로는 사도진이 보다 상위로서 鎭管에 소속된 여러 萬戶鎭을 휘하에 거느렸으며, 방답진은 그 다음이었다.[48)] 좌수영 관내에서 신형의 특수 전함을 건

---

47) 水軍營鎭別로 分定된 보유 전함의 숫자 규정을 도외시한다면, 재정 부담을 고려하여 좌수영에서 매년 거북선 1척씩을 순차적으로 건조해나가는 방식도 생각할 수가 있음 직하다. 그러나 왜군의 침략에 대비코자 성을 쌓고 남방을 수비하는 장수를 교체하는 등 敵侵이 우려되던 당시 상황에서, 그처럼 몇 년에 걸쳐 차분히 신형 전함을 건조해간다는 것은 그다지 현실적이지 못한 선택으로 받아들여졌을 가능성이 높아 보인다.

48) 邊東明, 「朝鮮時代 突山島 防踏鎭의 설치와 그 구조」, 『韓國史學報』 27,

조하고 또 운용할 만한 역량을 따지자면, 본영을 제외하고는 사도진이 으뜸이었던 셈이다. 한데도 거북선을 건조하여 실전에서 운용한 것은 방답진과 순천도호부였으며, 사도진은 거기에서 제외되었다. 필유곡절이려니와, 그 경위가 궁금한 것이다.

이와 관련하여 먼저 기억해야 할 것은, 거북선과 같은 신형 특수 전함의 필요성을 절감하여 그 개념을 구상하고 또 건조를 추진한 것이 전라좌수사 이순신이었다는 사실이다. 어느 수군진의 선소가 거북선을 건조하기에 가장 적절할 것인가에 관한 결정 역시 그에 의해 내려졌으리라는 뜻이다. 한데 당시 좌수영 관내에서 서열 1위이던 사도진은 여러 면에서 이순신에게 미덥지 못한 수군진이었다. 사도진의 실정 내지는 그 지휘관인 사도첨사 金浣을 못마땅해 하던 그의 술회로 미루어 짐작이 가는 일이다. 가령 거북선의 건조가 끝나가던 2월 하순에 관내 5 수군진을 순시 검열한 이순신은, 당시 사도진의 군사적 대비태세가 最下로서 엉터리라며 격한 감정을 숨기지 않았다. 그리하여 軍備를 제대로 갖추지 않은 사도진의 軍官과 色吏의 죄를 물어 처벌하는 동시에 教授는 축출하도록 조치하였다. 반면에 지휘관인 사도첨사 김완은 죄를 묻고자 잡아들였으나 정작 처벌하지는 못하고 말았다. 그에 앞서 행해진 포폄에서 전라도 관찰사가 사도첨사를 最上으로 이미 조정에 보고하였기 때문이라고 하거니와, 이순신은 이러한 현실이 가소롭다며 관료사회의 기강이 무너진 것을 한탄하였다.[49] 3월에는 또한 사도첨사가 公文을 무시한 채 홀로 반나절만에 내・외나로도와 대・소평두를 搜討하고 같은 날 본진으로 귀환했다는 허황된 거짓 보고를 했다며 사실 관계를 조사하도록 조치하기도 하였다.[50] 이순신의 주요 관심

2007, 27～28쪽.

49) 『李忠武公全書』 5 亂中日記 1 壬辰年 2월 24일 乙卯, 同 25일 丙辰

사였던 신형 특수 전함의 건조 작업을 맡기기에는, 사도진의 실정 내지는 그 지휘관인 사도첨사 김완의 행태가 너무도 미덥지를 못하였던 셈이다.

이순신이 거북선을 건조하는 수군진에서 사도진을 제외한 것은 위와 같은 사정에서였던 것으로 보인다. 결국 이순신은 방답진과 순천부로 하여금, 본영과 더불어 각 1척씩의 거북선을 건조하도록 결정하였다. 방답진은 좌수영 관내에서 사도진 다음의 서열 2위에 해당하는 주요 수군진이었으며, 순천부는 좌수영 본영과 방답진을 포함한 넓은 영역을 지녀 좌수영 관내에서 비교적 풍부한 재정을 자랑하는 고을이었다.[51] 방답진과 순천부는 거북선을 건조하기에 부족함이 없을 정도의 위상과 역량을 지닌, 좌수영 관내의 주요 수군진과 고을이었던 셈이다. 방답첨사 李純信과 순천부사 權俊이 이순신과 뜻을 함께 할 만큼 믿음직한 인물이었음도 기억해 둘 만한 조건이었다.[52] 게다가 방답진과 순천부는 좌수영에서 그리 멀지 않은 곳에 위치하였다. 거북선을 실제 건조할 장소인 선소들도 또한 좌수영 선소에서 자못 가까운 거리였다. 이제까지와는 다른 신형의 특수 전함인 거북선이 이순신의 당초 구상에 어긋나지 않게

---

50) 같은 책 3월 20일 庚辰

51) 전라좌수영과 방답진 및 순천도호부 사이의 관할 영역이나 혹은 稅役의 수취를 둘러싼 갈등이라든지, 또는 그와 무관하지 않은 재정의 문제 등은 별도로 고구해 규명해야 할 과제들이다.

52) 임진왜란 초기의 해전에서 맨 처음에는 防踏僉使 李純信이 그리고 2회 출전 이후에는 順天府使 權俊이 각각 中衛將으로 전라좌수군 함대에서 사령관 李舜臣 다음의 주요 직책을 맡았으며, "(前略) 諸將中 權俊·李純信·魚泳潭·裵興立·鄭運等 別有所恃 期與共死 而每事同論畫計 (下略)"(『李忠武公全書』 2 狀啓 1 請鄭運追配李大源祠狀)라고 하여, 이 둘을 포함한 몇몇은 이순신이 남달리 신임해서 더불어 죽음을 같이하기로 기약하며 매사를 함께 논의하는 사이였다.

제대로 건조되도록 수시로 점검하며, 또한 그와 같은 새로운 작업에서 으레 맞닥뜨리게 마련인 기술적인 어려움 등을 극복하도록 논의하고 도움을 주고받으려면, 건조 장소가 좌수영에서 가까이 위치하는 게 유리하였을 것임은 물론이다. 전라좌수영의 관할구역을 두루 살필 때, 방답진과 순천도호부만큼 본영과의 긴밀한 협조 아래 새로운 사업을 추진하기에 양호한 여건을 갖춘 곳은 달리 찾아보기가 어렵지 않을까 싶다. 요컨대 임진왜란 초기의 해전에서 이순신의 지휘 아래 활약한 거북선 3척은, 이처럼 여수지역 일원에서 그리고 그곳에 거주하던 주민과 배목수들의 작업을 거쳐 건조 운용된 신형의 특수 전함이었다고 평가해 마땅하다 할 것이다.[53)]

---

53) 마지막으로, 이때 전라좌수사 이순신에 의해 여수지역 일원에서 건조된 거북선의 구조에 관해 한 마디 덧붙이고자 한다. 기왕의 많은 논의에도 불구하고 아직 견해의 일치를 보지 못한 논란거리이지만, 적어도 임진왜란 초기의 거북선은 2층 구조로 봄이 온당하지 않을까 한다. 『李忠武公全書』 맨 앞의 龜船圖 및 관련 설명을 보더라도 그렇다고 하거니와(金在瑾, 「龜船」, 『韓國의 배』, 서울大學校出版部, 1994), 당시의 기록이나 정황에서도 그랬을 것임을 추정할 수가 있는 것이다.

임진왜란 당시 조선 수군의 주력 전함은 판옥선이었다. 거북선은 판옥선의 한계를 보완하여 덮개에 의한 승선인원 보호능력을 강화하고자 건조된 특수 전함이었다. 거북선을 대량으로 건조하지 않은 이유가 거기에 있었음 직하거니와, 거북선이 만약 '거북선 3층 구조론'에서 지적하듯이 별 다른 불편함이 없는 완벽에 가까운 전함이었다면 당시 해전에서 판옥선이 주전함으로서 그토록 중요한 역할을 담당하지는 않았을 성싶다. 그러나 실제 임진왜란에서 조선은 판옥선을 주축으로 해전을 치렀음은 물론이고, 전란 뒤에도 李山海와 같은 재상이나("(前略) 所謂戰船者 今之板屋制度精巧 高不可攀 堅不可破 廣可容衆 衆可禦賊 誠水戰之良具也 第以功力最鉅 (下略)" 『鵝溪遺稿』 5 箚類 陳弊箚) 혹은 여러 해전에 참가했던 李雲龍과 같은 인물이("兼三道統制使李雲龍馳啓日 (中略) 臣自壬辰以後 從事水戰 戰船形體 無不講究其精妙 (中略) 大槪壬辰丁酉戊戌之役 皆頼板屋巨艦而得捷 此已見之驗也 臣不敢臆料 其利用之妙而創造 (下略)" 『宣祖實錄』 206 宣祖 39년 12월 24일 戊午), 하나같이 조선 수군의 주전함은 판옥선이어야 함을 여전히 강력 주장하였다는 사실에 유의할 필요가 있다. 거북선은 주전함이 아닌 돌격용의 특수 전함이었으며, 따라서 둔중함을 무릅쓴 채 굳이 3층 구조를 유지해야 할 까닭이 없었을 듯 여겨지는 것이다.

앞서 본문에서 지적하였듯이, 승선인원 보호능력이 탁월한 판옥선의 존재에도 불구하고 거북선을 제작해야만 했던 이순신의 고민을 이해할 필요가 있다. 판옥선은 속력이 그리 빠르지 않은 데다 접근전에서 승선인원을 보호하는 데에도 다소 한계를 보였다. 명종대에 있었던 왜구와의 해전 결과에서 드러난 사실이다. 戰場에서 재빨리 적선들의 가운데로 돌진할 수 있으면서도, 또한 승선인원을 안전하게 보호한다는 믿음을 줌으로써 사졸들이 겁을 내지 않도록 용기를 북돋울 수 있는, 그러한 돌격용 전함이 이순신에게는 절실히 필요하였다. 3층의 판옥선 위에 다시 덮개까지 씌운 거북선으로는, 순전히 人力만으로 기동해야 하는 戰場에서 신속성과 안전성을 아울러 구비한다는 게 불가능해 보인다.

1593년의 이른바 웅천해전 중 2월 22일의 전투에서, 조선 수군의 판옥선이 전복된 사고가 발생하였다(『李忠武公全書』 3 狀啓 2 討賊狀, 統船一艘傾覆後待罪狀). 웅천 선창에 숨어 저항 중인 적선을 향해 다투어 돌진하던 조선의 판옥선 두 척이 서로 부딪쳐 上粧의 防牌가 부서지자, 그것을 보호막으로 삼아 싸우던 사졸들이 쏟아지는 적탄을 피해 한 편으로 몰리는 바람에 균형을 잃은 판옥선이 그만 뒤집히고 말았던 것이다. 그런데 上粧 전투원의 쏠림만으로도 판옥선이 그처럼 쉽게 전복될 정도였다면, 거북선을 3층으로 꾸몄을 경우의 復原力은 어떠했을지 궁금하다. 판옥선의 上粧까지를 그대로 지닌 채 그 위에 지붕처럼 덮개를 씌웠다는 뜻인데, 그러고도 이 전함이 복원력에 아무런 문제가 없이 안정을 유지한 가운데 신속히 적진으로 돌입하여 적선들의 한 가운데를 마음대로 누비는 등 효과적으로 전투에 임할 수 있었을지 의문이 드는 것이다.

과장이 있었겠지만, 당시의 기록에는 거북선이 매우 신속하게 움직였던 것으로 전한다. 평균 항해속도가 다른 전함에 비해 빨랐다기보다는, 거북선이 전투의 초반에 재빨리 적선에게 다가가 효과적인 공격으로 기선을 제압함으로써 戰局을 초반에 장악하도록 기여하였음을 말하는 것으로 이해되는데, 판옥선과 비슷했던 것으로 여겨지는 숫자의 格軍만으로 무거운 덮개까지 덧씌운 3층 판옥선을 그처럼 기동성 있게 운용하는 일이 가능했을지 의문이다.

한편 거북선의 덮개에는 적의 登船肉迫戰에 대비해서 쇠꼬챙이를 촘촘히 박았던 것으로 유명하다. 그런데 판옥선의 경우 왜선보다 크고 높아서

맺음말

거북선을 처음 만든 이는 이순신이었다. 거북선처럼 전함에 덮개를 씌워 승선인원을 보호하려는 발상에는 제법 오래 된 유래가 있었다. 거북선만 하더라도 조선초기인 태종 13년(1413)에 벌써 동일한 명칭의 전함이 기록에 등장할 정도였다. 또한 임진왜란 시기에는 전라좌수영 이외의 곳에서도, 거북선이라 불리거나 혹은 그렇게 불러도 좋을 만큼, 덮개를 씌우고 쇠꼬챙이를 박은 전함이 건조되기도 하였다. 그렇지만 덮개를 씌운 전함을 건조하여 실전에 투입하는 데 성공한 것은, 이순신의 경우가 최초이자 마지막으로서 거의 유일하였다. 그리고 조선시기 전함 건조의 예에 비추어, 그와 같은 전라좌수영의 거북선은 좌수사 이순신의 책임 아래 고안 건조된 신형의 특수 전함임이 분명하였다.

거북선은 판옥선의 한계를 보완하여 수군 전투력을 향상시키고

왜적의 등선육박전이 어려웠다고도 한다. 만약 거북선이 3층 구조로서 판옥선 위에 지붕을 씌운 형태였다면 그 높이는 판옥선보다 더욱 높았을 것이며, 자연히 왜적의 등선육박은 아예 불가능하였던 게 아닌가 싶다. 만약 3층이었다면 그러한 거북선의 덮개에 굳이 쇠꼬챙이를 박고, 또한 전투시에는 쇠꼬챙이를 감추고자 거적과 같은 것으로 덮어 위장할 필요가 있었을까 의문이 드는 것이다.

마지막으로, 2층이라면 격군과 사·포수가 같은 층에서 활동하는 불편 때문에 전투 수행에 큰 지장을 초래하였으리라든지, 혹은 3층의 높은 곳에 총통을 거치해서 발사해야 명중률이 높아진다는 견해가 있다. 그렇지만 2층에서 격군과 사·포수가 함께 있더라도 거북선이 전투력을 발휘하는 데에는 별다른 지장이 없다는 연구가 이미 나와 있으며(김주식, 「임진왜란시기 해전술을 통해 본 거북선의 구조」, 『海洋文化研究』 창간호, 2008), 또한 적진으로 돌진하여 적선과 근접전을 펼치는 돌격용 전함인 거북선의 경우 반드시 원거리 사격의 명중률을 고민해야 할 까닭은 없다는 점을 지적해두고자 한다(제장명, 「거북선의 복원(復元)에 관한 소고」, 『이순신연구논총』 6, 2006, 175~176쪽).

자 고심하던 이순신의 작품이었다. 판옥선은 그 난간에 설치된 방패 뒤에 몸을 숨긴 채 적진에 다가가 활이나 총통을 발사하여 적을 죽이고 적선을 깨뜨리고자 건조된 조선 수군의 주력 전함이었다. 그렇지만 실전에서 그처럼 운용하는 데에는 한계가 있었으며 또한 왜적의 함선에 대해 압도적으로 우월한 전투력을 발휘한 것만도 아니었다. 그리하여 이순신은 돌격용 특수 전함의 필요성을 절감한 끝에 거북선을 창안 건조하기에 이르렀다. 전함의 사면에 방패를 설치하는 것은 물론 위에도 쇠꼬챙이로 가득한 덮개를 씌움으로써, 적의 위협을 두려워하지 않도록 용기를 북돋우며 위세를 과시하여 장졸의 실전 적응력을 높이는 한편, 심리적인 안정 속에서 공격적인 접근전을 펼쳐 사격의 명중률을 높이는 동시에 그 파괴력을 강화하고자 도모하였다. 나아가 전투 초반의 그와 같은 효과적인 공격을 통해 기선을 제압하여 戰局을 장악함으로써 일거에 승리를 거머쥐려는 목적에서, 전라좌수사 이순신이 고심 끝에 개발 건조한 신형의 특수 전함이 곧 거북선이었던 것이다.

이순신은 전라좌수사로 부임하기 전인 고흥의 발포만호(1580)나 혹은 전라감사의 조방장(1589)으로 재임하던 시절부터, 이미 판옥선의 한계를 보완할 새로운 전함의 필요성을 절감하였다. 그리하여 좌수영의 현황 파악을 마치면서 새로운 전함을 건조하기 위한 준비에 들어간 끝에, 이듬해 2~3월 즈음이면 적어도 1척 이상의 거북선을 완성하는 데 성공하였다. 이후 시험 운행과 방포 훈련 등 戰力化 단계를 거쳐, 1592년의 해전에서 이순신이 운용한 거북선은 3척이었다. 약간의 時差를 두고 완성된 3척의 거북선은, 좌수영 본영 및 방답진과 순천부에서 각각 건조되었다. 3척을 모두 좌수영 한 곳에서 건조하기에는, 수군영진별로 보유하도록 규정된 전함의 척수라든지 건조 경비 등으로 인한 어려움이 큰 데 따른 선택이었다. 아울러 방답진과 순천부가 좌수영 관내의 주요 수군진이거나 혹은 재정 규모가 비교적 큰 고을이자, 더욱이 본영 가까이에 위치함으로 해서 상호 긴밀한 협조 속에 신형 전함을 건조하는 데 편의를 도모할 수 있기 때문이기도 하였다. (『海洋文化研究』 4, 2010)

참고문헌

『三國史記』, 『三國遺事』, 『帝王韻紀』, 『高麗史』, 『高麗史節要』, 『朝鮮王朝實錄』, 『經國大典』, 『承政院日記』, 『增補文獻備考』, 『備邊司謄錄』, 『各司謄錄』(『全羅左水營啓錄』), 『新增東國輿地勝覽』, 『輿地圖書』, 『東國輿地志』. 『大東地志』, 『湖南邑誌』(1872), 『順天府邑誌』(奎17434), 『新增昇平志』(奎15591), 『全羅道麗水郡邑誌』(奎10803), 『麗水邑誌』(奎10794), 『湖南鎭誌』(奎12188), 『新增興陽誌』, 『備邊司方眼地圖』(『湖南地圖』, 奎12155), 『地乘』(奎15423), 『大東輿地圖』, 『靑丘圖』, 『湖南沿海形便圖』, 『湖南島嶼圖』(國立全州博物館 所藏), 『江南樂府』, 『牧隱文藁』, 『陽村集』, 『稣齋集』, 『李忠武公全書』, 『懲毖錄』, 『芝峰類說』, 『鵝溪遺稿』, 『林下筆記』, 『校勘譯註 歷代高僧碑文』, 『光陽縣各所事例册』(『韓國地方史史料叢書』 8), 『興陽縣事例從時直定價成册』(1895년), 『三國志』

김상기, 『동방문화교류사론고』, 을유문화사, 1948.

이현종, 『조선전기 대일교섭사연구』, 한국연구원, 1964.

군사연구실, 『한국군제사』(근세조선전기편 · 후기편), 육군본부, 1968 · 1977.

전해종, 『한중관계사연구』, 일조각, 1970.

차문섭, 『조선시대군제연구』, 단국대출판부, 1973.

이병도, 『한국고대사연구』, 박영사, 1976.

김재근, 『조선왕조 군선연구』, 일조각, 1977.

조성도 외, 『이충무공유적지 선소 문헌고증보고서』, 전라남도여천지구출장소, 1979.

조성도 외, 『이충무공유적지선소발굴조사보고서』, 여천지구출장소 · 이충무공유적지선소발굴조사단, 1980.
이기백 편, 『고려광종연구』, 일조각, 1981.
변태섭, 『「고려사」의 연구』, 삼영사, 1982.
민현구, 『조선초기의 군사제도와 정치』, 한국연구원, 1983.
이수건, 『한국중세사회사연구』, 일조각, 1984.
김광수 외, 『장보고의 신연구』, 완도문화원, 1985.
김상기, 『동방사논총』, 서울대출판부, 1986.
최춘환 외, 『이충무공유적지선소 이차 발굴조사보고서』, 여천시 · 명지대한국건축문화연구소, 1986.
국방부전사편찬위원회, 『임진왜란사』, 1987.
은하건축사사무소, 『이충무공유적지선소 굴강시굴조사보고서』, 여천시, 1988.
차용걸, 『고려말 · 조선전기 대왜 관방사 연구』, 충남대박사논문, 1988.
하현강, 『한국중세사연구』, 일조각, 1988.
천관우, 『고조선사 · 삼한사연구』, 일조각, 1989.
지건길 · 조현종, 『돌산송도』 Ⅰ · Ⅱ, 국립광주박물관, 1989 · 1990.
나주시 · 목포대박물관, 『나주목의 재조명』, 1990.
이영문, 『여천시 봉계동 지석묘』, 전남대박물관, 1990.
천관우, 『가야사연구』, 일조각, 1991.
방상현, 『조선초기 수군제도』, 민족문화사, 1991.
오붕근 · 손영종, 『조선수군사』, 사회과학출판사, 1991(1998).
김동수, 『『세종실록』 지리지의 연구』, 서강대 박사논문, 1991.
문영구, 『전라좌수영연구』, (사)대한건설진흥회, 1992.
이영문 · 정기진, 『여수 오림동 지석묘』, 전남대박물관, 1992.
김태식, 『가야연맹사』, 일조각, 1993.
신호철, 『후백제 견훤정권연구』, 일조각, 1993.
최성락, 『한국 원삼국문화의 연구—전남지방을 중심으로—』, 학연문화사, 1993.

이영문, 『여천 적량동 상적 지석묘』, 전남대박물관, 1993.

이영문 · 최인선 · 정기진, 『여천 평여동 산본 지석묘』, 여천시 · 전남대박물관, 1993.

지건길 · 조현종, 『여천 월내동 고인돌』, 국립광주박물관, 1993.

최성락 · 이정호, 『영암 산호리 · 여천 상암동 고인돌』, 목포대박물관, 1993.

여수시 · 순천대박물관, 『전라좌수영의 역사와 문화』, 1993.

박영한 외, 『지리부도』, 동아출판사, 1994.

김정호 편, 『전남의 옛지도』, 향토문화진흥원, 1994.

조현종 · 박중환, 『돌산 세구지 유적』, 국립광주박물관, 1994.

김재근, 『한국의 배』, 서울대출판부, 1994.

허선도, 『조선시대 화약병기사연구』, 일조각, 1994.

이영문 외, 『전남의 고대묘제』, 전라남도 · 목포대박물관, 1996.

정청주, 『신라말고려초 호족연구』, 일조각, 1996.

전남대박물관 · 전라남도 · 곡성군, 『곡성군 문화유적 학술조사』, 1996.

조원래 외, 『여천 선소 풀뭇간』, 순천대박물관 · 여천시, 1996.

김수태 외, 『백제의 중앙과 지방』, 충남대학교백제연구소, 1997.

송정현, 『조선사회와 임진의병 연구』, 학연문화사, 1998.

김당택, 『원간섭하의 고려정치사』, 일조각, 1998.

최인선 · 조근우, 『여수 미평동 죽림 지석묘』, 순천대박물관, 1998.

순천대박물관 · 여수시, 『여수의 성지』, 1998.

한국종교사연구회, 『성황당과 성황제—순창 성황대신사적기 연구—』, 민속원, 1998.

통영시사편찬위원회, 『통영시지』, 1999.

한국역사연구회 조선시기 사회사 연구반, 『조선은 지방을 어떻게 지배했는가』, 아카넷, 2000.

이종범 외, 『여수시의 문화유적』, 여수시 · 조선대박물관, 2000.

이기길 · 최미노 · 김은정, 『순천 죽내리유적』, 조선대박물관, 2000.

돌산읍지발간추진위원회, 『돌산읍지』, 2000.

최인선 · 이동희, 『여수 화장동 화산 · 월화동 지석묘』, 순천대박물관 · 한국수자원공사, 2000.
백제연구소, 『후백제와 견훤』, 서경문화사, 2000.
한형주, 『조선초기 국가제례연구』, 고려대 박사논문, 2000.
최인선 · 이동희 · 김정선 · 송미진, 『순천 죽내리 성암고분』, 2001, 순천대 박물관.
신안군지편찬위원회, 『신안군지』, 신안군, 2000.
삼산면지발간추진위원회, 『삼산면지』, 2000.
전북전통문화연구소, 『후백제 견훤정권과 전주』, 주류성, 2001.
홍승기, 『고려정치사연구』, 일조각, 2001.
신호철, 『후삼국시대 호족연구』, 도서출판 개신, 2002.
이영문, 『한국 지석묘 사회 연구』, 학연문화사, 2002.
김태식, 『미완의 문명 7백년 가야사』, 도서출판 푸른역사, 2002.
변동명, 『한국중세의 지역사회연구』, 학연문화사, 2002.
이기길, 『순천 월평유적』 Ⅰ · Ⅱ, 조선대박물관, 2002 · 2004.
연민수, 『고대한일교류사』, 혜안, 2003.
순천대남도문화연구소 · 여수시, 『여수시의 산성』, 2003.
전남여수시청 · 명지대한국건축문화연구소 · 순천대박물관 · 전남대박물관, 『석창성지 발굴조사 보고서』, 2003.
전남대박물관 · 진도군, 『진도 금갑진성 지표조사 보고서』, 2003.
김경옥, 『조선후기 도서연구』, 혜안, 2004.
장흥군 · 남도문화재연구원, 『장흥군의 성곽』, 2004.
이민웅, 『임진왜란 해전사』, 청어람미디어, 2004.
민현구, 『고려정치사론』, 고려대출판부, 2004.
조원래, 『새로운 관점의 임진왜란사 연구』, 아세아문화사, 2005.
강봉룡, 『바다에 새겨진 한국사』, 한얼미디어, 2005.
요시노 마코토 지음, 한철호 옮김, 『동아시아 속의 한일2천년사』, 책과함께, 2005.
이동희, 『전남동부지역 복합사회 형성과정의 고고학적 연구』, 성균관대박사논문, 2005.

윤재운, 『한국 고대무역사 연구』, 경인문화사, 2006.
순천대박물관, 『순천 운평리 고분 발굴조사 약보고』, 2006.
김해시, 『가야, 낙동강에서 영산강으로』, 2006.
한국고대사학회, 『한국고대사 연구의 새 동향』, 서경문화사, 2007.
해군사관학교, 『다시 보는 한국해양사』, 2007.
양기석 외, 『5~6세기 동아시아의 국제정세와 대가야』, 고령군대가야박물관・계명대한국학연구원, 2007.
남도문화재연구원, 『순천 낙원아파트 건설부지 내 문화유적 발굴조사 약보고』, 2007.
남도문화재연구원, 『여수 석창성 문화유적 발굴조사 약보고』, 2007.
마한문화연구원, 『여수 죽림 택지개발사업지구 내 문화유적 발굴조사 1차 지도위원회자료』, 2008.
한정훈, 『고려시대 교통과 조세운송체계 연구』, 부산대 박사논문, 2009.
최영희, 「귀선고」, 『사총』 3, 1958.
이현종, 「왜구와 대왜정책」, 『조선전기 대일교섭사연구』, 한국연구원, 1964.
이태진, 「중앙 및 지방 군제의 변화」, 『한국군제사』(근세조선전기편), 육군본부, 1968.
이병도, 「근초고왕척경고」, 『백제사연구』 1, 1970.
이재룡, 「조선전기의 수군」, 『한국사연구』 5, 1970.
허선도, 「'진관체제 복구론' 연구」, 『국민대논문집』 5, 1973.
허선도, 「「제승방략」 연구」상・하, 『진단학보』 36・37, 1973・1974.
차문섭, 「군사조직」, 『한국사』 10, 국사편찬위원회, 1974.
이기백, 「고려 귀족사회의 형성」, 『한국사』 4, 국사편찬위원회, 1974.
임기중, 「'장생포'에 대하여」, 『국어국문학』 68・69, 1975.
차문섭, 「군사제도」, 『한국사론』 3(조선전기편), 국사편찬위원회, 1975.
차용걸, 「군사제도」, 『한국사론』 4(조선후기편), 국사편찬위원회, 1976.
정두희, 「조선초기 지리지의 편찬」, 『역사학보』 69・70, 1976.
김재근, 「판옥선고」, 『한국사론』 3, 1976.

최병헌, 「고려시대의 오행적 역사관」, 『한국학보』 13, 1978.
문영구, 「귀선건조장소」(Ⅰ), 『여수수산전문대논문집』 13, 1979.
김양수, 「조선 숙종시대의 국방문제」, 『백산학보』 25, 1979.
천관우, 「마한제국의 위치시론」, 『동양학』 9, 1979.
신석호, 「『증보문헌비고』 해제」, 『국역 증보문헌비고』(직관고 1), 세종대왕기념사업회, 1979.
김두진, 「만덕사지 해제」, 『만덕사지』(호남문화연구소 자료총간 3집), 1979.
김재근, 「조선왕조의 수군」, 『군사』 1, 1980.
민현구, 「고려 공민왕의 즉위배경」, 『한우근박사정년기념사학논총』, 지식산업사, 1981.
오성, 「고려 광종대의 과거합격자」, 『고려광종연구』(이기백 편), 일조각, 1981.
김당택, 「최승로의 상서문에 보이는 광종대의 '후생'과 경종원년 전시과」, 같은 책.
박병주, 「귀선의 건조장소에 대하여-쌍봉선소를 중심으로-」, 『군사』 5, 1982.
민현구, 「진관체제의 확립과 조선초기 지방군제의 성립」, 『조선초기의 군사제도와 정치』, 한국연구원, 1983.
이혜화, 「異論을 중심으로 한 '動動'論」, 『한성어문학』 2, 1983.
장진호, 「'동동'고」, 『새국어교육』 40, 1984.
이수건, 「조선초기 군현제정비와 지방통치체제」, 『한국중세사회사연구』, 일조각, 1984.
최병운, 「순천(시)의 역대 경역과 그 명호 및 관호의 변천」, 『남도문화연구』 1, 1985.
김현구, 「조선후기 통제사에 관한 연구」, 『부대사학』 9, 1985.
이남복, 「유청신과 그 사료에 대하여」, 『부산사학』 9, 1985.
김상기, 「나말 지방군웅의 대중교통」, 『동방사논총』, 서울대출판부, 1986.
문수진, 「고려건국기의 나주세력」, 『성대사림』 4, 1987.
장학근, 「조선전기수군만호고」, 『해사논문집』 26, 1987.

하현강, 「후삼국관계의 전개와 그 실태」, 『한국중세사연구』, 일조각, 1988.
조원래, 「승평지 해제」, 『승평지』(남도문화연구 자료총서 제1), 순천대남도문화연구소, 1988.
변동명, 「고려 충렬왕대의 만호」, 『역사학보』 121, 1989.
민현구, 「고려중기 삼국부흥운동의 역사적 의미」, 『한국사 시민강좌』 5, 일조각, 1989.
박종기, 「고려시대 군현 지배체제와 구조」, 『국사관논총』 4, 1989.
지건길, 「남해안지방 한대화폐」, 『김정기화갑기념논총』, 1990.
임영진, 「영산강유역 석실분의 수용 과정」, 『전남문화재』 3, 전라남도, 1990.
김당택, 「고려시대의 나주」, 『나주목의 재조명』(목포대박물관), 1990.
방상현, 「조선후기 수군통제사연구」, 『국사관논총』 17, 1990.
김동수, 「『세종실록』 지리지의 편찬」, 『『세종실록』 지리지의 연구』, 서강대 박사학위논문, 1991.
방상현, 「조선 귀선의 접목성 연구」, 『경희사학』 16・17합, 1991.
김갑동, 「고려시대의 성황신앙과 지방통치」, 『한국사연구』 74, 1991.
정승모, 「성황사의 민간화와 향촌사회의 변동」, 『태동고전연구』 7, 1991.
조원래, 「강남악부 해제」, 『국역 강남악부』, 순천대 남도문화연구소, 1991.
김동수, 「조선초기 군현치소의 이설」, 『전남사학』 6, 1992.
김동수, 「조선초기의 군현제도의 변경과 전남지방」, 『전라남도지』 4, 전라남도지편찬위원회, 1993.
김병인, 「여말선초 왜구의 침탈상과 지역실상」, 같은 책.
신호철, 「견훤정권의 성립」, 『후백제 견훤정권연구』, 일조각, 1993.
신호철, 「견훤정권의 대외정책」, 같은 책.
김태형, 「고려조 군현승강의 분석」, 『홍익사학』 5, 1993.
이기길, 「전남 여천군에서 새로 찾은 신석기시대유적」, 『호남고고학보』 1, 1994.
이현혜, 「삼한의 대외교역체계」, 『이기백선생고희기념 한국사학논총』(상), 일조각, 1994.
민현구, 「고려 공민왕대의 '주기철공신'에 대한 검토」, 같은책.

김재근, 「조선전기의 배」, 『한국의 배』, 서울대출판부, 1994.
김재근, 「귀선」, 같은 책.
허선도, 「조선중기 화기의 발달」, 『조선시대 화약병기사연구』, 일조각, 1994.
권영국, 「고려말 지방군제의 변화」, 『한국중세사연구』 창간호, 1994.
김당택, 「고려 충혜왕과 원의 갈등」, 『역사학보』 142, 1994.
김당택, 「원 간섭기말의 반원적 분위기와 고려 정치사의 전개」, 『역사학보』 146, 1995.
김준옥, 「'장생포'와 '동동'」, 『한국언어문학』 35, 1995.
노영구, 「조선초기 수군과 해령직의 변화」, 『한국사론』 33, 서울대 국사학과, 1995.
하우봉, 「일본과의 관계」, 『한국사』 22, 국사편찬위원회, 1995.
최영희, 「왜란 전의 형세」, 『한국사』 29, 국사편찬위원회, 1995.
이영문·조근우, 「전남의 지석묘」, 『전남의 고대묘제』, 전라남도·목포대박물관, 1996.
김당택, 「고려 공민왕초의 무장세력」, 『한국사연구』 93, 1996.
조근우, 「전남지방의 석실분 연구」, 『한국상고사학보』 21, 1996.
임영진, 「나주 복암리 3호분의 옹관석실」, 『한국고고학전국대회발표요지』, 한국고고학회, 1996.
김동수, 「곡성군의 연혁」, 『곡성군 문화유적 학술조사』, 전남대박물관·전라남도·곡성군, 1996.
임영진, 「전남의 석실분」, 『전남의 고대묘제』, 전라남도·목포대박물관, 1996.
정청주, 「신라말·고려초 서남해안지역 호족의 동향」, 『신라말고려초 호족연구』, 일조각, 1996.
정청주, 「신라말·고려초 지배세력의 사회적 성격」, 같은 책.
정청주, 「신라말·고려초 호족의 형성과 변화」, 같은 책.
정청주, 「신라말 고려초 순천의 지방세력」, 『순천시사』(정치·사회편), 순천시사편찬위원회, 1997.
김태식, 「백제의 가야지역 관계사 : 교섭과 정복」, 『백제의 중앙과 지방』,

충남대학교백제연구소, 1997.
吉井秀夫, 「횡혈식석실분의 수용양상으로 본 백제의 중앙과 지방」, 같은 책.
성낙준, 「백제의 지방통치와 전남지방 고분의 상관성」, 같은 책.
이기길, 「보성강유역에서 새로 찾은 구석기유적」, 『한국고고학보』 37, 1997.
유창규, 「고려말 왜구의 침략」, 『순천시사』(정치 · 사회편), 순천시사편찬위원회, 1997.
김주성, 「고대사회 순천의 지배세력」, 같은 책.
박호원, 「조선 성황제의 祀典化와 민속화」, 『성황당과 성황제』(한국종교사연구회), 민속원, 1998.
정승모, 「조선중기 전라도 순창군 성황제의의 성격」, 같은 책.
이기태, 「지역사회 이념의 통합과 성황사」, 같은 책.
송정현, 「정지장군 연구」, 『조선사회와 임진의병 연구』, 학연문화사, 1998.
이원식, 「거북배(龜船)에 대한 소고」, 『대한조선학회지』 35-2, 1998.
김현구, 「조선후기 조선업과 조선술에 관한 연구」, 『국사관논총』 81, 1998.
최두환, 「임란시의 원형 거북선에 관한 연구」, 『해양연구논총』 22, 1999.
김건수 · 김순엽, 「여수 거문도와 손죽도의 신석기시대 패총」, 『순천대박물관지』, 순천대박물관, 1999.
김현구, 「조선후기의 통영」, 『통영시지』 상, 통영시사편찬위원회, 1999.
김수태, 「전주 천도기 견훤정권의 변화」, 『한국고대사연구』 15, 1999.
박준범, 「여수시의 고고유적」, 『여수시의 문화유적』, 여수시 · 조선대박물관, 2000.
이종범, 「여수시의 역사」, 같은 책.
최인선, 「섬진강 서안지역의 백제산성」, 『섬진강 주변의 백제산성』, 한국상고사학회, 2000.
김준옥, 「고려 시대 가요 '장생포'의 창작 배경에 관한 연구」, 『한국언어문학』 44, 2000.
변동명, 「견훤의 출신지 재론」, 『진단학보』 90, 2000.
권덕영, 「후백제의 해외교섭 활동」, 『후백제와 견훤』(백제연구소), 서경문화사, 2000.

이문기, 「견훤정권의 군사적 기반」, 같은 책.

고석규, 「조선왕조 500년과 신안의 역사」, 『신안군지』, 신안군, 2000.

이병희, 「고려시기의 신안군」, 같은 책.

이경엽, 「순천의 성황신앙・산신신앙과 역사적 인물의 신격화」, 『남도민속연구』 6, 2000.

정승모, 「군현제의와 국가정책」, 『조선에서는 지방을 어떻게 지배하였는가』(한국역사연구회), 아카넷, 2000.

김병호, 「역사적 배경」, 『돌산읍지』, 돌산읍지발간추진위원회, 2000.

변동명, 「고려시기의 나주 금성산신앙」, 『전남사학』 16, 2001.

송화섭, 「전주의 성황신앙과 견훤정권」, 『후백제 견훤정권과 전주』(전북전통문화연구소), 주류성, 2001.

이도학, 「견훤의 출신지와 그 초기 세력 기반」, 같은 책.

김갑동, 「후백제 견훤의 전략과 영역의 변천」, 같은 책.

홍승기, 「후삼국의 분열과 왕건에 의한 통일」, 『고려정치사연구』, 일조각, 2001.

홍승기, 「고려 태조 왕건의 집권」, 같은 책.

정승모, 「조선시대 성황신앙과 향촌사회」, 『나주 금성산의 역사적 재조명』, 동신대 문화박물관, 2001.

신호철, 「후삼국 건국세력과 청주호족」, 『후삼국시대 호족연구』, 도서출판 개신, 2002.

변동명, 「장흥 천관산지역의 토착세력과 불교신앙」, 『한국중세의 지역사회연구』, 학연문화사, 2002.

변동명, 「고려왕조와 나주」・「낙안의 역사와 읍성」・「흥양현과 사포」, 같은 책.

변동명, 「섬진진의 설치와 운영」・「법성포・법성창・법성진」, 같은 책.

김철웅, 「조선시대의 성황제」, 『사학지』 35, 2002.

변동명, 「고려시기 순천의 산신・성황신」, 『역사학보』 174, 2002.

변동명, 「해룡산성과 순천」, 『전남사학』 19, 2002.

정청주, 「신라말・고려초 순천지역의 호족」, 『전남사학』 18, 2002.

이강래, 「후백제의 당대 인식」, 『한국·동아시아 역사상의 후백제 국제학술회의 발표논문집』, 후백제문화사업회, 2003.
유경환, 「동동의 원형적 상징성」, 『새국어교육』 65, 2003.
전형택, 「금갑진성의 역사」, 『진도 금갑진성 지표조사 보고서』, 전남대박물관·진도군, 2003.
민현구, 「신주(덕흥군)와 구군(공민왕)의 대결」, 『고려정치사론』, 고려대학교출판부, 2004.
김경옥, 「도서 이주민의 유입과 증가」, 『조선후기 도서연구』, 혜안, 2004.
김경옥, 「도서지역의 경제기반 변화」·「도서정책의 추이」, 같은 책.
김경옥, 「청산진의 설치와 재정구조」, 같은 책.
김덕진, 「전라도 순천 해창의 설치와 풍경」, 『전남사학』 22, 2004.
변동명, 「김총의 성황신 추앙과 여수·순천」, 같은 책.
고용규, 「조선시대 전라도 수군진의 고찰」, 『전남문화재』 12, 2005.
최종석, 「고려시기 치소성의 분포와 공간적 특징」, 『역사교육』 95, 2005.
최종석, 「조선 초기 성황사의 입지와 치소」, 『동방학지』 131, 2005.
조원래, 「초기 해전에서 본 조·일 양국의 수군전력」, 『새로운 관점의 임진왜란사 연구』, 아세아문화사, 2005.
최정삼, 「'동동'의 지역 축제 연출 가능성과 그 개발 방안」, 『고시가연구』 18, 2006.
강봉룡, 「고대 동북아 연안 항로와 영산강·낙동강유역」, 『가야, 낙동강에서 영산강으로』, 김해시, 2006.
제장명, 「거북선의 복원(復元)에 관한 소고」, 『이순신연구논총』 6, 2006.
변동명, 「조선시대 돌산도 방답진의 설치와 그 구조」, 『한국사학보』 27, 2007.
옥영정, 「『동국문헌비고』에 대한 서지적 고찰」, 『진단학보』 104, 2007.
박광용, 「『동국문헌비고』 편찬의 역사적 배경」, 같은 책.
권오영, 「영산강유역 정치체의 성격」, 『한국고대사 연구의 새 동향』(한국고대사학회 편), 서경문화사, 2007.
양기석, 「백제의 지방통치체제」, 같은 책.

이동희, 「백제의 전남 동부지역 진출의 고고학적 연구」, 『한국고고학보』 64, 2007.
강봉룡, 「해양인식의 확대와 해양사」, 『역사학보』 200, 2008.
김세종, 「해양음악으로 본 '동동'의 고려악부 유입과 음악사적 의미」, 『고시가연구』 22, 2008.
변동명, 「조선시대의 돌산진과 고돌산진」, 『역사학보』 198, 2008.
변동명, 「조선시기 여수의 석보와 석(보)창」, 『역사학연구』 33, 2008.
김주식, 「임진왜란시기 해전술을 통해 본 거북선의 구조」, 『海洋文化研究』 창간호, 2008.
류창규, 「조선시대 선소의 설치와 운영」, 같은 책.
류선영, 「고려태조비 장화왕후」, 같은책.
변동명, 「조선시기의 여천선소유적[順天船所]」, 같은 책.
박재광, 「조선군의 군선과 무기의 과학적 검토」, 『임진왜란과 동아시아세계의 변동』(한일국제학술회의 발표문), 2009.
민현구, 「고려 공민왕대 중엽의 정치적 변동」, 『진단학보』 107, 2009.
변동명, 「전통시기 한중·한일 해상교류와 여수」, 『해양문화연구』 2, 2009.

찾아보기

ㅇ

ㅈ

ㅊ

저자약력

변동명

1955년 全南 長城 出生
全南大學校 史學科 卒
翰林大學校 大學院 史學科 卒 (文學博士)
現 全南大學校 文化專門大學院 敎授
李舜臣海洋文化硏究所 兼任

〈著書〉
『高麗後期 性理學受容硏究』(一潮閣, 1995)
『韓國中世의 地域社會硏究』(學硏文化社, 2002)

麗水海洋史論

인쇄 | 2010년 10월 10일
발행 | 2010년 10월 20일

저자 | 변동명
발행 | 김윤수
발행처 | 전남대학교출판부

등록 | 1981. 5. 21. 제53호
주소 | 500-757 광주광역시 북구 용봉로 77
전화 | (062) 530-0571~3
팩스 | (062) 530-0579
홈페이지 | http://altair.chonnam.ac.kr/~cnup

값 15,000원

ISBN 978-89-7598-856-1 (93980)

이 도서의 국립중앙도서관 출판시도서목록(CIP)은 e-CIP홈페이지 (http://www.nl.go.kr/ecip)에서 이용하실 수 있습니다.
(CIP제어번호 : CIP2010003693)